Familienchronik des
Pfarrers Friedrich Seybert (1865-1955)
Vorfahren der Generation I-X

Dr. Klaus Wachtmann

**Familienchronik des
Pfarrers Friedrich Seybert (1865-1955)
Vorfahren der Generation I-X**

Bibliografische Information der Deutschen Nationalbibliothek:
Die Deutsche Nationalbibliothek verzeichnet diese Publikation in der
Deutschen Nationalbibliografie; detaillierte bibliografische Daten
sind im Internet über http://dnb.dnb.de abrufbar.

© 2015 Dr. Klaus Wachtmann

Herstellung und Verlag: BoD – Books on Demand, Norderstedt
ISBN: *978-3-7392-0855-8*

Inhaltsverzeichnis

I
Einleitung

Friedrich Theodor W. Seybert (1865-1955) wird im Februar 1865 in Ransbach bei Hersfeld in Nordhessen als Sohn des Pfarrers Karl Wilhelm Seybert (1821-<1898) und Karoline Christiane Louise Philippine Schüler (1831-<1898) geboren. Er verstirbt im Februar 1955 in Fulda und wird in Hersfeld beigesetzt; sein Grab auf dem alten Friedhof in Hersfeld ist noch erhalten.

Wie sein Vater ist er als evangelisch-reformierter Pfarrer in Nordhessen tätig.

Er heiratet im November 1898 in Barby/Elbe Gertrud Sophie Therese Wachtmann (1868-1939) und bekommt mit ihr die vier Töchter Elfriede, Paula, Emma Karoline Gertrud und Ida Sophie Wilhelmine sowie den Sohn Karl Wilhelm.

Die Ahnen von Friedrich Theodor W. Seybert (1865-1955) und Gertrud Sophie Therese Wachtmann (1868-1939) lassen sich weit zurückverfolgen, teilweise über die 30. Generation hinaus.

In diesem Buch werden die Ahnen von Friedrich Theodor W. Seybert (1865-1955) und Gertrud Sophie Therese Wachtmann (1868-1939) bis zur Generation X aufgeführt. Die Numerierung erfolgt nach dem Kekule-System.

II
Quellen

Kirchenbücher und Urkunden

- Basler Kirchenbücher • Diese sind im Internet sowohl über familysearch wie auch über das Staatsarchiv Basel in digitaler Form verfügbar.

- Kirchenbücher und Taufkartei von Berlin • Diese wurden vor Ort im Evangelischen Landeskirchlichen Archiv (ELAB) am Bethaniendamm in Berlin recherchiert.

- Kirchenbücher Barby/Elbe • Auszüge wurden in Kopie von Pfarrer Cristian Weigel vom ev. Pfarramt Barby erhalten.

- Kirchenbücher Heftrich, Berlin und der Garnison Stettin • Diese wurden anhand von Microfilmen von LDS in der genealogischen Forschungsstelle ausgewertet.

- Urkunden diverser Ämter • Teilweise noch in der Familie vorhanden und im Original oder als Kopie bereitgestellt oder Abschriften von Urkunden über diverse Ämter angefordert.

- Stammbuch von Friedrich Theodor Wolfgang Seybert und Gertrud Sophie Therese Wachtmann • bereitgestellt von Familie Rabestein aus Mainz

- Ahnenpass von Roland Hartmann und Frau Paula geb. Seybert, bereitgestellt von Familie Hartmann aus Preußisch Oldendorf

- Ahnenpass von I. Sophie W. Seybert verh. Schulze (~1940), bereitgestellt von Marie Luise Auerbach-Fröhling, Pforzheim

Gedruckte Literatur

- C. F. Weber: „Geschichte der städtischen Gelehrtenschule zu Kassel" (1843) • verfügbar im Internet in digitaler Form über google books

- Allgemeine Deutsche Biographie (ADB) (1875-1912) • verfügbar im Internet in digitaler Form

- L. Wiese: „Das höhere Schulwesen in Preußen" (1902) • Vierter Band umfassend die Zeit 1874-1901 • verfügbar im Internet in digitaler Form über google books

- F. Strahlmann: „ Wittekinds Heimat – Die alte Stadt Wildeshausen und ihre Umgebung" (1952)

- H. Knodt „Deutsches Geschlechterbuch, Bd. 121" (u. Hessisches Geschlechterbuch, Bd. 14) (1956) • C. A. Starcke Verlag, Limburg/Lahn • über Fernleihe erhalten

- H. Knodt „Deutsches Geschlechterbuch, Bd. 124" (u. Hessisches Geschlechterbuch, Bd. 15) (1960) • C. A. Starcke Verlag, Limburg/Lahn

- I. Wirth „Eduard Gärtner – Architekturmaler in Berlin" (Berliner Bauwochen 1968) • Buch erhalten über Fernleihe von der Universitätsbibliothek Bamberg

- C. Ruetz „Deutsches Geschlechterbuch, Bd. 157" (u. Hessisches Geschlechterbuch, Bd. 18 sowie 1. Schwälmer Geschlechterbuch) (1971) • C. A. Starcke Verlag, Limburg/Lahn • über Fernleihe erhalten

- G. Bätzing: „Pfarrergeschichte des Kirchenkreises Wolfhagen von den Anfängen bis 1968" (1975) • über Fernleihe erhalten von der Bayerischen Staatsbibliothek München

- I. Wirth. „Eduard Gaertner - Der Berliner Architekturmaler", Propyläen Verlag (1979) • über Fernleihe erhalten von der Universitätsbibliothek München

- Karl-Heinz Nickel et al.: „Kassel als Stadt der Juristen (Juristinnen) und der Gerichte in ihrer tausendjährigen Geschichte" (1990) • im Internet verfügbar

- D. Bartmann, „Eduard Gärtner" (2001) • Stiftung Stadtmuseum Berlin • ISBN 3-87584-070-4 • über Fernleihe erhalten von der Universitätsbibliothek Würzburg

- E. W. Magdanz: „Pfarrergeschichte des Kirchenkreises Kassel-Land von den Anfängen bis 1977" (2002) • über Fernleihe erhalten von der Bayerischen Staatsbibliothek München

- J. Desel: „Pfarrergeschichte des Kirchenkreises Hofgeismar von den Anfängen bis 1980" (2004) • Band 33 • über die Fernleihe erhalten

- Udo Niemann: „Auswertung der Kirchenbücher Bramsche" • per Mail erhalten

- Publikationen des Arbeitskreis Familienforschung Osnabrück e.V.: Osnabrücker Familienforschung • verfügbar im Internet in digitaler Form

Bildmaterial

- Fotos der Familie Wachtmann und Krasselt. Bereitgestellt von Familie M. Zietzke aus Australien

- H. Knodt „Deutsches Geschlechterbuch, Bd. 121" (u. Hessisches Geschlechterbuch, Bd. 14) (1956) • C. A. Starcke Verlag, Limburg/Lahn • über Fernleihe erhalten

- H. Knodt „Deutsches Geschlechterbuch, Bd. 124" (u. Hessisches Geschlechterbuch, Bd. 15) (1960) • C. A. Starcke Verlag, Limburg/Lahn

- C. Ruetz „Deutsches Geschlechterbuch, Bd. 157" (u. Hessisches Geschlechterbuch, Bd. 18 sowie 1. Schwälmer Geschlechterbuch) (1971) • C. A. Starcke Verlag, Limburg/Lahn • über Fernleihe erhalten

Genealogiedatenbanken

- Genealogie-Datenbanken wie z. B. familysearch, Ancrestry, gedbas

- Edgar Dohmann: „Dohmann Family Tree" auf der Genealogieplattform in Ancestry

- Heinfried Rhoden aus Vallendar, Beiträge in der Genealogiedatenbank gedbas

- Isabel Joana Kühne verh. Sgouros: „Stammbaum der Familie Kühne und Imroth"

Mündliche Beiträge

- Telefonische Interviews z. B. mit Margot Ritter (Freiburg)

- Persönliche Interviews im Familienkreis

III
Ahnenübersicht

Es konnten zahlreiche Vorfahren von <u>Friedrich</u> Theodor Wolfgang Seybert (1865-1955) und seiner Ehefrau <u>Gertrud</u> Sophie Therese Wachtmann (1868-1939) recherchiert werden. Von der Generation I-X wurden ca. 500 direkte Vorfahren identifiziert; zudem soweit möglich, auch deren Geschwister.

Zurück bis zu den Urgroßeltern (Generation IV) konnten die Vorfahren vollständig recherchiert werden; alle sechszehn Urgroßeltern konnten identifiziert werden.

Auch die Ururgroßeltern (Generation V) konnten nahezu vollständig recherchiert werden. Von den möglichen zweiunddreißig Ururgroßeltern konnten neuen Personen nicht recherchiert werden. Die Vorfahren von Johann Henrich Seybert[#16] (1741-1794) und seiner Ehefrau Dorothea Elisabeth Wittich[#17] (???->1771), wahrscheinlich in Nordhessen ansässig, konnten nicht ermittelt werden. Zudem die Vorfahren von Johann Friedrich Krasselt[#28] (???->1815) und seiner Ehefrau Caroline Elisabeth (<u>Lisette</u>) Padjeck (Bathgack)[#29] (???->1815). Diese sind Exulanten, die wegen ihres protestantischen Glaubens um 1740 aus Böhmen nach böhmisch Rixdorf/Berlin emigrierten. Zudem die wahrscheinlich in Berlin lebende Mutter von Fredericke W. Schwabe[#31] (1789-1857).

Über die Generationen hinweg ist es immer schwieriger Vorfahren zu recherchieren. So können in der Generation VI von den möglichen Ahnen 56 % ermittelt werden, in der Generation VII dann 44%, in der Generation VIII dann 32 % und in der Generation IX dann 23 %.

In der Generation X konnten insgesamt 148 Vorfahren identifiziert werden, dies entspricht 14 % der maximal möglichen Vorfahren. Der älteste gesicherte Vorfahre der Generation X ist der Basler Johannes Huber[#1.408] (1506-1571), der jüngste Vorfahre der ev. Pfarrer Johannes Schmalz[#1.478] (1597-1694). Die gesicherten Ahnen der Generation X umfassen somit grob angesetzt den Zeitraum 1500-1700.

Abb.: Anzahl und Zeitspanne der Ahnen der Generation I-X.

Generation	Anzahl mögliche Ahnen	Anzahl recherchierte Ahnen	Anteil der recherchierten Ahnen	Zeitspanne
I	2	2	100 %	1865-1955
II	4	4	100 %	1821-1917
III	8	8	100 %	1771-1888
IV	16	16	100 %	1741-1857
V	32	23	72 %	1701-1828
VI	64	36	56 %	1659-1795
VII	128	56	44 %	1599-1764
VIII	256	81	32 %	1575-1750
IX	512	119	23 %	1545-1722
X	1024	148	14 %	1506-1694

Im Folgenden wird eine Übersicht über die Vorfahren von <u>Friedrich</u> Theodor Wolfgang Seybert (1865-1955) und seiner Ehefrau <u>Gertrud</u> Sophie Therese Wachtmann (1868-1939) von Generation I-V gegeben.

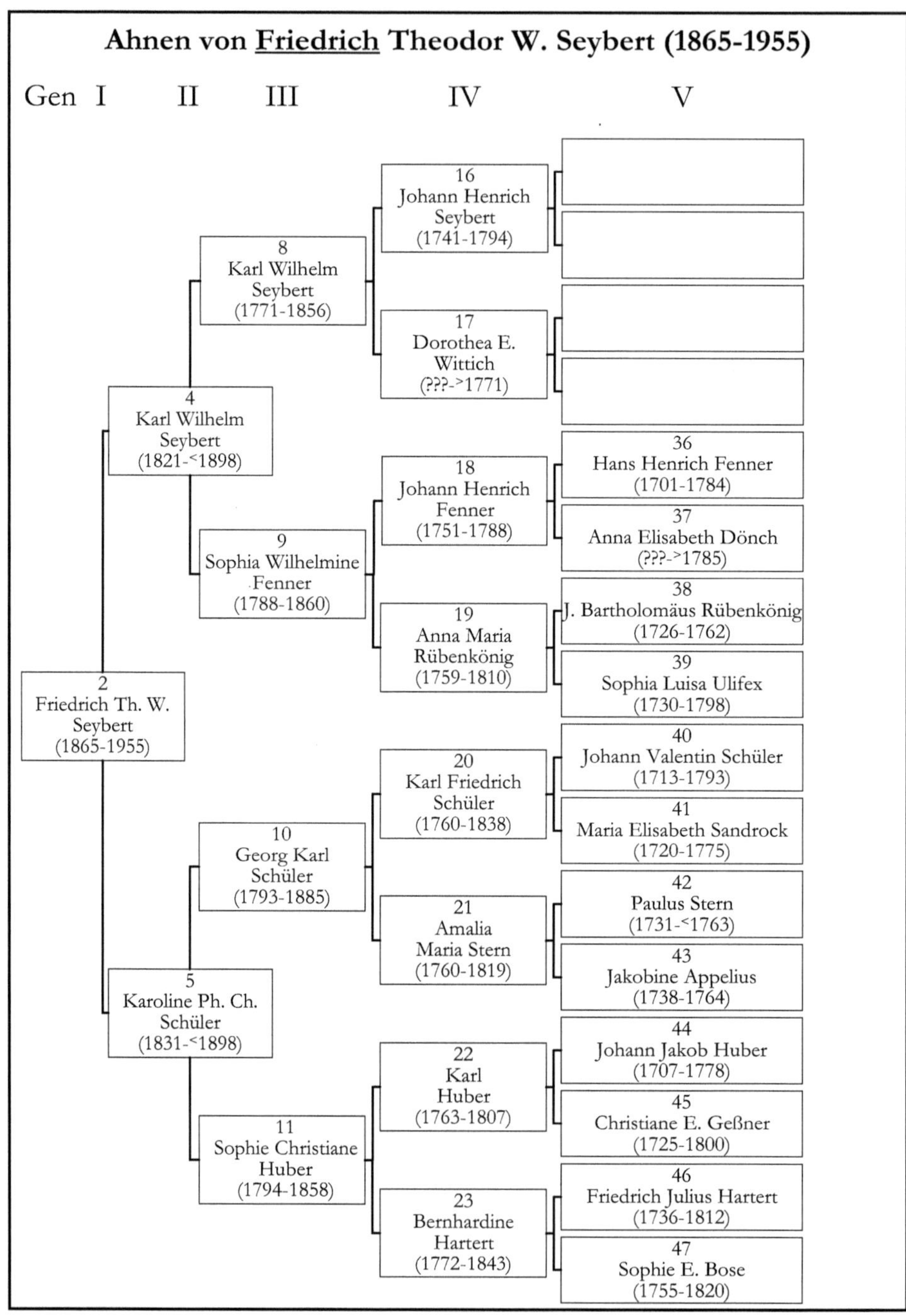
Ahnen von Friedrich Theodor W. Seybert (1865-1955)

Gen I   II   III   IV   V

16
Johann Henrich
Seybert
(1741-1794)

8
Karl Wilhelm
Seybert
(1771-1856)

17
Dorothea E.
Wittich
(???->1771)

4
Karl Wilhelm
Seybert
(1821-<1898)

36
Hans Henrich Fenner
(1701-1784)

18
Johann Henrich
Fenner
(1751-1788)

37
Anna Elisabeth Dönch
(???->1785)

9
Sophia Wilhelmine
Fenner
(1788-1860)

38
J. Bartholomäus Rübenkönig
(1726-1762)

19
Anna Maria
Rübenkönig
(1759-1810)

39
Sophia Luisa Ulifex
(1730-1798)

2
Friedrich Th. W.
Seybert
(1865-1955)

40
Johann Valentin Schüler
(1713-1793)

20
Karl Friedrich
Schüler
(1760-1838)

41
Maria Elisabeth Sandrock
(1720-1775)

10
Georg Karl
Schüler
(1793-1885)

42
Paulus Stern
(1731-<1763)

21
Amalia
Maria Stern
(1760-1819)

43
Jakobine Appelius
(1738-1764)

5
Karoline Ph. Ch.
Schüler
(1831-<1898)

44
Johann Jakob Huber
(1707-1778)

22
Karl
Huber
(1763-1807)

45
Christiane E. Geßner
(1725-1800)

11
Sophie Christiane
Huber
(1794-1858)

46
Friedrich Julius Hartert
(1736-1812)

23
Bernhardine
Hartert
(1772-1843)

47
Sophie E. Bose
(1755-1820)

Ahnen von <u>Gertrud</u> S. Th. Wachtmann (1868-1939)

Gen I   II   III   IV   V

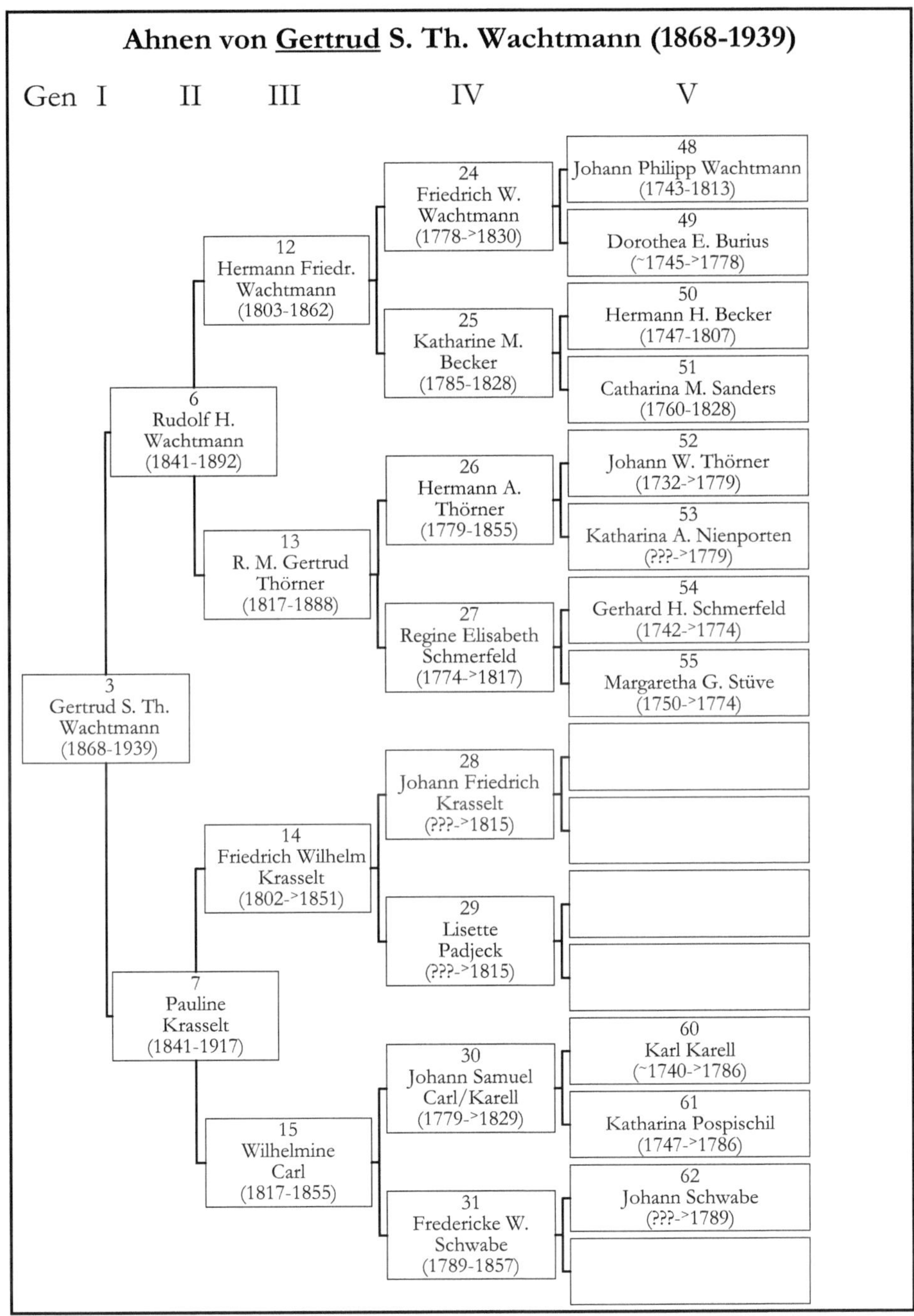

IV
Generation I

#2   **Seybert, <u>Friedrich</u> Theodor Wolfgang (1865-1955)**

Ⓥ Karl <u>Wilhelm</u> Seybert[#4] (1821-<1898) • Ⓜ Karoline Philippine Schüler[#5] (1831-<1898) • *12.02.1865 Ransbach/Hersfeld • ∪ev-ref. 03.03.1865 Ransbach/Hersfeld • konf. 20.04.1879 Ransbach/Hersfeld • ∞ev 29.11.1898 Barby/Elbe (St. Marien) mit <u>Gertrud</u> Sophie Therese Wachtmann[#3] (1868-1939) • Ⓚ Elfriede (*1900 Rommershausen); Paula (*1902 Rommershausen); Emma Karoline <u>Gertrud</u> (*1904 Schrecksbach)[1]; Ida <u>Sophie</u> Wilhelmine (*1905 Schrecksbach); Karl Wilhelm (*1907 Schrecksbach) • +01.02.1955 Fulda • □ev Hersfeld

ev-ref. Pfarrer in Nordhessen • Grab auf dem alten Friedhof in Hersfeld unweit der Kapelle noch im Jahre 2012 erhalten

▪ Sophia Seybert[#2a] (1856-???) • *18.05.1856 Ransbach • ∪ev-ref. • ∞ mit Hermann Metz zu Vacha

▪ Amalia Charlotte Elisabeth Seybert[#2b] (1858-1900) • *16.10.1858 • ∪ev-ref. • ∞ mit Adam Eisenacher zu Vacha • +07.12.1900

▪ Georg Karl Seybert[#2c] (1860-???) • *06.08.1860 Ransbach • ∪ev-ref.

▪ Karl Wilhelm Seybert[#2d] (1862-???) • *23.09.1862 • ∪ev-ref.

▪ Gottfried Friedrich Seybert[#2e] (>1865-???)• *>1865 • ∪ev-ref.

▪ NN♀ Seybert[#2f] (1869-1869) • *1869 • +1869 (ungetauft)

▪ Johann Gideon Philipp Seybert[#2g] (1870-???) • *31.03.1870 Ransbach • ∪ev-ref.

---

[1] Emma Karoline <u>Gertrud</u> Seybert (1904-1975) • *04.05.1904 Schrecksbach • ∪ev • konf. 07.04.1918 Wippershain • betreibt zusammen mit ihrem Ehemann ein Blumengeschäft in der Dortmunder Innenstadt • ∞06.06.1925 Wippershain-Unterhaun/Hersfeld (Standesamt)/∞ev 07.06.1925 Wippershain-Unterhaun/Hersfeld mit ihrem Cousin Adolf Wachtmann (1898-1967) • Ⓚ vier, u.a. Helmut (*1937 Dortmund), Vater des Autors Dr. Klaus H. Wachtmann (*1968 Dortmund)

#3   Wachtmann, <u>Gertrud</u> Sophie Therese (1868-1939)

Ⓥ Rudolf Heinrich Wachtmann[#6] (1841-1892) • Ⓜ Henriette Marie Wilhelmine <u>Pauline</u> Krasselt[#7] (1841-1917) • *02.01.1868 Osnabrück • ∪ev-luth. 02.01.1868 Osnabrück (St. Katharinen) • ∞ev 29.11.1898 Barby/Elbe <u>Friedrich</u> Theodor Wolfgang Seybert[#2] (1865-1955) • Ⓚ Elfriede (*1900 Rommershausen); Paula (*1902 Rommershausen); Emma Karoline <u>Gertrud</u> (*1904 Schrecksbach); Ida <u>Sophie</u> Wilhelmine (*1905 Schrecksbach); Karl Wilhelm (*1907 Schrecksbach) • +14.05.1939 • □ev Bad Hersfeld

■ Rudolf Wachtmann[#3a] (1869-1873) • *22.03.1869 Osnabrück • ∪ev-luth. • +Feb 1873 Berlin

■ <u>Conrad</u> Friedrich Otto Wachtmann[#3b] (1871-1929) • *24.01.1871 Bramsche • ∪ev-luth. 05.03.1871 Bramsche (St. Martin)[1] • Kunstgärtner • Inhaber eines Blumengeschäfts in Dortmund • ∞ev mit Ida Klara Ruthe[2] (???-1939) • Ⓚ Adolf (*1898 Dortmund); <u>Konrad</u> Rudolf (*1897 Dortmund); Arthur Otto Friedrich (*1903 Dortmund) • +09.01.1929 Dortmund • □Dortmund

■ Berthold August Wachtmann[#3c] (1872-???) • *06.10.1872 Berlin-Friedrichshagen • ∪ev-luth. 09.02.1873 Berlin (Dom) • +Berlin

■ <u>Wilhelm</u> Oscar Robert Wachtmann[#3d] (1874-1933) • *13.07.1874 Berlin • ∪ev-luth. • Großherzoglicher oldenburgischer Burggräfl. Leibjäger zu Oldenburg • erwähnt 1900 im Adreßbuch zu Oldenburg mit Adresse Schlossplatz 6 • ∞10.05.1902 Barby/Elbe mit Else Graupner (?) (*21.01.1882) • +11.10.1933 Oldenburg

■ Eduard August <u>Paul</u> Wachtmann[#3e] (1875-1940) • *18.06.1875 Berlin-Friedrichshagen • ∪ev-luth. • Mechaniker/Werkmeister bei Siemens in Berlin • ∞06.10.1898 Berlin-Kreuzberg mit Luise <u>Martha</u> Hedwig

---

[1] Taufpaten: Conrad Gärtner (Konsul in Hocadate, Japan), Otto Krasselt (Kaufmann in Berlin) und Friedrich Krasselt (Soldat in Frankreich)

[2] Ida Klara Ruthe (???-1939) • Ⓥ Friedrich Heinrich Ruthe (~1830-???) • Ⓜ Christiane Charlotte Imroth (~1843-???) • ∪ev 07.07.??? • +1939 Dortmund

Liesebach[1] (1875-1951) • Ⓚ <u>Helena</u> (<u>Lena</u>) Frieda Paula (*1899 Berlin); <u>Rudolf</u> Kurt Paul (*1900 Berlin); <u>Gertrud</u> Elsa Margarete (*1911 Berlin) • +27.08.1940 Berlin-Rudow

▪ Georg <u>Richard</u> Karl Wachtmann[#3f] (1876-1958) • *13.11.1876 Berlin • ◡ev-luth. • Stadtsekretär und Stadtinspektor in Mülheim/Ruhr • letzte Adresse: Stallmanns Hof 20, Mülheim/Ruhr • ∞ev 27.03.1920 Mühlheim/Ruhr mit Katharina Lücker[2] (1890-1936) • Ⓚ Konrad Wilhelm (<u>Willi</u>) Richard[3] (*1921 Mülheim/Ruhr) • +03.08.1958 Mühlheim/Ruhr

---

[1] Luise Martha <u>Hedwig</u> Liesebach (1878-1951) • Ⓥ Karl Zimmermann (1861-1934), *08.03.1861 Berlin, ∞07.07.1881 Rixdorf/Berlin, +19.04.1934 Berlin • Ⓜ Luise <u>Rosalie</u> Hulda Liesebach (1851-1938), *04.03.1851 Liebenzig/Schlesien, +26.11.1938 Berlin-Kreuzberg • *27.01.1878 Berlin (vorehelich) • ◡rk • +15.12.1951 Berlin-Rudow
[2] Katharina Lücker (1890-1936) • Ⓥ Friedrich Lücker, Kaufmann • Ⓜ Katharina Burgsmüller • *25.11.1890 Mühlheim/Ruhr • ◡ev • +13.12.1936 Mühlheim/Ruhr
[3] Konrad Wilhelm (<u>Willi</u>) Richard Wachtmann (1921-1944) • *12.06.1921 Mülheim/Ruhr • Student • Baupraktikant • Soldat im 2. Weltkrieg • +30.04.1944 Polizai/Ostfront (gefallen als Obergefreiter)

V
Generation II
(Eltern)

#4   **Seybert, Karl <u>Wilhelm</u> (1821-<1898)**

Ⓥ Karl Wilhelm Seybert[#8] (1771-1856) • Ⓜ Sophia Wilhelmine Fenner[#9] (1788-1860) • *09.03.1821 Kirchbauna/Hessen • ∪ev 21.03.1821 Kirchbauna/Hessen • ∞ev 01.07.1855 Allendorf/Werra mit Karoline Philippine Schüler[#5] (1831-<1898) • Ⓚ Sophia[#2a] (*1856 Ransbach); Amalia Charlotte Elisabeth[#2b] (*1858); Georg Karl[#2c] (*1860 Ransbach); Karl Wilhelm[#2d] (*1862); <u>Friedrich</u> Theodor Wolfgang[#2] (*1865 Ransbach); Gottfried Friedrich[#2e] (*>1865); NN♀[#2f] (*1869), Johann Gideon Philipp[#2g] (*1870 Ransbach) • <1898

1835-1843 Gymnasium zu Kassel • 1843 Studium der ev. Theologie • ev. Pfarrer zu Ransbach/Hessen

▪ Ottilie Seybert[#4a] (1813->1838) • *01.04.1813 Elgershausen/Hessen • ∪ev • konf. 1827 • ∞12.08.1838 Kirchbauna mit Christian Kilian[1] (???->1838) • +>1838

▪ Gottfried Ludwig Seybert[#4b] (1814-1830) • *1814 Elgershausen/Hessen • ∪ev • +1830

▪ Ludwig Seybert[#4c] (1816-1874) • *26.05.1816 Elgershausen/Hessen • ∪ev 09.06.1816 • konf. 30.05.1830 • Gymnasium Kassel, 28.09.1834 Abitur • 17.11.1834 immatrikuliert zu Marburg • 11.07.1838 erstes Examen • 1842-1849 Pfarrgehilfe in Sand • 1849-1851 Pfarrgehilfe in Breitenbach • Frühjahr 1851-1855 ev. Pfarrer in Ziegenhagen • seit 1855 ev. Pfarrer in Ermschwerd • ∞ev 25.01.1851 Merxhausen mit Karoline

---

[1] Christian Kilian (???->1838) • Ⓥ Adam Georg Kilian, Ackermann in Hertingshausen • Ackermann • +>1838

Paulus[1] (1814-1858) • Ⓚ Karl[2] (*1853 Ziegenhagen); <u>Sophie</u> Wilhelmine Henriette Amalie[3] (*1854 Ziegenhagen) • +1874 Ermschwerd

▪ Louise Seybert[#4d] (1818-1818) • *1818 Elgershausen/Hessen • +1818 Elgershausen

▪ Louise Sophie Seybert[#4e] (1819-1853) • *18.07.1819 Kirchbauna/Hessen • ᴗev 25.07.1819 Kirchbauna • ∞09.08.1846 Kirchbauna mit Johannes Reuting[4] (1820->1853) • Ⓚ Ludwig[5] (*1853) • +1853

▪ Franz Seybert[#4f] (1823->1841) • *23.07.1823 Kirchbauna/Hessen • ᴗev 08.08.1823 • 1835-1841 Gymnasium zu Kassel • Ökonom • widmet sich der Landwirtschaft • +>1841

▪ Karl Heinrich Seybert[#4g] (1825-1826) • *1825 Kirchbauna/Hessen • ᴗev • +1826

▪ Charlotte Marie Seybert[#4h] (1828-1875) • *16.02.1828 Kirchbauna/Hessen • ᴗev 03.03.1828 Kirchbauna/Hessen •

---

[1] Karoline Paulus (1814-1858) • Ⓥ Pfarrer Karl Friedrich Martin Paulus (1763-1849), *31.03.1763 Haueda, +15.01.1849 Sand, □22.01.1849 Sand • Ⓜ Elisabeth Grebe (1773-1848), *13.03.1773 Hohenborn, +05.01.1848 Sand, □11.01.1848 Sand • *01.12.1814 Wichte • +11.09.1858 Ermschwerd

[2] Karl Seybert (1853-???) • *24.02.1853 Ziegenhagen • Postsekretär zu Hünfeld

[3] <u>Sophie</u> Wilhelmine Henriette Amalie Seybert (1854-1904) • *04.06.1854 Ziegenhagen • ∞ mit ihrem Cousin Ludwig Reuting (1854-1903), Kaufmann zu Hedemünden • Ⓚ Otto Georg Ludwig (*1887); Carl • +1904 Hedemünden

[4] Johannes Reuting (???->1846) • Ⓥ Friedrich Reuting (1785-1826), Müller in Hoof, Sohn von Johann Bernhard Reuting (1748-1813) und Maria Elisabeth Frembder (1747-1791) • Ⓜ Anna Gertrud Damm (*1800 Kirchbauna), Tochter von Johannes Damm (1767-1837) und Anna Appel (1773-1832) • Hilfslehrer an der Bürgerschule in Kassel • +>1846

[5] Ludwig Reuting (1853-1903) • *18.04.1853 • ∞ mit seiner Cousine <u>Sophie</u> Wilhelmine Henriette Amalie Seybert (1854-1904) • +1903

∞26.02.1851 Kirchbauna mit Heinrich Ludwig Fridolin Engel[1] (???-
[>]1851) • +26.02.1875 Kassel (Freiheit)

#5 Schüler, Karoline Philippine Christine (1831-[<]1898)

Ⓥ Karl Georg Schüler[#10] (1793-1885) • Ⓜ Sophie Christiane Elisabeth
Huber[#11] (1794-1858) • *29.09.1831 Waldkappel • ∪ev Allendorf/Werra
• ∞ev 01.07.1855 Allendorf/Werra mit Karl Wilhelm Seybert[#4] (1821-
[<]1898) • Ⓚ Sophia[#2a] (*1856 Ransbach); Amalia Charlotte Elisabeth[#2b]
(*1858); Georg Karl[#2c] (*1860 Ransbach); Karl Wilhelm[#2d] (*1862);
<u>Friedrich</u> Theodor Wolfgang[#2] (*1865 Ransbach); Gottfried Friedrich[#2e]
(*[>]1865); NN[♀#2f] (*1869); Johann Gideon Philipp Seybert[#2g] (*1869
Ransbach) • +[<]1898

▪ <u>Sophie</u> Elise Schüler[#5a] (1828-1900) • *03.09.1828 Waldkappel • ∪ev •
∞ev 18.04.1854 Allendorf/Werra mit Friedrich Ritter[2] (1821-1881) • Ⓚ
<u>Bernhardine</u> Amalie Ottilie[3] (*1855 Allendorf/Werra); <u>Gottfried</u>
Theodor Friedrich[4] (*1856 Allendorf/Werra); Emilie Auguste[1] (*1859

---

[1] Heinrich Ludwig Fridolin Engel (???-[>]1851) • Ⓥ Georg Friedrich Engel, Lehrer zu
Lutterberg/Hannover • Ⓜ Wilhelmine Waßmann • Schullehrer in Kassel • +[>]1851
[2] Friedrich Ritter (1821-1881) • Ⓥ Georg Friedrich Ritter (1793-1852), ev. Pfarrer • Ⓜ
Christine Ottilie Vogeley (1796-1865) • *16.11.1821 Dudenrode • ∪ev • 1854-1857
Pfarrgehilfe zu Allendorf • 1858 ev. Pfarrer zu Witzenhausen, dann zu Sooden/Werra
• +11.04.1881 Sooden/Werra
[3] <u>Bernhardine</u> Amalie Ottilie Ritter (1855-1940) • *15.02.1855 Allendorf/Werra • ∪ev •
unverheiratet • +21.10.1940
[4] <u>Gottfried</u> Theodor Friedrich Ritter (1856-1934) • *09.10.1856 Allendorf/Werra • ∪ev
• ev. Pfarrer zu Sooden/Werra • Metropolitan zu Lichtenau und Kassel-
Niederzwehren • ∞ev 09.10.1884 Marburg mit <u>Charlotte</u> Auguste Georgine Elise
Schaub (1864-1946), *10.03.1864 Altmorschen, +08.11.1946 Marburg, Tochter von
Pfarrer <u>Georg</u> Philipp Christian Schaub (*15.07.1812 Allendorf/Werra, +22.01.1865)
und seiner zweiten Ehefrau <u>Elise</u> Wilhelmine Sophie Karoline Trieschmann
(*05.12.1835 Bockenheim, +17.10.1913 Kassel) • Ⓚ <u>Rudolf</u> Wilhelm (1886-1922),
*04.01.1886 Sooden/Werra, ∪ev, ev. Pfarrer zu Willershausen/Eschwege, +13.12.1922
Richerode/Fritzlar; <u>Gerhard</u> Georg Bernhard; Gerhard (1888-1967), *06.04.1888
Sooden/Werra, ∪ev, Prof. für Geschichte an der Uni Freiburg, +01.07.1967
Freiburg/Breisgau; Karl Bernhard (1890-???), *17.03.1890 Sooden/Werra, ∪ev,

Witzenhausen); Marie <u>Sophie</u>[2] (*1861 Witzenhausen); Georg <u>Rudolf</u>[3] (*1864 Witzenhausen); <u>Marie</u>[4] (*1866 Witzenhausen); Elisabeth[5] (*1869 Witzenhausen); <u>Anna</u> Amelie Margarete[6] (*1869 Witzenhausen),

+15.08.1968 Königstein/Taunus; Hans Gideon Friedrich (1892-???), *27.02.1892; <u>Marie</u> Anna Elisabeth (1894-1895), *24.06.1894 Sooden/Werra, ∪ev, +28.02.1895 Sooden/Werra; <u>Renate</u> Anna Marie Luise (1896-1907), *29.08.1896 Sooden/Werra, ∪ev, +17.04.1907 Kassel-Niederzwehren; <u>Friedbert</u> Emil Friedrich Albert (1900-1981), *18.02.1900 Sooden/Werra, ∪ev, +1981 • +26.09.1934 Marburg

[1] Emilie Auguste Ritter (1859-1911) • *02.08.1859 Witzenhausen • ∪ev • unverheiratet • +21.03.1911 Sooden/Werra

[2] Marie <u>Sophie</u> Ritter (1861-1862) • *23.11.1861 Witzenhausen • ∪ev • +21.10.1862 Witzenhausen

[3] Georg <u>Rudolf</u> Ritter (1864-1952) • *10.01.1864 Witzenhausen • ∪ev • 23.03.1890 ordiniert • 1893 Rektor in Borken • 1893-1897 ev. Pfarrer in Raboldshausen • 1897-1905 ev. Pfarrer in Quentel • 1905-1911 ev. Pfarrer in Frankenberg • 1911-1920 ev. Pfarrer in Heckershausen • 1920 ausgewandert nach Mexiko • 1946 Rückkehr als emeritierter Pfarrer, wohnhaft in Bad Sooden-Allendorf • ∞ev 14.10.1891 Ernsthausen/Frankenberg mit Sophie Dehnhardt (1869-1946), *25.09.1869 Ernsthausen, +07.10.1946 Mexiko-City, Tochter von Karl Dehnhardt (Lehrer zu Ernsthausen) und Marie Trusheim • Ⓚ Sophie Marie Emilie <u>Hildegard</u> (*25.11.1893 Raboldshausen); Elisabeth Anna <u>Irmgard</u> (*30.11.1895 Raboldshausen); Bernhardine Elisabeth <u>Ingeborg</u> (*14.02.1897 Raboldshausen); Julius Gottfried <u>Friedrich</u> (*09.05.1898); Julius Gideon Walther (*14.08.1899 Raboldshausen); Friedrich <u>Erwin</u> (*20.02.1901 Raboldshausen); Anna Elfriede (*12.06.1902 Quentel); Jeannette Charlotte <u>Hertha</u> (*06.05.1904 Quentel); Otto Gideon <u>Elmar</u> (*05.04.1906 Frankenberg); Katharine Ingrid (*26.01.1908 Frankenberg); Ella Johanna <u>Ilse</u> (*09.11.1909 Frankenberg) • +19.02.1952 Wahlhausen

[4] Marie Ritter (1866-1893) • *10.01.1866 Witzenhausen • ∪ev • ∞ev 10.05.1892 Sooden/Werra mit Julius Dehnhard (1863-1957), Sohn von Karl Dehnhard (Lehrer in Ernsthausen) und Maria Trusheim • +18.08.1893 Reichenbach/Hess. Lichtenau

[5] Elisabeth Ritter (1869-1946) • *13.10.1869 Witzenhausen • ∪ev • ∞09.05.1904 Sooden/Werra mit Obersekretär am Reichsgericht und dann Reichsgerichtsamtmann Wilhelm Bartsch (1868-1926) • Ⓚ Käthe (1905-???), *14.04.1905, Studienrätin • +27.12.1946 Leipzig

[6] <u>Anna</u> Amelie Margarete Ritter (1869-1951) • *06.11.1869 Witzenhausen • ∪ev • ∞04.05.1897 Sooden/Werra mit Gerichtssekretär in Wanfried und dann Rechnungsrat zu Kassel <u>Hermann</u> Friedrich Carl Louis Hoffmann (1862-1939), Sohn von Friedrich August Hoffmann (Oberförster zu Hersfeld) und Wilhelmine Pfaff • Ⓚ Magdalene (*19.07.1901 Wanfried) • +01.07.1951 Wabern

<u>Jeannette</u> Auguste[1] (*1871 Witzenhausen); Gideon Gottfried Friedrich[2] (*1873 Allendorf/Werra) • +21.05.1900 Sooden/Werra

▪ Friedrich Theodor Wolfgang Schüler[#5b] (1839-1910) • *30.01.1839 Allendorf/Werra • ∪ev • Klosterschüler in Hersfeld • 1864 Pfarrgehilfe in Niederzwehren • 1865-1844 ev. Pfarrer in Haueda als Nachfolger von Philipp Ludwig Rommel • 1884-1887 ev. Pfarrer und Metropolitan in Witzenhausen • 1887-1910 ev. Pfarrer in Oberkaufungen und Superintendent der Diözese Kassel-Witzenhausen • ∞I 1865 mit Elise Claus[3] (1836-1878) • Ⓚ Marie Sophie Amalie Charlotte[4] (*1869 Haueda); Karl Friedrich Ernst Georg[5] (*1873 Haueda); Auguste Emilie Elisabeth[6]

---

[1] <u>Jeannette</u> Auguste Ritter (1871->1913) • *16.09.1871 Witzenhausen • ∪ev • ∞ev 04.04.1899 Sooden/Werra mit Karl George Arend (1865-1920), *22.03.1865 Witzenhausen, +08.12.1920 Hersfeld, Pfarrer und Inspektor des Schülerheims zu Hersfeld, Sohn von Georg Arend (städt. Forstaufseher zu Witzenhausen) und Marie Elise Kolbe • Ⓚ Marie (*21.01.1901 Hersfeld); Elisabeth (*04.02.1902 Hersfeld); Walter (*23.01.1904); Hildegard (*01.05.1912); Hans-Karl (*14.07.1913) • +>1913

[2] Gideon Gottfried Friedrich Ritter (1873-1954) • *17.12.1873 Allendorf/Werra • ∪ev • Postassistent zu Allendorf/Werra, dann Postmeister zu Hess. Lichtenau, Neustadt, Hoheneiche, Oberkaufungen und Kassel • ∞I 15.10.1899 Allendorf/Werra mit <u>Mathilde</u> Friederike Emilie Mülhause (1870-???) • Ⓚ <u>Gottfried</u> Karl Friedrich (*20.09.1900 Allendorf/Werra); <u>Walter</u> Rudolf Hermann (*19.02.1906 Hess. Lichtenau); Gertrud Emilie Jeannette Frieda Julie Sophie <u>Margarethe</u> (*30.09.1909 Hess. Lichtenau) • ∞II 11.08.1912 Hess. Lichtenau mit Hedwig Miltner (1889-???) • Ⓚ <u>Rudolf</u> Heinrich Karl Friedrich (*22.11.1913 Neustadt/Marburg); Marie Luise Ursula (*12.09.1917 Hoheneiche); <u>Hedwig</u> Marie Ursula (*07.02.1923 Hoheneiche) • +04.12.1954 Kassel/Harleshausen

[3] Elise Claus (1836-1878) • *01.12.1836 Allendorf • +12.04.1878 Haueda

[4] Marie Sophie Amalie Charlotte Schüler (1869->1894) • *02.09.1869 Haueda • ∞23.10.1894 Oberkaufungen mit Pfarrer Kaspar Maurer • +>1894

[5] Karl Friedrich Ernst Georg Schüler (1873->1902) • *30.11.1873 Haueda • ∪ev • ev. Pfarrer in Nassenerfurth • ∞03.01.1902 Oberkaufungen mit Paula Jenny v. Lengerke (1873-1952), Tochter von Dr. med. Heinrich v. Lengerke und Helene v. Baumbach • +>1902

[6] Auguste Emilie Elisabeth Schüler (1878->1900) • *18.03.1878 Haueda • ∪ev • ∞ev 19.04.1900 Oberkaufungen mit ev. Pfarrer Rudolf Baustedt (1861-1907), *24.07.1861 Densberg, +19.08.1907 Obermeiser, Sohn von Forstmeister Rudolf Wilhelm Baustedt und Helene Amalie Peters • +>1900

(*1878 Haueda) • ∞II 15.05.1884 mit Ida Henriette Ernestine Rettberg[1] (1847-1885) • Ⓚ Theodor Johannes Emil[2] (*1885 Witzenhausen) • +16.10.1910 Ochshausen, verstorben in der Schule Ochshausen auf dem Heimweg von einer Visitation in Crumbach • ☐ev 19.10.1910 Oberkaufungen

#6   Wachtmann, Rudolf Heinrich (1841-1892)

Ⓥ Hermann Friedrich Wachtmann[#12] (1803-1862) • Ⓜ Regine Margarethe <u>Gertrud</u> Thoerner[#13] (1817-1888) • *14.02.1841 Osnabrück • ∪ev-luth. 30.03.1841 Osnabrück (St. Katharinen) • ∞ev 30.03.1867 Berlin mit Henriette Marie Wilhelmine <u>Pauline</u> Krasselt[#7] (1841-1917) • Ⓚ <u>Gertrud</u> Sophie Therese[#3] (*1868 Osnabrück); Rudolf[#3a] (*1869 Osnabrück); Konrad[#3b] (*1871 Bramsche); Berthold August[#3c] (*1872 Berlin); Wilhelm Alfons[#3d] (*1874 Berlin); Paul[#3e] (*1875 Berlin); Richard[#3f] (*1876 Berlin) • +29.05.1892 Barby/Elbe • ☐ev 31.05.1892 Barby/Elbe

Angestellter beim Stahlwerk in Osnabrück

▪ Johanne <u>Eleonore</u> Wachtmann[#6a] (1833->1870) • *1833 • ∪ev-luth. • ∞ev 05.09.1859 Aplerbeck/Dortmund mit Ludolf Ludwig Friedrich Wilhelm Schulz[3] (1838->1870) • Ⓚ Henriette[4] (*1860 Aplerbeck/Dortmund); Gottfried Friedrich Wilhelm[5] (*1861); Hermann Friedrich[6] (*1863 Aplerbeck/Dortmund); Rudolph[1] (*1866

---

[1] Ida Henriette Ernestine Rettberg (1847-1885) • Ⓥ Dr. Friedrich Wilhelm Rettberg, Konsistorialrat • Ⓜ Karoline Friederike Emilie Gieseler • *27.10.1847 Marburg • +16.05.1885 Witzenhausen

[2] Theodor Johannes Emil Schüler (1885-1958) • *01.05.1885 Witzenhausen • ∪ev • ev. Pfarrer in Remsfeld • ∞ mit Elfriede Gönnemann aus Wuppertal • +07.01.1958 Remsfeld

[3] Ludolf Ludwig Friedrich Wilhelm Schulz (1838->1870) • Ⓥ Gottfried Schulz • Ⓜ Henriette Dieckerhoff • *1838 • +>1870

[4] Henriette Schulz (1860-???) • ∪ev 23.08.1860 Aplerbeck/Dortmund

[5] Gottfried Friedrich Wilhelm Schulz (1861-???) • ∪ev 04.10.1861

[6] Hermann Friedrich Schulz (1863-???) • *09.05.1863 Aplerbeck/Dortmund • ∪ev 07.06.1863 Aplerbeck/Dortmund

Aplerbeck/Dortmund); Marie[2] (*1868 Aplerbeck/Dortmund); Elisabeth[3] (*1870 Aplerbeck/Dortmund) • +>1870

▪ Hermann Friedrich Wachtmann[#6b] (1850->1883) • *01.06.1850 • ∪ev-luth. • ∞12.08.1883 Bünde/Westfalen mit Amalie Charlotte Henriette Eckelmann[4] (1861->1883) • +>1883

#7   Krasselt, Henriette Marie Wilhelmine Pauline
             (1841-1917)

Ⓥ Ferdinand Friedrich Wilhelm Krasselt[#14] (1802->1851) • Ⓜ Fredericke Wilhelmine Dorothea Carl[#15] (1817-1855) • *10.07.1841 Berlin • ∪ev 15.08.1841 Berlin (Dom) • ∞ev 30.03.1867 Berlin mit Heinrich Rudolf Wachtmann[#6] (1841-1892) • Ⓚ Gertrud Sophie Therese[#3] (*1868 Osnabrück); Rudolf[#3a] (*1869 Osnabrück); Konrad[#3b] (*1871 Bramsche); Berthold August[#3c] (*1872 Berlin); Wilhelm Alfons[#3d] (*1874 Berlin); Paul[#3e] (*1875 Berlin); Richard[#3f] (*1876 Berlin) • +29.05.1892 Barby/Elbe • +26.05.1917 Barby/Elbe • □ev 29.05.1917 Barby/Elbe

Halbgeschwister aus der 1833 geschlossenen ersten Ehe des Vaters Ferdinand Friedrich Wilhelm Krasselt[#14] (1802->1851) mit Friedericke Dorothea Richter (1813-1839):

▪ Karoline Ernstine Emilie Marie Krasselt[#7a] (1834->1870) • *11.07.1834 Berlin • ∪ev 24.08.1834 Berlin (Dom) • ∞04.04.1861 Stettin (Garnison) mit Friedrich Wilhelm Schittenhelm/Schüttenhelm[5] (1832->1870) • Ⓚ

---

[1] Rudolph Schulz (1866-???) • *02.03.1866 Aplerbeck/Dortmund • ∪ev 22.03.1866 Aplerbeck/Dortmund
[2] Marie Schulz (1868-???) • *12.07.1868 Aplerbeck/Dortmund • ∪ev 12.08.1868 Aplerbeck/Dortmund
[3] Elisabeth Schulz (1870-???) • ∪ev 10.04.1870 Aplerbeck/Dortmund
[4] Amalie Charlotte Henriette Eckelmann (1861-???) • Ⓥ Rud. Heinrich Eckelmann • Ⓜ Johanne Henriette Samueline Seeliger • *03.02.1861
[5] Friedrich Wilhelm Schittenhelm/Schüttenhelm (1832->1870) • *06.12.1832 • Feldwebel im 3. Regiment in Stettin • +>1870

Olga Emilie[1] (*1861 Stettin); <u>Paul</u> Ferdinand[2] (*1863 Garnison Stettin); <u>Anna</u> Caroline[3] (*1865 Berlin); Marie Pauline[4] (*1870 Berlin) •+>1870

▪ Alexander Ferdinand Krasselt[#7b] (1837-1840) • *22.07.1837 Berlin • ⌣ev 03.09.1837 Berlin (Dom) • +06.05.1840 • □ev 08.05.1840 Berlin (Dom)

Geschwister aus der 1841 geschlossenen zweiten Ehe des Vaters Ferdinand <u>Friedrich Wilhelm</u> Krasselt[#14] (1802->1851) mit Fredericke <u>Wilhelmine</u> Dorothea Carl[#15] (1817-1855):

▪ Amalie Wilhelmine Krasselt[#7c] (1843->1871) • *30.10.1843 Berlin • ⌣ev 10.12.1843 Berlin (Dom) • ∞~1865 mit Carl Johann Langer • Ⓚ Otto Ferdinand[5] (*1866 Berlin); Pauline Marie[6] (*1867 Berlin); Clara Johanna Marie[7] (*1871 Berlin) • +>1871

▪ Wilhelmine Amalie Krasselt[#7d] (1845-1846) • *09.11.1845 Berlin • ⌣ev 26.12.1845 Berlin (Dom) • +01.07.1846 Berlin

▪ Wilhelmine Amalie Anna Krasselt[#7e] (1846-1846) • *1846 Berlin • +01.07.1846 Berlin • □ev 03.08.1846 Berlin

▪ Friedrich Ferdinand Krasselt[#7f] (1848-???) • *07.01.1848 Berlin • ⌣ev 27.02.1848 Berlin (Dom)

▪ Friedrich Ernst Krasselt[#7g] (1849-???) • *22.08.1849 • ⌣ev 07.09.1849 Berlin (St. Georgen)

---

[1] Olga Emilie Schittenhelm/Schüttenhelm (1861-???) • *27.12.1861 Stettin • ⌣ev 16.02.1862 Stettin (Garnison)
[2] <u>Paul</u> Ferdinand Schittenhelm/Schüttenhelm (1863-???) • *11.02.1863 Stettin • ⌣ev 26.02.1863 Stettin (Garnison)
[3] <u>Anna</u> Caroline Schittenhelm/Schüttenhelm (1865-???) • *08.11.1865 Berlin • ⌣ev 17.12.1865 Berlin (Dom)
[4] Marie Pauline Schittenhelm/Schüttenhelm (1870-???) • *13.10.1870 • ⌣ev 18.12.1870 Berlin (St. Markus)
[5] Otto Ferdinand Langer (1866-???) • ⌣ev 22.04.1866 Berlin (Dom)
[6] Pauline Marie Langer (1867-???) • ⌣ev 08.09.1867 Berlin (Dom)
[7] Clara Johanna Marie Langer (1871-1871) • ⌣ev 12.05.1871 Berlin (Dom) • +07.12.1871 • □10.12.1871 Berlin (Dom)

- Wilhelmine Marie Bertha Krasselt[#7h] (1851-1851) • *10.10.1851 Berlin
- ∪ev 14.12.1851 Berlin (Dom)

VI
Generation III
(Großeltern)

#8   Seybert, Karl Wilhelm (1771-1856)

Ⓥ Johann Heinrich Seybert[#14] (1741-1794) • Ⓜ Dorothea Elisabeth Wittich[#15] (???-$^>$1771) • *13.03.1771 Wehren • ∪ev-ref. 20.03.1771 Kassel (Freiheit) • ∞ev 24.05.1812 Hoof/Kassel mit Sophia Wilhelmine Fenner[#9] (1788-1860) • Ⓚ Ottilie[#4a] (*1813 Elgershausen); Gottfried Ludwig[#4b] (*1814 Elgershausen); Ludwig[#4c] (*1816 Elgershausen); Louise[#4d] (*1818 Elgershausen); Louise Sophie[#36e] (*1819 Kirchbauna); Karl Wilhelm[#4](*1821); Franz[#4f] (*1823 Kirchbauna); Karl Heinrich[#4g] (*1825 Kirchbauna); Charlotte Marie[#4h] (*1828 Kirchbauna) • +11.07.1856 Kassel

09.04.1789 immatrikuliert zu Marburg • 1792 Kandidat des Pfarramts • 1799 Pfarrer extr. in Kassel • 1805 ev-ref. Feldprediger der Brigarde Wurmb • 1806-1818 ev-ref. Pfarrer in Elgershausen • 1818-1855 ev-ref. Pfarrer in Kirchbauna als Nachfolger von Ludwig Werner • ab 03.05.1855 emeritiert mit 340 Rtlr. Ruhegehalt aus der Pfründe und einem Kanonikat

#9   Fenner, Sophia Wilhelmine (1788-1860)

Ⓥ Johann Heinrich Fenner[#18] (1751-1788) • Ⓜ Anna Maria Rübenkönig[#19] (1759-1810) • *22.05.1788 • ∪ev-ref. • ∞ev 24.05.1812 Hoof/Kassel mit Karl Wilhelm Seybert[#72] (1771-1856) • Ⓚ Ottilie[#4a] (*1813 Elgershausen); Gottfried Ludwig[#4b] (*1814 Elgershausen); Ludwig[#4c] (*1816 Elgershausen); Louise[#4d] (*1818 Elgershausen); Louise Sophie[#36e] (*1819 Kirchbauna); Karl Wilhelm[#4](*1821); Franz[#4f] (*1823 Kirchbauna); Karl Heinrich[#4g] (*1825 Kirchbauna); Charlotte Marie[#4h] (*1828 Kirchbauna) • +04.05.1860 Kassel

geboren 1788 im Todesjahr des Vaters

▪ Heinrich Ludwig Fenner[#9a] (1780-1781) • *03.04.1780 • ⌣ev-ref. • +13.07.1781

▪ Johann <u>Gottfried</u> Fenner[#9b] (1782-1864) • *08.06.1782 Ziegenhain • ⌣ev-ref. 10.06.1782 • konf. Ostern 1796 Ziegenhain • 1788 im Alter von sechs Jahren Tod des Vaters • 20.10.1789 immatrikuliert in Marburg • 20.12.1802 erstes theol. Examen • 1804-1809 ev. Pfarrer zu Dillich (ernannt am 16.11.1804 und Amt angetreten am 25.11.1804) • 1809-1830 Pfarrer zu Hoof/Kassel (ernannt am 28.03.1809 und Amt angetreten am 01.06.1809) • 1830-1864 ev. Pfarrer zu Kassel-Kirchditmold (ernannt am 20.01.1830, Amt angetreten am 01.02.1830) • am 16.11.1864 hat er sein 60jähriges Amtsjubiläum wegen Altersschwäche nicht gefeiert • ∞I 27.08.1805 Niedergrenzebach mit Sophie Wilhelmine Louise Cranz[1] (1787-1819) • Ⓚ Friedrich Ludwig Theobald[2] (*1806 Dillich); Karl Theodor[3] (*1808 Dillich); Charlotte Maria (<u>Lottchen</u>)[4] (*1810 Hoof/Kassel); Ferdinand Daniel[1] (*1812

---

[1] Sophie Wilhelmine Louise Cranz (1787-1819) • Ⓥ Karl Wilhelm Cranz, ev. Pfarrer zu Großenenglis • Ⓜ Susanna Philippine Caroline Graebe • *17.07.1787 Großenenglis • ⌣ev 22.07.1787 Großenenglis • konf. 1801 Dillich • +18.01.1819 Hoof/Kassel, nach Geburt des 7. Kindes

[2] Friedrich Ludwig Theobald Fenner (1806-1871) • *07.10.1806 Dillich • ⌣ev • Schüler in Hersfeld • 07.05.1825 immatrikuliert zu Marburg • 1830-1833 ev. Pfarrer in Züschen • 1833-1838 Seminarlehrer in Kassel, Homberg und Schlüchtern • 1838-1844 Gymnasiallehrer und Pfarrer in Hanau • 1844-1871 Gymnasiallehrer in Marburg/Lahn • ∞25.11.1837 Schlüchtern mit Emma Zinkhan (1819-1852), *25.01.1819 Schlüchtern, +19.12.1852 Marburg, Tochter des Kreisphysikus in Schlüchtern Dr. med. Moritz Zinkhan und Maria Stickel • +14.10.1871 Marburg

[3] Karl Theodor Fenner (1808-1852) • *04.06.1808 Dillich • ⌣ev • 07.05.1825 immatrikuliert zu Marburg • 1836-1838 Sekretär im Kriegsministerium in Kassel • 1838-1850 Obergerichtsrat in Hanau • 1850-1852 wegen Geisteskrankheit zuerst in Siegburg bei Bonn, dann in Haina • ∞02.02.1837 mit Charlotte Nöding (1814-1910), *15.03.1814 Bensdorf/Rhein, +10.02.1910 Marburg, Tochter des Rektors in Spangenberg und Inspektors des Lehrerseminars in Marburg Caspar Nöding und Maria Schüler • +05.01.1852 Haina

[4] Charlotte Maria (<u>Lottchen</u>) Fenner (1810-1892) • *10.09.1810 Hoof/Kassel • ⌣ev • ∞ev 02.04.1834 Johann Heinrich Kimpel (1805-1872), *08.09.1805 Weißenborn, +06.11.1872 Borken, □10.11.1872, Sohn von Landwirt Nicolaus Kimpel und Anna Elisabeth Schmidt, 1820-1826 Schüler zu Hersfeld, 1833-1845 ev. Pfarrer in Züschen,

Hoof/Kassel); Karl Justus[2] (*1815 Hoof/Kassel); Otto George Christian Gottfried[3] (*1817 Hoof/Kassel); Luise Mathilde[4] (*1819 Hoof/Kassel) • ∞II ˜1828 mit Maria Karoline Justina Hildebrand[5] (1788-1862) • Ⓚ Gottfried Ludwig[6] (*1829 Hoof) • +04.12.1864 Kirchditmold/Kassel • ☐ev 07.12.1864 Kirchditmold/Kassel

---

1845-1857 ev. Pfarrer in Ehringen, 1858-1872 Metropolitan in Hümme • Ⓚ sieben • +15.02.1892 Ehringen • ☐29.02.1892 Ehringen
[1] Ferdinand Daniel Fenner (1812-1900) • *01.07.1812 Hoof/Kassel, ᴗev 12.07.1812 Hoof/Kassel • Schüler in Hersfeld und Kassel • 1833-1837 immatrikuliert zu Marburg • 1841 gründet in Kassel eine Privatvorbereitungsanstalt für das Gymnasium • 1846-1865 ev. Pfarrer in Dillich, ernannt 22.10.1846 • 1865 muß wegen einer sittlichen Verfehlung Dillich verlassen, bleibt aber nach wie vor bis 1884 Inhaber der Pfarrstelle in Dillich • 1866 Kauf eines Bauernhauses in Metzebach und lehrt von dort aus in einer Privatschule in Spangenberg • verkauft seinen Hof und zieht nach Spangenberg • April 1892-1893 ev. Pfarrer in Hela/Danzig • 1893-1900 Ruhestand in Melsungen • ∞16.06.1844 Borken mit Helene Wilhelmina Clotilde Cranz (1820-1890), *27.06.1820 Borken, +09.01.1890 Hela/Danzig, Tochter des Adovakten zu Borken Friedrich Cranz und Catharina Caroline Ernestine Fuchs • Ⓚ zehn • +04.11.1900 Melsungen, verstorben an einem Schlaganfall
[2] Karl Justus Fenner (1815-1841) • *14.04.1815 Hoof/Kassel • Schüler in Hersfeld, wo er um 1833 relegiert wurde, weil er auf eine Klassentür einen Esel gemalt hatte, in dem einer der Lehrer dargestellt wurde • ohne Abitur (hätte dies vor dem Examen nachholen können) 20.05.1833 immatrikuliert zu Marburg mit seinem Bruder Ferdinand Daniel Fenner • 1834 Studium und Ausbildung als Maler in Kassel • +10.11.1841 Kassel, verstorben an einem Nervenfieber
[3] Otto George Christian Gottfried Fenner (1817-1876) • *14.01.1817 Hoof/Kassel • Landwirt, erhält von seinem Vater beträchtliches Startkapital • 1843-1847 Gutpächter in Kleinenglis • 1847-1853 Gutsbesitzer in Frommershausen • 1854-1866 Gutsbesitzer in Glimmerode bei Hess. Lichtenau • 1866-1876 Rentner in Schlüchtern • ∞14.09.1843 Schlüchtern mit Ida Zinkhan (1821-1894), *08.08.1821 Schlüchtern, +08.02.1894 Schlüchtern, Tochter des Apothekers und Stadtrentmeisters zu Schlüchtern Gottlieb Zinkhan (Bruder von Dr. med. Moritz Zinkhan) • +16.04.1876 Schlüchtern
[4] Luise Mathilde Fenner (1819-1895) • *18.01.1819 Hoof • ᴗev • lebt bis 1864 bei ihrem Vater in Kirchditmold, danach bei verschiedenen Verwandten und seit 1890 bei ihrem Neffen Pfarrer Kimpel in Ödelsheim • unverheiratet • +22.11.1895 Ödelsheim
[5] Maria Karoline Justina Hildebrand (1788-1862) • Ⓥ Heinrich Hildebrand, Pfarrer zu Heckershausen • Ⓜ Marie Caroline Victoria Friederike Mühlhausen • *28.08.1788 Heckershausen/Kassel • +22.05.1862 Kirchditmold
[6] Gottfried Ludwig Fenner (1829-1902) • *02.12.1829 Hoof/Kassel • 1824-1849 Schüler am Gymnasium in Marburg • 1849 Studium in Marburg, 1852 Studium in

- Sophie Louise Fenner[#9c] (1784-1850) • *11.05.1784 Ziegenhain • ∪ev-ref. 15.05.1784 Ziegenhain • 1788 im Alter von vier Jahren Tod des Vaters • lebt seit 1809 zusammen mit ihrem Bruder im Pfarrhaus in Hoof/Kassel und führt seit dem Tod der ersten Ehefrau dort den Haushalt • +24.01.1850 Kirchditmold/Kassel

#10   Schüler, Georg Karl (1793-1885)

Ⓥ Karl Friedrich Schüler[#20] (1760-1838) • Ⓜ Amalia Stern[#21] (1760-1819) • *14.11.1793 Hersfeld • ∪ev • ∞ev 19.09.1816 Hersfeld mit Sophie Christiane Elisabeth Huber[#11] (1794-1858) • Ⓚ <u>Sophie</u> Elise[#5a] (*1828 Waldkappel); Karoline Philippine[#5] (*1831 Waldkappel); Friedrich Theodor Wolfgang[#5b] (*1839 Allendorf/Werra) • +28.01.1885 Allendorf/Werra

28.10.1809 immatrikuliert zu Marburg • D. theol. h. c. • 1813-1814 Freiheitskämpfer gegen Frankreich • seit 1815 ev. Pfarrer zu Wippershain • seit 1820 Metropolitan zu Waldkappel • seit 1835 Superintendent zu Allendorf/Werra

- Maria Schüler[#10a] (???->1814) • ∪ev • ∞ev 08.10.1809 Spangenberg mit Caspar Nöding[1] (1784-1847) • Ⓚ Charlotte[1] (*1814 Bensdorf/Rhein)

Berlin und wieder in Marburg • 13.11.1852 besteht Examen • Rechtspraktikant in Frankenberg, Referendar in Gudensberg und Assessor in Rinteln und Fulda • 1867 Mitglied des Kreisgerichts Rotenburg/Fulda und Rechtsanwalt am Appellationsgericht in Berlin • 1869 Rechtsanwalt am Obertribunal in Berlin • 1874 Mitglied des Reichstages als Angehöriger der National-Liberalen Partei • 1876 zum Rechtsanwalt an das Reichsgericht nach Leipzig berufen und zum Geheimen Justizrat ernannt • ∞06.02.1875 mit Mathilde Justine Fenner (*08.04.1839, +08.02.1921 Marburg), Tochter seines Stiefbruders Karl Theodor Fenner • +05.04.1902 Leipzig
[1] Caspar Nöding (1784-1847) • Ⓥ Johannes Nöding, Kantor zu Spangenberg • *12.01.1784 Spangenberg • ∪ev • 1806-1809 Rektor in Spangenberg • 1809-1817 Lehrer und Hofkantor in Bendorf/Koblenz • 1817-1836 Inspektor am Lehrerseminar Marburg • +19.08.1847 Marburg

#11   Huber, <u>Sophie</u> <u>Christiane</u> Elisabeth (1794-1858)

Ⓥ Karl Huber[#22] (1763-1807) • Ⓜ Bernhardine Hartert[#23] (1772-1843) • *05.06.1794 Frauensee/Thüringen • ∪ev • ∞ev 19.09.1816 Hersfeld mit Georg Karl Schüler[#10] (1793-1885) • Ⓚ <u>Sophie</u> Elise[#5a] (*1828 Waldkappel); Karoline Philippine[#5] (*1831 Waldkappel); Friedrich Theodor Wolfgang[#5b] (*1839 Allendorf/Werra) • +07.04.1858 Allendorf/Werra

■ Hans Huber[#11a] • ∪ev • +Hersfeld • unverheiratet

#12   Wachtmann, Hermann Friedrich (1803-1862)

Ⓥ Friedrich Wilhelm Wachtmann[#24] (1778->1830) • Ⓜ <u>Katharine</u> Margarethe Becker[#25] (1785-1828) • *25.02.1803 Bramsche • ∪ev-luth. 04.03.1803 Bramsche (St. Martin) • ∞ev 17.11.1836 Osnabrück (St. Marien) mit Regine Margarethe <u>Gertrud</u> Thörner[#13] (1817-1888) • Ⓚ Johanne <u>Eleonore</u>[#6a] (*1833); Heinrich <u>Rudolf</u>[#6] (*1841 Osnabrück); Hermann Friedrich[#6b] (*1850) • +30.01.1862 Osnabrück

Gold- und Silberschmied zu Osnabrück

■ Catharine Eleonore Wachtmann[#12a] (1805-1838) • *22.02.1805 Bramsche • ∪ev-luth. 01.03.1805 Bramsche (St. Martin) • +01.11.1838 Bramsche • □ev 05.11.1838 Bramsche (St. Martin)

■ Friederike Wilhelmine Wachtmann[#12b] (1810-1812) • *02.05.1810 Bramsche • ∪ev-luth. 07.05.1810 Bramsche (St. Martin) • +11.01.1812 Bramsche, verstorben an Masern • □ev Bramsche

#13   Thörner, Regine Margarethe <u>Gertrud</u> (1817-1888)

Ⓥ Hermann Anton Thörner[#26] (???-1855) • Ⓜ Margarethe Schmerfeld[#27] (1774->1817) • *13.06.1817 Osnabrück • ∪ev 20.06.1817 Osnabrück (St.

---

[1] Charlotte Nöding (1814-1910) • *15.03.1814 Bensdorf/Rhein • ∪ev • ∞02.02.1837 Marburg mit Karl Theodor Fenner (1808-1852), Sohn von Johann <u>Gottfried</u> Fenner (1782-1864) • +10.02.1910 Marburg

Marien) • ∞ev 17.11.1836 Osnabrück (St. Marien) mit Hermann Friedrich Wachtmann[#12] (1803-1862) • Ⓚ Johanne Eleonore[#6a] (*1833); Heinrich Rudolf [#6] (*1841 Osnabrück); Hermann Friedrich[#6b] (*1850) • +07.03.1888 Aplerbeck/Dortmund

#14 Krasselt, Ferdinand Friedrich Wilhelm (1802->1851)

Ⓥ Johann Friedrich Krasselt[#28] (???->1815) • Ⓜ Caroline Elisabeth (Lisette) Padjeck (Bathgack)[#29] (???->1815) • *08.10.1802 Berlin • ∪ev 13.10.1802 Berlin (Dreifaltigkeit) • ∞I ev 06.10.1833 Berlin (St. Georgen) mit Friedericke Dorothea Emilie Richter[1] (1813-1839) • Ⓚ Karoline Ernstine Emilie Marie[#7a] (*1834 Berlin); Alexander Ferdinand[#7b] (*1837 Berlin) • ∞II ev 06.02.1841 böhm. Rixdorf (Bethlehem)/Berlin mit Dorothee Wilhelmine Friedricke Carl[#15] (1817-1855) • Ⓚ Henriette Marie Wilhelmine Pauline[#7] (*1841 Berlin); Amalie Wilhelmine[#7c] (*1843 Berlin); Wilhelmine Amalie[#7d] (*1845 Berlin); Wilhelmine Amalie Anna[#7e] (*1846 Berlin); Friedrich Ferdinand[#7f] (*1848 Berlin); Friedrich Ernst[#7g] (*1849); Wilhelmine Marie Bertha[#7h] (*1851 Berlin) • +>1851 Berlin

Werkführer • Strumpfwarenfabrikant in Berlin

▪ Carl Friedrich Krasselt[#14a] (1805-???) • *07.05.1805 Berlin • ∪ev 12.05.1805 Berlin (Dreifaltigkeitskirche)

▪ Caroline Dorothea Wilhelmine Krasselt[#14b] (1807-1852) • *28.02.1807 Berlin • ∪ev 08.03.1807 Berlin (Dreifaltigkeitskirche) • ∞ mit Goldschmied Johann Wilhelm Reischel[2] (1802->1846) • Ⓚ Wilhelm Ferdinand[3] (*1830 Berlin); Johann Albert[4] (*1832 Berlin); August

---

[1] Friedericke Dorothea Emilie Richter (1813-1839) • Ⓥ Franz Anton Richter, Strumpfwirker • Ⓜ Dorothea Sophia Mund • *26.04.1813 Berlin • ∪ev 02.05.1813 Berlin (St. Georgen) • +18.04.1839 Berlin • □21.04.1839 Berlin (Dom)
[2] Johann Wilhelm Reischel (1802->1846) • *26.10.1802 • Goldschmied • +>1846
[3] Wilhelm Ferdinand Reischel (1830-???) • *30.08.1830 • ∪ev 19.09.1830 Berlin (Dom)
[4] Johann Albert Reischel (1832-1833) • *10.06.1832 • ∪ev 15.07.1832 Berlin (Dom) • +22.07.1833 • □25.07.1833 Berlin

Johann[1] (*1834 Berlin); Karoline Alexandrine[2] (*1835 Berlin); Emil Theodor[3] (*1837 Berlin); Gustav Heinrich[4] (*1844 Berlin); Therese Julie[5] (*1841 Berlin); Anna Friederike[6] (*1844 Berlin); Oscar Theodor[7] (*1846 Berlin) • +21.12.1852 • □ev 24.12.1852 Berlin

▪ August Adolf Krasselt[#14c] (1811-???) • *14.05.1811 Berlin • ∪ev 23.05.1811 Berlin (Dom)

▪ Henriette Amalie Krasselt[#14d] (1814->1851) • *15.04.1814 Berlin • ∪ev 24.04.1814 Berlin (Dom) • ∞ mit Wilhelm Heinrich Geyger (???->1851) • Ⓚ August Alexander[8] (*1841 Berlin); Paul Bruno[9] (*1843 Berlin); Edmund Paul[10] (*1845 Berlin); Margaretha Florentine[11] (*1847 Berlin); Theodore Margarethe[12] (*1849 Berlin); Johannes Conrad[1] (*1851 Berlin) • +>1851

---

[1] August Johann Reischel (1834-???) • *02.03.1834 • ∪ev 31.03.1834 Berlin (Dom) • ∞ev mit Luise Wilhelmine Anna Seiferdt (1839->1872), ∪ev 10.11.1839 Berlin (St. Nicolai), +>1872, Tochter von Wilhelm August Seiferdt und Marie Luise Luebbe • Ⓚ Martha Anna (1862-???), *04.12.1862, ∪ev 18.01.1863 Berlin (Dom); Edmund August (1865-1866), *10.10.1865, ∪ev 10.12.1865 Berlin (Dom), +01.03.1866; Waldemar Wilhelm Alwin (1872-???), *09.08.1872, ∪ev 22.09.1872 Berlin

[2] Karoline Alexandrine Reischel (1835-???) • *25.11.1835 • ∪ev 27.12.1835 Berlin (Dom)

[3] Emil Theodor Reischel (1837-1867) • *10.11.1837 • ∪ev 10.12.1837 Berlin Dom • ∞ Marie Luise Steinborn • Ⓚ Emilie Auguste Pauline (1860-???), *08.01.1860, ∪ev 08.01.1860 Berlin (St. Petri); Paul Wilhelm (1861-???), *28.11.1861, ∪ev 26.01.1862 Berlin (Dom); Gustav Otto (1865-???), *13.10.1865, ∪ev 26.12.1865 Berlin (Dom); Emilie Marie (1867-???), *26.06.1867, ∪ev 07.07.1867 Berlin (Dom) • +12.07.1867

[4] Gustav Heinrich Reischel (1840-1841) • *31.12.1840 • ∪ev 02.02.1841 Berlin (Dom) • +28.05.1841 • □31.05.1841

[5] Therese Luise Reischel (1841-???) • ∪ev 05.12.1841 Berlin • ∞28.07.1872 mit Silberarbeiter Carl Friedrich Schönrock

[6] Anna Friederike Reischel (1844-???) • *08.02.1844 • ∪ev 17.03.1844 Berlin (Dom)

[7] Oscar Theodor Paul Reischel (1846-1847) • *06.05.1846 Berlin • ∪ev 28.06.1846 Berlin (Dom) • +09.08.1847 • □ev 12.08.1847 Berlin

[8] August Alexander Geyger (1841-???) • ∪ev 28.11.1841 Berlin (Dom)

[9] Paul Bruno Geyger (1842-???) • *25.12.1842 • ∪ev 19.02.1843 Berlin (Dom)

[10] Edmund Paul Geyger (1844-???) • *12.11.1844 • ∪ev 23.02.1845 Berlin (Dom)

[11] Margaretha Florentine Geyger (1846-1848) • *18.11.1846 • ∪ev 11.09.1847 Berlin (Dom) • +11.09.1848

[12] Theodore Margarethe Geyger (1849-???) • *04.02.1849 • ∪ev 13.05.1849 Berlin

▪ Henriette Wilhelmine (<u>Minna</u>) Krasselt[#14e] (1815->1848) • *29.12.1815 Berlin • ∪ev 07.01.1816 Berlin (Dom) • ∞ev 28.05.1837 mit Alexander (<u>Alex</u>) Friedrich Beheim-Schwarzbach[2] (1813->1848) • Ⓚ Hugo Friedrich Sigismund[3] (*1838 Berlin); <u>Max</u> Emil Alexander[4] (*1839 Berlin); Elfriede Hermine[5] (*1840 Berlin); Emma Karoline Flora[6] (*1841 Berlin); Bruno Friedrich[7] (*1845 Berlin); NN[♂8] (*1846); Oscar Karl[9] (*1848 Berlin) • +>1848

#15   Carl, Dorothee <u>Wilhelmine</u> Fredericke (1817-1855) (Karl, Karel, Karell)

Ⓥ Johann Samuel Carl/Karell[#30] (1779->1829) • Ⓜ Fredericke W. Schwabe[#31] (1789-1857) • *16.07.1817 böhm. Rixdorf/Berlin • ∪ev-luth. 03.08.1817 böhm Rixdorf (Bethlehem)/Berlin • ∞ev 06.02.1841 böhm. Rixdorf (Bethlehem)/Berlin mit Ferdinand Friedrich Wilhelm Krasselt[#14] (1802->1851) • Ⓚ Henriette Marie Wilhelmine <u>Pauline</u>[#7]

---

[1] Johannes Conrad Geyger (1850-???) • *09.12.1850 • ∪ev 02.02.1851 Berlin (Dom)

[2] Alexander (<u>Alex</u>) Friedrich Beheim-Schwarzbach (1813->1848?) • *13.12.1813 Plock • ∪ev • erwirbt 1850 in Ostrau bei Pilehne ein 600 Morgen großes Grundstück, um dort eine Schule mit Internat zu errichten

[3] Hugo Friedrich Sigismund Beheim-Schwarzbach (1838-???) • ∪ev 05.08.1838 Berlin (Jerusalem) • ∞02.03.1874 Berlin mit Sidonie Louise Clara Hammer (1851-???), Tochter von Arthur Hammer

[4] <u>Max</u> Emil Alexander Beheim-Schwarzbach (1839->1891) • *15.04.1839 Berlin • ∪ev 28.04.1839 Berlin (Dom) • Studium in Halle und Berlin, seit 1891 Leiter des Pädagogiums Ostrau bei Filehne • +>1891

[5] Elfriede Hermine Beheim-Schwarzbach (1840-???) • *04.04.1840 Berlin • ∪ev 08.06.1840 Berlin (Dom)

[6] Emma Karoline Flora Beheim-Schwarzbach (1841-1841) • *11.04.1841 • ∪ev 04.07.1841 Berlin (Dom) • +28.07.1841

[7] Bruno Friedrich Beheim-Schwarzbach (1845-???) • *06.05.1845 • ∪ev 20.07.1845 Berlin (Dom) • ∞22.10.1872 Manhattan/New York mit Agnes Elisabeth Carolina Dieckmann (1848-???), *26.10.1848 Bevenden/Göttingen, Tochter von Frederick Henry Dieckmann und Frederikka Tubbe

[8] NN♂ Krasselt (1846-1846) • *01.11.1846 Berlin • +03.11.1846 • □05.11.1846 Berlin

[9] Oscar Karl Beheim-Schwarzbach (1848-???) • *01.07.1848 Berlin • ∪ev 23.07.1848 Berlin (Dom)

(*1841 Berlin); Amalie Wilhelmine[#7c] (*1843 Berlin); Wilhelmine Amalie[#7d] (*1845 Berlin); Wilhelmine Amalie Anna[#7e] (*1846 Berlin); Friedrich Ferdinand[#7f] (*1848 Berlin); Friedrich Ernst[#7g] (*1849); Wilhelmine Marie Bertha[#7h] (*1851 Berlin) • +17.08.1855 Berlin

■ Henriette Friedericke Carl[#15a] (1808-1880) • *1808 Berlin • ∪ev-luth. • ∞09.07.1829 Berlin mit Johann Philipp Eduard Gärtner[1] (1801-1877) • in Berlin lebend • nach 1870 Rückzug nach Zechlin (heute Landkreis Ostprignitz-Ruppin) • Ⓚ zwölf u.a.: Philipp Eduard Reinhold[2] (*1830 Berlin); NN♂[3] (*1831); Johann Philipp Gustav[4] (*1832); Henriette Caroline Pauline[5] (*1834); Philipp Eduard Paul[6] (*1836); Johannes Philipp Eduard[7] (*1837); Eduard Conrad[8] (*1838); Caroline Sophie Therese[9] (*1840); Philipp Eduard Friedrich August[10] (*1841); Amilie

---

[1] Johann Philipp Eduard Gärtner (1801-1877) • Ⓥ Johann Philipp Gärtner (1771-1839), *09.01.1771, +13.05.1839, Weber, englischer Stuhlmacher, Sohn von Johann Philipp Gärtner, Schäfer in Worms • Ⓜ Sophie Dorothea Caroline Plessmann (1776-???), *29.11.1776, Goldstickerin, Tochter von Christian Wilhelm Ferdinand Plessmann (Mühlenwaagemeister in Berlin, Art. Unter Off s. Maj) und Sophia Elisabeth Alheit/Alheiden • *02.06.1801 Berlin • ∪ev • 1806-1813 mit Mutter nach Kassel, Vater bleibt in Berlin • 1813 Rückkehr mit Mutter nach Berlin • 1814-1820 Lehre in der Kgl. Porzellan-Manufaktur in Berlin • 1821 Eintritt in das Atelier von Carl Gropius • 1824 erster Auftrag von Friedrich Wilhelm III. (Aufnahme der Kapelle im Schloß Charlottenburg) • 1825-1828 dreijährige durch den König ermöglichte Studienreise, davon zwei Jahre in Paris • 1833 Aufnahme als Mitglied in die Berliner Akademie der Künste • 1837-1840 Aufenthalte in Petersburg und Moskau, u.a. Aufträge vom russischen Hof • seit 1870 Rückzug nach Zechlin • +22.02.1877 Zechlin

[2] Philipp Eduard Reinhold Gärtner (1830-???) • *12.01.1830 Berlin • ∪ev 07.03.1830 Berlin (St. Georgen) • bis 1871 Betreiber der Plantage Augustenfelde in Japan • Amtsvorsteher in Zechlin

[3] NN♂ Gärtner (1831-1831) • *16.09.1831 • namenlos vor der Taufe verstorben

[4] Johann Philipp Gustav Gärtner (1832-???) • *14.09.1832

[5] Henriette Caroline Pauline Gärtner (1834-1836) • *19.08.1834 • +17.03.1836

[6] Philipp Eduard Paul Gärtner (1836-???) • *26.04.1836

[7] Johannes Philipp Eduard Gärtner (1837-???) • *24.06.1837

[8] Eduard Conrad Gärtner (1838-1883) • *26.11.1838 • ∪ev 13.01.1839 Berlin (Waisenhauskirche) • +30.08.1883 Pontresina • 1863-1871 Deutscher Konsul in Japan (Hokodate)

[9] Caroline Sophie Therese Gärtner (1840-???) • *14.08.1840

[10] Philipp Eduard Friedrich August Gärtner (1841-???) • *19.11.1841

Sophie <u>Constance</u>[1] (*1843); Eduard Philipp <u>Otto</u>[2] (*1845 Berlin) • +05.04.1880 Zechlin

- Dorothee Wilhelmine Ida Carl[#15b] (1810-???) • *09.07.1810 böhm. Rixdorf/Berlin • ∪ev-luth. 15.07.1810 böhm Rixdorf (Bethlehem)/Berlin

- Johann Friedrich Wilhelm Carl[#15c] (1815-???) • *31.07.1815 böhm. Rixdorf/Berlin • ∪ev-luth. 13.08.1815 böhm Rixdorf (Bethlehem)/Berlin

- Maria Charlotte Wilhelmine Carl[#15d] (1820-???) • *07.02.1820 böhm. Rixdorf/Berlin • ∪ev-luth. 13.02.1820 böhm Rixdorf (Bethlehem)/Berlin

---

[1] Amilie Sophie <u>Constance</u> Gärtner (1843-1922) • *26.02.1843 • ∪ev 07.04.1843 Berlin (Waisenhauskirche) • ∞ mit Adolph Wilhelm Conrad, Kommerzienrat • Ⓚ Elise Rosalie Henriette (1874-1944) • +04.06.1922

[2] Eduard Philipp <u>Otto</u> Gärtner (1845-1909) • *05.08.1845 Berlin • Besuch der Universität und der Kgl. Akademie der Künste in Berlin • zweijährige Militärdienstzeit bei der Leichten Marine-Infanterie • 21.04.1870 Abreise von Berlin nach Japan • einjährige Reise durch Japan mit seinen zwei Brüdern Conrad und Reinhold • 21.06.1870 Abreise von Japan über die USA • 11.07.1871 Ankunft in San Francisco, Kalifornien • Rundreise in den USA • Januar 1872 Ankunft in New York • auf einer Veranstaltung zu Ehren seines Bruders, des Deutschen Konsuls Conrad Gärtner, lernt er Henry Benjamin Hogeman und Tochter Louise Mary Hogeman kennen und verliebt sich in diese • er entschließt sich, in New York zu bleiben und nicht mit seinen Brüdern zurückzureisen • 16.06.1891 amerikanischer Staatsbürger • Tätigkeit als Wandmaler für Kirchen, öffentliche und private Gebäude • 1892 mit zwei Partnern eigene Firma für Innendekoration in New York City • 1895 Ausgestaltung des Inneren der Kathedrale von New Orleans • 1902 im Auftrag von Präsident Theodor Roosewelt Neugestaltung verschiedener Räume des Weißen Hauses in Washington • 1908 für John D. Rockefeller sen. tätig • ∞31.08.1872 New York mit Louise Marie Hogeman (1851-1926), Tochter von <u>Henry</u> Benjamin Hogeman (1808-1871) und Magdalena Mary (Helene) Mohr (1815-1873) • Ⓚ neun u.a. Henrietta Louise (*1873); William Eduard (*1874); Frances Theresa (*1876); Olga Louise (*1878); Louise Mary (*1882); Elise Louise (*1885); Helen Louise (*1888); <u>Ethel</u> Constance (*1890), in USA lebend, ∞ mit Prof. Henry Rogers-Pyne (1873-1953); • +10.02.1909 New York

- Johann August Ferdinand Carl[#15e] (1821-???) • *23.09.1821 böhm. Rixdorf/Berlin • ∪ev-luth. 14.10.1821 böhm Rixdorf (Bethlehem)/Berlin

- Johann Friedrich Carl[#15f] (1824-???) • *02.03.1824 böhm. Rixdorf/Berlin • ∪ev-luth. 14.03.1824 böhm Rixdorf (Bethlehem)/Berlin

- Johann August Alberth Carl[#15g] (1826-???) • *29.07.1826 böhm. Rixdorf/Berlin • ∪ev-luth. 03.09.1826 böhm Rixdorf (Bethlehem)/Berlin

- Johann Gustav Eduard Carl[#15h] (1829-???) • *18.03.1829 böhm. Rixdorf/Berlin • ∪ev-luth. 12.04.1829 böhm Rixdorf (Bethlehem)/Berlin

VII
Generation IV
(Urgroßeltern)

#16   Seybert, Johann Henrich (1741-1794)

Ⓥ ??? • Ⓜ ??? • *02.01.1741 Rauschenberg/Ziegenhain • ⌣ev • ∞ev mit Dorothea Elisabeth Wittich[#17] (???-[>]1771) • Ⓚ Karl Wilhelm[#8] (*1771 Wehren) • +22.02.1794 Wehren

ev. Pfarrer

#17   Wittich, Dorothea Elisabeth (???-[>]1771)

Ⓥ ??? • Ⓜ ??? • ∞ev mit Johann Henrich Seybert[#16] (1741-1794) • Ⓚ Karl Wilhelm[#8] (*1771 Wehren) • +[>]1771

#18   Fenner, Johann Henrich (1751-1788)

Ⓥ Hans Henrich Fenner[#36] (1701-1784) • Ⓜ Anna Elisabeth Dönch[#37] (???-1785) • *08.10.1751 Neuenhain • ⌣ev • ∞ev 27.05.1779 Ziegenhain mit Anna Maria Rübenkönig[#19] (1759-1810) • Ⓚ Heinrich Ludwig[#9a] (*1780); Johann Gottfried[#9b] (*1782 Ziegenhain); Sophie Louise[#9c] (*1784 Ziegenhain); Sophia Wilhelmine[#9] (*1788) • +29.08.1788 Ziegenhain

1776 Rentschreiber und 1778 Gerichtsschreiber und Aktuar beim Oberamt zu Ziegenhain • seit 1788 Oberamtsaktuarius

▪ Anna Christine Fenner[#18a] (~1735-[>]1766) • *~1735 Neuenhain • ⌣ev • ∞15.02.1766 Neuenhain mit Henrich Wiegand aus Dillich • +[>]1766

▪ Anna Elisa Fenner[#18b] • (~1740-[>]1766) • *~1740 Neuenhain • ⌣ev • ∞10.08.1766 mit Johannes Dönch, Schuhmacher zu Neuenhain • +[>]1766

■ Anna Elisabetha Fenner[#18c] (1750-1815) • *1750 Neuenhain • ∪ev • ∞21.11.1773 mit Hartmann Dönch, Schuhmacher zu Neuenhain • +23.01.1815 Neuenhain

#19 Rübenkönig, Anna Maria (1759-1810)

Ⓥ Johann Bartholomäus Rübenkönig[#38] (1726-1762) • Ⓜ Sophia Louisa Ulifex (Töpfer)[#39] (1729-1798) • *21.08.1759 Caßdorf bei Homberg/Efze • ∪ev 24.08.1759 Caßdorf • ∞ev 27.05.1779 Ziegenhain mit Johann Heinrich Fenner[#18] (1751-1788) • Ⓚ Heinrich Ludwig[#9a] (*1780); Johann Gottfried[#9b] (*1782 Ziegenhain); Sophie Louise[#9c] (*1784 Ziegenhain); Sophia Wilhelmine[#9] (*1788) • +18.02.1810 Niedergrenzbach • ☐ev Niedergrenzebach

■ Catharina Henriette Rübenkönig[#19a] (1762-1762) • *20.03.1762 Caßdorf • ∪ev 24.03.1762 Caßdorf • +20.05.1762 Caßdorf

#20 Schüler, Karl Friedrich (1760-1838)

Ⓥ Johann Valentin Schüler[#40] (1713-1793) • Ⓜ Maria Elisabeth Sandrock[#41] (1720-1775) • *23.01.1760 Hersfeld • ∪ev • ∞ev 11.02.1781 Albshausen/Wollrode mit Amalia Maria Stern[#21] (1760-1819) • Ⓚ Karl Georg[#10] (*1793 Hersfeld); Maria[#10a] • +06.07.1838 bei Hersfeld

1776-1779 Student in Rinteln • D. theol. h. c. • seit 1779 Diakonus und Rektor in Hessisch Lichtenau • seit 1780 vierter Collaborator am Gymnasium in Hersfeld • seit 1788 Metropolitan zu Spangenberg • seit 1814 geistlicher Inspektor zu Hersfeld • 1829 aus Anlass seines 50-jährigen Amtsjubiläums zum Kirchenrat in Hersfeld ernannt

#21 Stern, Amalia Maria (1760-1819)

Ⓥ Paulus Stern[#42] (1731-1763) • Ⓜ Jakobine Appelius[#43] (1738-1764) • *31.08.1760 Kassel oder Hersfeld • ∪ev • ∞ev 11.02.1781 Albshausen/Wollrode mit Karl Friedrich Schüler[#20] (1760-1838) • Ⓚ Karl Georg[#10] (*1793 Hersfeld); Maria[#10a] • +08.09.1819 Hersfeld

#22 Huber, Karl (1763-1807)

Ⓥ Johann Jakob Huber[#44] (1707-1778) • Ⓜ Christiane Elisabeth Geßner[#45] (1725-1800) • *20.08.1763 Kassel • ∪ev-luth. • ∞ev 16.08.1793 Friedewald mit Bernhardine Philippine Karoline Hartert[#23] (1772-1843) • Ⓚ <u>Sophie</u> <u>Christiane</u> Elisabeth[#11] (*1794 Frauensee/Thüringen); Hans[#11a] • +22.01.1807 Hersfeld

18.08.1778 immatrikuliert Marburg • Anfang 1786 Regierungsprokurator zu Kassel • Amtsschultheiß zu Frauensee • 1802 Oberschultheiß zu Hersfeld • März 1807 Nachfolger wird sein Schwager Karl Hartert

■ <u>Johanne</u> Christiane Huber[#22a] (1743->1786) • *19.05.1743 • ∪ev-luth. • wächst bei ihren Großeltern Johann Matthias Geßner[#90] (1691-1761) und Elise Caritas Eberhard[#91] (1695-1761) in Göttingen auf • unverheiratet • +>1786

■ Johann Jakob Huber[#22b] (1748-1818) • *24.06.1748 • ∪ev-luth. • 1770 Promotion in Medizin zu Rinteln • 1773 Professor am Collegio Medico-Chirurg. in Kassel • 1780 Hofrat und Leibmedicus von Landgräfin <u>Philippine</u> Auguste Amalie v. Hessen-Kassel (1745-1800), Ehefrau des Landgrafen Friedrich II. v. Hessen-Kassel (1720-1785) • unverheiratet • +Winter 1818

■ Elisabeth Valeria Huber[#22c] (1750-1799) • *01.02.1750 Homberg • ∪ev-luth. • ∞[1]~1773 mit Homberger Metropolitan Daniel Theodor Cnyrim (Knierim, Knirim)[2] (1745-1823) • Ⓚ Philipp Henrich[1] (*1774

---

[1] „Alles erstaunte sich damals, dass der reformierte Pfarrer Knyrim zu Melsungen eine Lutheranerin, Fräulein Huber, heiratete" (Hessenland 1893, S.45). Die Trauung ist nicht in Melsungen eingetragen.
[2] Daniel Theodor Cnyrim (1745-1823) • Ⓥ Philipp Heinrich Knierim (1707-1789), *15.05.1707 Kassel, 04.09.1726 imm. zu Marburg, 1735-1749 ev. Pfarrer in Kassel/Oberneustadt, zugleich 1739-1743 Zuchthauspfarrer und 1743-1749 im Hofspital, 1749-1759 Metropolitan in Kassel/Unterneustadt, 1759-1771 Metropolitan in Kassel/Altstadt, 1771-1789 Dekan an St. Martin, +03.02.1789, ∞I 03.10.1737 Kassel/Oberneustadt mit Catharina Elisabeth Ihring (1718-1738), ∞II 19.03.1744 Kassel mit Charlotte Sophie Faucher • Ⓜ Charlotte Sophie Faucher (1717-1803), *21.04.1717 Kassel, ∪ev 24.04.1727 Kasel, +04.11.1803 Kassel, □09.11.1803, Tochter von Karl Theodor Faucher (Pfarrer in Kassel/Oberneustadt) und Maria Lucia

Melsungen); Christiane Elisabeth[2] (*1777 Vaake): Johann Jacob[3] (*1779 Vaake); Christoph Theodor[4] (*~1781 Vaake); Charlotta Sophia[5] (*1783 Homberg); Carl Theodor[6] (*1785 Homberg); Charlotte Sophie Elisabeth[7] (*1787 Homberg); <u>Johanna</u> Dorothea[1] (*1789 Homberg);

Zaunschliffer • *21.07.1745 Kassel • ∪ev-ref. 25.07.1745 Kassel/Oberneustadt • 09.05.1764 immatrikuliert zu Göttingen und 17.10.1766 zu Marburg • 1770-1772 a.o. Pfarrer am Zuchthaus in Kassel • 1772-1773 ev. Pfarrer in Liebenau • 01.10.1773-1776 Diakonus in Melsungen • 1776-1782 ev. Pfarrer in Vaake/Weser • 1782-1809 Diakonus in Homberg • Reskript vom 25.12.1781, eingeführt 01.09.1782 • 1809-1823 Metropolitan in Homberg als Nachfolger von Johann Christian Martin • diverse Publikationen • ∞I ~1773 mit Elisabeth Valeria Huber • Ⓚ neun • ∞II 15.07.1804 mit Catharina Elisabeth Streibelein (1778-1822), *16.07.1778 Rotenburg/Altstadt, +24.10.1882 Homberg, □27.10.1822 Homberg, Tochter von Martin Streibelein (Metropolitan in Rotenburg/Fulda) und Barbara Elisabeth Ludolph • Ⓚ Wilhelm Carl Ferdinand (1805-1813), *04.12.1805 Homberg, ∪27.12.1805 Homberg, +16.02.1813 Homberg, □19.02.1813 Homberg; Amalia Wilhelmina (1807-1809), *07.07.1807 Homberg, ∪21.07.1807 Homberg, +08.02.1809 Homberg, □11.02.1809 Homberg; Marie Karoline (1809-1823), *27.10.1809 Homberg, ∪ev 12.11.1809 Homberg, konf. 18.05.1823 Homberg; Katharine Friedericke Elisabeth (1811-1825), *29.04.1811 Homberg, ∪19.05.1811 Homberg, konf. 22.05.1825 Homberg; Regina Karoline Charlotte (1811-1814), *29.04.1811 Homberg, ∪19.05.1811 Homberg, +19.08.1814 Homberg, □22.08.1814 Homberg; Elisabeth Susanne Marie (1813-???), *05.07.1813 Homberg, ∪27.07.1813, konf. 1827 Felsberg als „Lisette"); Wilhelmine Sophie Elise (1815-???), *20.06.1815 Homberg, ∪16.07.1815 Homberg, konf. 1829 Felsberg; Karl Philipp Gustav (1819-???), *27.05.1819 Homberg, ∪20.06.1819 Homberg; NN♂,*+24.04.1821 Homberg, Todgeburt; NN♂, *+15.10.1822 Homberg, Todgeburt • +08.11.1823 Homberg • □11.11.1823 Homberg

[1] Philipp Henrich Cnyrim (1774-???) • *02.08.1774 Melsungen • ∪ev 08.12.1774 Melsungen • konf. 1789 Homberg

[2] Christiane Elisabeth Cnyrim (1777-1794) • *05.05.1777 Vaake • ∪ev • konf. 1791 Homberg • +17.05.1794 Homberg • □ev 20.05.1794 Homberg

[3] Johann Jacob Cnyrim (1779-???) • *03.10.1779 Vaake • ∪ev • konf. 1793 Homberg • ~1800 Rektor in Homberg • seit 1814 ev. Pfarrer in Reichensachsen

[4] Christoph Theodor Cynrim (1781-1783) • *~1781 Vaake • ∪ev • +25.06.1783 Homberg • □ev 28.06.1783 Homberg

[5] Charlotta Sophia Cynrim (1783-1786) • *01.07.1783 Homberg • ∪ev 06.07.1783 Homberg • +24.07.1786 Homberg • □ev 24.07.1786 Homberg

[6] Carl Theodor Cynrim (1785-???) • *02.04.1785 Homberg • ∪ev 08.04.1785 Homberg)

[7] Charlotte Sophie Elisabeth Cnyrim (1787-???) • *19.02.1787 Homberg • ∪ev 26.02.1787

Christoph Wilhelm[2] (*1791 Homberg) • +25.06.1799 Homberg • □29.06.1799 Homberg

▪ Dorothea Catharine Huber[#22d] (1752-1813) • *09.05.1752 Kassel • ◡ev-luth. • ∞ev 20.02.1780 Kassel mit Rudolf Wild[3] (1747-1814), Apotheker „Zur Güldenen Sonne" in Kassel • Ⓚ Johanna Elisabeth (Lisette, Lisettchen) (*1782 Kassel); Johann Rudolf (*1783 Kassel); Johanna Christine (Hannchen) (*1785 Kassel); Margaretha Marianne (Gretchen) (*1787 Kassel); Rosine Wilhelmine (Röschen) (*1793 Kassel); Henriette Dorothea (Dortchen) (*1793 Kassel); Marie Elisabeth (Mimi) (*1794 Kassel) • +20.09.1813 Kassel • □23.09.1813 Kassel

#23 **Hartert, Bernhardine Philippine Karoline (1772-1843)**

Ⓥ Friedrich Julius Hartert[#46] (1736-1812) • Ⓜ Sophie Elisabeth Bose[#47] (1755-1820) • *09.03.1772 Frauensee/Thüringen • ◡ev • ∞16.08.1793 Friedewald mit Karl Huber[#22] (1763-1807) • Ⓚ Sophie Christiane

---

[1] Johanna Dorothea Cnyrim (1789-???) • *24.05.1789 Homberg • ◡ev 26.05.1789 Homberg) • konf. 1804 Homberg • ∞ mit Carl Gottfried Stumme (1786-???), Stadtkämmerer zu Kassel • Ⓚ Marie Sophie Dorothea Johanna, ∞ mit Philipp Adolph Julius Bunsen (1804-???), 1820 Auswanderung von Kassel nach Moskau, wo er als Unternehmer eine Tuchfabrik leitet (1852 Reise in den Kaukasus, von der er nicht zurückkehrt; sechs Jahre später für tot erklärt), Rückkehr nach Tod des Ehemanns

Adolph Julius Bunsen (1804-???) ist der Sohn von Philipp Ludwig Bunsen (1760-1809), Regierungsrat in Arolsen und Marianne Christine Giesecke. Der Onkel von Adolph Julius Bunsen (1804-???) ist Christian Bunsen (1770-1837) und dessen Sohn (somit sein Cousin) ist der berühmte Chemiker Robert Bunsen (1811-1899).

[2] Christoph Wilhelm Cnyrim (1791-???) • *14.12.1791 Homberg • ◡ev 20.12.1791 Homberg • konf. 1806 Homberg • Regierungssekretär und Hofrat in Kassel • ∞ mit Martha Konradine Pfeiffer (1799-1884), *12.12.1799 Kassel, +30.03.1884 Kassel/Wilhelmshöhe), Tochter von Johann Hartmann Pfeiffer (Kaufmann in Kassel) und Johanna Elisabeth Strube aus Kassel • +06.04.1880 Kassel/Wilhelmshöhe

[3] Rudolf Wild (1747-1814) • Ⓥ Johann Rudolf Wild (1703-1752) • Ⓜ Johanna Elisabeth Vogelsang (1702-1766) • *16.11.1747 Kassel • Apotheker „Zur güldenen Sonne" in der mittleren Marktgasse in Kassel • +25.12.1814 Kassel • □28.12.1814 Kassel

Elisabeth[#11] (*1794 Frauensee/Thüringen); Hans[#11a] • +01.05.1843 Allendorf

■ Sophie Elisabeth Hartert[#23a] (1773-1777) • *10.07.1773 Friedewald • ∪ev • +13.10.1777 Hersfeld

■ Fridericke Jakobine Hartert[#23b] (1775-1783) • *18.04.1775 Friedewald • ∪ev • +26.12.1783 Hersfeld

■ <u>Karl</u> Christian Hartert[#23c] (1777-1844) • *23.11.1777 Friedewald • ∪ev • Schulunterricht durch Hauslehrer, dann Privatschule zu Philippstal unter Pfarrer Hozzel • 10.04.1796 immatrikuliert zu Marburg • 1798 immatrikuliert in Göttingen • 1798-1799 in Rinteln und dort Examen • 1800 Advokat im Amt Friedewald • 1806 Amtsassessor in Botterode • Amtsassessor zu Vacha • Oberschultheiß zu Hersfeld als Nachfolger seines Schwagers Karl Huber • 1814 Kurfürstl. Hess. Schultheiß • 1815 Feldoberst beim Landsturm • 1821 Kreisrat und später Landrat; Ehrenbürger der Stadt Hersfeld • 30.01.1838 preuß. Adler III. Klasse für Verdienste bei Durchmärschen preuß. Truppen • 1843 Versetzung nach Kirchhain • ∞15.04.1805 Vacha mit Johanna Amalie Wilhelmine Christine Eichard[1] (1778-1843) • Ⓚ <u>Gustav</u> Georg Ludwig Friedrich Julius[2] (*1805 Schenklengsfeld); Adolf Franz Theodor[3] (*1807 Hersfeld); Hermann[4] (*1809 Hersfeld); Eleonore Sophie[1] (*1811 Hersfeld); Julius

---

[1] Johanna Amalie Wilhelmine Christine Eichard (1778-1843) • Ⓥ Georg Ludwig Eichard (1732-1810), ∪27.05.1732 Hofgeismar, +30.03.1810 Vacha, Oberst beim kurhessischen Leibdragonerregiment • Ⓜ Henriette Eleonore Charlotte Zobel (1755-1823), *1755 Vacha, +09.01.1823 Hersfeld • *27.02.1778 Kassel • +18.05.1843 Hersfeld

[2] <u>Gustav</u> Georg Ludwig Friedrich Julius Hartert (1805-1866) • *28.09.1805 Schenklengsfeld • ∪ev • Advokat zu Hersfeld • +29.12.1866 (Kirchhain)

[3] Adolf Franz Theodor Hartert (1807-1883) • *26.11.1807 Hersfeld • ∪ev • 1826 Abitur zu Hersfeld • 1826 immatrikuliert in Göttingen • 1828 immatrikuliert in Marburg • 1837 Rechtspraktikant zu Hersfeld • 1843 Amtsaktuar zu Kassel • 1866 pensioniert • unverheiratet • +22.09.1883 Kirchhain

[4] Hermann Hartert (1809-1844) • *09.11.1809 Hersfeld • ∪ev • Soldat in den Garnisonen Ziegenhain und Marburg • Leutnant beim 3. Linienregiment in Hanau • unverheiratet • +30.05.1844 Hanau, verstorben durch Selbstmord

Franz Hans (*20.08.1813); Arthur (*Hersfeld, +15.03.1819); Karl Wilhelm (*16.08.1817 Hersfeld); Ferdinand (*13.08.1819); Eduard Otto Julius (*04.04.1822 Hersfeld) • +13.11.1844 Kirchhain

▪ Franz Theodor Hartert[#23d] (1779-1827) • *22.03.1779 Richelsdorfer Hütte • ∪ev • 10.04.1796 immatrikuliert in Marburg • 1801 Amtmann in Barchfeld (Amt Schmalkalden) • ∞~1811 mit Henriette Sophie Franziska v. Gilsa[2] (1788-1825) • Ⓚ Sophie Luise[3] (*1812); Emilie Henriette Charlotte[4] (*1814); Friedrich Karl[5] (*1816 Friedewald); Susette[6] (*1818); August[7] (*1822 Friedewald) • +19.02.1827 Friedewald

---

[1] Eleonore Sophie Hartert (1811-1849) • *27.07.1811 Hersfeld • ∪ev • ∞14.10.1832 Hersfeld mit Friedrich Wilhelm Ludwig Wiegand (1805-1884), *30.11.1805 Hersfeld, +05.04.1884 Kassel, Oberlehrer und dann Pfarrer zu Hersfeld, Sohn von Justus Wiegand • +29.07.1849 Hersfeld

[2] Henriette Sophie Franziska v. Gilsa (1788-1825) • Ⓥ Karl Theodor v. Gilsa (Erb- und Gerichtsherr zu Roppershausen, Landerscheidt und Siebertshausen) • *27.11.1788 Roppershausen/Ziegenhain • +02.08.1825 Friedewald

[3] Sophie Luise Hartert (1812-1886) • *02.09.1812 • ∪ev • ∞02.09.1893 Coburg mit Freund Julius Bieber (1804-1879), *03.01.1804 Gotha, +02.11.1879 Gotha, Superintendent und Kirchenrat zu Gotha, Sohn von Bäckermeister und Senator zu Gotha Christian Bieber und Johanna Dorothea Voelker aus Gotha • +20.09.1886 Gotha

[4] Emilie Henriette Charlotte Hartert (1814-???) • *16.07.1814 • ∪ev • ∞ mit Justus Heinrich Braun, Brauereibesitzer zu Biengardes (Ohio/USA) • Ⓚ vier

[5] Friedrich Karl Hartert (1816-???) • *25.10.1816 Friedewald • ∪ev • Staatsanwalt zu Fulda • Ober-Appellationsrat zu Marburg • ∞~1852 mit Johanna Karoline Gundelach • Ⓚ zwei

[6] Susette Hartert (1818-1857) • *05.09.1818 • ∪ev • ∞ mit Ernst Christian Tankmar Bieber (1806-1862), *14.07.1806 Gotha, +07.05.1862 Gotha, Stadtsekretär, dann Bürgermeister, Stadtgerichtsrat und Kreisgerichtsrat zu Gotha • Ⓚ acht • +01.12.1857 Gotha

[7] August Hartert (1822-???) • *27.08.1822 Friedewald • ∪ev • Landwirt • ∞25.11.1857 Meiningen mit Beatrix Theane Hulda Ottilie Wippert (1831-1906), *26.05.1831 Meiningen, +11.05.1906 Schulpforta, Tochter von Wilhelm Johann Wippert (*22.05.1794, +20.01.1874 Meiningen) • Ⓚ sechs • +Grabowo/Scheidemühl

■ Henriette Charlotte Hartert[#23e] (1782-1846) • *01.07.1782 Friedewald • ⌣ev • ∞13.11.1817 mit Christian Ludwig Münscher[1] (1770-1850) • +29.09.1846

■ Maria <u>Charlotte</u> Dorothea Hartert[#23f] (1787-1853) • ⌣ev • *14.10.1787 Friedewald • unverheiratet • +10.03.1853 Kassel

#24   Wachtmann, Friedrich Wilhelm (1778-ˀ1830)

Ⓥ Johann Philipp Wachtmann[#48] (1743-1813) • Ⓜ Dorothea Eleonore Burius[#49] (1745-ˀ1778) • *17.06.1778 Wildeshausen • ⌣ev-luth. 19.06.1778 Wildeshausen (St. Alexander) • ∞ev 01.02.1803 Bramsche (St. Martin) mit <u>Katharine</u> Margarethe Becker[#25] (1785-1828) • Ⓚ Hermann Friedrich[#12] (*1803 Bramsche); Catharine Eleonore[#12a] (*1805 Bramsche); Friederike Wilhelmine[#12b] (*1810 Bramsche) • +ˀ1830 Osnabrück

Kaufmann und Postspediteur in Bramsche Nr. 74 (Neustadt) • 1828-1830 ehrenamtlicher Bürgermeister in Bramsche[2]

#25   Becker, <u>Katharine</u> Margarethe (1785-1828)

Ⓥ Hermann Heinrich Becker[#50] (1747-1807) • Ⓜ Catharina Margaretha Sanders[#51] (1760-1828) • *02.10.1785 Bramsche • ⌣ev-luth. 18.10.1785 Bramsche (St. Martin) • ∞ev 01.02.1803 Bramsche (St. Martin) mit Friedrich Wilhelm Wachtmann[#24] (1778-ˀ1830) • Ⓚ Hermann

---

[1] Christian Ludwig Münscher (1770-1850) • *11.07.1770 • Kandidat und Hauslehrer bei seinem späteren Schwiegervater Amtmann Friedrich Julius Hartert • 20.05.1800 ev. Pfarrer zu Rauschenberg • 05.02.1804 Garnisonsprediger zu Kassel • 1810 Metropolitan und Pastor primarius zu Kassel-Unterneustadt • 1817 Dritter Prediger der Freiheiter Gemeinde zu Kassel • 1820 Archidiakon und zweiter Prediger der Freiheiter Gemeinde zu Kassel • 1829 Dekan zu St. Martin • 1838 Konsistorialrat zu Kassel • er in ∞I 22.01.1800 Marie Philippine Viëtor, Tochter von Oberschultheiß Emil Viëtor und Gertrud Elisabeth v. Rhoden • +06.02.1850 Kassel
[2] Sein Vorgänger ist 1818-1828 Heinrich Rudolph Sanders und sein Nachfolger 1830-1849 Daniel Friedrich Ahlhausen

Friedrich[#12] (*1803 Bramsche); Catharine Eleonore[#12a] (*1805 Bramsche); Friederike Wilhelmine[#12b] (*1810 Bramsche) • +04.06.1828 Bramsche • ⬝ev 08.06.1828 Bramsche (St. Martin)

▪ Hermann Heinrich Becker[#25a] (1787-1821) • *27.02.1787 Bramsche • ∪ev-luth. 03.03.1787 Bramsche (St. Martin) • Kaufmann • +02.02.1821 Bordeaux/Frankreich

▪ Anna Margarethe Becker[#25b] (1789-1791) • *15.03.1789 Bramsche • ∪ev-luth. 21.03.1789 Bramsche (St. Martin) • +06.08.1791 Bramsche, verstorben an Blattern • ⬝ev 09.08.1791 Bramsche (St. Martin)

▪ Johann Rudolph Becker[#25c] (1791-1871) • *25.07.1791 Bramsche • ∪ev-luth. 28.07.1791 Bramsche (St. Martin) • Bäcker in Bramsche • +16.07.1871 Bramsche, verstorben an Altersschwäche • ⬝ev 23.07.1871 Bramsche (St. Martin)

▪ Anna Margarethe <u>Dorothea</u> Becker[#25d] (1793-1852) • *05.12.1793 Bramsche • ∪ev-luth. 10.12.1793 Bramsche (St. Martin) • ∞ev 10.06.1819 Bramsche (St. Martin) mit Johann Christian Schwankhaus gen. Knollmann[1] (1795-1840) • Ⓚ Hermann Heinrich[2] (*1820 Bramsche); Hermann Rudolph Carl[3] (*1821 Bramsche); Hermann Rudolph Wilhelm[4] (*1823 Bramsche); Anna Hermina Margarethe[1]

---

[1] Johann Christian Schwankhaus gen. Knollmann (1795-1840) • Ⓥ Hermann Balthasar Schwankhaus (1578-1818), Bäckermeister • Ⓜ Anna Adelheid Schürmann (1767-1824) • *27.09.1795 Bramsche • ∪ev-luth. 04.10.1795 Bramsche (St. Martin) • Bäckermeister in Bramsche Nr. 16 (Brückenort) • +13.02.1840 Bramsche, verstorben an nervösem Fieber • ⬝ev 17.02.1840 Bramsche (St. Martin)
[2] Hermann Heinrich Schwankhaus (1820-1821) • *16.03.1820 Bramsche • ∪ev-luth. 27.03.1820 Bramsche (St. Martin) • +23.01.1821 Bramsche, verstorben an Brustkrankheit • ⬝ev 27.01.1821 Bramsche (St. Martin)
[3] Hermann Rudolph Carl Schwankhaus (1821-1821) • *16.11.1821 Bramsche • ∪ev-luth. 26.11.1821 Bramsche (St. Martin) • +21.12.1821 Bramsche, verstorben an einem Geschwür am Kopfe • ⬝ev 24.12.1821 Bramsche (St. Martin)
[4] Hermann Rudolph Wilhelm Schwankhaus (1823-1823) • *04.01.1823 Bramsche • ∪ev-luth. 10.01.1823 Bramsche (St. Martin) • +19.01.1823 Bramsche, verstorben an einem Schaden am Kopfe • ⬝ev 21.01.1823 Bramsche (St. Martin)

(*1824 Bramsche); Hermann August[2] (*1826 Bramsche) • +20.12.1852 Bramsche, verstorben an Nervenfieber • ☐ev 23.12.1852 Bramsche (St. Martin)

▪ Christina Marie Becker[#25e] (1796-1858) • *30.03.1796 Bramsche • ∪ev-luth. 04.04.1796 Bramsche (St. Martin) • +07.11.1858 Bramsche, verstorben an Wassersucht • ☐ev 11.11.1858 Bramsche (St. Martin)

▪ Heinrich Wilhelm Becker[#25f] (1798-1804) • ∪ev-luth. 11.06.1798 Bramsche (St. Martin) • +21.04.1804 Bramsche, verstorben an Masern • ☐ev 24.04.1804 Bramsche (St. Martin)

▪ Margarethe Amalie Becker[#25g] (1801-1804) • *19.03.1801 Bramsche • ∪ev-luth. 23.03.1801 Bramsche (St. Martin) • +24.05.1804 Bramsche, verstorben an Masern • ☐ev 28.05.1804 Bramsche (St. Martin)

▪ Anna Catharine Wilhelmine Becker[#25h] (1803-???) • *23.03.1803 Bramsche • ∪ev-luth. 28.3.1803 Bramsche (St. Martin)

▪ Friederike Wilhelmine Becker[#25i] (1807-1839) • *01.05.1807 Bramsche • ∪ev-luth. 08.05.1807 Bramsche (St. Martin) • ∞ev 18.04.1833 Bramsche (St. Martin) mit Johann Heinrich Wermert (Wermer)[3] (1809-1838) • Ⓚ Johanne Margarethe Dorothea[4] (*1834 Bramsche); Heinrich

---

[1] Anna Hermina Margarethe Schwankhaus (1824-1856) • *16.06.1824 Bramsche • ∪ev-luth. 21.06.1824 Bramsche (St. Martin) • +1856 Bramsche • ∞04.06.1846 Bramsche mit Heinrich Rudolf Piesbergen, Kaufmann und Bürgermeister

[2] Hermann August Schwankhaus (1826->1855) • *28.09.1826 Bramsche • ∪ev-luth. 13.10.1826 Bramsche (St. Martin) • ∞I Nov 1851 mit Amalie Friederike Casparine Ferdinanda Wellenkamp (1828-1852), *21.05.1828 Osnabrück, +20.10.1852 • ∞II ev 26.05.1853 Bramsche (St. Martin) mit Anna Margaretha Sanders (~1831-1866), +05.01.1866 Bramsche • Ⓚ Hermann Rudolf (1855-???), *14.06.1855 Bramsche, jung verstorben in Bramsche, unverheiratet • +>1855

[3] Johann Heinrich Wermert (Wermer) (1809-1838) • Ⓥ Johann Heinrich Wermert • *07.06.1809 Bramsche • ∪ev-luth. 12.06.1809 Bramsche (St. Martin) • Bäcker und Gastwirt in Bramsche Nr. 66 (Große Straße) • +10.11.1838 Bramsche • ☐ev 14.11.1838 Bramsche (St. Martin)

[4] Johanne Margarethe Dorothea Wermert (Wermer) (1834-1839) • *01.05.1834 Bramsche • ∪ev-luth. 23.05.1834 Bramsche (St. Martin) • +18.03.1839 Bramsche • ☐ev 23.03.1839 Bramsche (St. Martin)

Rudolph[1] (*1836 Bramsche); Hermann Wilhelm[2] (*1838 Bramsche) • +1839

#26   **Thörner, Hermann Anton (1779-1855)**

Ⓥ Johann Wilhelm (Gretschen) Thörner[#52] (1732->1779) • Ⓜ Katharine Nienporten[#53] (???->1779) • *Osnabrück-Land • ◡ev 28.07.1779 Osnabrück (St. Katharinen) • ∞ev 08.05.1804 Osnabrück (St. Katharinen) mit Regine Elisabeth (Margaretha) Schmerfeld[#27] (1774->1817) • Ⓚ Regine Margarethe <u>Gertrud</u>[#13] (*1817 Osnabrück) • +01.11.1855 Osnabrück

Bäckermeister in Osnabrück

#27   **Schmerfeld, Regine Elisabeth (Margaretha)**
                 (1774->1817)

Ⓥ Gerhard Heinrich Schmerfeld[#54] (1742->1774) • Ⓜ Margarethe Gerdrut Stüve[#55] (1750->1774) • *Osnabrück • ◡ev 20.10.1774 Osnabrück (St. Katharinen) • ∞ev 08.05.1804 Osnabrück (St. Katharinen) mit Hermann Anton Thörner[#26] (1779-1855) • Ⓚ Regine Margarethe <u>Gertrud</u>[#13] (*1817 Osnabrück) • +>1817

#28   **Krasselt, Johann Friedrich (???->1815)**

Ⓥ ??? • Ⓜ ??? • ∞ mit Caroline Elisabeth (<u>Lisette</u>) Padjeck[#29] (???->1815) • Ⓚ Ferdinand Friedrich Wilhelm[#14] (*1802 Berlin); Carl Friedrich[#14a] (*1805 Berlin); Caroline Dorothea Wilhelmine[#14b] (*1807 Berlin); August

---

[1] Heinrich Rudolph Wermert (Wermer) (1836-1836) • *10.06.1836 Bramsche • ◡ev-luth. 24.06.1836 Bramsche (St. Martin) • +22.11.1836 Bramsche • ☐ev 26.11.1836 Bramsche (St. Martin)

[2] Hermann Wilhelm Wermert (1838-1839) • *06.01.1838 Bramsche • ◡ev-luth. 02.02.1838 Bramsche (St. Martin) • +26.04.1839 Bramsche • ☐ev 30.04.1839 Bramsche (St. Martin)

Adolf[#14c] (*1811 Berlin); Henriette Amalie[#14d] (*1814 Berlin); Henriette Wilhelmine (<u>Minna</u>)[#14e] (*1815 Berlin) • +[>]1815

#29   **Padjeck, Caroline Elisabeth (<u>Lisette</u>) (???-[>]1815)**
                                  (Bathgack)

Ⓥ ??? • Ⓜ ??? • ∞ mit Johann Friedrich Krasselt[#28] (???-[>]1815) • Ⓚ Ferdinand Friedrich Wilhelm[#14] (*1802 Berlin); Carl Friedrich[#14a] (*1805 Berlin); Caroline Dorothea Wilhelmine[#14b] (*1807 Berlin); August Adolf[#14c] (*1811 Berlin); Henriette Amalie[#14d] (*1814 Berlin); Henriette Wilhelmine (<u>Minna</u>)[#14e] (*1815 Berlin) • +[>]1815

▪ Marie Padjeck[#29a] (???-[>]1806) • ∞ mit Carl Neumann • Ⓚ Fredrique Wilhelmine[1] (*1806 Berlin) • +[>]1806

▪ Marie Renate Padjeck[#29b] (???-[>]1805) • ∞ mit Johann Friedrich Neumann • Ⓚ Johann Friedrich[2] (*1805 Berlin) • +[>]1805

#30   **Karell, Johann Samuel (1779-[>]1829)**
                                  (Karel, Carl)

Ⓥ Karl Karell[#60] (~1740-[>]1786) • Ⓜ Katharina Pospischil[#61] (1747-[>]1786) • *15.03.1779 böhm. Rixdorf/Berlin • ∪ev-luth. 24.03.1779 böhm. Rixdorf (Bethlehem)/Berlin • ∞ev 11.06.1810 (nicht 11.07) böhm Rixdorf (Bethlehem)/Berlin mit Friedericke Wilhelmina Schwabe[#31] (1789-1857) • Ⓚ <u>Henriette</u> Friedericke[#15a] (*1808 Berlin); Dorothee Wilhelmine Ida[#15b] (*1810 Berlin); Johann Friedrich Wilhelm[#15c] (*1815 Berlin); Fredericke <u>Wilhelmine</u> Dorothea[#15] (*1817 Berlin); Maria Charlotte Wilhelmine[#15d] (*1820 Berlin); Johann August Ferdinand[#15e] (*1821 Berlin); Johann Friedrich[#15f] (*1824 Berlin); Johann August Alberth[#15g] (*1826 Berlin); Johann Gustav Eduard[#15h] (*1829 Berlin) • +[>]1829

---

[1] Fredrique Wilhelmine Padjeck (1806-???) • ∪ev 21.08.1806 Berlin (Dreifaltigkeit)
[2] Johann Friedrich Padjeck/Neumann (1805-???) • ∪ev 01.01.1805 Berlin (Dreifaltigkeit)

Kattundrucker[1] in Berlin

▪ Johann Samuel Karell[#30a] (1765-1765) • ∪ev 13.02.1765 böhm. Rixdorf (Bethlehem)/Berlin • +26.03.1765 böhm Rixdorf/Berlin • □ev 27.03.1765 böhm. Rixdorf (Bethlehem)/Berlin

▪ Anna Maria Karell[#30b] (1765-1765) • ∪ev 13.02.1765 böhm. Rixdorf (Bethlehem)/Berlin • +23.03.1765 böhm. Rixdorf/Berlin • □ev 24.03.1765 böhm. Rixdorf (Bethlehem)/Berlin

▪ Catharina Karell[#30c] (1766-???) • *17.02.1766 böhm. Rixdorf/Berlin • ∪ev 23.02.1766 böhm. Rixdorf (Bethlehem)/Berlin

▪ Johann Karell[#30d] (1767-1768) • *07.12.1767 böhm. Rixdorf/Berlin • ∪ev 11.12.1767 böhm. Rixdorf (Bethlehem)/Berlin • +17.01.1768 böhm. Rixdorf/Berlin • □ev 19.01.1768 böhm. Rixdorf (Bethlehem)/Berlin

▪ Matthias Wenzel Karell[#30e] (1769-???) • *18.05.1769 böhm. Rixdorf/Berlin • ∪ev 21.05.1769 böhm. Rixdorf (Bethlehem)/Berlin

▪ Anna Dorothea Karell[#30f] (1771-1772) • *23.12.1770 böhm. Rixdorf/Berlin • ∪ev 27.12.1770 böhm. Rixdorf (Bethlehem)/Berlin • +25.09.1772 böhm. Rixdorf/Berlin • □ev 27.09.1772 böhm. Rixdorf (Bethlehem)/Berlin

▪ Maria Dorothea Karell[#30g] (1773-???) • *23.06.1773 böhm. Rixdorf/Berlin • ∪ev 27.06.1773 böhm. Rixdorf (Bethlehem)/Berlin

▪ Friedrich August Karell[#30h] (1775-???) • *23.07.1775 böhm. Rixdorf/Berlin • ∪ev 26.07.1775 böhm. Rixdorf (Bethlehem)/Berlin

▪ Friederica Wilhelmine Karell[#30i] (1777-1849) • *24.12.1777 böhm. Rixdorf/Berlin • ∪ev 29.12.1777 böhm. Rixdorf (Bethlehem)/Berlin • +01.09.1849

▪ Gottlieb Benjamin Karell[#30j] (1781-???) • *21.09.1781 böhm. Rixdorf/Berlin • ∪ev 27.09.1781 böhm. Rixdorf (Bethlehem)/Berlin

---

[1] Als Kattundruck bezeichnet man das Drucken auf Baumwollgewebe (Kattun).

- Josef Wilhelm Karell[#30k] (1783-???) • *18.04.1783 böhm. Rixdorf/Berlin • ᴗev 22.04.1783 böhm. Rixdorf (Bethlehem)/Berlin

- Maria Christiana Karell[#30l] (1786-???) • *15.01.1786 böhm. Rixdorf/Berlin • ᴗev 22.01.1786 böhm. Rixdorf (Bethlehem)/Berlin

#31　　　　　　　　**Schwabe, Friedericke Wilhelmina (1789-1857)**

Ⓥ Johann Schwabe[#62] (???->1789) • Ⓜ ??? • *17.02.1789 Berlin • ∞ev 11.07.1810 Berlin (Bethlehem)/Berlin mit Johann Samuel Karell[#30] (1779->1829) • Ⓚ Henriette Friedericke[#15a] (*1808 Berlin); Dorothee Wilhelmine Ida[#15b] (*1810 Berlin); Johann Friedrich Wilhelm[#15c] (*1815 Berlin); Fredericke Wilhelmine Dorothea[#15] (*1817 Berlin); Maria Charlotte Wilhelmine[#15d] (*1820 Berlin); Johann August Ferdinand[#15e] (*1821 Berlin); Johann Friedrich[#15f] (*1824 Berlin); Johann August Alberth[#15g] (*1826 Berlin); Johann Gustav Eduard[#15h] (*1829 Berlin) • +30.04.1857 Berlin

- NN♀ Schwabe[#31a] (<1789-???) • *<1789

VIII
Generation V
(Ururgroßeltern)

#36 — Fenner, Hans Henrich (1701-1784)

Ⓥ Hans Martin Fenner[#72] (1659-1734) • Ⓜ Anna Schneider[#73] (1661-1744) • *27.11.1701 Loshausen • ᴗev • ∞ev ˜1735 mit Anna Elisabeth Dönch[#293] (???-1785) • Ⓚ Johann Heinrich[#18] (*1751) • +23.05.1784 Neuenhain (Pfarrei Dillich)

Bauer und Gerichtsschöffe

- Henrich Fenner[#36a] (1686-1686) • *31.07.1686 Loshausen • +23.08.1686

- Maria Ließ Fenner[#36b] (1687-1738) • *22.11.1687 Loshausen • ᴗev • ∞I ev 17.07.1715 Loshausen mit Menges Strähling aus Loshausen • ∞II ev 25.02.1720 Loshausen mit Conrad Gümpel aus Loshausen • □ev 05.04.1738 Loshausen

- Johannes Fenner[#36c] (1691-1733) • *03.06.1691 Loshausen • ᴗev • Bauer in Loshausen auf dem väterlichen Hof Nr. 42 • ∞ev 06.09.1727 Loshausen mit Anna Barbara Dülfer aus Loshausen • Ⓚ Anna Catharina[1] (*1728); Maria Elisabeth[2] (*1732) • +23.08.1733 Loshausen

#37 — Dönch, Anna Elisabeth (???-˃1785)

Ⓥ ??? • Ⓜ ??? • (?) *Neuenhain • ∞ev ˜1735 mit Hans Henrich Fenner[#36] (1701-1784) • Ⓚ Johann Heinrich[#18] (*1751) • +˃Juni 1785

28.06.1785 als Patin ihres Enkelkindes erwähnt

---

[1] Anna Catharina Fenner (1728-1799) • *31.01.1728 • ∞02.09.1751 Loshausen mit Philipp Rockensüß • +08.05.1799 Allendorf a. d. L.
[2] Maria Elisabeth (1732-1777) • *21.01.1732 • ∞05.09.1752 Loshausen mit Johann Adam Kürschner • +19.10.1777 Loshausen

#38   Rübenkönig, Johann Bartholomäus (Barthel) (1726-1762) gen. „Basthold"

Ⓥ Goerg Wilhelm Rübenkönig[76] (1698-1777) • Ⓜ Anna Maria Schönbube[77] (???-[>]1736) • ∪ev 25.09.1726 Hersfeld • ∞ev 08.10.1758 Ziegenhain mit Sophia Luisa Ulifex (Töpfer)[39] (1730-1798) • Ⓚ Anna Maria[19] (*1759) • +08.10.1762 Caßdorf • ☐ev 11.10.1762 Caßdorf

30.09.1744 immatrikuliert zu Marburg, dort Stipendiatenmajor • 1746 theoloische Dissertation in Marburg in Latein mit dem Titel „de angelo spiritu sancto nativitatis Christi nuncio" • 07.04.1758-1762 Pfarrer zu Caßdorf

▪ Johannes Rübenkönig[38a] (1724-1792) • ∪ev 20.02.1724 • konf. 1738 Kassel (Freiheit) • 12.04.1742 immatrikuliert zu Marburg • seit Ende 1753 ev. Pfarrer zu Laudenbach • ∞ev 1768/1769 Laudenbach/Meißer mit[1] Catharina Elisabeth Lucan, Tochter von Wilhelm Lucan und Anna Sabina NN • Ⓚ fünf • +31.10.1792 Laudenbach/Meißer

▪ NN♀ Rübenkönig[38b] (1736-???) • *01.07.1736 Kassel (Freiheit)

#39   Ulifex (Töpfer), Sophia Luisa (1730-1798)

Ⓥ Johann Ludwig Ulifex (Töpfer)[78] (1693-1756) • Ⓜ Anna Gertrude Ungar[79] (1694-1743) • *01.01.1730 Ropperhausen • ∪ev 06.01.1730 Ropperhausen • konf. 1744 Ropperhausen • ∞ev 08.10.1758 Ziegenhain mit Johann Bartholomäus (Barthel) Rübenkönig[38] (1726-1762) • Ⓚ Anna Maria[19] (*1759) • +28.10.1798 Caßdorf

▪ Johann Gottfried Ulifex (Töpfer)[39a] (1719-???) • ∪ev 06.09.1719 Ziegenhain • konf. 1733 Ropperhausen • studiert ev. Theologie • Offizier und zuletzt Major in holländischen Diensten

▪ Anna Gertrud Elisabeth Ulifex (Töpfer)[39b] (1721-1747) • ∪ev 06.01.1721 Ziegenhain • konf. 1734 Ropperhausen • +31.03.1747 Wernswig

---

[1] und/oder mit Anna Catharina Kniest, Tochter des Ratsverwandten Justus Kniest in Kassel

▪ Maria Elisabeth Ulifex (Töpfer)[39c] (1723-???) • *06.04.1723 Ziegenhain

▪ Anna Gertrud Ulifex (Töpfer)[39d] (1725-1748) • *25.04.1725 Ziegenhain • ∪ev • konf. 1738 Großroppershausen • ∞ev 04.01.1748 Wernswig mit Johann Andreas Dönch[1] (~1714-1757) • Ⓚ George Ludwig[2] (*1748 Caßdorf) • +04.11.1748 Caßdorf

▪ Dorothea Wilhelmina Ulifex (Töpfer)[39e] (1727->1741) • *14.04.1727 Ropperhausen • ∪ev 20.04.1727 Ropperhausen • konf. 1741 Ropperhausen • >1741

▪ Henriette Elisabeth Ulifex (Töpfer)[39f] (1732-1805) • *04.01.1732 Ropperhausen • ∪ev 16.01.1732 • konf. 1745 Wernswig • ∞ev Felsberg mit Martin Hubenthal • +23.01.1805 Felsberg

#40   Schüler, Johann Valentin (1713-1793) (Schyler)

Ⓥ Johann Daniel Schüler[80] (1685-1760) • Ⓜ Sophia Gerstung[81] (1687-1761) • ∪ev 11.10.1713 Vacha • ∞I ev 30.11.1735 Vacha mit Katharina Elisabeth Klappert[3] (???-1754) • ∞II ev 1741 mit Marie Elisabeth

---

[1] Johann Andreas Dönch (~1714-1757) • Sohn der Stiefeltern Johann George Beyer (Förster in Ehlen und Ehrsten) und Anna Elisabeth NN • *~1714 Ehrsten • 16.06.1732 immatrikuliert zu Marburg, 1741-1757 ev Pfarrer in Caßdorf • ∞I 1741 mit Sophia Elisabeth Pfaff (~1725-1746), *~1725, □04.07.1746, Tochter von Jacob Ruland Pfaff (seit 10.03.1722 Pfarrer in Bischhausen/Schwalm) und Katharina Elisabeth Knyrim • Ⓚ Catharina Elisabeth (1744-???), *06.09.1744 Caßdorf, ∪ev 13.09.1744 Caßdorf; Maria Elisabeth (1745-1757), *17.11.1745 Caßdorf, ∪ev 22.11.1745 Caßdorf • +23.12.1757 Caßdorf

[2] George Ludwig (1748-1748) • *21.10.1748 Caßdorf • ∪ev 25.10.1748 Caßdorf • +11.11.1748 Caßdorf • □ev 12.11.1748 Caßdorf

[3] Katharina Elisabeth Klappert (???-1754) • Ⓥ Christian Klappert • aus Hersfeld • □02.09.1754

Sandrock[#41] (1720-1775) • Ⓚ Karl Friedrich[#20] (*1760) • ∞III ev mit Sophia Charlotte Tassius[1] (1726-???)[2] • +27.01.1793 Hersfeld

1735 Schneidermeister und Bürger zu Vacha • später Waisenhausreceptor und schon seit 1736 Receptor zu Hersfeld

#41   Sandrock, Marie Elisabeth (1720-1775)

Ⓥ Johann Bathasar Sandrock[#82] (1661-1745) • Ⓜ Anna Gertrud Markgraf[#83] (1692-1773) • *01.03.1720 Öchsen/Vacha • ∪ev • konf. 1734 Waßmuthshausen • ∞ev 1741 mit Johann Valentin Schüler[#40] (1713-1793) • Ⓚ Karl Friedrich[#20] (*1760) • +24.12.1775 Hersfeld

▪ Catharina Elisabeth Sandrock[#41a] (~1722-1778) • *~1722 Öchsen/Vacha • ∪ev • ∞ev 07.10.1742 Waßmuthshausen mit Pfarrer Johann Hermann Fleischhuth[3] (~1707-1786) • Ⓚ Gertruda Charlotte (*1743 Homberg); Dorothea Maria Elisbeth (*1746 Homberg); Anna Catharina (*1749 Homberg); Maria Sophia (*1750 Homberg); Wilhelmina (*1751 Homberg); Jacobine Catharina (*1753 Homberg);

---

[1] Sophia Charlotte Tassius (1726-???) • *14.02.1726 (?) in Friedewald • Ⓥ Karl Rudolf Tassius, Metropolitan zu Hersfeld und Hofprediger zu Eisenach • Ⓜ Beatrix Cool

[2] Es konnten zwei Geschwister recherchiert werden: Der Bruder von Sophia Charlotte Tassius namens Johan Philipp Tassius (*03.02.1719 Friedewald, +11.09.1780 Marburg). Dieser immatrikulierte sich am 13.04.1740 in Marburg und war dann als Dr. Phil Magister am Pädagogium Marburg. Er heiratet am 22.03.1753 in Marburg Ref. Anna Catharina Schenckel (∪10.11.1715 Wolfhagen, konf. 1715), die Tochter von Nicolaus Schenckel (∪13.041690 Ehringen) und Sybilla Matthaei. Die Schwester von Sophia Charlotte Tassius namens Carolina Gertrud Tassius (*23.12.1732 Spangenberg, ∪27.12.1732 Spangenberg) heiratet am 05.021761 in Spangenberg Johann Balthasar Wiederhold (*13.04.1732 Elben, 1747 konf. Kassel, +01.07.1800 Melsungen, □04.07.1800), Sohn von Johann Heinrich Wiederhold (∪13.07.1693 Homberg, +23.06.1741 Kassel) und seiner zweiten Ehefrau Charlotte Wallradine Ingebrand

[3] Johann Hermann Fleischhuth (~1707-1786) • Ⓥ Martin Fleischhuth, Pfarrer in Waßmuthshausen • Ⓜ Catharina Elisabeth Bingel • *~1707 Waßmuthshausen • konf. 1721 Homberg • 06.11.1726 immatrikuliert zu Marburg • ~1748 Pfarradjunkt in Homberg • 1749-1752 Pfarradjunkt in Niederbeisheim • 1752-1775 Konrektor und später Rektor in Homberg • 1775-1786 Ruhestand in Homberg • +25.02.1786 Homberg • □02.03.1786 Homberg

Johanna Maria (*1757 Homberg); Catharina Maria Sophia (*1760 Homberg); Maria Amalia (*1762 Homberg) • +03.09.1778 Homberg • □ev 07.09.1778 Homberg

▪ Catharina Philippina Sandrock[#41b] (˜1725-˃1738) • *˜1725 Öchsen • ∪ev • konf. 1738 Waßmuthshausen • +˃1738

▪ Maria Sophia Sandrock[#41c] (˜1727-1805) • *˜1727 Öchsen • ∪ev • konf. 1740 Waßmuthshausen • ∞ev mit Pfarrer Johann Philipp Semmel[1] (1706-1786) • +31.01.1805 Schmalkalden • □ev 03.02.1805 Schmalkalden

▪ Hedwig Sophia Sandrock[#41d] (˜1729-˃1742) • *˜1729 Öchsen • ∪ev • konf. 1742 Waßmuthshausen • +˃1742

▪ Barbara Charlotte Sandrock[#41e] (˜1730-1736) • *˜1730 Öchsen • ∪ev • +11.06.1736 Waßmuthshausen

▪ Caspar Friedrich Sandrock[#41f] (1732-1823) • *23.04.1732 Öchsen • ∪ev • 15.03.1751 immatrikuliert zu Marburg • 1768-1775 ev. Pfarrer in Sachsenhausen/Treysa • 1775-1782 ev. Pfarrer in Wollrode • 1782-1823 ev. Pfarrer in Gensungen • ∞I mit NN • Ⓚ Gertrud Elisabeth (*1764) • ∞II 08.06.1769 Röhrshain mit Henriette Christine Hücker[2] (1748-1802) • Ⓚ Ernst Ludwig (*1770 Sachsenhausen/Treysa); Johanna Maria (*1771 Sachsenhausen/Treysa); Hermann Philipp (*1773 Sachsenhausen/Treysa); Amalia Philippina (*1755 Wollrode); Philippine (1777 Wollrode); Levin Georg Friedrich (*1779 Wollrode); Carl Friedrich (*1782 Gensungen); Johann Henrich (*1785 Gensungen); Christian Andreas (*1790 Gensungen) • +06.12.1823 Gensungen, alt 91 Jahre 7 Monate 13 Tage

---

[1] Johann Philipp Semmel (1706-1786) • Ⓥ Johann Conrad Semmel, ev. Pfarrer in Rengshausen • Ⓜ Anna Elisabeth NN • *März 1706 Rengshausen • 1748-1772 Konrektor und 1772-1786 Rektor in Schmalkalden • +09.01.1786 Schmalkalden
[2] Christine Hücker (1748-1802) • Ⓥ Jakob Ernst Hücker, fürstlich-hessischer Förster in Ottrau • *08.12.1748 Ottrau (?)• +20.04.1802 Gensungen • □25.04.1802 Gensungen

▪ Maria Amalia Sandrock[#41g] (1735-???) • *24.09.1735 Waßmuthshausen • ∪ev 26.09.1735 Waßmuthshausen • ∞ev mit ev. Pfarrer Johann Alexander Meurer[1] (1716-???)

#42   Stern, Paulus (1731-<1763)

Ⓥ Georg Stern[#84] (1695-1768) • Ⓜ Maria Amalia Katharina Nagel[#85] (1691-1775) • *26.02.1731 Kassel • ∪ev • ∞ev 29.10.1758 Kassel mit Jakobine Appelius[#43] (1738-1764) • Ⓚ Amalia[#21] (*1760) • +<13.10.1763 Kassel

01.06.1750 immatrikuliert zu Marburg • Regierungssekretarius zu Kassel

#43   Appelius, Jakobine (1738-1764)

Ⓥ Georg Christoph Appelius[#86] (1693-1578) • Ⓜ Maria Margaretha Stietz[#87] (1709-1749) • *27.09.1738 Kassel • ∪ev • ∞ev 29.10.1758 Kassel mit Paulus Stern[#42] (1731-1763) • Ⓚ Amalia[#21] (*1760) • +06.04.1764 Kassel

▪ Johannes Appelius[#43a] (1729-1800) • *20.09.1729 Kassel/Freiheit • ∪ev • +26.12.1800 Kassel

▪ Christian Appelius[#43b] (1744-1804) • *12.04.1744 Kassel • ∪ev • ∞ev 01.06.1783 Bremen mit Adelheid Rulfes[2] (1766-1847) • Ⓚ Hermann Georg[3] (*1787 Bremen) • +12.12.1804 Verden/Aller

---

[1] Johann Alexander Meurer (1716-???) • Ⓥ Hermann Meurer, ev. Pfarrer in Obervorschütz • *16.03.1716 Obervorschütz • ∪ev 19.03.1716 Obervorschütz • 1742-1760 ev. Pfarrer in Frauensee • 1761-1771 Diakonus in Vacha • 1770 ev. Pfarrer in Wollrode

[2] Adelheid Rulfes (1766-1847) • *04.03.1766 Bremen • +03.04.1847 Gandersheim

[3] Hermann Georg Appelius (1787-1861) • *12.09.1787 Bremen • ∪18.09.1787 Bremen • ∞04.02.1834 Gandersheim mit Henriette Wilhelmine Bock (1811-1877), *24.10.1811 Gandersheim, +20.11.1877 Hannover • Ⓚ Hermine Wilhelmine (1835-1911), *1835 Gandersheim, +1911 Hannover • +28.04.1861 Gandersheim

#44   Huber, Johann Jakob (1707-1778)

Ⓥ Hans Jakob (<u>Johann</u>) Huber[88] (1672-1750) • Ⓜ Katharina Weiß[89] (1677-1730) • *09.09.1707 Basel • ⌣ev-ref. 11.09.1707 Basel (St. Martin) • ∞ev 26.09.1740 Göttingen mit Christiane Elisabeth Geßner[45] (1725-1800) • Ⓚ insgesamt acht Kinder, davon drei vor 1778 verstorben: <u>Johanne</u> Christiane[22a] (*1743); Johann Jakob[22b] (*1748); Elisabeth Valeria[22c] (*1750 Homberg); Dorothea Catharine[22d] (*1752 Kassel); Karl[22] (*1763 Kassel) • +06.07.1778 Kassel

Studium der Medizin in Bern unter Prof. Haller und Strassbourg • 1733 Promotion zum Dr. med in Basel • 1734 Mitglied des Collegium medicum in Brüssel • 1736 geht nach Göttingen und wird Mitglied der Fakultät • 1736 Leibarzt des Fürsten von Baden-Durlach • 1738 Prosektor am Theatrum anatomicum in Göttingen • 1739 Professor • 1742 Professor für Anatomie und Chirurgie am Lyzeum in Kassel, zugleich Leibarzt des Kurfürsten von Hessen • Hofrat zu Kassel • seit 16.10.1760 Mitglied der Berlin-Brandenburgischen Akademie der Wissenschaften und Mitglied der Royal Society of London

▪ Johann Wernhard Huber[44a] (1698-???) • ⌣ev-ref. 27.10.1698 Basel (St. Martin)

▪ Catharina Huber[44b] (1699-???) • ⌣ev-ref. 23.11.1699 Basel (St. Martin)

▪ Anna Elisabeth Huber[44c] (1701-???) • ⌣ev-ref. 27.12.1701 Basel (St. Martin)

▪ Emanuel Huber[44d] (1703-???) • ⌣ev-ref. 26.04.1703 Basel (St. Martin)

▪ Nikolaus Huber[44e] (1704-???) • ⌣ev-ref. 10.07.1704 Basel (St. Martin)

▪ Marcus Huber[44f] (1713-???) • ⌣ev-ref. 25.05.1713 Basel (St. Martin)

#45   Geßner, Christiane Elisabeth (1725-1800)

Ⓥ Johann Matthias Geßner[90] (1691-1761) • Ⓜ Elise Caritas Eberhard[91] (1695-1761) • *03.05.1725 Weimar • ⌣ev • ∞ev 26.09.1740 Göttingen mit Johann Jakob Huber[44] (1707-1778) • Ⓚ insgesamt acht Kinder, davon drei vor 1778 verstorben: Johanne Christiane[#22a] (*1743); Johann Jakob[#22b] (*1748); Elisabeth Valeria[#22c] (*1750 Homberg); Dorothea Catharine[#22d] (*1752 Kassel); Karl Huber[#22] (*1763 Kassel) • +02.07.1800 Kassel

■ Carl Philipp Geßner[#45a] (1719-1780) • *06.09.1719 Weimar • ∪ev • Studium in Leipzig • Studienreise nach Holland, dürch Württemberg, Schweiz, Elsass und Frankreich • 1739 Promotion in Göttingen • 1741 Mitglied der Kaiserlichen Leopold Carolinischen Deutschen Akademie der Naturforscher • bis 1754 in Polen Leibarzt des Prinzen von Sapieha • Leibarzt des Großkanzlers von Lithauen • Bergrat des Königs von Polen • Berufung durch König August III. nach Dresden und Leibarzt des Kurfürsten von Sachsen • Hofrat • +23.07.1780 Dresden • 1782 5.000 Bände seiner Privatbibliothek gehen an die Bibliotheca medica

#46   Hartert, Friedrich Julius (1736-1812)

Ⓥ Dietrich Philipp Hartert[#92] (1699-1774) • Ⓜ Katharina Elisabeth Andreä[#93] (1714-1749) • *24.01.1736 Rothenburg/Fulda • ∪ev • konf. Ostern 1750 Hersfeld • ∞06.10.1770 Richelsdorf mit Sophie Elisabeth Bose[#47] (1755-1820) • Ⓚ Bernhardine Philippine Karoline[#23] (*1772 Frauensee/Thüringen); Sophie Elisabeth[#23a] (*1773 Friedewald); Fridericke Jakobine[#23b] (*1775 Friedewald); Karl Christian[#23c] (*1777 Friedewald); Franz Theodor[#23d] (*1779 Richeldsdorfer Hütte); Henriette Charlotte[#23e] (*1782 Friedewald); Maria Charlotte Dorothea[#23f] (*1787 Friedewald) • +07.05.1812 Friedewald

19.01.1753 immatrikuliert zu Marburg • Studium der Rechtswissenschaft • Kornett im Kürassier-Regiment v. Prueschenk, später v. Wolff • 08.11.1765 Leutnant • 1770 Amtmann zu Frauensee • 1774 Amtmann zu Friedewald • 01.04.1795-1806 Amtmann und Rat zu Vacha • seit 1806 wieder zu Friedewald

■ Johann Franz Hartert[#46a] (1731-1807) • ∪ev 10.07.1731 Rotenburg/Fulda • 09.07.1749 immatrikuliert zu Marburg • Dezember 1755 Dissertation • 1759 Amtsvogt zu Bischhausen • 1762 Rat und Amtmann zu Hersfeld • ∞I ev 29.06.1758 Hersfeld mit Pfarrerstochter

Maria Viktoria Kersting[1] (1730-1747) • Ⓚ zwei • ∞II 23.08.1763 Hersfeld mit Sophia Johannetta Stirn[2] (1738-1816) • Ⓚ eins • +13.10.1807 Hersfeld

■ Johann Christian Hartert[#46b] (1732-<1738) • ∪ev 13.12.1732 Rotenburg/Fulda • +<1738

■ Hedwig Sophia Hartert[#46c] (1733-1734) • ∪ev 17.11.1733 Rotenburg/Fulda • □ev 29.11.1734 Rotenburg/Fulda

■ Johann Christian Hartert[#46d] (1738-1765) • *02.02.1738 Rotenburg/Fulda • ∪ev • 19.01.1753 immatrikuliert zu Marburg • ∞ev 08.05.1764 Hersfeld mit Pfarrerstochter Rosina Christina Kimm[3] (1745-???) • Ⓚ Dorothea Philippina[4] (*1765) • +02.06.1765 Nentershausen

■ Katharina Friederika Hartert[#46e] (1739->1759) • *06.05.1739 • ∪ev • ∞ev 19.04.1759 Hersfeld mit Forstschreiber zu Hersfeld Jakob Heinrich Günther[5] • Ⓚ elf • +>1759

■ Karl Benjamin Hartert[#46f] (1741-???) • ∪ev 19.10.1741 • + jung

■ Theodor Hartmann Hartert[#46g] (1743-1783) • *28.03.1743 Rotenburg/Fulda • ∪ev • Kapitän im Hess. Regiment „Prinz Karl" zu Hersfeld • ∞ev 06.04.1775 Hersfeld mit Maria <u>Charlotta</u> Dorothea Stirn[6]

---

[1] Maria Viktoria Kersting (1730-1763) • Ⓥ Pfarrer Dietrich Kersting (1689-1747), ∪ev 01.03.1689 Grebenstein, +03.01.1747 • Ⓜ Anna Elisabeth Amelang • *02.01.1730 Treysa • □03.02.1763 Hersfeld

[2] Sophia Johannetta Stirn (1738-1816) • Ⓥ Johann Maximilian Stirn (1690-1741), ∪10.11.1690 Marburg, +06.10.1741 Laasphe/Wittgenstein • Ⓜ Maria Johannetta Schönhütt (1759-???), □05.02.1759 Hersfeld • *24.02.1738 Feudingen • +11.04.1816 Hersfeld

[3] Rosina Christina Kimm (1745-???) • Ⓥ Joachim Kimm (2. Pfarrer zu Hersfeld) • Ⓜ Anna Dorothea Rosenthal • *27.04.1745 Hersfeld

[4] Dorothea Philippina Hartert (1765-???) • *08.02.1765

[5] Jakob Heinrich Günther • Ⓥ Johann Balthasar Günther • Ⓜ Christine NN • aus Rückershausen • Forstschreiber zu Hersfeld

[6] Maria <u>Charlotta</u> Dorothea Stirn (1753-1822) • Ⓥ Jakob Maximilian Stirn (1723-1769), *20.04.1723 Freundlingen/Wittgenstein, +10.01.1769 Frankfurt/Main • Ⓜ Christine Elisabeth Erhardi (*1725, +24.06.1794) • *06.10.1753 Hersfeld • +19.07.1822 Hersfeld

(1753-1822) • Ⓚ Christina Maria Wilhelmina (*1776 Hersfeld) • +08.08.1783 in den USA

▪ Charlotta Katharina Wilhelmina Hartert[#46h] (˜1745-ᐵ1764) • *˜1745 • ∪ev • ∞ev 29.05.1764 mit Johann Friedrich Adolf Greineisen[1], Advocatus ordinarius bei der Kanzlei zu Rotenburg/Fulda • +ᐵ1764

▪ Katharina Sophia Hartert[#46i] (1749-???) • ∪ev 16.07.1749

#47 Bose, Sophie Elisabeth (1755-1820)

Ⓥ Karl Adolf Christian Bose[#94] (1720-1787) • Ⓜ Christine Bernhardine Weber[#95] (1731-1780) • *21.01.1755 Richelsdorfer Hütte • ∪ev • ∞ev 06.10.1770 Richelsdorf mit Friedrich Julius Hartert[#46] (1736-1812) • Ⓚ Bernhardine Philippine Karoline[#23] (*1772 Frauensee/Thüringen); Sophie Elisabeth[#23a] (*1773 Friedewald); Fridericke Jakobine[#23b] (*1775 Friedewald); <u>Karl</u> Christian[#23c] (*1777 Friedewald); Franz Theodor[#23d] (*1779 Richeldsorfer Hütte); Henriette Charlotte[#23e] (*1782 Friedewald); Maria <u>Charlotte</u> Dorothea[#23f] (*1787 Friedewald) • +22.02.1820 Hersfeld (Haus Nr. 213)

bei der Eheschließung 15¾ Jahre alt

#48 Wachtmann, Johann Philipp (1743-1813)

Ⓥ <u>Johann</u> <u>Erich</u> Wilhelm Wachtmann[#96] (1718-1793) • Ⓜ Anne (Dorothea) Elisabeth Krug[#97] (1710-1788) • ∪ev-luth. 10.05.1743 Wilkenburg (St. Alexander) • ∞ev 27.07.1777 Bergstedt/Hamburg mit Dorothea Eleonore Burius[#49] (1745-ᐵ1778) • Ⓚ Friedrich Wilhelm[#24] (*1778 Wildeshausen) • +29.02.1813 Wildeshausen/Oldenburg

1772-1813 Kantor und Knabenschullehrer in Wildeshausen[2] • 1777 Organist in Wildeshausen/Oldenburg

---

[1] Johann Friedrich Adolf Greineisen • Ⓥ Kanzleirat Georg Friedrich Greineisen
[2] Die St. Alexanderkirche in Wildeshausen wird im Zuge der Reformation im Jahre 1699 evangelisch-lutherisch

■ Clara Lucia Friderika Rebecca Wachtmann[#48a] (1744-???) • ∪ev-luth. 01.11.1744 Wilkenburg (St. Alexander)

■ Dorothea <u>Juliana</u> Eleonora <u>Christina</u> Wachtmann[#48b] (1746->1778) • ∪ev-luth. 03.07.1746 Wilkenburg (St. Alexander) • heiratet in das Hofgut Monnich Nr. 1 in Stemshorn ein und lebt dort • ∞08.05.1778 Stemshorn mit Johann Friedrich Gosoge[1] zu Herrenhausen (1753-1790) • +>1778

■ August Gottlieb Wachtmann[#48c] (1748-~1815) • *02.05.1748 Wilkenburg • ∪ev-luth. 05.05.1748 Wilkenburg (St. Alexander) • Lehrer in Gestorf • ∞ mit Henriette Caroline Franke • Ⓚ Johann Christian Wilhelm Conrad[2] (*~1789 Ricklingen/Hannover) • +~1815 Ricklingen/Hannover

■ Juliane Louise Wachtmann[#48d] (1750-1772) • *11.10.1750 Wilkenburg • ∪ev-luth. 15.10.1750 Wilkenburg (St. Alexander) • +1772 Wilkenburg

■ Carl Ludwig Wachtmann[#48e] (1755-1757) • *21.05.1755 Wilkenburg • ∪ev-luth. 25.05.1755 Wilkenburg (St. Alexander) • +1757

#49   Burius, Dorothea Eleonore (~1745->1778)

Ⓥ Johann Günther Burius[#98] (1696-1756) • Ⓜ Lucia Hedewig Maria Wedemeyer[#99] (<1722-1795) • *~1745 • ∪ev-luth. • ∞27.07.1777 Bergstedt/Hamburg mit Johann Philipp Wachtmann[#48] (1743-1813) • Ⓚ Friedrich Wilhelm[#24] (*>1778 Wildeshausen) • +>1778

■ Carl Ludewig Burius[#49a] (1740-1794) • *17.05.1740 Bleckede • ∪ev-luth. Bleckede • ev. Pastor in Bergstedt/Hamburg • ∞ev 11.10.1769

---

[1] Johann Friedrich Gosoge zu Herrenhausen (1753-1790) • *11.05.1753 • Betreiber des seit 1367 existierenden und im Dorfkern von Stemshorn befindlichen Hofguts Monnich Nr. 1 • ∞I ~1779 mit Margarethe Adelheit Welmer aus Uffeln • +15.04.1790

[2] Johann Christian Wilhelm Conrad Wachtmann (~1789->1815) • *~1789 Ricklingen/Hannover • ∪ev-luth. • Schullehrer • ∞18.11.1815 Bremen mit Adelheit Catharina Vaget (1791-???), Tochter von Weißbäcker Albert Vaget (???-<1815) und Catharina Elisabeth Büttner (???-<1815), *12.08.1791 Bremen, ∪ev 21.08.1791 Bremen

Lütjenburg mit Auguste Dorothea Maria Diedrichsen[1] (1745-1824) • Ⓚ Ulrika Friderica Wilhelmine[2] (*1770 Kiel); Wilhelm Friedrich Caecilius[3] (*1771 Kiel); Maria Margaretha Henriette Dorothea[4] (*1773 Bergstedt); Peter Johann[5] (*1775 Bergstedt); Catharina Margaretha Christina[6] (*1776); NN♂[7] (*1776); Elisabeth Margaretha Augusta[8] (*1777 Hamburg-Poppenbüttel); Carl Ludewig[9] (*1779 Bergstedt); Amalia Margaretha Johanna[10] (*1780 Bergstedt); Johann Christian August[11]

---

[1] Auguste Dorothea Maria Diedrichsen (1745-1824) • Ⓥ Diakonus August Diedrichsen (*21.12.1711 Kiel, ∞19.09.1741 Lütjenburg, +20.11.1754 Lütjenburg) • Ⓜ Sophie Marie Löwe (+31.07.1770 Lütjenburg) • *11.10.1745 Lütjenburg • +13.02.1824 Poppenbüttel

[2] Ulrika Friderica Wilhelmine Burius (1770-???) • *13.08.1770 Kiel

[3] Wilhelm Friedrich Caecilius Burius (1771-???) • *20.10.1771 Kiel • ∞23.10.1796 Bergstedt mit Anna Catharina Krogmann (1777-1853), *25.09.1777 Bergstedt, +14.12.1853 Bergstedt • Ⓚ Johann Hinrich Friedrich; Maria Magdalena Cacilie (1715-???) • +Hamburg-Duvenstedt

[4] Maria Margaretha Henriette Dorothea Burius (1773-???) • *10.02.1773 Bergstedt • ∞19.08.1795 Johann Achim Ahrens (1769-???), *11.03.1769 Bergstedt, Sohn des Schulmeisters Harm/Hermann Ahrens (*~1745, ∞29.11.1761 Bergstedt, +04.04.1813 Bergstedt) und Maria Magdalena Borchers/Borger (Witwe des Hans Joachim Brügmann aus Poppenbüttel) • Ⓚ Hermann Ludwig; Anna Maria

[5] Peter Johann Burius (1775-???) • *05.09.1775 Bergstedt

[6] Catharina Margaretha Christina Burius (1776-???) • *11.11.1776

[7] NN♂ Burius (1776-1776) • *+11.11.1776, Todgeburt, Zwilling zu Catharina Margaretha Christina Burius (1776-???)

[8] Elisabeth Margaretha Augusta Burius (1777-1841) • *29.12.1777 Hamburg-Poppenbüttel (oder Bergstedt) • ∞13.12.1807 Bergstedt mit Johann Christian Becker (~1782-???), Sohn von Hinrich Rudolph Becker (*1748, +09.06.1807 Poppenbüttel, Vollhufner) und Anna Elisabeth Henriette Laage (*18.05.1747 Lütjenburg, +19.04.1814 Poppenbüttel) • Ⓚ Jürgen (1807-???), *02.11.1807 • +05.09.1841 Poppenbüttel

[9] Carl Ludewig Burius (1779-???) • *05.07.1779 Bergstedt

[10] Amalia Margaretha Johanna Burius (1780-???) • *27.11.1780 Bergstedt

[11] Johann Christian August Burius (1782-???) • *02.08.1782 Bergstedt

(*1782 Bergstedt); Magdalena Eleonore[1] (*1787 Bergstedt); Diederich Wilhelm[2] (*1787 Bergstedt) • +18.04.1794 Bergstedt

#50   Becker, Hermann Heinrich (1747-1807)

Ⓥ Hermann Heinrich Becker[#100] (1703-1790) • Ⓜ Catherine Margarethe Meyer[#101] (1709-1779) • *12.07.1747 Bramsche • ∪ev-luth. 18.07.1747 Bramsche (St. Martin) • ∞ev 17.11.1784 Bramsche (St. Martin) mit Catharina Margaretha Sanders[#51] (1760-1828) • Ⓚ <u>Katherine</u> Margarethe[#25] (*1785 Bramsche); Hermann Heinrich[#25a] (*1787 Bramsche); Anna Margarethe[#25b] (*1789 Bramsche); Johann Rudolph[#25c] (*1791 Bramsche); Anna Margarethe <u>Dorothea</u>[#25d] (*1793 Bramsche); Christina Marie[#25e] (*1796 Bramsche); Heinrich Wilhelm[#25f] (*1798 Bramsche); Margarethe Amalie[#25g] (*1801 Bramsche); Anna Catharina Wilhelmine[#25h] (*1803 Bramsche); Friederike Wilhelmine[#25i] (*1807 Bramsche) • +13.04.1807 Bramsche

Bäcker und Brauer in Bramsche Nr. 5 (Brückenort)

▪ Catherine Marie Becker[#50a] (1731-1804) • ∪ev-luth. 21.08.1731 Bramsche (St. Martin) • ∞ev 09.11.1751 Bramsche (St. Martin) mit Johann Heinrich Meyer gen. Berger[3] (1727-1794) • Ⓚ Hermann Heinrich[4] (*1753 Bramsche); Johann Heinrich[5] (*1754 Bramsche); Hermann Heinrich[6] (*1756 Bramsche); Heinrich Rudolph[1] (*1759

---

[1] Magdalena Eleonore Burius (1787-???) • *11.04.1787 Bergstedt

[2] Diederich Wilhelm Burius (1787-1788) • *11.04.1787 Bergstedt • +25.03.1788 Bergstedt

[3] Johann Heinrich Meyer gen. Berger (1727-1794) • Ⓥ Johann Heinrich Meyer • ∪ev 01.05.1727 Bramsche (St. Martin) • Brauer und Kaufmann in Bramsche Nr. 81 (Neustadt) • +25.02.1794 Bramsche, verstorben an hitzigem Fieber • ☐ev 28.02.1794 Bramsche (St. Martin)

[4] Hermann Heinrich Meyer (1753-???) • ∪ev-luth. 15.05.1753 Bramsche (St. Martin)

[5] Johann Heinrich Meyer (1754-1760) • *30.11.1754 Bramsche • ∪ev-luth. 05.11.1754 Bramsche (St. Martin) • +01.03.1760 Bramsche, verstorben „an der Pleur" • ☐ev 05.03.1760 Bramsche (St. Martin)

[6] Hermann Heinrich Meyer (1756-???) • ∪ev-luth. 23.09.1756 Bramsche (St. Martin) • ∞1802 Bramsche mit Marie Adelheit Grevemeyer

Bramsche); Catharina Margaretha[2] (*1761 Bramsche); Anna Christina[3] (*1763 Bramsche); Margaretha Sophia[4] (*1766 Bramsche); Anna Margaretha[5] (*1767 Bramsche); Catharina Margaretha[6] (*1769 Bramsche); NN♀[7] (*1773 Bramsche) • +20.11.1804 Bramsche, „durch einen Schlag von Franzosen niedergestürzt, tödlich davon verwundet starb sie nach einigen Tagen" • ☐ev 26.11.1804 Bramsche (St. Martin)

▪ Catherine Margarethe Becker[#50b] (1734-1770) • *12.02.1734 Bramsche • ∪ev-luth. 18.02.1734 Bramsche (St. Martin) • +05.05.1770 Bramsche, verstorben an „vielzehrendem Fieber" • ☐ev 09.05.1770 Bramsche (St. Martin)

▪ Hermann Heinrich Becker[#50c] (1741-1746) • *21.09.1741 Bramsche (als Zwilling zu seinem Bruder Ebcke Rudolph) • ∪ev-luth. 25.09.1741 Bramsche (St. Martin) • +22.12.1746 Bramsche, verstorben nach „12 Tagen Blattern" • ☐ev 24.12.1746 Bramsche (St. Martin)

▪ Ebcke Rudolph Becker[#50d] (1741-1747) • *21.09.1741 Bramsche (als Zwilling zu seinem Bruder Hermann Heinrich) • ∪ev-luth. 25.09.1741 Bramsche (St. Martin) • +30.12.1746 Bramsche, verstorben nach „7 Tagen Blattern" • ☐ev 01.01.1747 Bramsche (St. Martin)

---

[1] Heinrich Rudolph Meyer (1759-???) • ∪ev-luth. 15.01.1759 Bramsche (St. Martin) • ∞I 1789 Bramsche mit Catharina Margaretha Sanders • ∞II 1801 Bramsche mit Catharina Marie Eckelmann
[2] Catharina Margaretha Meyer (1761-1763) • *17.02.1761 Bramsche • ∪ev-luth. 21.02.1761 Bramsche (St. Martin) • +01.01.1763 Bramsche, verstorben an „Blattern, dann hitzigem Fieber" • ☐ev 04.01.1763 Bramsche (St. Martin)
[3] Anna Christina Meyer (1763-???) • ∪ev-luth. 21.03.1763 Bramsche (St. Martin) • ∞1802 Bramsche mit Christian Heinrich Sanders
[4] Margaretha Sophia Meyer (1766-1766) • *10.01.1766 Bramsche • ∪ev-luth. 16.01.1766 Bramsche (St. Martin) • +24.09.1766 Bramsche, „8 Wochen schwindsüchtig" • ☐ev 27.09.1766 Bramsche (St. Martin)
[5] Anna Margaretha Meyer (1767-1774) • *31.08.1767 Bramsche • ∪ev-luth. 05.09.1767 Bramsche (St. Martin) • +06.02.1774 Bramsche, verstorben nach „12 Tage Blattern" • ☐ev 09.02.1774 Bramsche (St. Martin)
[6] Catharina Margaretha Meyer (1769-???) • ∪ev-luth. 30.12.1769 Bramsche (St. Martin) • ∞1801 Bramsche mit Heinrich Wilbrand Pörtener
[7] NN♀ Meyer (1773-1773) • *Aug/Sep 1773 Bramsche • Totgeburt

▪ Margaretha Elisabeth Becker[#50e] (1742-1804) • *05.10.1742 Bramsche • ⌣ev-luth. Bramsche (St. Martin) • ∞ev 05.05.1774 Bramsche (St. Martin) mit Hermann Balthasar Eckelmann gen. „Plütze"[1] (1744-1814) • Ⓚ NN[♂2] (*1774 Bramsche); Catharina Marie[3] (*1778 Bramsche); Catharina Margaretha[4] (*1775 Bramsche) • +18.04.1804 Bramsche, „etliche Jahre her schwächlich" • ☐ev 21.04.1804 Bramsche (St. Martin)

▪ Christian Heinrich Becker[#50f] (1744-1747) • *29.09.1744 Bramsche • ⌣ev-luth. 06.10.1744 Bramsche (St. Martin) • +04.01.1747 Bramsche, verstorben nach „9 Tagen Blattern" • ☐ev 07.01.1747 Bramsche (St. Martin)

▪ Johann Heinrich Becker[#50g] (1745-1781) • ⌣ev-luth. 18.07.1745 Bramsche (St. Martin) • +05.03.1781 Bramsche, verstorben an „Wassersucht" • ☐ev 09.03.1781 Bramsche (St. Martin)

#51 Sanders, Catharina Margaretha (1760-1828)

Ⓥ Hermann Rudoph Sanders[#102] (1723-1769) • Ⓜ Anna Gertrud Wördemann[#103] (1730-1783) • *03.04.1760 Bramsche • ⌣ev-luth. 09.04.1760 Bramsche (St. Martin) • ∞ev 17.11.1784 Bramsche (St. Martin) mit Hermann Heinrich Becker[#50] (1747-1807) • Ⓚ Katherine

---

[1] Hermann Balthasar Eckelmann gen. „Plütze" (1744-1814) • Ⓥ Hermann Balthasar Eckelmann (1707-1783) • Ⓜ Anna Margaretha Meyer (1709-1770) • ⌣ev-luth. 31.08.1744 Bramsche (St. Martin) • Kaufhändler und Bäcker in Bramsche Nr. 18/20 (Brückenort) • „er litt seit vielen Jahren an einem offenen Krebsschaden und zuletzt an der Schwindsucht, 71 Jahre. Er war ein großer Freund von Tauben, Hühnern und Enten, die er allenthalben, wo er sie bekommen konnte, nahm. In den letzten Jahren war er dem Trunk sehr ergeben. Viel Gutes kann man von ihm nicht sagen" • +18.12.1814 • ☐ev 22.12.1814 Bramsche (St. Martin)

[2] NN♂ Eckelmann (1774-1774) • *+16.08.1774 Bramsche

[3] Catharina Marie Eckelmann (1778-1830) • ⌣ev-luth. 04.05.1778 Bramsche (St. Martin) • ∞I 11.06.1801 Bramsche mit Heinrich Rudolph Meyer gen. Berger (1759-1817), ⌣ev 15.01.1759 Bramsche (St. Martin), +07.05.1817 Bramsche, ☐ev 12.05.1817 Bramsche (St. Martin)• ∞II ev 31.03.1819 Bramsche mit Gabriel Heinrich Schöpper (1783-1827) • ☐ev 20.04.1830 Bramsche (St. Martin)

[4] Catharina Margaretha Eckelmann (1775->1799) • ⌣ev-luth. 08.12.1775 Bramsche (St. Martin) • ∞1799 Bramsche mit Johann Bernhard Meyer gen. Woltermann

Margarethe[#25] (*1785 Bramsche); Hermann Heinrich[#25a] (*1787 Bramsche); Anna Margarethe[#25b] (*1789 Bramsche); Johann Rudolph[#25c] (*1791 Bramsche); Anna Margarethe <u>Dorothea</u>[#25d] (*1793 Bramsche); Christina Marie[#25e] (*1796 Bramsche); Heinrich Wilhelm[#25f] (*1798 Bramsche); Margarethe Amalie[#25g] (*1801 Bramsche); Anna Catharina Wilhelmine[#25h] (*1803 Bramsche); Friederike Wilhelmine[#25i] (*1807 Bramsche) • +05.08.1828 Bramsche • ☐ev 09.08.1828 Bramsche (St. Martin)

▪ Anna Gertrud Sanders[#51a] (1754-1800) • ∪ev-luth. 30.05.1754 Bramsche (St. Martin) • +Nov 1800, verstorben an Ruhr[1]

▪ Johann Balthasar Sanders[#51b] (1756-1788) • ∪ev 28.05.1756 Bramsche • +30.05.1788 Bramsche, „beym Baden in der Hase plötzlich ertrunken"

▪ Rudolph Cornelius Sanders[#51c] (1757-1796) • ∪ev 11.10.1757 Bramsche (St. Martin) • Kaufhändler in Bramsche • +17.04.1796 Bramsche, verstorben nach „2tägiger Krankheit" • ☐ev 20.04.1796 Bramsche (St. Martin)

▪ Anna Dorothea Sanders[#51d] (1763-1765) • *20.04.1763 Bramsche • ∪ev 23.04.1763 Bramsche (St. Martin) • +15.02.1765 Bramsche, verstorben an „Fieber" • ☐ev 18.02.1765 Bramsche (St. Martin)

▪ Heinrich Wilhelm Sanders[#51e] (1765-1809) • ∪ev 31.07.1765 Bramsche (St. Martin) • Kaufmann in Bramsche • +27.01.1809 Bramsche • ☐ev 30.01.1809 Bramsche (St. Martin)

#52   Thörner, Johann Wilhelm (Gretschen) (1732-˃1779)

Ⓥ ??? • Ⓜ ??? • ∪ev 1732 Osnabrück (St. Marien)[2] • ∞17.06.1761 Osnabrück (St. Marien) mit Catharina Margaretha Gerdruth Nienporten[#53] • Ⓚ Hermann Anton[#26] (*1779 Osnabrück) • +˃1779

---

[1] „Ruhr" = Dysenterie (entzündliche Erkrankung des Dickdarms)
[2] Im Taufbuch aufgeführter Taufname ist Wilhelm Törner zum Gretesch

Gretschen wahrscheinlich von Gretescher Turm bei Osnabrück oder dem Ort Gretesch/Belm

#53   Nienporten, Katharina Anna (???-[>]1779)

(V) ??? • (M) ??? • (?) ∞17.06.1761 Osnabrück (St. Marien) mit Johann Wilhelm Gretschen Thörner[#52] (1732-[>]1779) • (K) Hermann Anton[#26] (*1779 Osnabrück) • +[>]1779

#54   Schmerfeld, Gerhard Heinrich (1742-[>]1774)

(V) Johann Lorenz Schmerfeld[#108] • (M) Marie Agnesa Wiefemeiers[#109] • ᴗev 29.07.1742 Osnabrück (St. Marien) • ∞ev 25.02.1772 Osnabrück (St. Katharinen) mit Margaretha Gerdrut Stüve[#55] (1750-[>]1744) • (K) Regina Elisabeth[#27] (*1774 Osnabrück) • +[>]1774

• Johann Lorenz Schmerfeld[#54a] (1736-1822) • *1736 • ∞ mit Johanne Louise Dreier/Dreyer • (K) Maria Sophia Louise[1] (*1792 Herford) • +18.04.1822 St. Petersburg/Russland • □22.04.1822 St. Petersburg (Altstadt)/Russland

#55   Stüve, Margaretha Gerdrut (1750-[>]1774)

(V) Dietrich Bernhard Hermann Stüve[#110] (1702-1758) • (M) Wilhelmina Sibille Judith Lückmeyer[#111] (???-1763) • ᴗev 16.01.1750 Osnabrück (St. Katharinen) • ∞ev 25.02.1772 Osnabrück (St. Katharinen) mit Gerhard Heinrich Schmerfeld[#54] (1742-[>]1774) • (K) Regina Elisabeth[#27] (*1774 Osnabrück) • +[>]1774

---

[1] Maria Sophia Louise Schmerfeld (1792-???) • *27.03.1792 Herford • ᴗev 01.04.1792 Herford (Münstergemeinde) • ∞11.04.1812 Herford (St. Petri) mit Florian Meng, Sohn von Florian Meng und Anna Batuglia • (K) Carl (1817-???), ᴗev 31.10.1817 Herford (St. Petri); Carolina Emilie; Anna Louisa; Johannes (1827-1828), ᴗev 02.09.1827 Herford (St. Petri), *16.01.1828 Herford; Anna Margaretha Florentine

#60   Karell, Karl (˜1740-ᐩ1786)

Ⓥ ??? • Ⓜ ??? • *˜1740 • ∞ev 29.11.1763 böhm. Rixdorf (Bethlehem)/Berlin mit Katharina Pospischil[#61] (1747-ᐩ1786) • Ⓚ Johann Samuel[#30a] (*1765 böhm. Rixdorf/Berlin); Anna Maria[#30b] (*1765 böhm. Rixdorf/Berlin); Catharina[#30c] (*1766 böhm. Rixdorf/Berlin); Johann[#30d] (*1767 böhm. Rixdorf/Berlin); Matthias Wenzel[#30e] (*1769 böhm. Rixdorf/Berlin); Anna Dorothea[#30f] (*1771 böhm. Rixdorf/Berlin); Maria Dorothea[#30g] (*1773 böhm. Rixdorf/Berlin); Friedrich August[#30h] (*1775 böhm. Rixdorf/Berlin); Friederica Wilhelmine[#30i] (*1777 böhm. Rixdorf/Berlin); Johann Samuel[#30] (*1779 böhm. Rixdorf/Berlin); Gottlieb Benjamin[#30j] (*1781 böhm. Rixdorf/Berlin); Josef Wilhelm[#30k] (*1783 böhm. Rixdorf/Berlin); Maria Christiana[#30l] (*1786 böhm. Rixdorf/Berlin) • +ᐩ1786

Viktualienhändler in Berlin

#61   Pospischil, Katharina (1747-ᐩ1786)

Ⓥ Martin Pospischil[#122] (˜1712-1765) • Ⓜ Ludmilla Wanhal[#123] (˜1724-1773) • ∪ev 22.10.1747 böhm. Rixdorf (Bethlehem)/Berlin • ∞ev 29.11.1763 böhm. Rixdorf (Bethlehem)/Berlin mit Karl Karell[#60] (˜1740-ᐩ1786) • Ⓚ Johann Samuel[#30a] (*1765 böhm. Rixdorf/Berlin); Anna Maria[#30b] (*1765 böhm. Rixdorf/Berlin); Catharina[#30c] (*1766 böhm. Rixdorf/Berlin); Johann[#30d] (*1767 böhm. Rixdorf/Berlin); Matthias Wenzel[#30e] (*1769 böhm. Rixdorf/Berlin); Anna Dorothea[#30f] (*1771 böhm. Rixdorf/Berlin); Maria Dorothea[#30g] (*1773 böhm. Rixdorf/Berlin); Friedrich August[#30h] (*1775 böhm. Rixdorf/Berlin); Friederica Wilhelmine[#30i] (*1777 böhm. Rixdorf/Berlin); Johann Samuel[#30] (*1779 böhm. Rixdorf/Berlin); Gottlieb Benjamin[#30j] (*1781 böhm. Rixdorf/Berlin); Josef Wilhelm[#30k] (*1783 böhm. Rixdorf/Berlin); Maria Christiana[#30l] (*1786 böhm. Rixdorf/Berlin) • +ᐩ1786

▪ Martin Pospischil[#61a] (1744-ᐸ1765) • ∪ev 20.01.1744 böhm. Rixdorf (Bethlehem)/Berlin

- Maria Pospischil[#61b] (1746-1773) • ⌣ev 20.07.1746 böhm. Rixdorf (Bethlehem)/Berlin • ∞ Berlin (nicht Bethlehem) mit Jacob Christian Daniel Soply (*~1750) • Ⓚ Maria Dorothea (*~1770) • +13.05.1773 • □ev 16.05.1773 Rixdorf (böhm. Bethlehem)/Berlin

- Martin Pospischil[#61c] (1749-<1765) • *Nov 1749 • +<1765

- Johann Samuel Pospischil[#61d] (1752->1770) • ⌣ev 24.02.1752 böhm. Rixdorf (Bethlehem)/Berlin • ∞ev 30.01.1770 böhm. Rixdorf (Bethlehem)/Berlin mit Christina Dorothea Králowa[1] • +>1770

- Eva Pospischil[#61e] (1753-1801) • ⌣ev 24.11.1753 böhm. Rixdorf (Bethlehem)/Berlin • ∞I 30.01.1770 böhm. Rixdorf (Bethlehem)/Berlin mit Johann Christian Letocheb[2] (1749-???) • Ⓚ Maria Catharina (*1771 böhm. Rixdorf/Berlin); Anna Maria (*1773 böhm. Rixdorf/Berlin); Anna Maria (*1775 böhm. Rixdorf/Berlin) • ∞II 20.06.1782 böhm. Rixdorf (Bethlehem)/Berlin mit Johann Carl Friedrich Eisersdorf[3] (~1760->1801) • Ⓚ Maria Catharina (*1782 böhm. Rixdorf/Berlin); Carl Friedrich Wilhelm (*1785 böhm. Rixdorf/Berlin); Wilhelm August (*1789 böhm. Rixdorf/Berlin) • +05.05.1801 Berlin • □ev 08.05.1801 böhm. Rixdorf (Bethlehem)/Berlin

- Ludmilla Pospischil[#61f] (1756-<1765) • *05.02.1756 böhm. Rixdorf/Berlin • ⌣ev 11.02.1756 böhm. Rixdorf (Bethlehem)/Berlin • +<1765

- Ludmilla Pospischil[#61g] (1758-1758) • *14.06.1758 böhm. Rixdorf/Berlin • ⌣ev 15.06.1758 böhm. Rixdorf (Bethlehem)/Berlin • +19.07.1758 böhm. Rixdorf/Berlin

---

[1] Christina Dorothea Králowa • Ⓥ Rudolf Králs
[2] Johann Christian Letocheb (1749-???) • Ⓥ Johann Letocheb • *1749 • Anmerkung: Somerbrodt ist die eingedeutschte Form des böhmischen Namens Li(e)tochleb
[3] Johann Carl Friedrich Eisersdorf (~1760->1801) • Ⓥ Johann Christian Eisersdorf

---

#62   **Schwabe, Johann (???-$^>$1789)**

Ⓥ ??? • Ⓜ ??? • ∞ mit NN • Ⓚ NN$^{♀#31a}$ (*$^<$1789); Karoline$^{#31}$ (*1789 Berlin) • +$^>$1789

Fabrikant in Berlin

IX
Generation VI

#72   **Fenner, Hans Martin (1659-1734)**

Ⓥ Henrich Fenner[#144] (1599-1679) • Ⓜ Anna Asteroth[#145] (1632-1712) •
*30.10.1659 Loshausen/Willingshausen • ᴗev 31.10.1659 Loshausen •
∞ev 11.01.1684 Loshausen/Willingshausen mit Anna Schneider[#585]
(1661-1744) • Ⓚ Henrich[#36a] (*1686 Loshausen); Maria Ließ[#36b] (*1687
Loshausen); Johannes[#36c] (*1691 Loshausen); Hans Henrich[#36] (*1701
Loshausen) • +19.11.1734 Loshausen/Willingshausen

Bauer • Ackermann

■   Anna Kunigunde Fenner[#72a] (1653-1672) • ᴗev 22.12.1653
Loshausen/Willingshausen • +20.05.1672 Loshausen/Willingshausen •
∞ Röllshausen/Schrecksbach mit Curt Weiß

■   Clauß Henrich Fenner[#72b] (1656-1728) • *01.10.1656
Loshausen/Willingshausen • ᴗev • Bauer zu Loshausen • ∞I ev
20.04.1676 Loshausen/Willingshausen mit Catharina Ritter[1] (1652-1695)
• ∞II ev 05.09.1695 Loshausen/Willingshausen mit Ermengard
Schneider[2] (???-1750) • aus zweiter Ehe 18 Kinder u. a. als 15. Kind:
Henrich[3] (*1696) • +06.08.1728 Loshausen/Willingshausen

■   Johannes Fenner[#72c] (1663-1731) • ᴗev 16.06.1663
Loshausen/Willingshausen • Ackermann • ∞ev 15.01.1688
Loshausen/Willingshausen mit Magdalena Steiner[4] (1655-1705) • Ⓚ

---

[1] Catharina Ritter (1652-1695) • ᴗ04.08.1652 Leimbach/Willingshausen • +02.03.1695
Loshausen/Willingshausen
[2] Ermengard Schneider (???-1750) • +02.04.1750 Loshausen/Willingshausen
[3] Henrich Fenner (1696-1748) • ᴗev 08.07.1696 • ∞08.07.1734 mit Anna Barbara
Dülfer • +07.01.1748 Loshausen/Willingshausen
[4] Magdalena Steiner (1655-1705) • Ⓥ Hermann Steiner • *1655
Seigertshausen/Neukirchen • +16.02.1705 Riebelsdorf/Neukirchen

Johann Henrich[1] (*1684 Seigertshausen/Neukirchen); Martin[2] (*1691 Loshausen/Willingshausen); Hans Jacob[3] (*1694 Riebelsdorf/Neukirchen); Hedwig[4] (*1694 Riebelsdorf/Neukirchen); Margreth[5] (*1700 Riebelsdorf/Neukirchen) • +23.07.1731 Riebelsdorf/Neukirchen

▪ Johann Jost Fenner[#72d] (1665-1733) • *22.04.1665 Loshausen/Willingshausen • ⌣ev 24.04.1665 Loshausen/Willingshausen • Hirte zu Loshausen/Willingshausen • ∞ev mit Gerdrut Lorentz[6] (1656-1733) • Ⓚ Menges[7] (*1696 Loshausen/Willingshausen) • +28.10.1733 Loshausen/Willingshausen

---

[1] Johann Henrich Fenner (1684-1762) • *1684 Seigertshausen/Neukirchen • Ackermann, Kirchensenior • ∞25.04.1709 Riebelsdorf/ Neukirchen mit Elisabeth Corell (1688-1762), *17.01.1688 Loshausen/Willingshausen, +18.05.1762 Riebelsdorf/Neukirchen • Ⓚ Anna Elisabeth (1710-???), *13.07.1710 Riebelsdorf/Neukirchen; Martin (1712-1776), *29.11.1712 Riebelsdorf/Neukirchen, +05.12.1776 Riebelsdorf/Neukirchen; Johann Jost (1715-1715); Anna Catharina (1719-???), *31.10.1719 Riebelsdorf/Neukirchen, ⌣03.11.1719 Riebelsdorf/Neukirchen; Johann Jacob (1722-1785), *27.02.1722 Riebelsdorf/Neukirchen, ⌣04.03.1722 Riebelsdorf/Neukirchen, Kuhhirt und Ackermann, +19.07.1785 Riebelsdorf/Neukirchen • +09.05.1762 Riebelsdorf/Neukirchen
[2] Martin Fenner (1691-1737) • *16.01.1691 Loshausen/Willingshausen • ∞ev 05.10.1774 Röllshausen mit Anna Maria Lang (1690-1746), *03.03.1690, +03.02.1746 • +01.05.1737 Röllshausen/Schrecksbach
[3] Hans Jacob Fenner (1694-???) • *16.12.1694 Riebelsdorf/Neukirchen
[4] Hedwig Fenner (1694-???) • *16.12.1694 Riebelsdorf/Neukirchen
[5] Margreth Fenner (1700-???) • *02.05.1700 Riebelsdorf/Neukirchen
[6] Gerdrut Lorentz (1656-1733) • Ⓥ Johann Lorentz • *1656 Zella/Willingshausen • +27.02.1733 Loshausen/Willingshausen • □ Loshausen/Willingshausen
[7] Menges Fenner (1696-1774) • *29.01.1696 Loshausen/Willingshausen • ⌣ev 04.02.1696 Loshausen/Willingshausen • ∞I ev 22.01.1726 Loshausen/Willingshausen mit Elisabeth Pletzer (1699-1741) • Ⓚ Maria Elisabeth (1726-1788); Johann Jost (~1728-1798); Anna Elisabeth (1731-1812); Anna Gertruth (1734-1738); Anna Catharina (1737-1813) • ∞II 31.01.1743 Allendorf/L. mit Anna Elisabeth Sohl (1705-1755) • Ⓚ Johannes (1744-1755); Catharina Elisabeth (1746-1810) • +23.12.1774 Allendorf/L. • □26.12.1774 Allendorf/L.

- (Hans) Jacob Fenner[#72e] (1668-ᐳ1705) • ∪ev 15.02.1668 Loshausen/Willingshausen • 1692 Dienstknecht zu Ransbach • 1705 Dienstknecht zu Merzhausen • unverheiratet • +ᐳ1705

- Catharina Fenner[#72f] (1670-ᐳ1693) • ∪ev 09.10.1670 Loshausen/Willingshausen • ∞03.04.1693 Loshausen mit Johann Jost Hahn, Ackermann zu Loshausen • +ᐳ1693

#73   Schneider, Anna (1661-1744)

Ⓥ Henrich Schneider[#146] (???-ᐳ1661) • Ⓜ ??? • *1661 Loshausen/Willingshausen • ∞ev 11.01.1684 Loshausen mit Hans Martin Fenner[#72] (1659-1734) • Ⓚ Henrich[#36a] (*1686 Loshausen); Maria Ließ[#36b] (*1687 Loshausen); Johannes[#36c] (*1691 Loshausen); Hans Henrich[#36] (*1701 Loshausen) • +03.11.1744 Loshausen/Willingshausen

#76   Rübenkönig, Georg Wilhelm (1698-1777)

Ⓥ Johann Barthold Rübenkönig[#152] (1666-1716) • Ⓜ Martha Elisabeth Ort[#153] (1664-1725) • */∪ev 14.08.1698 Hersfeld • ∞ev 01.09.1718 Hersfeld mit Anna Maria Schönbube[#77] • Ⓚ Johannes[#38a] (*1724); Johann Bartholomäus (Barthel)[#38] (*1726 Hersfeld); NN[♀#38b] (*1736 Kassel) • +10.04.1777 Laudenbach • ▢ev 14.04.1777 Laudenbach

1717 Bürger zu Hersfeld • Wollentuchmacher in Hersfeld und Schreib- und Rechenmeister (Arithmeticus) in Kassel

- Anna Maria Rübenkönig[#76a] • ∪ev

- Johann Kaspar Rübenkönig[#76b] • ∪ev • ∞ mit NN • Ⓚ Johann; Johann Berthold

- Johann Georg Rübenkönig[#76c] (1690-ᐸ1740) • *1690 • ∪ev • +ᐸ1740

- Johann Jost (Justus) Rübenkönig[#76d] (1692-1756) • ∪ev 22.09.1692 Hersfeld • 1714 Wollweber in Hersfeld • ∞22.10.1716 Hersfeld mit NN

Limberger (???-1739) • Ⓚ Martha Elisabeth[1] (*1717); Johann Adolf; Johann Jacob (*1720); Anna Christina (*1723); Anna Catharina (*1725); Johann Georg (*1729) • ☐ev 27.04.1756 Hersfeld

▪ Johann Elias Rübenkönig[#76e] (1695-???) • *1695 • ∪ev

▪ Anna Catharina Rübenkönig[#76f] (1697-???) • *1697 • ∪ev

#77 Schönbube, Anna Maria (???-$^>$1736)

Ⓥ ??? • Ⓜ ??? • *Lengsfeld • ∞01.09.1718 Hersfeld mit Georg Wilhelm Rübenkönig[#76] (1698-1777) • Ⓚ Johannes[#38a] (*1724); Johann Bartholomäus (Barthel)[#38] (*1726 Hersfeld); NN♀[#38b] (*1736 Kassel) • +10.04.1777 Laudenbach • +Hersfeld • +$^>$1736

#78 Ulifex (Töpfer), Johann Ludwig (1693-1756)

Ⓥ Johannes Ulifex (Töpfer)[#156] (???-$^>$1693) • Ⓜ Maria Elisabeth Mantel[#157] (???-$^>$1693) • *11.01.1693 Ziegenhain • ∪ev • ∞13.05.1718 Ziegenhain mit Anna Gertrud Ungar[#79] (1694-1743) • Ⓚ Johann Gottfried[#39a] (*1719 Ziegenhain); Anna Gertrud Elisabeth[#39b] (*1721 Ziegenhain); Maria Elisabeth[#39c] (*1723 Ziegenhain); Anna Gertrud[#39d] (*1725 Ziegenhain); Dorothea Wilhelmina[#39e] (*1727 Ropperhausen); Sophia Luisa[#39] (*1730 Ropperhausen); Henriette Elisabeth[#39f] (*1732 Ropperhausen) • +06.02.1756 Wernswig

1710-1726 Rektor in Ziegenhain • 20.12.1744-1756 ev. Pfarrer in Großropperhausen • 07.08.1744-1756 ev. Pfarrer in Wernswig, 13.09.1744 Antrittspredigt • 1753 Renovierung der Kirche in Wernswig

---

[1] Martha Elisabeth Rübenkönig (1717-1789) • *01.08.1717 Herseld • ∞12.01.1760 mit Johann Michael Knauff (1700-1782) • +22.02.1789 Hersfeld • ☐24.02.1789 Hersfeld

#79   Ungar, Anna Gertrud (1694-1743)

Ⓥ Johann Thomas Ungar[#158] (~1658-1724) • Ⓜ Anna Gertrutha Schenckel[#159] (1662-1725) • *03.09.1694 Spieskappel • ∪ev • ∞13.05.1718 Ziegenhain mit Johann Ludwig Ulifex (Töpfer)[#78] (1693-1756) • Ⓚ Johann Gottfried[#39a] (*1719 Ziegenhain); Anna Gertrud Elisabeth[#39b] (*1721 Ziegenhain); Maria Elisabeth[#39c] (*1723 Ziegenhain); Anna Gertrud[#39d] (*1725 Ziegenhain); Dorothea Wilhelmina[#39e] (*1727 Ropperhausen); Sophia Luisa[#39] (*1730 Ropperhausen); Henriette Elisabeth[#39f] (*1732 Ropperhausen) • +15.03.1743 Ropperhausen

▪ Johann Andreas Ungar[#79a] (1705-1768) • ∪ev 06.12.1705 Spießkappel • konf. 1719 Ziegenhain • 15.04.1724 immatrikuliert zu Marburg • <1736 Feldprediger • 18.09.1736-1754 ev. Pfarrer zu Dörnberg • 10.11.1754-1768 Metropolitan zu Wolfhagen, fängt hier 1760 ein neues Kirchenbuch an • ∞ev 22.05.1737 Zierenberg mit Sophia Elisabeth Ledderhose[1] (1714-1795) • Ⓚ Maria Sophia Elisabeth[2] (*1737 Dörnberg); Johannes[3] (*1739 Dörnberg); Charlotta Wilhelmina[1] (*1742

---

[1] Sophia Elisabeth Ledderhose (1714-1795) • Ⓥ Johann Bernhard Ledderhose (1676-1742) • Ⓜ Marie Elisabeth Rosenberg • *03.01.1714 Zierenberg • konf. 1727 • +18.05.1795 Elmarshausen • □21.05.1795 Elmarshausen

Johann Bernhard Ledderhose (1676-1742) • Ⓥ Conrad Ledderhose (*~1645 Hersfeld), Pfarrer zu Hersfeld • Ⓜ Gertrud Horstmann • *14.11.1676 Zierenberg • konf. 1690 Wolfhagen • Lateinschüler zu Wolfhagen • 07.11.1694 immatrikuliert zu Marburg • 1709-1713 Praeceptor zu Zierenberg • 1713-1739 Rektor zu Zierenberg • ∞<1704 Zierenberg mit Marie Elisabeth Rosenberg (+29.11.1753 Spießkappel), Tochter des Bürgermeisters zu Zierenberg Ludwig Rosenberg (+23.04.1714) und NN (+06.05.1714 Zierenberg) • +31.05.1742 Zierenberg • □06.06.1742 Zierenberg

[2] Maria Sophia Elisabeth Ungar (1737-1808) • *22.03.1737 Dörnberg • ∪ev 02.04.1737 • konf. 1751 • ∞ev 18.02.1761 mit Johann Conrad Israel (*01.08.1727 Zwergen, konf. 1741, +15.11.1787 Niedermeiser), Pfarrer zu Niedermeiser • Ⓚ sieben u.a.: Johann Conrad (*1763 Niedermeiser); Susanna Carolina (*1767 Niedermeiser); Johann Conrad Moritz (*1769 Niedermeiser); Maria Sophia Gertrude Elisabeth (*1771 Niedermeiser) • +19.08.1808 Dörnberg

[3] Johannes Ungar (1739-???) • *16.11.1739 Dörnberg • ∪ev 22.11.1739 Dörnberg • konf. 1754 • 18.10.1758 immatrikuliert zu Marburg

Dörnberg); Johann Conrad[2] (*1749 Dörnberg); Johann Henrich[3] (*1751 Dörnberg); Gerdruth Elisabeth[4] (*1757 Wolfhagen) • +07.02.1768 Wolfhagen • □12.02.1768 Wolfhagen

#80 Schüler, Johann Daniel (1685-1760)

Ⓥ Johann Wilhelm Schüler[#160] (⁀1655-1730) • Ⓜ Margaretha NN[#161] (1658-1714) • *05.07.1685 Vacha • ∪ev • konf. 1697 Vacha • ∞I ev mit NN • ∞II ev 03.05.1708 Vacha mit Anna Sabine/Sophia Gerstung[#81] (1687-1761) • Ⓚ Johann Valentin[#40] (*1713 Vacha) • □ev 27.03.1760 Vacha

Kirchner zu Kassel

#81 Gerstung, Anna Sabine/Sophia (1687-1761)

Ⓥ Lorenz Gerstung[#162] (1654-1730) • Ⓜ Anna Maria NN[#163] (1661/62-1716) • *1687 Vacha • ∪ev • konf. 1700 Vacha • ∞ev 03.05.1708 Vacha mit Johann Daniel Schüler[#80] (1685-1760) • Ⓚ Johann Valentin[#40] (*1713 Vacha) • □ev 16.04.1761 Vacha

---

[1] Charlotta Wilhelmina Ungar (1742-???) • *16.06.1742 Dörberg • ∪ev 20.06.1742 Dörnberg • konf 1756 Wolfhagen • ∞04.12.1766 mit Pfarrer zu Deisel Johann Burghard Pfaff (*19.03.1727 Pferdsdorf, ∪ev 23.03.1727 Pferdsdorf, +13.10.1773 Deisel, □16.10.1773 Deisel), 1765-1773 Pfarrer zu Deisel • Ⓚ Sophie Charlotte (1769-1850), *02.10.1769 Deisel, +24.04.1850 (?) Oberlistingen, ∞11.09.1796 mit Pfarrer Siegmund Philipp Paulus (1769-1840)
[2] Johann Conrad Ungar (1749-???) • *17.08.1749 Dörnberg • ∪ev 21.08.1749 Dörnberg • konf. 1762 Wolfhagen
[3] Johann Henrich Ungar (1751-???) • *25.09.1751 Dörnberg • ∪ev 03.10.1751 Dörnberg • konf. 1766 Wolfhagen)
[4] Gerdruth Elisabeth Ungar (1757-1823) • *21.06.1757 Wolfhagen • ∪ev 24.06.1757 Wolfhagen • ∞ev 09.01.1783 Elmarshausen mit Johann Henrich Scheurmann, Papiermachermeister auf der Elmarshäuser Papiermühle • +11.07.1823 Elmarshausen • □ev 14.07.1823 Elmarshausen

#82   Sandrock, Johann Balthasar (1681-1745)

Ⓥ Johannes Sandrock[#164] (1644-1691) • Ⓜ Dorothea Heinemann[#165] (1653-1744) • *04.12.1681 Vacha • ᴗev 06.12.1681 Vacha • konf. 1695 Vacha • ∞ev 07.01.1717 Vacha mit Anna Gertrud Marggraf[#83] (1684-1773) • Ⓚ Marie Elisabeth[#41] (*1720 Öchsen/Vacha); Catharina Elisabeth[#41a] (*~1722 Öchsen); Catharina Philippina[#41b] (*~1725 Öchsen); Maria Sophia[#41c] (*~1727 Öchsen); Hedwig Sophia[#41d] (*~1729 Öchsen); Barbara Charlotte[#41e] (*~1730 Öchsen); Caspar Friedrich[#41f] (*1732 Öchsen); Maria Amalia[#41g] (*1735 Waßmuthshausen) • +20.11.1745 Pferdsdorf/Vacha • □ev 25.11.1745 Pferdsdorf/Vacha

20.06.1703 immatrikuliert zu Marburg • 1714-1718 Rektor zu Vacha • 1718-1733 ev. Pfarrer in Öchsen • 1733-1742 ev. Pfarrer in Waßmuthshausen • 1742-1745 ev. Pfarrer in Pferdsdorf/Vacha

#83   Marggraf, Anna Gertrud (1684-1773)

Ⓥ Johann Salomon Marggraf[#166] (1652-1772) • Ⓜ Katharina Elisabeth[#167] Nad (1660->1684) • *21.01.1684 Schmalkalden • ᴗev • konf. Ostern 1705 Vacha • ∞07.01.1717 Vacha mit Johann Balthasar Sandrock[#82] (1681-1745) • Ⓚ Marie Elisabeth[#41] (*1720 Öchsen/Vacha); Catharina Elisabeth[#41a] (*~1722 Öchsen); Catharina Philippina[#41b] (*~1725 Öchsen); Maria Sophia[#41c] (*~1727 Öchsen); Hedwig Sophia[#41d] (*~1729 Öchsen); Barbara Charlotte[#41e] (*~1730 Öchsen); Caspar Friedrich[#41f] (*1732 Öchsen); Maria Amalia[#41g] (*1735 Waßmuthshausen) • +05.05.1773 Sachsenhausen/Treysa[1]

---

[1] Das Dorf Sachsenhausen liegt ca. 10 km nordwestlich von Treysa auf dem Weg nach Gilserberg. Sachsenhausen wird erstmals 1224 als Sassinhusen erwähnt. Das ehemalige Unterdorf verschwand als Siedlung schon lange vor dem 30jährigen Krieg, die Bewohner waren zu ihrem eigenen Schutz in das Oberdorf gezogen. Dort bauten sie sich auch ihre erste Kirche. In 1543 wird erstmals ein Protestant Pfarrer (Johann Lotze). Der Wasserlauf der Katzbach, der Fischbach und der Wärmelsbach und eine Vielzahl von Quellen entlang der L 3155 in Richtung Schwalmstadt-Treysa sorgen für

#84   Stern, Georg (1695-1768)

Ⓥ Christian Georg Stern[168] (1655-1726) • Ⓜ Anna Maria Schmits[169] (1652-1712) • *20.01.1695 Kassel • ᴗev • ∞ev 29.02.1720 Kassel mit Maria Amalia Katharina Nagel[85] (1691-1775) • Ⓚ Paulus[42] (*1731 Kassel) • +21.08.1768

Subkantor am Pädagogium Carolinum[1] zu Kassel

#85   Nagel, Maria Amalia Katharina (1691-1775)

Ⓥ Christian Nagel[170] (1648-1718) • Ⓜ Katharina Flörcken[171] (1661-1720) • *31.08.1691 Kassel • ᴗev • ∞ev 29.02.1720 Kassel mit Georg Stern[84] (1695-1768) • Ⓚ Paulus[42] (*1731 Kassel) • +16.05.1775 Kassel

#86   Appelius, Georg Christoph (1693-1758)

Ⓥ Johann Jacob Appelius[172] (1658-1731) • Ⓜ Albertina Amalia Neuber[173] (˜1664-1731) • *26.10.1693 Neukirchen/Ziegenhain • ᴗev • ∞ev 11.11.1728 Kassel (Freiheit) mit Maria Margaretha Stietz[87] (1709-1749) • Ⓚ Johannes[43a] (*1729 Kassel); Jakobine[43] (*1738 Kassel); Christian[43b] (*1744 Kassel) • +07.04.1758 Kassel

Regierungs-Registrator zu Kassel

#87   Stietz, Maria Margaretha (1709-1749)

Ⓥ Johannes Stietz[174] (1658-1736) • Ⓜ Maria Elisabeth Heine[175] (1675-1717) • *03.04.1709 Kassel • ᴗev • ∞ev 11.11.1728 Kassel (Freiheit) mit

---

reichlich Wasser. So konnte unterhalb von Sachsenhausen eine Mühle, die „Knöpfelsmühle", betrieben werden.

[1] Das Collegium Carolinum in Kassel wurde 1709 von Landgraf Karl v. Hessen-Kassel (1654–1730) gegründet. Es bildete eine „neue Form von Hochschule" und hatte zur Aufgabe, die Studenten vor dem Beginn des Studiums an einer theologischen, juristischen oder medizinischen Fakultät in Mathematik, Physik und Anatomie auszubilden.

Georg Christoph Appelius[86] (1693-1758) • Ⓚ Johannes[43a] (*1729 Kassel); Jakobine[43] (*1738 Kassel); Christian[43b] (*1744 Kassel) • +07.09.1749 Kassel

#88 Huber, Hans Jakob (Johann) (1672-1750)

Ⓥ Hans Wernhard Huber[176] (1619-1701) • Ⓜ Maria Faesch[177] (1633-1675) • *01.03.1672 Basel • ᴗev-ref. 05.03.1672 Basel (St. Martin) • ∞I 09.01.1698 Basel (Münster) mit Katharina Weiß[89] (1677-1730) • Ⓚ Johann Wernhard (Hans Werner)[44a] (*1698 Basel); Catharina[44b] (*1699 Basel); Anna Elisabeth[44c] (*1701 Basel); Emanuel[44d] (*1703 Basel); Nikolaus[44e] (*1704 Basel); Johann Jakob Huber[44] (*1707 Basel); Marcus[44f] (*1713 Basel) • ∞II 1735 Basel mit Anna Maria Wettstein[1] (1695-???) • +Mai 1750 Basel • □01.06.1750 Basel (St. Martin)

1691 Apothekergehilfe bei Georg Schönemann, Bürgermeister und Apotheker in Homburg/Hessen • bis März 1692 bei Johann Mathäus Zielfelder in Kassel • 1693 bei Apotheker Johann Mathäus Lauber in St. Goar und Schwalbach • 21.04.1692 Vater kauft Apotheke von Hans Heinrich Theves gen. Eckbesen an der Eisengasse in Basel für 4500 Pfund • Apotheker und Ratsherr zu Basel • 1696 Zunfterneuerung als Sohn des Apothekers Wernhard Huber; die Gebühr wird ihm, da der Vater Zunftmeister ist, verehrt • Gerichtsherr • 1698 Stubenmeister • 1710 Sechser • 1718 Ratsherr • 1730 Zunftmeister zu Safran • 1740 Landvogt zu Riehen bei Basel

Halbgeschwister aus erster Ehe des Vaters Hans Wernhard Huber[176] (1619-1701) mit Anna Maria Socin (1632-1662):

---

[1] Anna Maria Wettstein (1695-???) • Ⓥ Johann Rudolf Wettstein (1658-1734), Bürgermeister zu Basel • Ⓜ Maria Socin (1666-1732) • ᴗev-ref. 16.05.1695 Liestal/Basel • ∞I 1711 mit Emanuel Krug (1681-1741)

▪ Rosina Huber[#88a] (1654-1718) • ∪ev-ref. 09.07.1654 Basel (St. Alban) • ∞ev-ref. 25.06.1677 Basel (Münster) mit Johann Ludwig Faesch[1] (1650-1727) • Ⓚ Rosina[2] (*1678 Basel); Johann Ludwig[3] (*1680 Basel); Sara[4] (*1682 Basel); Anna Catharina[5] (*1684 Basel); Anna Maria[6] (*1686 Basel); Johann Werner[7] (*1687 Basel); Hans Wernhart[8] (*1689 Basel); Ursula[9] (*1691 Basel); Johann Rudolf[10] (*1694 Basel) • +04.04.1718 • □ev-ref. 07.04.1718 Basel (Münster)

▪ Werner Huber[#88b] (1655-???) • ∪ev-ref. 27.05.1655 Basel (St. Alban)

▪ Joh. Wernhard Huber[#88c] (1657-???) • ∪ev-ref. 18.10.1657 Basel (St. Alban)

▪ Benedict Huber[#88d] (1659-???) • ∪ev-ref. 30.01.1659 Basel (St. Alban)

Geschwister aus der zweiten Ehe des Vaters Hans Wernhard Huber[#176] (1619-1701) mit Maria Faesch[#177] (1633-1675):

---

[1] Johann Ludwig Faesch (1650-1725) • Ⓥ Hans Ludwig Faesch (1619-1683) • Ⓜ Sara Burckhardt (1623-1686) • *27.01.1650 Basel • ∪ev-ref. 03.02.1650 Basel (St. Martin) • +04.05.1725 • Kaufmann und Ratsherr in Basel

[2] Rosina Faesch (1678-1753)• ∪ev-ref. 16.07.1678 Basel (St. Alban) • ∞1701 mit Johannes Maerckt (1678-1719), Sohn von Johannes Maerckt und Anna Maria Schorendorff • Ⓚ Anna Margaretha (1703-1775) • +1753

[3] Joh. Ludwig Faesch (1680-???) • ∪ev-ref. 09.04.1680 Basel (St. Alban)

[4] Sara Faesch (1682-1768) • ∪ev-ref. 03.10.1682 Basel (St. Alban) • ∞1718 mit Melchior Müller (1685-1753) • Ⓚ Rosina (1719-???); Sara (1721-1768) • +1768

[5] Anna Catharina Faesch (1684-???) • ∪ev-ref. 10.08.1684 Basel (St. Alban)

[6] Anna Maria Faesch (1686-???) • ∪ev-ref. 04.03.1686 Basel (St. Alban)

[7] Johann Werner Faesch (1687-???) • ∪ev-ref. 18.12.1687 Basel (St. Alban)

[8] Wernhart Faesch (1689-1744) • ∪ev-ref. 30.05.1689 Basel (St. Alban) • Kaufmann, Ratsherr • ∞I 03.10.1712 Basel (St. Martin) mit Esther Gernler (1695-1715), Tochter von Johann Heinrich Gernler und Ursula Socin • ∞II 05.12.1718 Basel (St. Martin) mit Ester Winkelblech (1699-1723) • ∞III 16.10.1724 Basel (St. Margarethen) mit Margaretha Battier (1695-1759), Tochter von Simon Battier und Chrischona Faesch • +1744

[9] Ursula Faesch (1691-???) • ∪ev-ref. 26.03.1691 Basel (St. Alban)

[10] Johann Rudolf Faesch (1694-???) • ∪ev-ref. 28.06.1694 Basel (St. Martin) • ∞1717 mit Rosina Schnell (1701-1771), Tochter von Augustin Schnell (1663-1727) und Catharina Passavant (1678-1736)

- Hans Jakob Huber[88e] (1665-???) • ∪ev-ref. 13.07.1665 Basel (St. Martin)

- Hans Rudolf Huber[88f] (1666->1705) • ∪ev-ref. 04.11.1666 Basel (St. Martin) • Stadtschreiber in Liestal • Domprobstei-Schaffner • ∞I ev-ref. 18.01.1697 Basel (Münster) mit Anna Cleopha Socin[1] (1676-1698) • ∞II ev-ref. 10.07.1699 Basel (Münster) mit Salome Burckhardt (1683-???) • Ⓚ Johann Wernhard (*1700); Salome[2] (*1702); Hans Balthasar (*1705) • +>1705

- Hans Wernhard Huber[88g] (1668-???) • ∪ev-ref. 29.11.1668 Basel (St. Martin)

- Maria Huber[88h] (1669-???) • ∪ev-ref. 28.11.1669 Basel (St. Martin)

#89   Weiß, Katharina (1678-1730)

Ⓥ Marcus Weiß[178] (1651-1704) • Ⓜ Anna <u>Elisabeth</u> Socin[179] (1657-1716) • *03.03.1678 Basel • ∪ev-ref. 05.03.1678 Basel (St. Martin) • ∞ev-ref. 09.01.1698 Basel (Münster) mit Hans Jakob (<u>Johann</u>) Huber[88] (1672-1750) • Ⓚ Johann Wernhard (<u>Hans Werner</u>)[44a] (*1698 Basel); Catharina[44b] (*1699 Basel); Anna Elisabeth[44c] (*1701 Basel); Emanuel[44d] (*1703 Basel); Nikolaus[44e] (*1704 Basel); Johann Jakob Huber[44] (*1707 Basel); Marcus[44f] (*1713 Basel) • +03.12.1730 Basel • □ev-ref. 05.12.1730 Basel (St. Martin)

---

[1] Anna Cleopha Socin (1676-1698) • Ⓥ Josef Socin (1645-1684), J.U.L., Grossrat, Domprobsteischaffner • Ⓜ Cleophea Schönauer (1643-1690)

[2] Salome Huber (1702-1775) • *1702 • ∞1719 mit Johann Heinrich Fürstenberger (1698-1761), *1698 Basel, +1761, Sohn von Ratsherr Johannes Fürstenberger (1672-1756) und Esther Ortmann (1681-1758) • Ⓚ Valeria (1721-1781), ∞1748 mit Dreizehner und Dir. Kaufmannschaft Nikolaus Harscher (1715-1794), Sohn von Kaufmann und Dreizehner Nikolaus Harscher und Valeria Fürstenberger, Kind: Esther Harscher (1748-1770) • +1775

▪ Ursula Weiß[#89a] (1676-1726) • ⌣ev-ref. 13.07.1676 Basel (St. Martin) • ∞ev-ref. 26.04.1696 Basel (Münster) mit Emanuel König[1] (1658-1731) • Ⓚ Susanna[2] (*1715) • +1726

▪ Anna Elisabeth Weiß[#89b] (1679-1736) • ⌣ev-ref. 28.12.1679 Basel (St. Martin) • ∞1701 mit Joh. Friedrich Brenner[3] (1680-1708) • Ⓚ Eva[4] (*1703 Basel); Nikolaus[5] (*1704 Basel); Elisabeth[6] (*1707 Basel) • +1736

▪ Susanna Weiß[#89c] (1682-1734) • ⌣ev-ref. 02.03.1682 Basel (St. Elisabeth) • ∞ev-ref. 1699 mit Joh. Friedrich Streckeisen (1676-1730) • +1734 • □ev-ref. 26.06.1734 Basel (St. Peter)

▪ Nikolaus Weiß[#89d] (1683-???) • ⌣ev-ref. 13.11.1683 Basel (St. Elisabeth)

▪ Marcus Weiß[#89e] (1687-???) • ⌣ev-ref. 15.12.1687 Basel (St. Elisabeth)

▪ Salome Weiß[#89f] (1690-???) • ⌣ev-ref. 31.08.1690 Basel (St. Elisabeth)

▪ Anna Margareth Weiß[#89g] (1692-???) • ⌣ev-ref. 18.09.1692 Basel (St. Elisabeth)

▪ Marcus Weiß[#89h] (1696-1768) • *01.11.1696 Basel • ⌣ev-ref. 03.11.1696 Basel (St. Elisabeth) • Gymnasium • Aufenthalt in Vevey um Französisch zu lernen • vierjährige Lehre in Augsburg • Eintritt in Frankfurter Handelshaus • Reise durch Holland und Frankreich, 1720

---

[1] Emanuel König (1658-1731) • Ⓥ Emanuel König (1636-1707), Buchhändler und Buchdrucker • Ⓜ Catharina Schardt (1638-1705) • *1658 Basel • Prof. Dr. med.• +1731

[2] Susanna König (1715-1803) • *1715 • ∞1744 mit Johann Bernoulli (1710-1790) • +1803

[3] Joh. Friedrich Brenner (1680-1708) • Ⓥ Johannes Brenner (1639-1700) • Ⓜ Eva Euler (1636-1717) • *1680 • +1708 • Strumpf-Fabrikant

[4] Eva Brenner (1703->1732) • ⌣ev-ref. 21.06.1703 Basel (St. Theodor) • ∞ mit Friedrich Gottlob Saupé (???-1768) • +>1732

[5] Nikolaus Brenner (1704-1756) • ⌣ev-ref. 13.07.1704 Basel (St. Theodor) • Wechselherr • ∞1730 mit Anna Maria Streckeisen (1711-1780) • Ⓚ namens Brenner: Anna Elisabeth (1734-1734), ⌣ev-ref. 16.05.1734 Basel (St. Martin); Matthias (17351735), ⌣ev-ref. 20.09.1735 Basel (St. Martin); Margaretha (1738-1781), ⌣ev-ref. 24.07.1738 Basel (St. Martin); Nicolaus (1740-1741), ⌣ev-ref. 07.02.1740 Basel (St. Martin) • +1756

[6] Elisabeth Brenner (1707-???) • ⌣ev-ref. 22.06.1707 Basel (St. Theodor)

Rückkehr nach Basel • 1721 Reise nach Paris, Holland, England, Bremen, Hamburg, Lübeck und durch Deutschland zurück nach Basel • Seidenbandfabrikant • 1733 Sechser zu Spinwettern • 1738-1767 Direktor der Kaufmannschaft • 1738 Übernahme des Württemberger Hofs in Basel und dessen Ausbau • Erbauer des Bruckhofs in Münchenstein • ∞ev-ref. 03.08.1722 Basel mit Margaretha Leisler[1] (1705-1765) • Ⓚ Elisabeth[2] (*1724 Basel); Achilles[3] (*1725 Basel); Valeria[4] (*1726 Basel); Gertrud[5] (*1727 Basel); Margreth[6] (*1729 Basel); Gertrud[7] (*1732 Basel) • ☐ev-ref. 03.07.1768 Basel (Münster)

#90   Geßner, Johann Matthias (1691-1761)

Ⓥ Johann Samuel Geßner[#180] (1661-1704) • Ⓜ Maria Magdalena Hußwedel[#181] (1670-1738) • *09.04.1691 Roth/Rednitz bei Nürnberg • ∪ev • ∞ev 12.10.1718 Geraberg/Ilmenau in Thüringen mit Elise Caritas Eberhard[#91] (1695-1761) • Ⓚ Carl Philipp[#45a] (*1719 Weimar); Christiane Elisabeth[#45] (*1725 Weimar) • +03.08.1761 Göttingen • ☐ev Göttingen (Universitätskirche)

Vater stirbt, als er 13 Jahre alt war • wird vom Stiefvater und Pfarrer Zuckermantel erzogen • Gymnasium zu Ansbach • 1710 Studium an der Universität zu Jena • Lehrer an der Schule zu Weimar • 1728 Direktor

---

[1] Margaretha Leissler (1705-1765) • Ⓥ Achilles Leissler (1680-1737) • Ⓜ Gertrud Ortmann (1687-1761) • *1705 • +1765 Basel

[2] Elisabeth Weiß (1724-1777) • ∪ev-ref. 30.01.1724 Basel (St. Elisabeth) • ∞1740 mit Franz de Bary (1716-1782), Sohn von Johannes de Bary und Sibylle Ortmann • Ⓚ Marcus (1743-1770), ∞I 1764 mit Catharina Werthemann (1746-1778); Gertrud, ∞ mit Johann Jakob Merian (1741-1799) • +1777

[3] Achilles Weiß (1725-1792) • *08.05.1725 Basel • ∪ev-ref. 10.05.1725 Basel (St. Elisabeth) • Seidenband-Fabrikant und Grossrat • ∞1746 mit Ester Ochs (1727-1788) • ☐22.04.1792

[4] Valeria Weiß (1726-???) • ∪ev-ref. 05.08.1726 Basel (St. Elisabeth) • ∞ mit NN Ehinger

[5] Gertrud Weiß (1727-???) • ∪ev-ref. 20.07.1727 Basel (St. Elisabeth)

[6] Margareth Weiß (1729-???) • ∪ev-ref. 01.02.1729 Basel (St. Elisabeth)

[7] Gertrud Weiß (1732-1780) • ∪ev-ref. 23.10.1732 Basel (St. Elisabeth) • ∞1747 mit Felix Battier (1724-1794)

am Gymnasium von Ansbach • 1730 Rektor der Thomasschule in Leipzig, dort wirkt Bach (1685-1750) als Musiklehrer • nimmt 1734 Ruf als Professor von Gerlach Adolph Freiherr v. Münchhausen[1] (1688-1770) an die neugegründete Georgia Augusta Universität in Göttingen an • Professor der Beredsamkeit, gründet das Philologische Seminar , gründet und baut Universitätsbibliothek aus

Geschwister namens Geßner aus erster Ehe der Mutter Maria Magdalena Hußwedel[#181] (1670-1738) mit Johann Samuel Geßner[#180] (1661-1704):

• Johann Samuel Geßner[#90a] (1688-???) • *1688

• Andreas Samuel Geßner[#90b] (1690-1778) • *28.10.1690 Roth/Rednitz bei Nürnberg • ∪ev • Gymnasium zu Ansbach • Studium der Philosophie und Literaturgeschichte an der Universität Jena • Hofmeister junger Edelleute • 1716-1778 Rektor am Gymnasium zu Rothenburg/Tauber • 1740 Professor • +30.03.1778

• Catharina Barbara Geßner[#90c] (1692-1706) • *27.10.1692 • ∪ev • +1706

• Johann Lorenz Geßner[#90d] (1694-???) • *21.04.1694

• Johann Albrecht Geßner[#90e] (1695-1761) • *17.09.1695 Roth/Ansbach oder Auhausen/Wörnitz • ∪ev • Gymnasium zu Ansbach • lernte Apothekerzunft zu Weissenburg im Nordgau • Nördlingen • Gunzenhausen • Studium der Medizin in Altdorf • 1723 Promotion in Medizin in Altdorf • Oberamtsphysikus in Gunzenhausen • 1728 Ruf nach Stuttgart als herzoglich Württembergischer Hofmedikus • 1734 Leibarzt und Rath • begleitet den Württembergischen Prinzen durch Deutschland und Holland • 1741-44 Aufenthalt in Berlin • Beisitzer des Berggerichts zu Stuttgart • ∞I NN • Ⓚ keine • ∞II mit Anna Barbara Geret • Ⓚ Johann Georg[2] (*1729 Gunzenhausen); Wilhelm Friedrich

---

[1] Onkel des Lügenbarons Karl Friedrich Hieronymus Freiherr v. Münchhausen (1720-1797)

[2] Johann Georg Geßner (1729-1779) • *21.11.1729 Gunzenhausen • Gymnasium in Ansbach • ab 1748 Universität Göttingen • 1751 Hauslehrer bei Gerlach Adolph Freiherr v. Münchhausen (1688-1770) • Collaborator (Hilfslehrer) an der Klosterschule

Emanuel[1] (*1734 Stuttgart); Wilhelmina Louysa Christina[2] (*1735 Stuttgart); Johanna Charlotta[3] (*1736 Stuttgart) • +10.07.1761 Stuttgart • □12.07.1761 Stuttgart

▪ Margaretha Magdalena Geßner[#90f] (1697->1761) • *07.02.1697 • ∪ev • ∞ev-luth. 1723 Dorfgütingen mit Johann Leonhard Hüttner[4] (1676-1747) • Ⓚ Euphosina Christina[5] (*1724 Dorfgütingen); Johann Friedrich Albrecht[6] (*1725 Dorfgütingen); Johann Samuel[7] (*1726 Dorfgütingen); Anna Barbara[8] (*1728 Dorfgütingen); Sophia Margaretha[9] (*1729 Dorfgütingen); Sophia Magdalena[10] (*1730 Dorfgütingen); Karl Christian Georg[11] (*1731 Dorfgütingen) • +>1761

▪ Jacob Christian Geßner[#90g] (1698-???) • *24.07.1698

▪ Euphosina Helena Geßner[#90h] (1699-1727) • *14.12.1699 • ∪ev • +1727

Ilfeld • 1755 Subrektor und 1763 Konrektor am Katharineum zu Lübeck; verbunden mit Leitung der Lübecker Stadtbibliothek, die in seiner Amtszeit 1759 mit der Bibliothek des Pastors Heinrich Scharbau einen bedeutenden Zuwachs erhält • +01.05.1779 Lübeck

[1] Wilhelm Friedrich Emanuel Geßner (1734->1762) • ∪ev 26.03.1734 Stuttgart • ∞14.09.1762 Großsachsenheim/Württemberg mit Rosina Louysa Bilfinger, Tochter von Carl Friederich Bilfinger

[2] Wilhelmina Louysa Christina Geßner (1735-???) • ∪ev 25.12.1735 Stuttgart

[3] Johanna Charlotta Geßner (1736-???) • ∪30.11.1736 Stuttgart

[4] Johann Leonhard Hüttner [4] (1676-1747) • Ⓥ Andreas Hüttner, Bürger und Loderer in Ulm • Ⓜ Anna Ursula Kopp • ∪ev 16.08.1676 Ulm • 08.04.1697 immatrikuliert zu Tübingen • 21.05.1701 immatrikuliert zu Wittenberg • 17.08.1708 ordiniert zu Ansbach • ab ev. 1708 Pfarrer in Polsingen • ab 31.05.1710 ev. Pfarrer zu Dorfgütingen • 25.08.1731 ev. Pfarrer Insingen/Ansbach • +23.10.1747 Insingen

[5] Euphosina Christina Hüttner (1724->1761) • ∪ev-luth. 1724 Dorfgütingen

[6] Johann Friedrich Albrecht Hüttner (1725-???) • ∪ev-luth. 1725 Dorfgütingen

[7] Johann Samuel Hüttner (1726-1727) • ∪ev-luth. 1726 Dorfgütingen •+1727 Dorfgütingen (22 Wochen alt)

[8] Anna Barbara Hüttner (1728->1761) • ∪ev-luth. 1728 Dorfgütingen

[9] Sophia Margaretha Hüttner (1729-1730) • ∪ev-luth. 1729 Dorfgütingen •+1730 Dorfgütingen (1½ Jahre alt)

[10] Sophia Magdalena Hüttner (1730-???) • ∪ev-luth. 1730 Dorfgütingen

[11] Karl Christian Georg Hüttner (1731) • ∪ev-luth. 1731 Dorfgütingen

Halbgeschwister namens Zuckermantel aus zweiter Ehe der Mutter Maria Magdalena Hußwedel[181] (1670-1738) mit Johann Zuckermantel, Pfarrer zu Obermögersheim:

- Johann Lorenz Zuckermantel[90i] (*1705-1707) • *1705 • ∪ev • +1707

- Johanna Albertina Zuckermantel[90j] (1706-1707) • *1706 • ∪ev • +1707

- Johann Lorenz Zuckermantel[90k] (1707-???) • *19.09.1707

- Johann Conrad Zuckermantel[90l] (1708-1709) • *1708 • ∪ev • +1709

- Jacob Zuckermantel[90m] (1711-1732) • *03.06.1711 • +1732

- Johann Wilhelm Zuckermantel[90n] (1712-1760) • *29.12.1712 Auhausen • ∪ev • 1724 Schüler bei seinem Stiefbruder Johann Matthias Geßner in Weimar • 1729 Studium der ev. Theologie in Jena • 1732-1739 Vikar in Obermögersheim bei seinem kranken Vater • ev. Pfarrer in Rentweindorf bei Ebern • Hofmeister, Reise- und Hofprediger des Erbprinzen Christian Friedrich Carl Alexander v. Brandenburg-Ansbach, mit dem er eine Reise durch Europa macht • 1758-1760 Prediger zu St. Peter in Petersburg • +13.07.1760 St. Petersburg

#91   Eberhard, Elise Caritas (1695-1761)

Ⓥ David Philipp Eberhard[182] (1661-1729) • Ⓜ Elisabeth Barbara Heim[183] (1668->1695) • *20.08.1695 Geraberg/Ilmenau in Thüringen • ∪ev 21.08.1695 Geraberg/Ilmenau in Thüringen • ∞ev 12.10.1718 Geraberg/Ilmenau in Thüringen mit Johann Matthias Geßner[90] (1691-1761) • Ⓚ Carl Philipp[45a] (*1719 Weimar); Christiane Elisabeth[45] (*1725 Weimar) • +25.01.1761 Göttingen • □ev 30.01.1761 Göttingen (Universitätskirche)

#92   Hartert, Dietrich Philipp (1699-1774)

Ⓥ Johann Franz Hartert[184] (1668-1734) • Ⓜ Hedwig Sophia Pforrius[185] (1668-1735) • ∪ev 27.11.1699 Reichensachsen/Eschwege • ∞I ev

21.09.1730 Rotenburg/Fulda (Altstadt) mit Katharina Elisabeth Andreä[#93] (1714-1749) • Ⓚ Johann Franz[#46a] (*1731 Rotenburg/Fulda); Johann Christian[#46b] (*1732 Rotenburg/Fulda); Hedwig Sophia[#46c] (*1733 Rotenburg/Fulda); Friedrich Julius[#46] (*1736 Rothenburg/Fulda); Johann Christian[#46d] (*1738 Rotenburg/Fulda); Katharina Friederika[#46e] (*1739); Karl Benjamin[#46f] (*1741); Theodor Hartmann[#46g] (*1743 Rotenburg/Fulda); Charlotta Katharina Wilhelmina[#46h] (*~1745); Katharina Sophia[#46i] (*1749) • ∞II 08.03.1751 mit Sabine Elisabeth NN[1] (???-1761) • Ⓚ keine • +12.03.1774 Hersfeld

26.10.1716 immatrikuliert zu Marburg für Theologie und dann Rechtswissenschaften • 1718 immatrikuliert zu Rinteln • 1725 Advocatus fisci zu Rotenburg/Fulda als Nachfolger von Adam Wenderoth • 1745 Kammerrat zu Rotenburg/Fulda • 27.02.1748 Rentmeister zu Hersfeld

▪ David Hermann Hartert[#92a] (1695-1702) • *Reichensachsen • ∪ev 06.10.1695 • □06.06.1702 Reichensachsen

▪ Johann Heinrich Hartert[#92b] (1697-1699) • *17.12.1697 Reichensachsen • ∪ev • □02.08.1699 Reichensachsen

▪ Friedrich David Hartert[#92c] (1701-1766) • *Reichensachsen • ∪ev 01.10.1701 • 19.05.1718 immatrikuliert zu Marburg • 1731-1733 ev. Pfarrer zu Ulfen bei Rothenburg/Fulda • 1733-1766 ev. Pfarrer zu Nentershausen • ∞ev 21.06.1731 mit Juliane Scheffer[2] (1703-1758) • Ⓚ keine • +17.11.1766 Nentershausen • □ev 21.11.1766 Nentershausen

▪ Heinrich Franz Hartert[#92d] (1703->1719) • *Reichensachsen • ∪ev 12.11.1703 • konf. 1716 Sontra • 23.10.1719 immatrikuliert zu Marburg • +>1719

---

1 Sabine Elisabeth NN[1] (???-1761) • ∞I mit Adam Wenderoth (???-<1751) • □21.09.1761 Hersfeld
2 Juliane Scheffer (1703-1758) • Ⓥ Johann Burkart Scheffer, Pfarrer, +18.12.1732 Nentershausen • *04.05.1703 Nentershausen • +11.05.1758 Nentershausen • □16.05.1758 Nentershausen

▪ Dorothea Sophie Hartert[#92e] (1705-1707) • *Reichensachsen • ⏑ev 23.06.1705 • □ev 18.03.1707 Reichensachsen

▪ Bernhard Philipp Hartert[#93f] (1708-1709) • *Reichensachsen • ⏑ev 02.01.1708 • □ev 18.02.1709 Reichensachsen

▪ Christina Sabina Hartert[#93g] (1710->1753) • *Reichensachsen • ⏑ev 07.02.1710 • konf. 1723 Sontra • ∞ev 05.11.1753 Sontra mit Johann Friedrich Schlemmer[1] (1698-1766) • +>1753

#93   Andreä, Katharina Elisabeth (1714-1749)

Ⓥ Johann Stephan Andreä[#186] (1676-1719) • Ⓜ Susanna Christine Stückrad[#187] (???-1727) • ⏑ev 10.03.1714 Rothenburg/Fulda • ∞ev 21.09.1730 Rotenburg/Fulda (Altstadt) mit Dietrich Philipp Hartert[#92] (1699-1774) • Ⓚ Johann Franz[#46a] (*1731 Rotenburg/Fulda); Johann Christian[#46b] (*1732 Rotenburg/Fulda); Hedwig Sophia[#46c] (*1733 Rotenburg/Fulda); Friedrich Julius[#46] (*1736 Rothenburg/Fulda); Johann Christian[#46d] (*1738 Rotenburg/Fulda); Katharina Friederika[#46e] (*1739); Karl Benjamin[#46f] (*1741); Theodor Hartmann[#46g] (*1743 Rotenburg/Fulda); Charlotta Katharina Wilhelmina[#46h] (*~1745); Katharina Sophia[#46i] (*1749) • □ev 18.07.1749 Hersfeld (Stiftskirche)

Katharina Elisabeth Andreä stammt über zwei Linien von Karl dem Großen ab: Simon IV. v. Waldenburg und Margarethe v. Hessen

---

[1] Johann Friedrich Schlemmer (1698-1766) • Ⓥ Johann Friedrich Schlemmer (1768-1726), *03.08.1768 Hanau, +13.03.1726 Gundhelm, 1675 immatrikuliert zu Hanau, 1679 immatrikuliert zu Bremen, 1684-1708 ev. Pfarrer in Nieder-Eschbach, 1708-1726 ev. Pfarrer zu Gundhelm, Sohn von Johann Georg Schlemmer (Pfarrer in Kesselstadt) und Eva Elisabeth Faber • Ⓜ Anna Margarete Becker (1616-???), *15.11.1616 Hanau, Tochter von Bäcker Johannes Becker und Katharina Hollander (aus Mannheim) • *1698 Nieder-Eschbach • 1718 immatrikuliert zu Hanau • Richter und Acciseinnehmer zu Nentershausen • Rentmeister zu Hersfeld • Amtmann zu Steinau • ∞I 19.02.1728 Sontra mit Martha Christine Lipsius aus Sontra, Tochter des Zolleinnehmers Joh. Philipp Lipsius • ∞II 05.11.1733 Sontra mit Christina Sabina Hartert[#93g] (1710-???) • +22.12.1766 Steinau/Schlüchtern

- Johann Jacob Andreä[93a] (1715-1716) • ∪ev 20.08.1715 Rotenburg/Fulda • □ev 29.05.1716

- Franz Benjamin Andreä[93b] (1717-1718) • ∪ev 14.03.1717 Rotenburg/Fulda • □ev 05.09.1718

- Johann Caspar Andreä[93c] (1719-1720) • ∪ev 30.05.1719 Rotenburg/Fulda • □ev 16.02.1720

- Catharina Philippina Andreä[93d] (1719-1720) • ∪ev 30.05.1719 Rotenburg/Fulda • □ev 01.03.1720

Halbschwester aus zweiter Ehe der Mutter Susanna Christine Stückrad[187] (???-1727) mit Kanzleisekretarius Johann Christian Stückrad (1762-1821):

- Sophia Anna Catharina Stückrad[93e] (1721-???) • ∪ev 09.12.1721 Rotenburg/Fulda • ∞ev 18.06.1744 Rotenburg/Fulda mit NN Sperber, Rentkammersecretarius

#94   Bose, Karl <u>Adolf</u> Christian (1720-1787)

Ⓥ Andreas Bose[188] (???->1720) • Ⓜ Dorothea NN[189] (???->1720) • *07.04.1720 Herzberg/Harz • ∪ev • ∞ev 26.08.1751 Nentershausen mit Christine Bernhardine Weber[95] (1731-1780) • Ⓚ Sophie Elisabeth[47] (*1755 Richelsdorfer Hütte) • +19.03.1787 Richelsdorf

1784 Bergrat zu Richelsdorf

#95   Weber, Christine Bernhardine (1731-1780)

Ⓥ Heinrich Albert Weber[190] (1694-1746) • Ⓜ Katharina Elisabeth Hilchen[191] (1706-1741) • ∪ev 03.04.1731 Wanfried/Werra • ∞ev 26.08.1751 Nentershausen mit Karl <u>Adolf</u> Christian Bose[94] (1720-1787) • Ⓚ Sophie Elisabeth[47] (*1755 Richelsdorfer Hütte) • +10.06.1780 Richelsdorfer Hütte

#96   Wachtmann, <u>Johann</u> <u>Erich</u> Wilhelm (1718-1793)

Ⓥ Ernst <u>Philipp</u> Wachtmann[#192] (1691-1755) • Ⓜ Catharine Sophie Höper[#193] (1691-1750) • *Wülfel/Hannover • ᴗev-luth. 05.07.1718 Döhren (St. Petri)[1] • ∞I ev 21.02.1741 Hannover (Schlosskirche) mit Anna Elisabeth Krug[#97] (1710-1788) • Ⓚ Johann Philipp[#48] (*1743 Wilkenburg); Clara Lucia Friedrike Rebecca[#48a] (*1744 Wilkenburg); Dorothea <u>Juliana</u> Eleonora <u>Christina</u>[#48b] (*1746 Wilkenburg); August Gottlieb[#48c] (*1748 Wilkenburg); Juliane Louise[#48d] (*1750 Wilkenburg); Carl Ludwig[#48e] (*1755 Wilkenburg) • ∞II ev 23.04.1789 Wilkenburg (St. Alexander) mit Sophie Mühlenberger[2] • Ⓚ keine • +19.12.1793 Wilkenburg, verstorben an „hitzig[em] Brustfieber mit einem Schlagfuß begleitet" • ☐ev 23.12.1793 Wilkenburg (St. Alexander)

1740 Umzug von Wülfel/Hannover nach Wilkenburg • 53 Jahre Küster und 40 Jahre Schulmeister in Wilkenburg

▪ Regina Christina Charlotte Wachtmann[#96a] (1716-???) • *Wülfel/Hannover • ᴗev-luth. 02.10.1716 Döhren (St. Petri)

#97   Krug, Anne Elisabeth (1710-1788)
(Krugs, Krugen)

Ⓥ ??? • Ⓜ ??? • ᴗev 06.12.1710 Celle • ∞ev 21.02.1741 Hannover (Schloßkirche) mit <u>Johann</u> <u>Erich</u> Wilhelm Wachtmann[#96] (1718-1793) • Ⓚ Johann Philipp[#48] (*1743 Wilkenburg); Clara Lucia Friedrike Rebecca[#48a] (*1744 Wilkenburg); Dorothea <u>Juliana</u> Eleonora <u>Christina</u>[#48b] (*1746 Wilkenburg); August Gottlieb[#48c] (*1748 Wilkenburg); Juliane Louise[#48d] (*1750 Wilkenburg); Carl Ludwig[#48e] (*1755 Wilkenburg) • +27.07.1788 Wilkenburg • ☐ev 31.07.1788 Wilkenburg (St. Alexander)

---

[1] Seit 1529 wird in Döhren „lutherisch" gepredigt, drei Jahre früher als in Hannover. St. Petri ist die Mutterkirche der vier Kirchengemeinden Immanuel (Laatzen), Timotheus (Waldheim) Auferstehung (Döhren) und Matthäi (Wülfel)

[2] Sophie Mühlenberger • *Elze • ∞I mit Johann Sebastian Hesse aus Arnum (???-<1789)

#98   Burius, Johann Günther (1696-1756)

Ⓥ Anton Günther Burius[#196] (1661-1707) • Ⓜ Dorothea Westphal[#197] (˜1661-1723) • *16.03.1696 Bardowick/Lüneburg • ◡ev • ∞ev 04.12.1738 Bleckede mit <u>Lucia</u> Hedewig Maria Wedemeyer[#99] (˂1722-1795) • Ⓚ Carl Ludewig[#49a] (*1740 Bleckede); Dorothea Eleonore[#49] (*˜1745) • +27.01.1756 Hitzacker

ev. Prediger in Hitzacker/Elbe

■ Heinrich Wilhelm Anton Burius[#98a] (1699-1774) • *16.09.1699 *Scharnebeck/Lüneburg • fürstlich ysenburgischer Rath und Archivar zu Birnstein • Sekretär des Wetterauer Grafenvereins • ◡ev • ∞ mit Anna Katharina Sophie Juliane Span[1] • Ⓚ Johann Karl Ludwig[2] (*1750 Birstein); Ernst Christian Heinrich Ferdinand Wetteravicus[3] (*1751 Birstein); Friedrich Casimir[4] (*1752 Birstein); Ludwig Friedrich[5] (*1754 Birstein); Sophie Marie Charlotte[6] (*1756 Birstein); Sophie Albertine[7] (*1762 Birstein) • +1774 Offenbach/Main

■ Friedrich Carl (v.) Buri[#98b] (1702-1767) • *22.08.1702 Scharnebeck/Lüneburg • ◡ev • Rathsschule in Lüneburg • 1721-1723 Studium der Juresprudenz in Helmstädt • 1725-1733 Hofmeister bei verschiedenen jungen Edelleuten • 1733 Hofrath im Dienst des Grafen Wolfgang Ernst I. zu Isenburg und Büdingen in Birstein (1686-1754) als Erzieher des Prinzen Johann Kasimir[8] (1715-1759), den er von Gießen nach Frankreich begleitete • 1736 Regierungs- und Consistorialrath in

---

[1] Anna Katharina Sophie Sabina/Juliane Span • Ⓥ Joachim Tobias Span zu Rödelheim, Kanzleidirektor Gfl. Solms-Rödelheim • Ⓜ Sophia Maria Burgk • +Frankfurt/Main

[2] Johann Karl Ludwig Burius/Buri (1750-???) • *04.05.1750 Birstein • ◡ev

[3] Ernst Christian Heinrich Ferdinand Wetteravicus Burius/Buri (1751-1756) • *30.08.1751 Birstein • ◡ev • +15.04.1756 Birstein

[4] Friedrich Casimir Burius/Buri (1752-1752) • *20.11.1752 Birstein • ◡ev • +30.12.1752 Birstein

[5] Ludwig Friedrich Burius/Buri (1754-???) • *13.07.1754 Birstein • ◡ev

[6] Sophie Marie Charlotte Burius/Buri (1756-???) • *03.08.1756 Birstein • ◡ev

[7] Sophie Albertine Burius/Buri (1762-???) • *11.07.1762 Birstein • ◡ev

[8] Johann Kasimir v. Isenburg-Birstein (1715-1759) • Ⓥ Wolfgang Ernst I. zu Isenburg und Büdingen (1686-1754) • Ⓜ Gräfin Friederike Elisabeth v. Leiningen-Dagsburg • *09.12.1715 Birstein • hessen-kasselscher Generalleutnant

Birstein • auf sein Betreiben 23.05.1744 Beförderung seines Herrn Graf Ernst in den Fürstenstand (Reichsfürst zu Isenburg und Büdingen) durch Kaiser Karl VII. (1697-1745) • 1744 Kanzleidirektor • 1746 Directorialrath des Wetterauischen Grafen-Collegiums • 16.05.1753 Erhebung in den Reichsadelsstand durch den Kaiser Franz I.[1] (1708-1765) für ihn und seine Nachkommen • nach dem Tod des Fürsten Wolfgang Ernst (1754) geht er mit dem Rerierungscollegium von Birstein nach Offenbach • 1757 Austritt aus Isenburgischen Diensten • 1664 begibt sich als hessen-darmstädtscher Geheimer Rat nach Darmstadt • ∞1739 Birstein mit Charlotte Salome Rayß[2] (1715-1767) • Ⓚ Ernst Carl Ludwig (1745-1745); Ernst Carl <u>Ludwig</u>[3] (*1746 Birstein);

---

[1] Franz Stephan v. Lothringen (1708-1765) • als Franz III. Herzog von Lothringen und Bar (1729–1737), als Franz II. Großherzog der Toskana (1737–1765) sowie ab 21.11.1740 Mitregent in den Habsburgischen Erblanden und seit 1745 als Franz I. Kaiser des Heiligen Römischen Reiches

[2] Charlotte Salome Rayß (1715-1767) • Ⓥ Johann Reinhard Rayß, Landgräflich-Hessischer Geheimer Regierungsrat, Direktor des Konsistoriums in Darmstadt • Ⓜ Maria Philippine Beller aus Straßburg • *∕∪15.11.1715 Gießen • +30.04.1767 Darmstadt

[3] Ernst Carl <u>Ludwig</u> Burius / Ysenburg v. Buri (1747-1806) • *21.06.1747 Birstein • ∪ev • 13 bis 17jährig stand er als Archon oder Argon (Führer) der 1759 gegründeten „Arcadischen Gesellschaft in Philandria" (Literaturclub) auf Gut Neuhof zwischen Offenbach und Darmstadt vor • 23.05.1764 Brief von J. W. v. Goethe (15 Jahre) um Aufnahme in diese Gesellschaft: „Ihr Freund zu sein und in Ihre Gesellschaft einzugehen" (dieser Brief gilt als der erste von ihm verfasste), Gesuch wird abgelehnt (Goethe wurde später in die Arcadische Gesellschaft in Rom eingeführt) • 1765 Umwandlung der Gesellschaft zu einer Freimaurerloge und Übernahme in den Illuminatenorden von Adam Weishaupt (*06.02.1748 Ingolstadt, +18.11.1830 Gotha); Ernst Carl Ludwig erhält den Ordensnamen Crates • schriftstellerische Tätigkeit • Hauptmann im Dienste des Grafen von Wied-Runkel • Obristwachtmeister in der westfälisch-westerwäldischen Infanterie in Gießen • ∞I 1770 Zwingenberg mit Ludmilla Maria Friederike Schetzky (???-1771), +29.01.1771 Zwingenberg • ∞II 01.07.1787 Birstein mit Dorothea Caroline Ernestine Auguste v. Lützow (1755-1809), Tochter von Ulrich Moritz Bernhard v. Lützow (1717-1786) und Sophie Freiin v. Brockdorff (???-1763), *10.07.1755 Neuwied, +06.04.1809 Gießen • +07.03.1806 Gießen

Wilhelm Friedrich Christian Kasimir[1] (*1751 Birstein); Christian Karl Ernst <u>Wilhelm</u>[2] (*1758 Birstein) • +07.12.1767 Darmstadt

#99 Wedemeyer, <u>Lucia</u> <u>Hedewig</u> Maria (ᶜ1722-1795)

Ⓥ ??? • Ⓜ ??? • *ᶜ1722 • ∞ev 04.12.1738 Bleckede mit Johann Günther Burius[98] (1696-1757) • Ⓚ Carl Ludwig[49a] (*1740 Bleckede); Dorothea Eleonore[49] (*~1745) • +01.05.1795 Wildeshausen

#100 Becker, Hermann Heinrich (1703-1790)

Ⓥ Hermann Becker[200] (ᶜ1676-1706) • Ⓜ Maria Gertrud Eckelmann[201] (1672-1740) • *05.11.1703 Bramsche • ∪ev Bramsche (St. Martin) • ∞ev 19.10.1730 Bramsche (St. Martin) mit Catherine Margarethe Meyer[101] (1709-1779) • Ⓚ Catherine Marie[50a] (*1731 Bramsche); Catherine Margarethe[50b] (*1734 Bramsche); Hermann Heinrich[50c] (*1741 Bramsche); Ebcke Rudolph[50d] (*1741 Bramsche); Margaretha Elisabeth[50e] (*1742 Bramsche); Christian Heinrich[50f] (*1744 Bramsche); Johann Heinrich[50g] (*1745 Bramsche); Hermann Heinrich[50] (*1747 Bramsche) • +05.05.1790 Bramsche, verstorben an „Schlagfuß" • □ev 10.05.1790 Bramsche (St. Martin)

Bäcker, Brauer und Kaufmann in Bramsche Nr. 5 (Brückenort)

▪ Margaretha Gertrud Becker[100a] (1697-1760) • *18.11.1697 Bramsche • ∪ev Bramsche (St. Martin) • ∞ev 21.04.1716 Bramsche (St. Martin) mit

[1] Wilhelm Friedrich Christian Kasimir Burius/Buri (1751-1818) • *02.12.1751 Birstein • ∪ev • +1818

[2] Christian Karl Ernst <u>Wilhelm</u> Burius/Buri (1758-1818) • *25.02.1758 Birstein/Fürstentum Isenburg • ∪ev • Studium der Jurisprudenz in Gießen • 1780-1807 Advokat in Offenburg • für ein Jahr Rat des Grafen Vollrat von Solms-Rödelheim • lebt in Hanau • 1817 Regierungsrat des Landgrafen Friedrich V. Ludwig Wilhelm v. Hessen-Homburg (1748-1820) • Schriftsteller, Mitarbeiter Wielands (Teutscher Merkur) • Publikationen: Skizzen und kleine Gemälde 1791, Der Sieg über den Welttyrannen • ∞1782 mit Elise v. Hupfeld • +28.07.1818 Homburg v. d. H.

Hermann Heinrich v. Dörsten[1] (1695-1754) • Ⓚ Hermann Heinrich (*1718 Bramsche); Maria Gertrud (*1720 Bramsche); Behrend Heinrich (*1723 Bramsche); Hermann Balthasar (*1730 Bramsche); Johann Heinrich (*1734 Bramsche); Anna Margarethe (*1738 Bramsche) • +01.12.1760 Bramsche • ◻ev 03.12.1760 Bramsche (St. Martin)

▪ Maria Gertrud Becker[#100b] (1699-1736) • *1699 Bramsche • ᴗev • ∞I 1719 Bramsche (St. Martin) mit Johann Ruwe[2] (1687-1725) • Ⓚ Hermann Rudolph[3] (*1720 Bramsche); Maria Gertrud[4] (*1722 Bramsche); Anna Maria Gertrud[5] (*1724 Bramsche) • ∞II November 1726 Bramsche mit Johann Conrad Israel[6] (1703-1747) • Ⓚ Johann Heinrich[7] (*1727 Bramsche); Catharina Margaretha[8] (*Bramsche);

---

[1] Hermann Heinrich v. Dörsten (1695-1754) • Ⓥ Behrend Heinrich v. Dörsten (1670-1704), Bäcker und Brauer in Bramsche Nr. 11 (Brückenort) • Ⓜ Anna Gertrud Lindemann (1668-1711) • *26.08.1695 Bramsche • Bäcker und Brauer in Bramsche Nr. 11 (Brückenort) • +18.10.1754 Bramsche, verstorben an hitzigem Fieber • ◻22.10.1754 Bramsche (St. Martin)

[2] Johann Ruwe (1687-1725) • Ⓥ Rudolph Ruwe (???-1702), Schmiedemeister in Bramsche Nr. 47 (Große Straße), Sohn von Johann Ruwe (1603-1679) und Catharine Huntemann (1607-1683) • Ⓜ Anna Gertrud Hockelmann (1658-1724), Tochter von Heinrich Hockelmann • Schmiedemeister in Bramsche Nr. 47 (Große Straße) • ᴗev 30.03.1687 Bramsche (St. Martin) • ◻02.05.1725 Bramsche (St. Martin)

[3] Hermann Rudolph Ruwe gen. „Landschmidt" (1720-1783) • *August 1720 Bramsche • Schmiedemeister in Bramsche Nr. 47 (Große Straße) • ∞19.10.1741 Bramsche (St. Martin) mit Anna Margaretha Strietmann (1714-1783) • Ⓚ acht • +26.05.1783 Bramsche, verstorben „am Schlage" • ◻19.05.1783 Bramsche (St. Martin)

[4] Maria Gertrud Ruwe (1722-1724) • *26.09.1722 Bramsche • +25.01.1724 Bramsche • ◻27.01.1724 Bramsche (St. Martin)

[5] Anna Maria Gertrud Ruwe (1724-1732) • *04.12.1724 Bramsche • ◻04.10.1732 Bramsche (St. Martin)

[6] Johann Conrad Israel (1703-1747) • Ⓥ Conrad Heinrich Israel • Ⓜ Margaretha Haver • *29.04.1703 Dielingen/Minden • Klein-Schmiedemeister in Bramsche Nr. 47 (Große Strasse) • ∞I Maria Gertrud Becker (1699-1736) • ∞II 12.05.1736 Bramsche (St. Martin) mit Catharina Margaretha Kemper (1705-1776) • Ⓚ sechs • +12.07.1747 Bramsche, verstorben an Schwindsucht • ◻14.07.1747 Bramsche (St. Martin)

[7] Johann Heinrich Israel (1727-1728) • ᴗev 07.12.1727 Bramsche (St. Martin) • ◻ev 16.2.1728 Bramsche (St. Martin)

[8] Catharina Margaretha Israel • *Bramsche • ∞03.09.1749 Bramsche (St. Martin) mit Gerhard Georg Meyer, Bäcker in Osnabrück

Hermann Heinrich[1] (*1732 Bramsche); Johann Heinrich[2] (*1735 Bramsche) • +1736

▪ Johann Heinrich Becker[#100c] (1706-1711) • *1706 Bramsche • ∪ev • +Bramsche, „5 Jahre, elendig in heiß Wasser umkommen" • ☐ev 12.06.1711 Bramsche (St. Martin)

#101   Meyer, Catherine Margarethe (1709-1779)

Ⓥ Johann Heinrich Meyer[#202] (1672-1757) • Ⓜ Catharina Margaretha Strüve gen. Riesenbeck[#203] (1683-1761) • *07.01.1709 Bramsche • ∪ev Bramsche (St. Martin) • ∞ev 19.10.1730 Bramsche (St. Martin) mit Hermann Heinrich Becker[#100] (1703-1790) • Ⓚ Catherine Marie[#50a] (*1731 Bramsche); Catherine Margarethe[#50b] (*1734 Bramsche); Hermann Heinrich[#50c] (*1741 Bramsche); Ebcke Rudolph[#50d] (*1741 Bramsche); Margaretha Elisabeth[#50e] (*1742 Bramsche); Christian Heinrich[#50f] (*1744 Bramsche); Johann Heinrich[#50g] (*1745 Bramsche); Hermann Heinrich[#50] (*1747 Bramsche) • +26.08.1779 Bramsche, verstorben an „hitziger Krankheit" • ☐ev 30.08.1779 Bramsche (St. Martin)

▪ Hermann Heinrich Meyer[#101a] (1705-1763) • *30.09.1705 Bramsche • ∪ev 07.10.1705 Bramsche (St. Martin) • Kaufhändler in Bramsche (Mühlenort) • Vorsteher des hiesigen Ortes • ∞I ev 15.05.1730 Bramsche (St. Martin) mit Catharina Gertrud Berger[3] (1708-1744) • Ⓚ Anna Margarethe[4] (*1731 Bramsche); Anna Margarethe[5] (*1733

---

[1] Hermann Heinrich Israel (1732-1764) • ∪ev 21.04.1732 Bramsche (St. Martin) • +06.10.1764

[2] Johann Heinrich Israel (1735-???) • ∪ev 06.01.1764 Bramsche (St. Martin)

[3] Catharina Gertrud Berger (1708-1744) • Ⓥ Johann Berger (1667-1727) • Ⓜ Anna Margarethe Schmidt (1670-1729) • *02.10.1708 Bramsche • +23.10.1744 Bramsche • ☐ev 27.10.1744 Bramsche (St. Martin)

[4] Anna Margarethe Meyer (1731-1731) • ∪ev 06.10.1731 Bramsche (St. Martin) • ☐ev 12.12.1731 Bramsche (St. Martin)

[5] Anna Margarethe Meyer (1733-1737) • ∪ev 17.04.1733 Bramsche (St. Martin) • + verstorben an Blattern • ☐ev 21.08.1737 Bramsche (St. Martin)

Bramsche); Christina Elisabeth[1] (*1737 Bramsche); Johann Heinrich[2] (*1738 Bramsche); Hermann Heinrich Ebcke[3] (*1742 Bramsche) • ∞II ev 14.06.1747 Bramsche (St. Martin) mit Catharine Margarethe Meyer[4] (1725-1760) • Ⓚ Anna Margarethe[5] (*1748 Bramsche); Christina Maria[6] (*1749 Bramsche); Rudolph Wilhelm[7] (*1751 Bramsche); Margarethe Christine[8] (*1753 Bramsche); Johann Rudolph[9] (*1753 Bramsche); Johann Heinrich[10] (*1754 Bramsche); Anna Maria[11] (*1756 Bramsche); Christina Margaretha[12] (*1759 Bramsche) • +18.01.1763 Bramsche,

---

[1] Christina Elisabeth Meyer (1737-1737) • ⌣ev 26.01.1737 Bramsche (St. Martin) • + verstorben an Blattern • ☐ev 31.08.1737 Bramsche (St. Martin)

[2] Johann Heinrich Meyer (1738-???) • *09.10.1738 Bramsche • ⌣ev 15.10.1738 Bramsche (St. Martin) • ∞1760 Bramsche (St. Martin) mit Anna Margarethe Meyer

[3] Hermann Heinrich Ebcke Meyer (1742-1747) • *07.09.1742 Bramsche • ⌣ev 10.09.1742 Bramsche (St. Martin) • +14.01.1747 Bramsche, verstorben an Blattern • ☐ev 18.01.1747 Bramsche (St. Martin)

[4] Catharine Margarethe Meyer (1725-1760) • Ⓥ Hermann Rudolf Meyer (1692-1728) • Ⓜ Anna Adelheit Meyer (1694-1755) • *April 1725 • +21.10.1760 Bramsche, verstorben an der roten Ruhr • ☐ev 24.10.1760 Bramsche (St. Martin)

[5] Anna Margarethe Meyer (1748-???) • ⌣ev 20.05.1748 Bramsche (St. Martin)

[6] Christina Maria Meyer (1749-1753) • *22.12.1749 Bramsche • ⌣ev 31.12.1749 Bramsche (St. Martin) • +03.06.1753 Bramsche, verstorben an Blattern • ☐ev 05.06.1753 Bramsche (St. Martin)

[7] Rudolph Wilhelm Meyer (1751-1753) • *19.10.1751 Bramsche • ⌣ev 25.10.1751 Bramsche (St. Martin) • +30.05.1753 Bramsche, verstorben an Blattern • ☐ev 02.06.1753 Bramsche (St. Martin)

[8] Margarethe Christine Meyer (1753-???) • ⌣ev 29.01.1753 Bramsche (St. Martin) • ∞15.12.1791 Bramsche mit Johann Christian Schwankhaus gen. „Christians Christ" (1752-1818) • Ⓚ drei • +13.02.1807 Bramsche, verstorben an „Faulfieber) • ☐ev 17.02.1807 Bramsche (St. Martin)

[9] Johann Rudolph Meyer (1753-???) • ⌣ev 17.12.1753 Bramsche (St. Martin)

[10] Johann Heinrich Meyer (1754-???) • ⌣ev 05.11.1754 Bramsche (St. Martin)

[11] Anna Maria Meyer (1756-1795) • ⌣ev 26.04.1756 Bramsche (St. Martin) • ∞08.09.1784 Bramsche (St. Martin) mit Hermann Rudolph Meyer (1760-1837), *13.10.1760 Bramsche, Bäcker, Brauer und Vorsteher in Bramsche Nr. 149 (Mühlenort), +02.04.1837 Bramsche, • ☐ev 06.04.1837 Bramsche (St. Martin) • Ⓚ vier • +1795

[12] Christina Margaretha Meyer (1759-1760) • *07.05.1759 Bramsche • ⌣ev 12.05.1759 Bramsche (St. Martin) • +06.10.1760 Bramsche, verstorben an rote Ruhr • ☐ev 09.10.1760 Bramsche (St. Martin)

verstorben an einer Unpäßlichkeit • ◻ev 21.01.1763 Bramsche (St. Martin)

▪ Heinrich Rudolph Meyer[#101b] (1715-1798) • *18.01.1715 Bramsche • ∪ev • Kaufhändler, Bäcker und Brauer in Bramsche Nr. 111 (Hinterstraße) • ∞ev 22.04.1738 Bramsche (St. Martin) mit Anna Margaretha Eckelmann[1] (1720-1758) • Ⓚ Johann Heinrich[2] (*1739 Bramsche); Ebcke Rudolph[3] (*1741 Bramsche); Johann Heinrich[4] (*1745 Bramsche); Anna Margaretha[5] (*1746 Bramsche) • +01.11.1798 Bramsche, verstorben an Apoplexie • ◻ev 06.11.1798 Bramsche (St. Martin)

▪ Johann Hermann Meyer[#101c] (1718-1795) • *Januar 1718 Bramsche • ∪ev Bramsche (St. Martin) • Bäcker und Brauer in Bramsche Nr. 149 (Mühlenort) • ∞ev 25.04.1747 Bramsche (St. Martin) mit Anna Margaretha Eckelmann[6] (1728-1787) • Ⓚ Johann Heinrich[7] (*1748

---

[1] Anna Margaretha Eckelmann (1720-1758) • Ⓥ Johann Heinrich Eckelmann (1674-1736), Leinenhändler in Bramsche Nr. 18 (Brückenort) und 49 (Große Straße) • Ⓜ Anna Margaretha Meyer (1683-1748), Tochter von Balthasar Heinrich Meyer (1656-17169 und Margaretha Lucretia Sanders • *12.08.1720 Bramsche • +28.10.1758 Bramsche, verstorben an Wasser- und Schwindsucht • ◻ev 01.11.1758 Bramsche (St. Martin)

[2] Johann Heinrich Eckelmann (1739-1744) • *03.02.1739 Bramsche • ∪ev 10.02.1739 Bramsche (St. Martin) • +14.05.1744 Bramsche • ◻ev 17.05.1744 Bramsche (St. Martin)

[3] Ebcke Rudolph Eckelmann (1741-1807) • ∪ev 16.09.1741 Bramsche (St. Martin) • +10.09.1807 Bramsche • ◻ev 13.09.1807 Bramsche (St. Martin)

[4] Johann Heinrich Eckelmann (1745-1745) • *18.06.1745 Bramsche • +18.06.1745 nach 8 Stunden • ◻20.06.1745 Bramsche (Bramsche)

[5] Anna Margaretha Eckelmann (1746-???) • ∪ev 05.09.1746 Bramsche (St. Martin) • ∞1772 Bramsche mit Christian Heinrich Sanders-Meyer

[6] Anna Margaretha Eckelmann (1728-1787) • Ⓥ Hermann Balthasar Eckelmann (1707-1783) • Ⓜ Catharina Margaretha Berger (1701-1730) • ∪ev 21.03.1728 Bramsche (St. Martin) • +13.04.1787 Bramsche, verstorben an „Brustkrankheit" • ◻ev 18.04.1787 Bramsche (St. Martin)

[7] Johann Heinrich Meyer (1748-1749) • *19.01.1748 Bramsche • ∪ev 24.01.1748 Bramsche (St. Martin) • +14.06.1749 Bramsche, verstorben an hitzigem Fieber • ◻ev 17.06.1749 Bramsche (St. Martin)

Bramsche); Johann Heinrich[1] (*1750 Bramsche); Hermann Heinrich[2] (*1753 Bramsche); Catharina Margaretha[3] (*1756 Bramsche); Johann Hermann[4] (*1758 Bramsche); Hermann Rudolph[5] (*1760 Bramsche); Anna Margaretha[6] (*1763 Bramsche); Christina Maria[7] (*1767 Bramsche) • +06.02.1795 Bramsche, verstorben an Brustwassersucht • ☐ev 10.02.1795 Bramsche (St. Martin)

■ Catharina Maria Meyer[#101d] (1718-1718) • *1718 Bramsche • ☐05.10.1718 Bramsche (St. Martin)

■ Johann Heinrich Meyer[#101e] (???-1718) • *Bramsche • ☐24.07.1718 Bramsche (St. Martin)

■ Christina Adelheit Meyer[#101f] (1721-1788) • ∪ev 30.03.1721 Bramsche (St. Martin) • ∞ev 18.10.1742 Bramsche (St. Martin) mit Hermann

---

[1] Johann Heinrich Meyer (1750-1753) • *17.06.1750 Bramsche • +18.06.1753 Bramsche, verstorben an Blattern • ☐ev 21.06.1753 Bramsche (St. Martin)
[2] Hermann Heinrich Meyer gen. Woltermann (1753-1783) • *April 1753 • ∞30.08.1774 Bramsche (St. Martin) mit Catharine Margarethe von Bühren gen. Woltermann (1754-1792) • Ⓚ drei • +08.11.1783 Bramsche, verstorben an Schwindsucht • ☐ev 11.11.1783 Bramsche (St. Martin)
[3] Catharina Margaretha Meyer (1756-1757) • *13.01.1756 Bramsche • ∪ev 20.01.1756 Bramsche (St. Martin) • +03.04.1757 Bramsche, verstorben an hitzigem Fieber • ☐ev 06.04.1757 Bramsche (St. Martin)
[4] Johann Hermann Meyer (1758-1783) • ∪ev 21.02.1758 Bramsche (St. Martin) •+20.08.1753 Bramsche, verstorben an Faulfieber • ☐ev 23.08.1753 Bramsche (St. Martin)
[5] Hermann Rudolph Meyer (1760-1837) • ∪ev 13.10.1760 Bramsche (St. Martin) • Bäcker, Brauer und Vorsteher in Bramsche Nr. 149 (Mühlenort) • ∞I ev 08.09.1784 Bramsche (St. Martin) mit Anna Maria Meyer (1756-1795) • Ⓚ vier • ∞II ev 02.03.1797 Bramsche (St. Martin) mit Anna Regine Meyer (1768-1822) • Ⓚ drei • +02.04.1837 Bramsche • ☐ev 06.04.1837 Bramsche (St. Martin)
[6] Anna Margaretha Meyer (1763-1764) • *25.11.1763 Bramsche • ∪ev 01.12.1763 Bramsche (St. Martin) • +16.11.1764 Bramsche, verstorben an Schwindsucht • ☐ev 19.11.1764 Bramsche (St. Martin)
[7] Christina Maria Meyer (1767-1774) • *04.01.1767 Bramsche • ∪ev 09.01.1767 Bramsche (St. Martin) • +07.01.1774 Bramsche, verstorben an Blattern • ☐ev 10.01.1774 Bramsche (St. Martin)

Heinrich Ruwe[1] (1720-1802) • Ⓚ Johann Rudolph[2] (*1744 Bramsche); Hermann Heinrich[3] (*1747 Bramsche); Catharina Margaretha[4] (*1750 Bramsche); Johann Rudolph[5] (*1752 Bramsche); Johann Heinrich[6] (*1754 Bramsche); Hermann Rudolph[7] (*1757 Bramsche); Catharina Maria[8] (*1764 Bramsche) • +Bramsche, verstorben an hitziger Krankheit • ☐ev 21.02.1788 Bramsche (St. Martin)

■ Catharina Maria Meyer[#101g] (1724-1763) • *21.12.1724 Bramsche • ᴗev 28.12.1724 Bramsche (St. Martin) • ∞27.04.1745 Bramsche (St. Martin) mit Hermann Heinrich Eymann[9] (1711-1761) • Ⓚ Hermann Heinrich[1]

---

[1] Hermann Heinrich Ruwe (1720-1802) • Ⓥ Hermann Rudolph Ruwe (1674-1735), Bäcker und Brauer in Bramsche Nr. 75 (Neustadt) • Ⓜ Christina Margaretha Meyer (1679-1679), Tochter von Berend Meyer (1644-1728) • *1720 Bramsche • Bäcker und Brauer in Bramsche Nr. 75 (Neustadt) • +10.01.1802 Bramsche, verstorben an Entkräftung • ☐14.01.1802 Bramsche (St. Martin)

[2] Johann Rudolph Ruwe (1744-1747) • *25.09.1744 • +09.01.1747 Bramsche, verstorben an Blattern • ☐ev 12.01.1747 Bramsche (St. Martin)

[3] Hermann Heinrich Ruwe (1747-1753) • ᴗev 19.12.1747 Bramsche (St. Martin) • +09.05.1753 Bramsche, verstorben an Blattern • ☐ev 11.05.1753 Bramsche (St. Martin)

[4] Catharina Margaretha Ruwe (1750-1751) • *06.10.1750 Bramsche • ᴗev 13.10.1750 Bramsche (St. Martin) • +08.11.1751 Bramsche, verstorben an hitzigem Fieber • ☐ev 11.05.1751 Bramsche (St. Martin)

[5] Johann Rudolph Ruwe (1752-1753) • *16.05.1752 Bramsche • ᴗev 24.05.1752 Bramsche (St. Martin) • +24.05.1753 Bramsche, verstorben an Blattern • ☐ev 26.05.1753 Bramsche (St. Martin)

[6] Johann Heinrich Ruwe (1754-1759) • *03.05.1754 Bramsche • ᴗev 10.05.1754 Bramsche (St. Martin) • +03.06.1759 Bramsche, verstorben an Masern und Brustfieber • ☐ev 06.06.1759 Bramsche (St. Martin)

[7] Hermann Rudolph Ruwe (1757-1761) • *05.02.1757 Bramsche • ᴗev 11.02.1757 Bramsche (St. Martin) • +07.01.1761 Bramsche, verstorben an mattem und heftigem Flußfieber • ☐11.01.1761 Bramsche

[8] Catharina Maria Ruwe (1764-1766) • ᴗev 14.09.1764 Bramsche (St. Martin) • +12.02.1766 Bramsche • ☐ev 15.02.1766 Bramsche (St. Martin)

[9] Hermann Heinrich Eymann (1711-1761) • Ⓥ Hermann Heinrich Eymann (1679-1758) • Ⓜ Anna Adelheit Sanders (1687-1732) • *23.04.1711 Bramsche • ᴗev • 1726 nach der Stadt Bergen in Norwegen gereist, bis 1744 daselbst 18 Jahre gedient, Kaufhändler in Bramsche Nr. 39 (am Markt) • +07.10.1761 Bramsche, wegen eines Schadens am Fuß unter Arzt gewesen, herauf hitziges Fieber bekommen • ☐ev 11.10.1761 Bramsche (St. Martin)

(*1746 Bramsche); Catharina Margaretha[2] (*1748 Bramsche); Hermann Rudolph[3] (*1750 Bramsche); Johann Heinrich[4] (*1752 Bramsche); Johann Rudolph[5] (*1754 Bramsche); Katharina Margarethe[6] (*1757 Bramsche) • +21.08.1763 Bramsche, nach dreimonatiger Krankheit • ◻ev24.08.1763 Bramsche (St. Martin)

▪ Johann Gerd Meyer[#101h] (1725-???) • ∪ev 19.8.1725 Bramsche (St. Martin) • +früh verstorben

▪ Christina Margarethe Meyer[#101i] (1727-1807) • ∪ev 27.03.1727 Bramsche (St. Martin) • ∞ev 03.11.1751 Bramsche (St. Martin) mit Johann Balthasar Sanders[7] (1726-1805) • Ⓚ Johann Balthasar[8] (*1752

---

[1] Hermann Heinrich Eymann (1746->1787) • ∪ev 17.05.1746 Bramsche (St. Martin) • ∞06.07.1768 Bramsche (St. Martin) mit Anna Amalie Carolina Sanders (1745->1787), Tochter von Johann Balthasar Sanders-Meyer, ∪ev10.12.1745 Bramsche (St. Martin) • Ⓚ elf • +>1787

[2] Catharina Margaretha Eymann (1748-1753) • *07.02.1748 Bramsche • ∪ev 13.02.1748 Bramsche (St. Martin) •+06.05.1753 Bramsche, verstorben an Blattern • ◻ev 09.05.1753 Bramsche (St. Martin)

[3] Hermann Rudolph Eymann (1750-???) • ∪ev 22.08.1750 Bramsche (St. Martin)

[4] Johann Heinrich Eymann (1752-1752) • *16.09.1752 Bramsche • ∪ev 22.09.1752 Bramsche (St. Martin) • +22.09.1752 Bramsche • ◻ev 25.09.1753 Bramsche (St. Martin)

[5] Johann Rudolph Eymann (1754-???) • ∪ev 22.06.1754 Bramsche (St. Martin)

[6] Katharina Margarethe Eymann (1757-1800) • ∪ev 11.07.1757 Bramsche (St. Martin) • ∞14.07.1789 Bramsche (St. Martin) mit Viehhändler Johann Rudolf Strietmann (1763-???), Sohn von Bäcker Johann Heinrich Strietmann (1727-1783) und Maria Adelheit Strubbe (1734-1775) • +26.10.1800 Bramsche, verstorben an Ruhr und Schwindsucht • ◻28.10.1800 Bramsche (St. Martin)

[7] Johann Balthasar Sanders (1726-1805) • Ⓥ Johann Balthasar Sanders, Col. Meyer zu Bramsche (1697-1756), Meierhofbesitzer in Bramsche • Ⓜ Catharina Elisabeth Meyer zu Bramsche (1701-1772) • ∪ev 01.04.1726 Bramsche (Meyerhof) • Kaufhändler in Bramsche • +14.10.1805 Bramsche, verstorben an hitzigem Fieber • ◻19.10.1805 Bramsche (St. Martin)

[8] Johann Balthasar Sanders (1752-1759) • *21.07.1752 Bramsche • ∪ev 27.07.1752 Bramsche (St. Martin) • +26.10.1759 Bramsche, kränklich mit wechselnden Fiebern • ◻29.10.1759 Bramsche

Bramsche); Catharina Elisabeth[1] (*1755 Bramsche); Heinrich Rudolph[2] (*1757 Bramsche); Catharine Margarethe[3] (*1760 Bramsche); Christina Maria[4] (*1763 Bramsche); Rudolph Wilhelm[5] (*1767 Bramsche) • +19.12.1807 Bramsche, verstorben altershalber am Schwür • ⬜ev 23.12.1807 Bramsche (St. Martin)

#102   Sanders, Hermann Rudolph (1723-1769)

Ⓥ Johann Rudolph Sanders[#204] (1682-1758) • Ⓜ Catharina Gertrud Eymann[#205] (1688-1751) • *03.07.1723 Bramsche • ⌣ev 08.07.1723 Bramsche (St. Martin) • ∞ev 26.05.1750 Bramsche (St. Martin) mit Anna Gertrud Wördemann[#103] (1730-1783) • Ⓚ Anna Gertrud[#51a] (*1754 Bramsche); Johann Balthasar[#51b] (*1756 Bramsche); Rudoph Cornelius[#51c] (*1757 Bramsche); Catharina Margaretha[#51] (*1760 Bramsche); Anna Dorothea[#51d] (*1763 Bramsche); Heinrich Wilhelm[#259e/#307e] (*1765 Bramsche) • +17.07.1769 Bramsche, „einige

---

1 Catharina Elisabeth Sanders (1755-1762) • *26.09.1755 Bramsche • ⌣ev 03.10.1755 Bramsche (St. Martin) • +24.08.1762 Bramsche, verstorben an Blattern mit abwechselnden Fieber • ⬜27.08.1762 Bramsche (St. Martin)

2 Heinrich Rudolph Sanders (1757-1836) • ⌣ev 02.09.1757 Bramsche (St. Martin) • ∞10.10.1782 Bramsche (St. Martin) mit Maria Elsaben Stadts (1753-1810), *23.05.1753 Quakenbrück, +08.01.1810 Bramsche, ⬜13.01.1810 Bramsche (St. Martin), Tochter von Claus Stadts und Anna Marie Krocks (Kroos oder Krohn) aus Quakenbrück • Ⓚ neun • +08.07.1836 Bramsche • ⬜ev 10.07.1836 Bramsche (St. Martin)

3 Catharine Margarethe Sanders (1760-1800) • ⌣ev 04.08.1760 Bramsche (St. Martin) • ∞19.06.1789 Bramsche (St. Martin) mit Heinrich Rudolph Meyer gen. Berger (1759-1817), Krämer und Kaufhändler in Bramsche Nr. 38 (am Markt) • Ⓚ fünf • +09.08.1800 Bramsche • ⬜ev 13.08.1800 Bramsche (St. Martin)

4 Christina Maria Sanders (1763-1833) • ⌣ev 14.11.1763 Bramsche (St. Martin) • ∞I 19.10.1796 Bramsche (St. Martin) mit Johann Friedrich Philipson (???-1805), *Dissen • Ⓚ drei • ∞II 04.11.1807 Bramsche (St. Martin) mit Johann Rudolph Lünng (1750-1820), Sohn von Jobst Diederich Lüning (1706-1790) • +12.07.1833 Bramsche • ⬜ev 16.07.1833 Bramsche (St. Martin)

5 Rudolph Wilhelm Sanders (1767-1770) • *11.03.1767 Bramsche • ⌣ev 16.03.1767 Bramsche (St. Martin) • +06.03.1770 Bramsche, verstorben an hitzigem Fieber • ⬜ev 09.03.1770 Bramsche

Wochen krank mit hefftigen Beängstigungen, 46 Jahre, Feuersbrunst gehabt" • □ev 20.07.1769 Bramsche (St. Martin)

vornehmer Leinenhändler und Vorsteher (1765) in Bramsche Nr. 79 (Neustadt)

▪ Anna Elisabeth/Gertrud Sanders[#102a] (1710-1787) • ∪ev 24.01.1710 Bramsche (St. Martin) • ∞ev 27.11.1729[1] Bremen (St. Martini) mit Johann Wilhelm Bröckelmann[2] (1702-???) aus Höxter, Kaufhändler in Bremen • Ⓚ Johann Rudolf[3] (*1730 Bremen); Johann Wilhelm[4] (*1732 Bremen); Henrich Rudolf[5] (1733-???); Johann Wilhelm[6] (*1735 Bremen); Anna Gerdruth[7] (*1736 Bremen); Dorothea Elisabeth[8] (*1738 Bremen); Wilhelm[9] (*1742 Bremen); Hermann Christian[10] (*1745 Bremen);

---

[1] Aufgebot am 20.11.1729 zu Bremen (St. Martini) bestellt

[2] Johann Wilhelm Bröckelmann (1702-1786)• *09.02.1702 Höxter • Kaufmann • +14.06.1786 Bremen

[3] Johann Rudolf Bröckelmann (1730-???) • ∪ev 11.10.1730 Bremen

[4] Johann Wilhelm Bröckelmann (1732-???) • ∪ev 16.04.1732 Bremen

[5] Henrich Rudolf Bröckelmann (1733-1792) • *20.12.1733 Bremen • ∪ev Bremen (St. Petri) • +06.10.1792 Höxter

[6] Johann Wilhelm Bröckelmann (1735-???) • *21.03.1735 Bremen • ∪ev Bremen (St. Petri)

[7] Anna Gerdruth Bröckelmann (1736-1779) • *05.08.1736 Bremen • ∪ev Bremen (St. Petri) • ∞26.05.1761 Bremen (St. Martini) mit Philip Christoph Krohne (1729-1786) • Ⓚ sieben • +21.02.1779 Bremen

[8] Dorothea Elisabeth Bröckelmann (1738-???) • *21.01.1738 Bremen • ∪ev Bremen (St. Petri) • +Osnabrück

[9] Wilhelm Bröckelmann (1742-???) • *10.08.1742 Bremen • ∪ev 14.08.1742 Bremen (St. Petri)

[10] Hermann Christian Bröckelmann (1745-1794) • *25.12.1745 Bremen • ∪ev Bremen (St. Petri) • +18.03.1794 Höxter

Margaretha Wilhelmina[1] (*1748 Bremen); Johanna Maria[2] (*1749 Bremen); Johann Gerhard[3] (*1750 Bremen) • +04.02.1787 Bremen

▪ Adelheit Sanders[#102b] • *Bramsche • ∪ev Bramsche (St. Martin) • ∞24.05.1746 Bremen (St. Martini) mit Heinrich Gerhard Schumann[4] (1719-1780) aus Holzminden • Ⓚ Johanna Elisabeth[5]; Sophia Maria[6] und Demoiselle <u>Gertrud</u>[7]

▪ Catharina Maria Sanders[#102c] (1713-1755) • *24.02.1713 Bramsche • ∪ev Bramsche (St. Martin) • ∞ev 11.05.1734 Bramsche (St. Martin) mit (Heinrich) Wilbrandt Pörtener[8] (1712-1796) • Ⓚ Lucia Catharina[9]

---

[1] Margaretha Wilhelmina Bröckelmann (1748-1748) • *21.04.1748 Bremen • ∪ev 21.04.1748 Bremen • +1748 Bremen

[2] Johanna Maria Bröckelmann (1749-???) • *13.08.1749 Bremen • ∪ev 13.08.1749 Bremen • + im Kindesalter

[3] Johann Gerhard Bröckelmann (1750-1802) • *16.11.1750 Bremen • ∪ev 16.11.1750 Bremen • ∞ev 13.05.1788 Bremen (St. Martini) mit Anna Adelheid Dwerhagen (1763-???) • Ⓚ vier • +17.04.1802 Bremen

[4] Heinrich Gerhard Schumann (1719-1780) • Ⓥ Friedrich Schumann aus Holzminden, Kaufmann • Ⓜ Margaretha Schröder, Tochter von Henrich Schröder (1669->1719) und Gesche Meffers • *10.04.1719 Bremen • +10.06.1780 Holzminden (61 Jahre)

[5] Johanna Elisabeth Schumann • ∞10.01.1775 Holzminden mit Johann Christoph Ehringhaus, Kauf- und Handelsmann in Holzminden, Sohn von Johann Jacob Ehringhaus (Kauf- und Handelsmann in Hagen in der Grafschaft Mark) • Ⓚ Adolph Heinrich (???-1829); Johann Martin, Hauptmann in Hanau; Johanna Amalia, ∞ mit NN Schottelius; Anna Augusta Henriette; Johann Christoph; Magdalena Wilhelmina Christina; Johanna Carolina

[6] Sophia Maria Schumann • ∞I 10.10.1780 Holzminden mit Peter Hardt, Kaufmann/Postmeister in Karlshafen • ∞II 29.01.1793 Karlshafen mit Franz Heinrich Heincke, Kaufmann, Sohn von Johann Heincke (Bürger in Hamburg)

[7] Demoiselle <u>Gertrud</u> Schumann • ∞10.06.1789 Höxter mit Johann Daniel Wittig, *Hildesheim, Fürstl. Hofapotheker

[8] (Heinrich) Wilbrandt Pörtener (1712-1796) • Ⓥ Heinrich Willbrandt Pörtener • Ⓜ Anna Lucia Sanders • *März 1712 Bramsche • ∞II 06.10.1757 Bramsche mit Juliane Margret Lachtrup (*Juni 1729 Diepholz, ∪25.07.1729 Diepholz, +10.12.1802 Bramsche, □12.12.1802 Bramsche), Tochter von Joh. Caspar Lachtrup (□17.03.1732) und Margret Maria Ellinghausen (∪28.04.1688 Diepholz, □24.09.1735 Diepholz) • Ⓚ fünf • +16.02.1796 Bramsche • □20.02.1796 Bramsche (St. Martin)

[9] Lucia Catharina Pörtener (1735-1793) • ∪ev 26.01.1735 Bramsche (St. Martin) • ∞I 22.03.1757 Bramsche (St. Martin) mit Johann Heinrich v. Dörsten (1734-1769), Bäcker

(*1735); Joh. Friedrich[1] (*1738); Catherina Gertrud[2] (*1741); Catherina Maria[3] (*1743); Joh. Rudolph[4] (*1745); Anna Sophia[5] (*1748); Anna Christina[6] (*1751); Anna Regina[7] (*1754) • +29.08.1755 Bramsche • ☐ev 02.09.1755 Bramsche

in Bramsche Nr. 76 (Neustadt), Sohn von Hermann Heinrich v. Dörsten (1695-1754) • Ⓚ zwei • ∞II 20.01.1772 Bramsche (St. Martin) mit Johann Ernst vor dem Berge (1735-1793) • Ⓚ zwei • +03.02.1793 Bramsche, verstorben an hitzigem Fieber • ☐06.02.1793 Bramsche (St. Martin)

[1] Johann Friedrich Pörtener (1738-1760) • *09.11.1738 Bramsche • ∪ev 14.11.1738 Bramsche (St. Martin) • +06.03.1760, verstorben an der Pleur • ☐10.03.1760 Bramsche (St. Martin)

[2] Catherina Gertrud Pörtener (1741-1821?) • *29.06.1741 • ∪ev 07.07.1741 Bramsche (St. Martin) • ∞I 05.11.1760 Bramsche (St. Martin) mit Balthasar Heinrich Schmidt (1735-1768), Kauf- und Eisenhändler, Schmied in Bramsche Nr. 96 (Hinterstraße) • Ⓚ drei • ∞II 05.06.1781 Bramsche (St. Martin) mit Philipp Gerhardi, *Berlin, Maler, +Osnabrück • ∞III Bramsche mit Friedrich Köster • +21.01.1829 Bramsche • ☐23.01.1829 Bramsche (St. Martin)

[3] Catherina Maria Pörtener (1743-???) • *17.07.1743 Bramsche • ∪ev 23.07.1743 Bramsche (St. Martin) • ∞I 23.05.1771 Bramsche (St. Martin) mit Heinrich Friedrich Wolff (1741-1781), Schönfärber in Bramsche Nr. 86 (Neustadt) • Ⓚ drei • ∞II 31782 Bramsche mit Georg David Gröper (???-1823), Schönfärber in Bramsche Nr. 86 (Neustadt) • +25.03.1825 • ☐28.03.1825 Bramsche (St. Martin) • Ⓚ eins

[4] Johann Rudolph Pörtener (1745-1760) • *04.10.1745 Bramsche • ∪ev 02.11.1745 Bramsche (St. Martin) • +09.03.1760 Bramsche, verstorben an der Pleur • ☐12.03.1760 Bramsche (St. Martin)

[5] Anna Sophia Pörtener (1748-???) • *19.02.1748 Bramsche • ∪ev 24.02.1748 Bramsche (St. Martin) • ∞30.01.1776 mit Johann Daniel Schultze, Kaufhändler in Osnabrück

[6] Anna Christina Pörtener (1751-1798) • ∪ev 03.04.1751 Bramsche (St. Martin) • ∞02.05.1780 Bramsche (St. Martin) mit Balthasar Heinrich Piesbergen (1735-1800), Sohn von Franz Heinrich Piesbergen (1697-1751, Arzt und Chirurg in Bramsche) • +05.12.1798 Bramsche • ☐08.12.1798 Bramsche (St. Martin)

[7] Anna Regina Pörtener (1754-1831) • *06.05.1754 Bramsche • ∪ev 24.05.1754 Bramsche (St. Martin) • ∞07.02.1779 Bramsche (St. Martin) mit Johann Diederich Piesbergen (1742-1829), Sohn von Franz Heinrich Piesbergen (1697-1751, Arzt und Chirurg in Bramsche) • Ⓚ sieben • +13.06.1831 Bramsche • ☐17.06.18310 Bramsche (St. Martin)

#103   Wördemann, Anna Gertrud (1730-1783)

Ⓥ Cornelius Wördemann[#206] (???-$^>$1730) • Ⓜ Anna Gertrud Gösling[#207] (???-$^>$1730) • *17.04.1730 Wildeshausen • ⋃ev • ∞ev 26.05.1750 Bramsche (St. Martin) mit Hermann Rudolph Sanders[#102] (1723-1769) • Ⓚ Anna Gertrud[#51a] (*1754 Bramsche); Johann Balthasar[#51b] (*1756 Bramsche); Rudoph Cornelius[#51c] (*1757 Bramsche); Catharina Margaretha[#51] (*1760 Bramsche); Anna Dorothea[#51d] (*1763 Bramsche); Heinrich Wilhelm[#51e] (*1765 Bramsche) • +01.03.1783 Bramsche, verstorben an „Schwindsucht" • ☐ev 04.03.1783 Bramsche (St. Martin)

#108   Schmerfeld, Johann Lorenz (˜1720-$^>$1742)

Ⓥ ??? • Ⓜ ??? • *˜1720 • ⋃ev • ∞ mit Maria Agnesa Wiefemeier[#109] (˜1720-$^>$1742) • Ⓚ Johann Lorenz[#54a] (*1736); Gerhard Heinrich[#54] (*1742 Osnabrück) • +$^>$1742

#109   Wiefemeier, Marie Agnesa (˜1720-$^>$1742)   (Weemeyer)

Ⓥ ??? • Ⓜ ??? • *˜1720 • ∞ mit Johann Lorenz Schmerfeld[#108] (˜1720-$^>$1742) • Ⓚ Johann Lorenz[#54a] (*1736); Gerhard Heinrich[#54] (*1742 Osnabrück) • +$^>$1742

#110   Stüve, <u>Dietrich</u> Bernhard Hermann (1702-1758)

Ⓥ Dietrich Eberhard Stüve[#220] (1667-1719) • Ⓜ Magdalene Elisabeth Niemann[#221] (???-1702) • ⋃ev 26.09.1702 Osnabrück (St. Katharinen) • ∞1747 mit <u>Wilhelmina</u> Sibille Judith Lückmeyer[#111] (???-1763) • Ⓚ Helene Elisabeth[#55a] (*1746, vorehelich); Hermann[#55b] (*1748); Margaretha Gerdrut[#55] (*1750 Osnabrück) • +14.05.1758

Studium der Jurisprudenz in Halle, immatrikuliert als „Diederich Bernhard Hermann Stüve Osnabrugensis; stud. jur." • 1729 Richter der Neustadt • ˜1742 als Richter abberufen, deshalb 1747 Prozess beim Reichskammergericht in Wetzlar

Halbgeschwister aus zweiter Ehe des Vaters Dietrich Eberhard Stüve[#220] (1667-1719) mit Regine Margaretha Münnich (???-1727):

- Johann Eberhard Stüve[#110a] (1715-1798) • *08.09.1715 Osnabrück • ∪ev (Nottaufe, da Säugling sehr schwach) • Gymnasium Osnabrück • Studium der Jurisprudenz in Jena und Halle • 1742 Promotion • 1743 Advokat • kauft Haus am Markt 25 in Osnabrück und bewohnt dieses • 1756 siebenjähriger Krieg • 1762 Mitglied im Rat der Stadt Osnabrück • 1768 Syndikus der Stadt Osnabrück • leidet an zunehmender Taubheit, daher 1785 und 1786 Kuren in Bad Meinberg/Detmold • verfasst Chronik des Hochstifts Osnabrück • interpretiert römische Münzfunde in der Gegend von Kalkriese als Erster für Überreste der Legionen des Varus • Publikation „Geschichte des Hochstifts und Fürstenthums Osnabrück mit einigen Urkunden" (1789) • ∞I 02.05.1753 Osnabrück mit Katharine Margarethe Ledebur[1] (1721-???) • Ⓚ Regine Margarethe[2] (*1754); Heinrich David[3] (*1757); Johann Zacharias[4] (*1759) • ∞II

---

[1] Katharine Margarethe Ledebur (1721-???) • Ⓥ Johann Friedrich Ledebur, Kaufmann in Osnabrück, Sohn von Wilhelm Ledebur (Notar, Prokurator und Geschichtsschreiber in Osnabrück) • Ⓜ Regine Margarethe Ameldung (1685-1755), Tochter des Stadtsekretärs Johann Wilhelm Ameldung und Anna Margarethe Münnich • *1721 • +09.06.???

[2] Regine Margarethe Stüve (1754-???) • *06.10.1754

[3] Heinrich David Stüve (1757-1813) • *10.01.1757 • 1797-1812 Bürgermeister von Osnabrück • ∞1784 mit Margarethe Agnes Berghoff (1756-1826), Tochter von Kanzleirat Eberhard Berghoff (1720-1780) und Anna Sophie Wöbeking (1727-1795) • Ⓚ Sophie Johanne Eberhardine (1787-1864); Eberhard Ernst Wilhelm (1789-1819); Johann Christian Friedrich (1791-1804); Carl Georg August (1794-1871), Direktor des Ratsgymnasiums, ∞1825 mit Leopoldine Friederike Meyer (1800-1878); Johann Karl Bertram (1798-1872) • +Mai 1813

[4] Johann Zacharias Stüve (1759-1844) • *10.10.1759 • ev. Pastor in Venne • ∞ev 11.06.1794 Osnabrück mit Margarethe Elisabeth Metzener (1769-1829), Tochter von Superindentent und Consistorialrat in Venne Johann Gerhard Metzener (1717-1794) und Maria Margarethe Meyer (1729-???) • Ⓚ Amalie Caroline (1802-1841), *01.01.1802, +01.02.1841 Gehrde, ∞1831 Gehrde mit Johann Heinrich Hoffeld (1801-???) • +06.03.1844

16.05.1762 Osnabrück mit Katharine Elisabeth Ringelmann[1] (1722-1796) • Ⓚ August Eberhard[2] (*1764) • +23.11.1798 Osnabrück

#111 Lückmeyer, <u>Wilhelmina</u> Sibille Judith (???-1763)

Ⓥ ??? • Ⓜ ??? • ∞1747 mit <u>Dietrich</u> Bernhard Hermann Stüve[#110] (1702-1758) • Ⓚ Helene Elisabeth[#55a] (*1746, vorehelich); Hermann[#55b] (*1748); Margaretha Gerdrut[#55] (*1750 Osnabrück) • +1763

Dienstmagd bei <u>Dietrich</u> Bernhard Hermann Stüve[#110] (1702-1758)

#122 Pospischil, Martin (1712-1765) (Pospíšil)

Ⓥ Ondřej Pospíšil[#244] (1684-1752) • Ⓜ ??? • *1712 Hryzely/Böhmen (Region Kouřimský/CZ) • ⌣ev • ∞29.01.1743 böhm. Rixdorf (Bethlehem)/Berlin mit Ludmilla Wanhol[#123] (~1724-1773) • Ⓚ Martin[#61a] (*1744 böhm. Rixdorf/Berlin); Maria[#61b] (*1746 böhm. Rixdorf/Berlin); Catharina[#61] (*1747 böhm. Rixdorf/Berlin); Martin[#61c] (*1749 böhm. Rixdorf/Berlin); <u>Johann</u> Samuel[#61d] (*1752 böhm. Rixdorf/Berlin); Eva[#61e] (*1753 böhm. Rixdorf/Berlin); Ludmilla Pospischil[#61f] (*1756 böhm. Rixdorf/Berlin); Ludmilla Pospischil[#61g] (*1758 böhm. Rixdorf/Berlin) • +20.12.1765 Berlin • ☐ev 24.12.1765 böhm. Rixdorf (Bethlehem)/Berlin

Mai 1736 Emmigration von Hryzely/Böhmen (Region Kouřimský/CZ) über Sachsen nach böhm. Rixdorf/Berlin als 24jähriger wegen evangelischer Konfession zusammen mit Vater, Stiefmutter, Geschwistern und Halbgeschwistern • 1757 als Pate in böhm. Rixdorf/Berlin erwähnt

---

[1] Katharine Elisabeth Ringelmann (1722-1796) • Ⓥ Dr. jur. Gerhard Nicolaus Ringelmann (1685-1725), *11.11.1685, +19.09.1725, ∞11.09.1715 • Ⓜ Katharine Elisabeth Niemann (1722-???), Tochter von Georg Henrich Niemann aus Minden und Anna Gertrud Hast • *19.02.1722 • +12.12.1796
[2] August Eberhard Stüve (1764-???) • *25.10.1764

Bruder aus erster Ehe des Vaters Ondřej Pospíšil[#244] (1684-1752):

▪ Jan Pospíšil/Pospischil[#122a] (1717-1780) • *1717 Hryzely/Böhmen (Region Kouřimský/CZ) • ⌣ev • Mai 1736 Emmigration von Hryzely/Böhmen (Region Kouřimský/CZ) über Sachsen nach böhm. Rixdorf/Berlin als 19jähriger wegen evangelischer Konfession zusammen mit Vater, Stiefmutter, Geschwistern und Halbgeschwistern • ∞I 01.10.1749 mit Dorota Jandíková[1] (1719-1773) • ∞II mit Anna Macháčková[2] (1746-???) • +22.06.1780

Halbgeschwister aus zweiter Ehe des Vaters Ondřej Pospíšil[#244] (1684-1752) mit Kateřina Omáčková:

▪ Anna Pospíšil/Pospischil[#122b] (1731-???) • *1731 • ⌣ev • Mai 1736 als 5jährige wegen evangelischer Konfession Emmigration von Hryzely/Böhmen (Region Kouřimský/CZ) über Sachsen nach böhm. Rixdorf/Berlin zusammen mit Eltern, Geschwistern und Halbgeschwistern • ∞ mit Václav Řeháček

▪ Veruna/Veronika Pospíšil/Pospischil[#122c] (1734-1803) • *1734 Hryzely (CZ) • ⌣ev • Mai 1736 als 2jährige zusammen mit Eltern, Geschwistern und Halbgeschwistern wegen evangelischer Konfession Emmigration von Hryzely/Böhmen (Region Kouřimský/CZ) über Sachsen nach böhm. Rixdorf/Berlin • ∞I 22.11.1752 mit Jan Holec • Ⓚ NN[3] (*1753 böhm. Rixdorf/Berlin) • ∞II 30.10.1766 mit Martin Šponar[4] (1725-1803) • +30.01.1803

---

[1] Dorota Jandíková (1719-1773) • Ⓥ Jakub Jandik (???-1738) • Ⓜ ??? • *1719 Heřmanice/Panství Litomyšlské (CZ) • +26.12.1773

[2] Anna Macháčková (1746-???) • Ⓥ Václav Macháček (1704-1773), *26.06.1704 Bohuslavice (CZ), +30.06.1773 • Ⓜ Anna Lichterová (1713-1763), *24.12.1713 Dolsko (Panství Novoměstské, CZ), +03.11.1763 • *1746

[3] NN Holec (1753-???) • *10.07.1753 böhm. Rixdorf (Bethlehem)/Berlin

[4] Martin Šponar (1725-1803) • Ⓥ Martin Šponar (1696-1742), *28.10.1696 Čermná bei Lanškrouna/Böhmen (CZ), +02.07.1742 Münsterberg/Polen • ∞31.01.1723 Čermná (CZ) • Ⓜ Kateřina Anderlová (1696-1763), *04.01.1696, Čermná/Böhmen (CZ), +26.01.1763 • *1725 Čermná/Böhmen (CZ) • emmigriert 13.04.1742 mit Eltern von

#123   Wanhal, Ludmilla (~1724-1773)

Ⓥ ??? • Ⓜ ??? • *~1724 • ∪ev • ∞ev 29.01.1743 böhm. Rixdorf (Bethlehem)/Berlin mit Martin Pospischil[#122] (1712-1765) • Ⓚ Martin[#61a] (*1744 böhm. Rixdorf/Berlin); Maria[#61b] (*1746 böhm. Rixdorf/Berlin); Catharina[#61] (*1747 böhm. Rixdorf/Berlin); Martin[#61c] (*1749 böhm. Rixdorf/Berlin); <u>Johann</u> Samuel[#61d] (*1752 böhm. Rixdorf/Berlin); Eva[#61e] (*1753 böhm. Rixdorf/Berlin); Ludmilla Pospischil[#61f] (*1756 böhm. Rixdorf/Berlin); Ludmilla Pospischil[#61g] (*1758 böhm. Rixdorf/Berlin) • +17.05.1773 Berlin • □ev 19.05.1773 böhm. Rixdorf (Bethlehem)/Berlin

~1736 wegen evangelischer Konfession Emmigration von Böhmen (CZ) nach böhm. Rixdorf/Berlin

Böhmen über Münsterberg/Polen (Vater verstirbt hier) nach böhm. Rixdorf/Berlin • Ⓖ Jan Šponar (1723-1762), *06.12.1723 Čermná/Böhmen (CZ), ∞02.11.1751 mit Rozina Pecháčková (1724-???), +04.08.1762 Berlin; Jiří Šponar (1728-1783), *01.09.1728 Čermná (CZ), +06.04.1783 Insel Antigua; Pavel Šponar (1731-1757), *09.10.1731 Čermná (CZ), +09.10.1757 • ∞I 1754 mit Judita Bednářová (1735-1765), *07.02.1735 Čermná/Böhmen (CZ), +22.06.1765, Tochter von Jan Bednář (1706-1750) und Kateřina Bednář (1718-1749), 1744 nach Rixdorf emigriert • +06.07.1803

X
Generation VII

#144 **Fenner, Henrich (1599-1679)**

Ⓥ Johannes Fenner[#288] (1575-1632) • Ⓜ Ermengard Selig[#2.89] (1580-1632) • *1599 Loshausen • ∞I 08.05.1628 Loshausen mit Anna NN[1] • Ⓚ keine • ∞II 1652 Loshausen mit Anna Asteroth[#145] (1632-1712) • Ⓚ Anna Kunigunde[#72a] (*1653); Clauß Henrich[#72b] (*1656); Hans Martin[#72] (*1659 Loshausen); Johannes[#72c] (*1663); Johann Jost[#72d] (*1665); Hans Jacob[#72e] (*1668); Catharina[#72f] (*1670) • +05.05.1679 Loshausen

Bauer zu Loshausen auf dem väterlichen Hof

▪ Hans Fenner[#144a] (1600-1635) • ∪13.03.1600 • unverheiratet • +26.11.1635 Loshausen

▪ Johannes Fenner[#144b] (1603-1635) • ∪14.01.1603 • Bauer zu Loshausen • ∞08.06.1628 Loshausen mit Elisabeth Junghenn (+17.11.1635) • Ⓚ keine • +26.11.1635 Loshausen

▪ Catharina Fenner[#144c] (1606-???) • ∪27.04.1606

▪ Anna Fenner[#144d] (1608-???) • ∪26.10.1608

▪ Helwig Fenner[#144e] (1609-1681) • ∪24.12.1609 Loshausen • ∞20.09.1632 Niedergrenzebach mit Catharina Gömbel[2] (1611-1678) • Ⓚ sieben • +07.03.1681 Niedergrenzebach

▪ NN Fenner[#144f] (???-1612) • +18.07.1612

▪ Caspar Fenner[#144g] (1615-<1617) • ∪07.08.1615 • +<1617

▪ Caspar Fenner[#144h] (1617-1617) • ∪24.07.1617 • +28.07.1617

▪ Elisabeth Fenner[#144i] (1618-???) • ∪04.08.1618

---

[1] Anna NN • ∞I mit Henrich Bechthold (???-1652), +15.02.1652 Loshausen
[2] Catharina Gömbel (1611-1678) • Ⓥ Hans Gömbel, reichster Bauer zu Wasenberg • Ⓜ Gela Corell • *02.02.1611 Wasenberg • +10.07.1678 Niedergrenzebach

- Anna Fenner[#144j] (1620-1620) • ∪27.09.1620 • +27.10.1620

#145   Asteroth, Anna (1632-1712)

Ⓥ ??? • Ⓜ ??? • *1632 Loshausen • ∞1652 Loshausen mit Henrich Fenner[#144] (1599-1679) • Ⓚ Anna Kunigunde[#72a] (*1653); Clauß Henrich[#72b] (*1656); Hans Martin[#72] (*1659 Loshausen); Johannes[#72c] (*1663); Johann Jost[#72d] (*1665); Hans Jacob[#72e] (*1668); Catharina[#72f] (*1670) • +08.09.1712 Loshausen

#146   Schneider, Henrich

Ⓥ ??? • Ⓜ ??? • ∞ mit NN • Ⓚ Anna[#73] (*1661 Loshausen)

Ackermann

#152   Rübenkönig, Johann Bartfeld (???-1716)

Ⓥ Hans Caspar Rübenkönig[#304] (1643-???) • Ⓜ NN♀[#305] (???-1732) • ∞ mit Maria Elisabeth NN[#153] (???-1725) • Ⓚ Johann Kasper[#76a]; Georg Wilhelm[#76] (*1698 Hersfeld) • +04.09.1716 Hersfeld

1693 Bürger und Wollenweber zu Hersfeld

- Johann Heinrich Rübenkönig[#152a] • 1707 Bürger und Tuchmacher zu Hersfeld

- (?) Jost Rübenkönig[#152b]

#153   NN, Maria Elisabeth (???-1725)

Ⓥ ??? • Ⓜ ??? • ∞ mit Johann Bartfeld Rübenkönig[#152] (???-1716) • Ⓚ Johann Kasper[#76a]; Georg Wilhelm[#76] (*1698 Hersfeld) • +29.06.1725 Hersfeld

#156   Ulifex (Töpfer), Johannes (???-1710)

Ⓥ Werner Ulifex (Töpfer)[#312] (1611-1692) • Ⓜ Anna Roeling[#313] (???-1690) • ∞24.09.1685 Ziegenhain mit Maria Elisabeth Mantel[#157] • Ⓚ Johann Ludwig[#78] (*1693 Ziegenhain) • +1710 Ziegenhain

1660-1710 Ratsverwandter und Fruchtmesser in Ziegenhain

#157   Mantel, Maria Elisabeth (???-1731)

Ⓥ ??? • Ⓜ ??? • ∞24.09.1685 Ziegenhain mit Johannes Ulifex (Töpfer)[#156] (???-1710) • Ⓚ Johann Ludwig[#78] (*1693 Ziegenhain) • +1731 Ziegenhain

#158   Ungar, Johann Thomas (~1658-1724)

Ⓥ Konrad Ungar[#316] • Ⓜ Elisabeth Bokewitz[#317] • *~1658 Ottrau • ‿ev • ∞1688 mit Anna Gertrutha Schenckel[#159] (1662-1725) • Ⓚ Anna Gertrud[#79] (*1695); Johann Andreas[#79a] (*1705 Spießkappel) • +24.12.1724 Spießkappel

27.04.1678 immatrikuliert zu Marburg • 1687-1689 ev. Pfarrer zu Merzhausen • 1689-1724 ev. Pfarrer zu Spießkappel

#159   Schenckel, Anna Gertrutha (1662-1725)

Ⓥ Bernhard Schenckel[#318] (1623-1683) • Ⓜ Elisabetha Kauffungen[#319] (1622-1692) • ‿ev 10.11.1662 Ehringen • konf. 1676 Ehringen • ∞1688 mit Johann Thomas Ungar[#158] (1658-1724) • Ⓚ Anna Gertrud[#79] (*1695); Johann Andreas[#79a] (*1705 Spießkappel) • +01.05.1725 Spießkappel

• Anna Elisabeth Schenckel[#159a] (1650-1709) • ‿ev 11.12.1650 Wolfhagen • konf. 1663 Ehringen • als Patin am 22.08.1664 in Ehringen, am 16.11.1666 und am 15.04.1695 in Wolfhagen erwähnt •

∞ev 28.05.1678 Wolfhagen mit Henricus Fernaw[1] (~1641-1685) • Ⓚ Anna Elisabetha[2] (*1679 Wolfhagen); Maria Catharina[3] (*1683 Wolfhagen) • ☐ev 26.03.1709 Wolfhagen

▪ Johannes Schenckel[#159b] (~1651-1714) • *~1651 • ∪ev • konf. 1664 Ehringen • Bürgermeister Wolfhagen • in Wolfhagen als Pate am 30.01.1678 und 15.11.1687 erwähnt • ∞15.04.1684 Wolfhagen mit Dorothea Elisabetha Lucan[4] (1663-1736) • Ⓚ Johan Conrad[5] (*1685 Wolfhagen) • ☐ev 24.09.1713 Wolfhagen

▪ Elisabeth Schenckel[#159c] (~1652-1730) • *~1652 • ∪ev • konf. 1665 Ehringen • als Patin in Ehringen am 02.04.1671 erwähnt • „eine fromme und sehr stille, gelassene Frau" (Sterbeeintrag im Kirchenbuch) • ∞ev 01.12.1675 mit Conrad Ledderhose (1645-1720), Pfarrer zu Heckshausen und Metropolitan zu Wolfhagen • Ⓚ zwölf • ☐ev 23.01.1730 Wolfhagen

▪ Christophorus Schenckel[#159d] (1655-???) • ∪ev 26.02.1655 Wolfhagen

▪ Johann Conrad Schenckel[#159e] (1660-1719) • ∪ev 26.03.1660 Ehringen • konf. 1672 • 14.06.1679 immatrikuliert zu Marburg • 1683-1685

---

[1] Henricus Fernaw (1641-1685) • Ⓥ Conrad Fernaw, Schmied, Ratsverwandter und Kirchenältester Hofgeismar • Ⓜ Margarete Lewen • *~1641 Hofgeismar • ∪ev • 1662 immatrikuliert zu Bremen • 1677-1685 Diakonus zu Wolfhagen • 1680 Konventsprediger in Ehringen gemäß Konventsprotokoll Wolfhagen • ☐14.04.1685 Wolfhagen

[2] Anna Elisabetha Fernaw (1679-???) • ∪ev 16.10.1679 Wolfhagen • konf. 1693 Wolfhagen • ∞29.11.1700 Wolfhagen mit Johann Conradt Bambey, Lehrer zu Wolfhagen und Pfarrer zu Martinhagen

[3] Maria Catharina Fernaw (1683-1735) • ∪ev 07.06.1683 Wolfhagen • konf. 1697 Wolfhagen • ∞10.11.1705 Wolfhagen mit Johann Henrich Ihle, Rotgerber und später Bürgermeister • ☐21.04.1735 Wolfhagen

[4] Dorothea Elisabetha Lucan (1663-1736) • Ⓥ Lorentz Lucan, Rentmeister zu Wolfhagen • Ⓜ Christina Elisabeth Hartmann • ∪ev 27.05.1663 Wolfhagen • konf. 1675 Wolfhagen • ☐29.02.1736 Wolfhagen

[5] Johan Conrad Schenckel (1685-1722) • ∪12.04.1685 Wolfhagen, +08.12.1722 Istha • 1708 immatrikuliert zu Bremen •∞04.08.1718 Istha mit Magdalena Elisabeth Fülling (1691-1740), ∪27.07.1691 Istha, konf. 1704 Istha, +29.08.1740 Niederaula, Tochter von Johann Hermann Fülling und Agnes Volckmann

Konrektor zu Marburg • April 1685-September 1686 Diakonus zu Wolfhagen • September 1686-August 1692 ev. Pfarrer zu Ehringen • August 1692-1719 Metropolitan zu Zierenberg • erlebt hier 12.02.1707 den großen Stadtbrand, bei dem Pfarrhaus, Kirchenbücher und Archivalien verbrennen • ∞ev 22.11.1685 Burghasungen mit Anna Kunigunda Eulner[1] (~1661-1742) • Ⓚ Martha Elisabeth[2] (*1686 Ehringen); Anna Elisabeth[3] (*1688 Ehringen); Nicolaus Wilhelm[4] (*1690 Ehringen); Johann Conrad[5] (*~1694); Johannes Thomas[6] (*~1698); Justus Adolph[7] (*~1701) • □ev 14.08.1719 Zierenberg

---

[1] Anna Kunigunda Eulner (~1661-1742) • Ⓥ Nicolaus Eulner, lic. jur., Vogt Hasungen, ∞30.10.1660 Kassel (Altstadt) • Ⓜ Anna Martha Lüdgendorf • *~1661 • konf. 1674 Kassel (Altstadt) • erhält 1740 staatliches Witwengeld • +26.12.1742 Weimar • □29.12.1742 Weimar

[2] Martha Elisabeth Schenckel (1686-1766) • ∪ev 26.09.1686 Ehringen • ∞ mit Philip Klüppel, Bürgermeister zu Zierenberg • □29.11.1766 Zierenberg

[3] Anna Elisabeth Schenckel (1688-???) • ∪ev 26.04.1688 Ehringen • einen unehelichen Sohn (∪ev 20.05.1705 Ottrau) • 16.06.1705 Ottrau Kirchenbuße

[4] Nicolaus Wilhelm Schenckel (1690-???) • ∪ev 13.04.1690 Ehringen • 02.06.1706 imm. zu Marburg • 1715-1725 Rektor zu Wolfhagen • ∞24.05.1714 Zierenberg mit Katharina Sybilla Matthaei • Ⓚ Anna Catharina (1715-???), ∪10.11.1715 Wolfhagen, konf. 1729 Wolfhagen, ∞22.03.1753 Marburg/Ref. mit Johann Philipp Tassius (*03.02.1719 Friedewald, +11.09.1780 Marburg, Dr. phil. Magister am Pädagogium Marburg, Sohn von Carl Rudolf Tassius und Beatrix Cool

[5] Johann Conrad Schenckel (~1694-1769) • *~1694 • konf. 1708 Zierenberg • 12.11.1711 imm. zu Marburg • Advokat und Stadtaktuar zu Wolfhagen • ∞25.11.1723 Wolfhagen mit Anna Magdalena Faber (1697-1761), ∪ev 18.07.1697 Wolfhagen, konf. 1711 Wolfhagen, □24.10.1761 Wolfhagen, Tochter von Hans Henrich Faber (Löber, ∞02.07.1696) und Anna Katharina Möller • +15.05.1769 Wolfhagen • □18.05.1769 Wolfhagen

[6] Johannes Thomas Schenckel (~1698-1756) • *~1698 • konf. 1712 Zierenberg • 06.11.1717 imm. zu Marburg • 10.09.1736-1756 ev. Pfarrer zu Weimar • ∞14.03.1737 Weimar mit Anna Catharina Schöner (1716-1747), ∪07.12.1716 Wolfhagen, konf. 1729, □14.04.1747 Weimar, Tochter von Johann Christoph Schöner (Papiermacher zu Wolfhagen, ∞30.11.1712 Nothfelden) und Anna Catharina Scheurmann • □19.12.1756 Weimar

[7] Justus Adolph Schenckel (~1701-1759) • *~1701 • konf. 1714 Zierenberg • Sergeant, Kontributionsreceptor und Schulhalter zu Wolfhagen • ∞04.09.1730 Wolfhagen mit Susanna Elisabeth Weinmann (1703-1772), ∪ev 05.11.1703 Wolfhagen, □03.10.1772

■ Anna Catharina Schenckel[159f] (1665-1739) • ⏑ev 10.10.1665 Ehringen • konf. 1678 Ehringen • ∞05.05.1691 Wolfhagen mit Bartholdus Scheurmann (Papiermeister auf der Schützenberger Papiermühle bei Wolfhagen) • □10.09.1739 Wolfhagen

#160   **Schüler, Johann Wilhelm (~1655-1730)**

Ⓥ Johann Georg Schüler[320] (???-1685) • Ⓜ ??? • *~1655 Vacha • ∞I ~1680 Vacha mit Margaretha NN[161] (1658-1714) • Ⓚ Johann Daniel[80] (*1685 Vacha) • ∞II 03.09.1716 Vacha mit Justina Elisabeth NN, Witwe des Meisters Joachim Santes (?) • +1730 (nicht Vacha)

Kirchner und Gewürzkrämer zu Vacha

#161   **NN, Margaretha (1658-1714)**

Ⓥ ??? • Ⓜ ??? • *1658 • ∞~1680 Vacha mit Johann Wilhelm Schüler[160] (1655-1730) • Ⓚ Johann Daniel[80] (*1685 Vacha) • +19.11.1714 Vacha

#162   **Gerstung, Lorenz (1654-1730)**

Ⓥ ??? • Ⓜ ??? • *Juni 1654 • ∞1682 mit Anna Maria NN[163] (~1661-1716) • Ⓚ Anna S.[81] (*1687 Vacha) • □24.03.1730 Vacha

Seit 1688 Sandmüller zu Vacha

#163   **NN, Anna Maria (~1661-1716)**

Ⓥ ??? • Ⓜ ??? • *1661/1662 • ∞1682 mit Lorenz Gerstung[162] (1654-1730) • Ⓚ Anna S.[81] (*1687 Vacha) • +09.03.1716 Vacha

---

Wolfhagen, Tochter von Johann Henrich Weinmann (*22.01.1671 Grebenstein) und Susanne Elisabeth Verdung • +09.06.1759 Wolfhagen • □10.06.1759 Wolfhagen

#164   Sandrock, Johannes (1644-1691)

Ⓥ Kurt Sandrock[#328] • Ⓜ ??? • *27.04.1644 Eschwege • Uev • ∞ev 09.05.1670 Eschwege mit Dorothea Heinemann[#165] (1653-1744) • Ⓚ Johann Balthasar[#82] (*1681 Vacha) • +09.01.1691 Vacha

Einwohner in Wipperode und Vacha • Weißbender in Vacha

#165   Heinemann, Dorothea (1653-1744)

Ⓥ Konrad Heinemann[#330] • Ⓜ Katharina Kalthoff[#331] • *12.04.1653 Eschwege • Uev • ∞ev 09.05.1670 Eschwege mit Johannes Sandrock[#164] (1644-1691) • Ⓚ Johann Balthasar[#82] (*1681 Vacha) • +1744

#166   Marggraf, Johann Salomon (1652-1727)

Ⓥ Valentin Marggraf[#332] (1625-1702) • Ⓜ Anna NN[#333] (1618-1692) • Uev 19.12.1652 Homberg/Efze • ∞ev 11.05.1680 Westuffeln mit Katharina Elisabeth Nad[#167] (1660->1692) • Ⓚ sieben u.a. Anna Gertrud[#83] (*1692 Schmalkalden) • +1727 Vacha/Rhön

1669-1675 Schüler in Hersfeld • 16.01.1678 immatrikuliert zu Marburg • 1678 Magister zu Marburg • dann Kantor an der ref. Schule in Schmalkalden • 1681 Konrektor an der ref. Schule in Schmalkalden • seit 1688 ev. Pfarrer zu Kleinschmalkalden und Brotterode • 1699 Diakonus zu Vacha • 1706-1727 Metropolitan in Vacha

#167   Nad, Katharina Elisabeth (1660->1692)

Ⓥ Vitus Nad[#334] (1606-1684) • Ⓜ Anna Kühn[#335] (???-1677) • Uev 18.07.1660 Westuffeln • ∞ev 11.05.1680 Westuffeln mit Johann Salomon Marggraf[#166] (1652-1727) • Ⓚ sieben u.a. Anna Gertrud[#83] (*1692 Schmalkalden)

▪ Anna Elisabeth Nad[#167a] (1641-1701) • *09.04.1641 Westuffeln • Uev • 12.04.1669, 15.05.1685 und 22.09.1687 als Patin in Breuna erwähnt •

∞ev 26.04.1659 Westuffeln mit Georg Kersting[1] (~1632-1690) • Ⓚ Anna Gertrud[2] (*1660 Grebenstein); NN; Anna Margarethe[3] (*1664 Breuna); Margaretha[4] (*1666 Breuna); Dorothea Elisabeth[5] (*1668 Breuna); Bernhard Georg[6] (*1671 Breuna); Conrad[7] (*1674 Breuna); Catharina Elisabeth[8] (*1677 Breuna); David[1] (*1679 Breuna); Henrich Christoph[2] (*1681 Breuna) • +06.09.1701 Breuna • □13.09.1701 Breuna

---

[1] Georg Kersting (1632-1690) • Ⓥ Magister Conrad Kersting (Metropolitan zu Grebenstein) • Ⓜ Martha NN • *~1632 Grebenstein • 30.10.1650 immatrikuliert zu Kassel und 1653 zu Marburg • <1661 Rektor zu Spangenberg • 12.07.1661-1673 Adjunkt zu Breuna • 1673-1690 ev. Pfarrer zu Breuna • +29.06.1690 Breuna • □04.07.1690 Breuna

[2] Anna Gertrud Kersting (1660-1695) • ∪ev 26.02.1660 Grebenstein • konf. 14.04.1672 Breuna • ∞26.10.1686 mit Johann Conrad Henrich Schrecker, Pfarrer zu Oberelsungen • +02.04.1695 Oberelsungen • □09.04.1695 Oberelsungen

[3] Anna Margarethe Kersting (1664-1706) • *01.01.1664 Breuna • ∪ev 05.01.1664 Breuna • konf. 02.04.1676 Breuna • ∞ev 19.08.1682 Breuna mit Henrich Mordian Scheffer (1656-1723), *01.01.1656 Breuna, konf. 1669 Breuna, □26.01.1723 Breuna, Förster zu Breuna und später Malsburgischer Gerichtsschöffe • +11.07.1706 Breuna • □13.07.1706 Breuna

[4] Margaretha Kersting (1666-1741) • *20.07.1666 Breuna • ∪ev 26.07.1666 • konf. 23.04.1682 Breuna • ∞ev ~1686 mit Johann Bernhard Alsfeld (1652-<1745), ∪13.01.1652 Grebenstein, konf. 1665, +<1745, Sohn von Bartoldus Alsfeld und Dorothea Schmidt • Ⓚ Anna Elisabeth (*1687); Anna Magdalena (*1689) • □03.10.1741 Grebenstein

[5] Dorothea Elisabeth Kersting (1668-1728) • ∪ev 18.10.1668 Breuna • konf. 23.04.1682 Breuna • ∞ev 01.12.1691 Malsburg mit Matthias Weete (1651-???), *24.02.1651 Breuna, konf. 1662 Breuna, Pfarrer zu Breuna • Ⓚ Johann George (1693-1710), *09.03.1693 Breuna, ∪ev10.03.1693 Breuna, konf. 1707 Breuna, +04.06.1710 Breuna • +22.08.1728 Breuna • □27.08.1728 Breuna

[6] Bernhard Georg Kersting (1671-???) • *26.01.1671 Breuna • ∪ev 03.02.1671 Breuna • konf. 06.04.1684 • Rektor zu Schwalenberg/Lippe • ∞ev 20.10.1697 Schwalenberg mit Margaretha Catharina Stöckhar, Tochter von Johann Henrich Stöckhar (Superintendent zu Salzuffeln)

[7] Conrad Kersting (1674-???) • *26.02.1674 Breuna • ∪ev 05.03.1674 Breuna • konf. 22.04.1688 Breuna • Bäckermeister zu Kassel • ∞ev 25.05.1700 Kassel mit Anna Maria Velmar, Tochter von David Velmar (Bäckermeister zu Kassel)

[8] Catharina Elisabeth Kersting (1677-1752) • *08.03.1677 Breuna • ∞ev 25.02.1717 Breuna mit Hans Henrich Klancke (1687-1719), ∪ev25.02.1687 Breuna, konf 1702,

▪ Gerdrut Nad[#167b] • ∪ev 30.08.1643 Westuffeln • □ev 17/18.03.1644 Westuffeln

▪ Hans Jakob Nad[#167c] • *26.03.1645 Westuffeln • ∪ev 13.04.1645 Westuffeln • konf. 27.04.1657 Schmalkalden • 21.05.1662 immatrikuliert zu Marburg • 1668-1707 ev. Pfarrer zu Herrenbreitungen • seit 1676 auch in der Pfarrei Fambach tätig • 08.03.1677 erwähnt in Breuna als Pate • ∞ev 11.05.1669 Kassel mit Marie Soldan[3] (1635-1695) • Ⓚ sechs u. a. Catharina[4] (*1662); Anna Gertraud[5] • □ev 15.12.1707 Herrenbreitungen

▪ Ottilia Nad[#167d] (1649-???) • ∪ev 04.04.1649 Westuffeln • konf. 1661 Westuffeln • 18.10.1668 erwähnt in Breuna als Patin • ∞26.10.1669 mit Johannes Hartmann Braun, Magister, Metropolitan in Zierenberg

▪ Anna Martha Nad[#167e] (1652-???) • ∪ev 16.03.1652 Westuffeln • ∞27.08.1672 Westuffeln mit Konrad Soistmann (~1644-???), 1680-1718 Pfarrer zu Westuffeln[6]

+13.02.1719 Breuna, □16.02.1719 Breuna, Sohn von Hans George Klancke in Rhöda • +25.03.1752 Breuna • □30.03.1752 Breuna

[1] David Kersting (1679-1693) • *02.04.1679 Breuna • ∪ev 10.04.1679 Breuna • konf. 25.04.1693

[2] Henrich Christoph Kersting (1681-1719) • *30.07.1681 Breuna • ∪ev 04.08.1681 Breuna • konf. 1695 Breuna • +24.10.1719 Breuna • □27.10.1719 Breuna

[3] Marie Soldan (1635-1695) • Ⓥ Justus Soldan, Magister, Feldprediger, Stiftsprediger in Fulda, Metropolitan in Kassel und Dekan an St. Martin in Kassel • *30.08.1635 Kassel-Neustadt • □30.08.1695 Herrenbreitungen

[4] Catharina Nad (1662-???) • *26.06.1662 • ∪ev 10.07.1662 • konf 1676 • ∞ev 15.06.1698 Herrenbreitungen mit Johann Georg Kannengiesser (1659-???), ∪09.11.1659, Vogt auf dem Mittelhof bei Gensungen, Sohn von Pfarrer Ludwig Kannengiesser und Elisabeth Heer

[5] Anna Gertraud Nad (???-1736) • ∪ev • ∞ev 28.05.1709 Mittelhof/Gensungen mit dem Hoofer Pfarrer Otto Aegidius (1671-1732), *27.12.1671 Neuenbrunslar, +05.09.1732 Hoof, □09.09.1732 Hoof, Sohn von Hans Henrich Otto und Anna Christine Wendel • Ⓚ sieben • +24.10.1736 Hoof

[6] „Ich, Georgius Conradus Soistmann, Westuffeln in Hessen bin von den Adligen von der Malsburg als Inhaber des Patronats der Kirchen, welches durch Christus, dem Heiland, Obermeiser und Niederlistingen verbindet, am 19. Mai 1713 in legitimem Verfahren vom Oberen Consistorium Principal Hessen Kassel als Kandidat für eine

- Magdalena Nad[#167f] (1654-1655) • ∪ev 18.10.1654 Westuffeln • ☐ev 23.01.1655

- Anna Gerdruth Nad[#167g] (1656-???) • ∪ev 05.02.1656 Westuffeln • konf. 1668 Westuffeln • ∞ev 02.05.1677 mit Johann Christoffel Müller, Schultheiß zu Trusen/Schmalkalden

#168   Stern, Christian Georg (1655-1726)

Ⓥ Heinrich Dietrich Stern[#336] • Ⓜ ??? • *20.06.1655 Rodenberg am Deister • ∞ev 11.05.1680 Kassel (Freiheit) mit Anna Maria Schmits[#169] (1652-1712) • Ⓚ Georg[#84] (*1695 Kassel) • +29.05.1726 Kassel

Hofschuhmachermeister zu Kassel

#169   Schmits, Anna Maria (1652-1712)

Ⓥ Barthel Schmits[#337] • Ⓜ ??? • *17.07.1652 Kassel • ∞ev 11.05.1680 Kassel (Freiheit) mit Christian Georg Stern[#168] (1655-1726) • Ⓚ Georg[#84] (*1695 Kassel) • +17.10.1712 Kassel

#170   Nagel, Christian (1648-1718)

Ⓥ Johann Heinrich Nagel[#340] • Ⓜ ??? • *1648 • ∞1681 mit Katharina Flörckens[#171] (1661-1720) • Ⓚ Maria Amalia Katharina[#85] (*1691 Kassel) • +20.11.1718 Kassel

Erzprinzlicher Schirrmeister zu Kassel

#171   Flörckens, Katharina (1661-1720)

Ⓥ ??? • Ⓜ ??? • *1661 • ∞1681 mit Christian Nagel[#170] (1648-1718) • Ⓚ Maria Amalia Katharina[#85] (*1691 Kassel) • +08.01.1720 Kassel

---

Pfarrstelle geprüft und den oben erwähnten Kirchen Obermeiser und Niederlistingen als Pastor zugewiesen worden." (Kirchenbuch Obermeiser 1714-1769, Sterberegister)

#172   Appelius, Johann Jakob (1658-1731)

Ⓥ Johannes Appelius[#344] (1620-1688) • Ⓜ Anna Elisabeth Neuberger[#345] (1630-1673) • ◡01.12.1658 Neukirchen/Ziegenhain • ∞25.07.1687 Neukirchen mit Albertine Amalie Neuber[#173] (1664-1731) • Ⓚ Georg Christoph[#86] (*1693 Neukirchen) • +04.06.1731 Neukirchen • ☐09.06.1731 Neukirchen

Fähnrich, Leutnant im Kellerschen Regiment, nimmt am Feldzug auf Schonen[1] teil • verwaltet später seine Güter in Neukirchen

#173   Neuber, Albertine Amalie (~1664-1731)

Ⓥ Konrad Neuber[#346] (1629-1686) • Ⓜ Dorothea May[#347] (1639-???) • *~1664 Laubach • ◡ev • ∞25.07.1687 Neukirchen mit Johann Jakob Appelius[#172] (1658-1731) • Ⓚ Georg Christoph[#86] (*1693 Neukirchen) • +25.12.1745

---

[1] Der Nordische Krieg von 1674 bis 1679, auch Schwedisch-Brandenburgischer Krieg beziehungsweise Schonischer Krieg genannt, war ein selbständiger Teilkonflikt zwischen Brandenburg-Preußen, Dänemark und dem Königreich Schweden im parallel verlaufenden Holländischen Krieg. Schweden war ein Verbündeter Frankreichs, während Österreich, Brandenburg-Preußen, Dänemark und Spanien europaweit auf Seiten der Niederlande kämpften. Der Krieg teilte sich in mehrere große Abschnitte. Im ersten wehrte die brandenburgische Armee einen schwedischen Einfall in die Kurmark ab. In darauf folgenden Feldzügen der siegreichen Brandenburger, Dänen und ihrer Verbündeten eroberten sie nach langwierigen Kämpfen bis 1678 die schwedischen Besitztümer in Norddeutschland, Schwedisch-Pommern und Bremen-Verden. Dänemark war zudem ab Juni 1676 auf dem schonischen Kriegsschauplatz verwickelt und trug die Hauptlast im Seekrieg in der Ostsee gegen Schweden. Ein im Winter 1678/79 unternommener Einfall der Schweden nach Ostpreußen konnte vom brandenburgischen Kurfürsten Friedrich Wilhelm erfolgreich zurückgeschlagen werden.

Der Krieg zwischen Brandenburg und Schweden endete am 29.06.1679 mit dem Frieden von Saint-Germain. Dänemark und Schweden schlossen am 26.09.1679 den Frieden von Lund. Entgegen dem für Brandenburg-Preußen siegreichen Kriegsverlauf bekam dieses aufgrund der Machtkonstellation auf europäischer Ebene nur einen kleinen Teil seiner Eroberungen zugesprochen. Zwischen Dänemark und Schweden wurde der Besitzstand vor dem Kriegsausbruch wiederhergestellt.

- Catharina Elisabeth Neuber[#173a] (1660-1685) • *22.11.1660 Laubach • ∪ev • +14.12.1685 Laubach

- Anna Dorothea Neuber[#173b] (1663-1718) • *Februar 1663 Laubach • ∪ev • ∞ev 1691 mit Magister Heinrich Wepner, Pfarrer in Muschenheim • +06.12.1718 Ottrau

- Karl Otto Neuber[#173c] (~1666-???) • *~1666 Laubach • ∪ev • konf. 1680 Neukirchen • 1681-1684 Schüler in Hersfeld • 21.05.1684 immatrikuliert zu Marburg • 1692-1696 Magister und Rektor in Ziegenhain • 1696-1709 ev. Pfarrer in Sachsenhausen • 1709-1723 Diakonus in Neukirchen

- Marie Juliane Neuber[#173d] (~1668-???) • *~1668 • ∪ev • konf Ostern 1682 • ∞31.07.1693 mit Johann Christian Ziegler aus Rotenburg, Hofmusikus in Kassel

- Agnetha Elisabeth Neuber[#173e] (~1668-1721) • *~1668 • ∪ev • konf. Ostern 1682 • +23.10.1721

- Theophilius Hermann Neuber[#173f] (~1670-1702) • *~1670 Laubach • ∪ev • 1688-1691 Schüler in Hersfeld • 07.07.1691 immatrikuliert zu Marburg • 1697-1702 ev. Pfarrer Oberhülsa • ∞ev mit Christina Elisabeth May • Ⓚ Christian Karl[1] (*1702) • +10.04.1702 Marburg • ☐ev 13.04.1702 Marburg

- Johann Theodor Neuber[#173g] (~1679-1753) • *~1679 • ∪ev • konf. 1691 Homburg • 1693-1700 Schüler in Hersfeld • 05.04.1700 immatrikuliert zu Marburg • ev. Pfarrer in Nastätten • 1717-1753 ev. Pfarrer in Braach • +22.03.1753 Braach

- Catharina Henriette Neuber[#173h] (1682-1718) • *20.01.1682 • ∪ev 27.01.1682 • konf. Ostern 1694 Ottrau • ∞I mit Kornett Stieglitz • ∞II 10.10.1715 mit Fähnrich Johann Philipp Wick • +15.03.1718 Neukirchen • ☐21.03.1718 Neukirchen

---

[1] Christian Karl Neuber (1702-1754) • *11-18.04.1702, wenige Tage nach dem Tod seines Vaters • ∪ev 18.04.1702 • 19.02.1719 immatrikuliert zu Marburg • 1741 Pfarradjunkt in Frankenberg • 1741-1754 ev. Hofprediger in Kassel • ∞ev mit Justina Elisabeth NN (*~1704, ☐19.04.1758 Kassel) • +12.04.1754 Kassel

#174   **Stietz, Johannes (1658-1736)**

Ⓥ Jost Stietz[#348] (???-1715) • Ⓜ Klara Elisabeth Bromsenius[#349] • *1658 Niedermeiser • ∞21.02.1693 Kassel mit Maria Elisabeth Heine[#175] (1675-1717) • Ⓚ Maria Margaretha[#87] (*1709 Kassel) • +06.12.1736 Kassel

Bürger und landgräfl. Hess. Hufschmied zu Kassel

▪ Anna Maria Stietz[#174a] (1664-1696) • *September 1664 Niedermeiser • ∞29.11.1682 Niedermeiser mit Johannes Braun[1] (1665-1738) • Ⓚ Antonij[2] (*1689 Niedermeiser)

#175   **Heine, Maria Elisabeth (1675-1717)**
                       (Heinius)

Ⓥ Georg Heine[#350] (1618-1698) • Ⓜ Anna Maria Simon[#351] (???-1692) • *30.11.1675 Kassel • ∞21.02.1693 Kassel mit Johannes Stietz[#174] (1658-1736) • Ⓚ Maria Margaretha[#87] (*1709 Kassel) • ☐09.06.1717 Kassel

▪ Caspar Heine[#175a] (1658-1725) • *20.10.1658 Kassel • ∪ev 30.10.1658 Kassel • Amtsschulze in Schmalkalden • Amtsschulze des Landgrafen v. Hessen-Cassel • ∞ Kassel mit Anna Barbara Caullin[3] (1654-1718) • Ⓚ Johann Heinrich[4] (*1683); Anna Maria[5] (*1685); Johann Philipp[6]

---

[1] Johannes Braun (1665-1738) • *1665 • Schmied • ∞II 1696 Niedermeiser mit Anna Catharina Beckmann (1664-1732), *1664 Niederlistingen, +01.09.1732 Niedermeiser • +02.09.1738 Niedermeiser

[2] Antonij Braun (1689-1773) • *24.11.1689 Niedermeiser • Schmied • ∞24.11.1718 Niedermeiser mit Anna Maria Thöne (1696-1768), Tochter von Dorfbaumeister Anthonius Thöne (*1670 Niedermeiser, +12.02.1732 Niedermeiser) und Elisabeth Neutze (*09.02.1696 Niedermeiser, +16.03.1768 Niedermeiser) • Ⓚ Leonhard (1734-???), *1734 • Schmiedemeister, ∞25.02.1768 Niedermeiser mit Margarethe Elisabeth Jordan, Kind: Anna Elisabeth (1773-???) • +04.09.1773 Niedermeiser

[3] Anna Barbara Caullin (1654-1718) • Ⓥ Johann Heinrich Kaul, Hofmusikus in Kassel, ∞10.11.1651 Kassel • Ⓜ Jakobina Seyler, Tochter von Zacharias Seyler, ∪ev • *02.11.1654 Kassel • ∪ev • +14.01.1718 Schmalkalden

[4] Johann Heinrich Heinius (1683-???) • *1683 • ∪ev • Syndicus in Colberg/Pommern

[5] Anna Maria Heinius (1685-???) • *1685 • ∞Nikolaus Kürschner

[6] Johann Philipp Heinius (1688-???) • *1688 • ∪ev • Professor Dr. in Berlin, Joachimtalischen Gymnasiums • ∞ mit NN Dircks (?)• Ⓚ Sophia Johanna Maria,

(*1688); Anna Elisabeth (*1693); Stephan[1] (*1696 Kassel); Catharina Elisabeth (*1703) • +1725

#176   Huber, Hans Wernhard (1619-1701)

Ⓥ Hans Rudolf Huber[#352] (1584-1634) • Ⓜ Ursula Peyer[#353] (1588-1664) • *09.03.1619 Basel • ∪ev-ref. 14.03.1619 Basel (St. Martin) • ∞I 05.09.1653 mit Maria Socin[2] (1632-1662) • Ⓚ Rosina[#88a] (*1654 Basel); Werner[#88b] (*1655 Basel); Joh. Wernhard[#88c] (*1657 Basel); Benedict[#88d] (*1659 Basel) • ∞II 1664 Basel mit Maria Faesch[#177] (1633-1675) • Ⓚ Hans Jacob[#88e] (*1665 Basel); Hans Rudolf[#88f] (*1666 Basel); Hans Wernhard[#88g] (*1668 Basel); Maria[#88h] (*1669 Basel); Hans Jakob (Johann)[#88] (*1672 Basel) • ∞III 1677 mit Anna Keller (1633-1689) • +29.12.1701 Basel • □Grabmal zu St. Martin in Basel

Apotheker zu Basel • zünftig in der Safranzunft zu Basel: 1660 Zunftrecht, 1661 Stubenmeister, 1671 Sechser, 1678 Zunftmeister, 1691 Deputat und Dreizehnerherr • Kgl. Franz. Kapitän • Ratsherr zu Basel • 1668 Erbauer des Landsitzes (Huber´sches Gut) in der Hauptstrasse 77 in Muttenz

■ Ursula Huber[#176a] (1612-???) • ∪ev-ref. 31.05.1612 Basel (St. Alban)

■ Hans Rudolf Huber[#176b] (1613-???) • ∪ev-ref. 19.10.1613 Basel (St. Martin)

∞26.10.1752 Hamm/Westfalen mit Carl Ludwig Wesenfeld (Sohn von Arnold Wesenfeld und Cornelia Wolters, ∪ev 15.081714 Frankfurt/Oder, +28.02.1784 Berlin, Dr. jur und Professor in Hamm und Berlin), Kind: Dorothea Johanna Henriette (*20.10.1754 Hamm/Westfalen)

[1] Stephan Heinius (1696-1753) • *10.10.1696 Kassel • ∪ev • Kgl. Preuß. Kriegs-und Domainenrat in Geldern • ∞14.03.1726 Geldern mit Johanna Maria de Saint Paul (1709-1789), Tochter von Friedrich Otto de Saint Paul (*12.07.1672 Berlin, +11.10.1749 Soldin) und Helena Margareta von der Meulen (*1685 Kölln, +01.09.1739 Küstrin), *23.03.1709, +10.03.1789 Geldern • +04.11.1753 Geldern

[2] Maria Socin (1632-1662) • Ⓥ Benedikt Socin (1606-1636), Sohn von Abel Socin (1581-1638) und Catharina Verzasca (1586-1627) • Ⓜ Rosina Faesch (1603-1679), Tochter von Johann Jacob Faesch (1570-1652) und Anna Bauhin (1584-1650) • *1632 • +1662

- Hans Christof[#176c] (1615-???) • ⌣ev-ref. 11.06.1615 Basel (St. Martin)

- Helena Huber[#176d] (1617-???) • ⌣ev-ref. 18.05.1617 Basel (St. Martin)

- Helena Huber[#176e] (1621-???) • ⌣ev-ref. 07.01.1621 Basel (St. Martin)

- Daniel Huber[#176f] (1622-???) • ⌣ev-ref. 10.11.1622 Basel (St. Martin)

- Alexander Huber[#176g] (1625-1700) • ⌣ev-ref. 22.10.1625 Basel (St. Alban) • Gastwirt zu Basel • ∞ mit Katharina Schultheiß[1] (1634-1686) • Ⓚ Johann Rudolf[2] (*1668 Basel) • +25.08.1700

- Margaretha Huber[#176h] (1628-???) • ⌣ev-ref. 17.01.1628 Basel (St. Alban)

- Anna Catharina Huber[#176i] (1633-???) • ⌣ev-ref. 28.07.1633 Basel (St. Alban)

#177 Faesch, Maria (1633-1675)

Ⓥ Johann (Hans) Jakob Faesch[#354] (1598-1677) • Ⓜ Maria Hagenbach[#355] (1613-1696) • *13.11.1633 Basel • ⌣ev-ref. 17.11.1633 Basel (St. Peter) • ∞1664 Basel mit Hans Wernhard Huber[#176] (1619-1701) • Ⓚ Hans Jacob[#88e] (*1665 Basel); Hans Rudolf[#88f] (*1666 Basel), Hans Wernhard[#88g] (*1668 Basel); Maria[#88h] (*1669 Basel); Hans Jakob (Johann)[#88] (*1672 Basel) • +10.05.1675 Basel

Halbgeschwister aus der 1625-1628 bestehenden ersten Ehe des Vaters Johann (Hans) Jakob Faesch[#354] (1598-1677) mit Margaretha Ryff (1606-1628):

---

[1] Katharina Schultheiß (1634-1686) • Ⓥ Jakob Schultheiß, Münzmeister in Basel • Ⓜ Ursula Brandmüller • *1634 • +09.12.1686

[2] Johann Rudolf Huber (1668-1748) • *1668 Basel ⌣ev-ref. • +28.02.1748 Basel • Lehre bei Kaspar Meyer in Basel und Joseph Werner in Bern, große Italienreise und Studium an der Akademie in Rom, Rückkehr nach Basel und 1694 Wahl in den Grossen Rat, 1702 tätig als Maler in Bern, tätig in Süddeutschland, 1738 Rückkehr nach Basel • ∞1693 Basel mit Katharina Faesch (1671-1719) • Ⓚ Alexander, Maler, +jung; Anna Catharina (???-1749), ∞ mit Ulrich Schellenberg (1709-1795), Maler und Stecher in Winterthur, Sohn: Johann Rudolf Schellenberg (1740-???), Kunstmaler

- Anna Maria Faesch[#177a] (1626-1708) • *05.12.1626 • ∪ev-ref. 07.09.1626 Basel (St. Peter) • +29.09.1708

- Margaretha Faesch[#177b] (1628-1665) • ∪ev-ref. 22.01.1628 Basel (St. Peter) • ∞1654 mit Nikolaus Hebdenstreit[1] (1633-1706) • Ⓚ Johann Jacob[2] (*1654); Gertrud[3] (*1656); Valeria[4] (*1658); Anna Marg.[5] (*1660); Judith (*1662); Anna Maria[6] (*1663) • +1665

---

[1] Nikolaus Hebdenstreit (1633-1706) • Ⓥ Jakob Hebdenstreit (1593-1672), Großrat und Hafnermeister • Ⓜ Valeria Brunner (1597-???) • *1633 • ∞II 1666 mit Margaretha Keigl, Tochter von Kaspar Keigl und Anna Maria Bachofen • Ⓚ Niklaus (1670-1725), ∞ 1716 mit Salome Brandmüller • ∞III 1682 mit Anna v. Mechel, Tochter von Schuhmacher und Bierbrauer Hans Conrad v. Mechel und Chrischona Uebelin • +1706

[2] Johann Jacob Hebdenstreit (La Roche) (1654-1717) • bis 1690 franz. Hauptmann, dann Oberstleutnant Landmiliz • Verleihung des Zunamens „La Roche" auf Grund seiner langen Dienstzeit und wegen seiner militär. Leistungen im franz. Heer durch König Ludwig XIV. • ∞I 1691 mit Maria Hermann (1655-1692) • Ⓚ Johann Friedrich (La Roche) (1692-1783), franz. Hauptmann, dann Oberstleutnant Landmiliz, Ratsherr, ∞I 1717 mit Magdalena Brandmüller (1693-1729) • ∞II 1692 mit Anna Catharina Hummel (1665-1738), Witwe des Kunstmalers Gregor Brandmüller (1661-1691) und Tochter von Joh Jakob Hummel und Anna Marg. Faesch • Ⓚ Margreth (1693-1762), ∞ mit Mathias Geymüller (Kürschner, Landvogt Lugano); Hans Jakob (*1695); Anna Catharina (1696-1760), ∞1715 mit Johannes Vest; Anna Maria (1698-1768), ∞1717 mit Lukas Bieler (1694-1751); Nikolaus (1699-1783), ∞1723 mit Chrischona Schmidt (1700-1781); Valeria (1700-1768); Johann Rudolf (La Roche) (1704-1773), ∞1737 mit Anna Margaretha Respinger (1716-1774); Salome (1708-1742)

[3] Gertrud Hebdenstreit (1656-1743) • ∞1678 mit Messerschmied Andreas Wieland (*1657), Sohn von J.U.C. Notar und Obervogt zu Waldenburg Hans Conrad Wieland (1633-1693) und Magdalena Gemuseus (1631-1701) • Ⓚ Magdalena (*1679); Gertrud (*1685)

[4] Valeria Hebdenstreit (1658-1748) • ∞1678 mit Waldknecht Johann Bientz (1654-1725)

[5] Anna Marg. Hebdenstreit (1660-???) • ∞1678 mit Rotgerber und Ratsherr Johann Rudolf Burckhardt (*1650), dieser verliess 1682 wg. geschäftlichen Misserfolgs Basel und ging via Amsterdam als Schiffssoldat zur ostindischen Kompagnie • Ⓚ Sybilla (*1679); Niklaus (1681-1689)

[6] Anna Maria Hebdenstreit (1663-1716) • ∞1683 mit Hafnermeister und Dreikönigs-Wirt Johannes Hebdenstreit (1644->1733), Sohn von Hafnermeister und Großrat Joh. Jakob Hebdenstreit (*1619) und Judith Lang (*1623) • Ⓚ Johannes (*1684, +als Kind);

Geschwister aus der zweiten, 1631 geschlossenen Ehe des Vaters Johann (Hans) Jakob Faesch[#354] (1598-1677) mit Maria Hagenbach[#355] (1613-1696):

- Hans Rudolf Faesch[#177c] (1635-1698) • *19.01.1635 Basel • ᴖev-ref. 25.01.1635 Basel (St. Peter) • Bankier • Spediteur • ∞1658 mit Judith de Bary[1] (1640-1718) • Ⓚ Maria[2] (*1662 Basel); Johann Jakob [3] (*1665 Basel); Lucas[4] (*1679) • +13.02.1698 Basel

- Anna Catharina Faesch[#177d] (1636-???) • ᴖev-ref. 31.05.1636 Basel (St. Peter)

- Johann Jacob Faesch[#177e] (1638-1706) • *30.08.1638 Basel • ᴖev-ref. 04.09.1638 Basel (St. Peter) • J.U.D., Stadtschreiber und Großrat in Basel • ∞1666 mit Ursula Burckhardt (1647-1708) • Ⓚ Ursula (*1667

Anna Maria (*1686, +als Kind); Anna Maria Margaretha (1691-1738), ∞ mit Wachtmeister am Bläsitor Johannes Schwarz (1678-1732); Johannes (*1694, +als Kind); Hans Rudolf (1700-1749), Dreikönigs-Wirt, ∞1720 mit Anna Marg. Hertenstein (1693-1774)

[1] Judith de Bary (1640-1718) • Ⓥ Johannes de Bary (1606-1684) • Ⓜ Jacobea Battier (1609-1645)

[2] Maria Faesch (1662-1723) • ∞1680 mit Nikolaus Preiswerk (1654-1701), Hosenlismer, später Strumpffabrikant und Kaufmann, Sohn von Johannes Preiswerk (1628-1699) und Agnes Siegrist (1633-1655) • Ⓚ Johannes (*1681, +als Kind); Hans Rudolf (1682-1722), Strumpffabrikant, ∞ mit Magdalena Stern (1685-1717), Tochter von Ratsmitglied Johann Bernhard Stern (1653-1722) und Jacobea Fürstenberger; Maria (1684-<1699); Johannes (1686-<1692); Niklaus (1687-1734), Kleinrat, Inspektor Kornhaus, Ehegerichtsherr, ∞1708 mit Anna Marg. Schorendorff (1686-1742); Ursula (1689-1770), ∞1712 mit Johann Ulrich Thurneysen (1688-1769), Gastwirt und Gerichtsherr in Klein-Basel; Johannes (1692-1754), ∞ 1714 mit Sara Hummel (1694-1720), Tochter von Domschaffner Niklaus Hummel und Anna Marg. Burckhardt; Hans Jakob (1694-1712); Simon (1698-1698); Lucas (1700-1744), Eisenhändler, ∞1723 mit Anna Maria Iselin (1683-1750), Tochter von Eisenhändler Lucas Iselin und Salome Ebneter

[3] Johann Jakob Faesch (1665-1738) • Wechselherr, Obervogt Münchenstein • ∞1687 mit Elisabeth Maerckt, Tochter von Gastwirt Johannes Maerckt (1615-1700) und Katharina Bauler (1637-1684) • Ⓚ Judith (1690-1751), ∞1720 mit Franz Christ (1688-1744), Prof Staatsrecht, Stadtschreiber und Ratsherr

[4] Lucas Faesch (1679-1742) • Kaufmann, Ratsherr, Dreizehner • ledig

Basel, +als Kind); Maria (*1668 Basel); Anna Catharina[1] (*1672 Basel); Johann Jacob[2] (*1673 Basel); Ursula[3] (*1674 Basel); Andreas[4] (*1676 Basel); Emanuel[5] (*1682 Basel); Rosina[6] (*1684); Joh. Rudolf[7] (*1686 Basel); Isaac[8] (*1687 Basel) • +1706

---

[1] Anna Catharina Faesch (1672-1732) • ∞1694 mit Pfarrer Samuel Grynäus (1655-1706) • Ⓚ Simon (1698-1731), ab 1731 Pfarrer zu Arisdorf (BL); Johannes (1705-1744), Prof der Theologie und zusammen mit Joh. Ludwig Frey Gründer des „Frey-Grynaeischen Instituts" zur Förderung der theol. Forschung und Lehre

[2] Johann Jacob Faesch (1673-1722) • J.U.L. • ∞1699 mit Catharina Herwagen (1681-1738) • Ⓚ Joh. Jacob (*1700), geht nach Amsterdam; Ursula (1701-1701); Ursula (1703-1732); Catharina (1704-1762), ∞mit Joh. Jacob Faesch, Oberstlieutnant in franz. Kriegsdiensten; Anna Maria (1710-1756), ∞1739 Klein-Hünigen mit Peter Wenk (1711-1781); Magdalena (1711-1740), ∞mit Friedrich Peter; Issac (1712-1788), geht nach Heidelberg, geistlicher Administrationsrat in der Kurpfalz, ∞I mit Johanna Elisabeth de With (1717-1743), ∞II 1748 mit Dorothea Mitz (+1788)

[3] Ursula Faesch (1674-1742) • ∞1693 mit Joh. Anton Winkelblech (1670-1720) • ⓀUrsula (1693-1758), ∞1723 mit Pfarrer Samuel Grynäus (1690-1765); Joh. Anton (*1701), Fabrikant, ∞ mit Dora Falkeisen (*1703); Elisabetha (*1705), ∞1725 mit Fabrikant Joh. Rudolf Thurneysen (1688-1755); Anna Maria (1711-1736), ∞1732 mit Kaufmann und Großrat Joh. Jacob Huber (1704-1759)

[4] Andreas Faesch (1676-1751) • ∞1699 mit Anna Bischoff • Ⓚ Anna (1705-1758), ∞1728 mit Pfarrer St. Theodor August Johann Buxtorf (1696-1765); Joh. Jacob (1706-1768), ledig, besucht Onkel in Curacao; Andreas, ∞ mit Sophia Zuell; Chrischona (1714-1772), ∞1738 mit Joh. Conrad Harder (+1780), in franz. Kriegsdiensten; Johann Rudolf (1718-1787), Kaufmannslehre, in holländischen Kriegsdienst, in englischem Kriegsdienst mit Teilnahme an Kriegszügen in Amerika, Canada und Kuba im Krieg England-Frankreich (Siebenj. Krieg 1756-1763), ∞1765 mit Anna Catharina Rohner (1744-1836), Tochter von Spital-Oberschreiber und Großrat Johann Rudolf Rohner (1710-1789) und Katharina Falkner

[5] Emanuel Faesch (1682-1760) • Wagmeister und Großrat • ∞1706 mit Cleopha Hummel (1685-1770), Tochter von Niklaus Hummel und Anna Marg. Burckhardt

[6] Rosina Faesch (1684-1742) • ∞1704 mit kaiserlichem Notar Hans Schweighauser (1673-1761)

[7] Joh. Rudolf Faesch (*1686) • Kaufmann • ∞ mit Johanna Sprenger (*Valenciennes)

[8] Isaac Faesch (1687-1758) • Kaufmann in Amsterdam • 1740-1758 holländischer Gouverneur in Curacao • ledig

▪ Isaac Faesch[#177f] (1640-1712) • ∪ev-ref. 25.10.1640 Basel (St. Peter) • ∞1679 mit Catharina Eggs (1646 Biel-1690) • Ⓚ Maria[1] (*1679) • +11.01.1712

▪ Valeria Faesch[#177g] (1642-1709) • *14.09.1642 Basel • ∪ev-ref. 18.09.1642 Basel (St. Peter) • ∞1670 mit Lukas Burckhardt (1639-1705) • Ⓚ Hans Jakob (*1671 Basel); Anna Maria (*1672 Basel); Lukas (*1673 Basel); Valeria (*1675 Basel); Judith (*1676 Basel); Bonifazius (*1677 Basel); Valeria (*1678 Basel); Sara (*1679 Basel); Rosina (*1680 Basel), Sohn (*1681 Basel); Isaak (*1683 Basel) • +29.09.1709

▪ Emanuel Faesch[#177h] (1646-1693) • ∪ev-ref. 05.11.1646 Basel (St. Peter) • Hauptmann, Major in franz. Diensten, Brigadegeneral in kurkölnischen Diensten • 1686 Großrat in Basel • 1688 eidgen. Kriegsrat und Oberst • 1691 Dreizehner • ∞I mit Petronella Liesemann (*Utrecht) • Ⓚ keine • ∞II 1679 mit Anna Maria Beck[2] (1657-1724) • Ⓚ sieben u. a. Johann Rudolf[3] (*1680 Basel); Lukas[4] (*1690) • +20.01.1693

▪ Christoff Faesch[#177i] (1648-???) • ∪ev-ref. 30.01.1648 Basel (St. Peter)

▪ Lucas Faesch[#177j] (1649-1729) • ∪ev-ref. 06.09.1649 Basel (St. Peter) • ∞ mit Elisabeth Schmidtmann[5] (1664-1725) • Ⓚ Johann Jacob (*1688 Basel); Katharina (*1697 Basel) • +03.02.1729

---

[1] Maria Faesch (1679-1755) • ∞1699 mit Oberst Christoph Burckhardt (1660-1729)

[2] Anna Maria Beck (1657-1724) • Ⓥ Christoph Beck • Ⓜ Sybilla Hummel • ∪03.09.1657 Basel (St. Peter) • ☐26.01.1724 Basel (Münster)

[3] Johann Rudolf Faesch (1680-1762) • Offizier in ausländischen Diensten • 1760 Bürgermeister • Bauherr Landhaus Mayenfels bei Pratteln • Gesandter • ∞1721 mit Helena Ochs, Tochter von Peter Ochs und Ester Mitz

[4] Lukas Faesch (1690-1750) • Oberst, Lohnherr, Großrat • ∞1722 mit Dorothea Stähelin (1699-1766)

[5] Elisabeth Schmidtmann (1664-1725) • Ⓥ Johann Jakob (de) Schmidtmann (1624-<1701), Sohn von Christoph Schmidtmann, Baron de Thiepval, Rittmeister, Oberstleutnant, Gouverneur, 1665 durch König Ludwig XIV in den französischen Adelsstand gehoben • Ⓜ Antoinette de Hymel (1636-1701), Tochter von Daniel de Hymel (Herr zu Arondelle) und Suzanne de Gerghes, *1636 Courtavon, +1701 • *1664 • +1725

- Susanna Faesch[#177k] (1651-1682) • *21.08.1651 Basel • ∪ev-ref. 24.08.1651 Basel (St. Peter) • ∞14.01.1669 mit Johann Jakob Merian[1] (1648-1724) • Ⓚ Barbara (*1671); Anna Maria (*1673); Susanna (*1674); Emanuel (*1677); Salome (*1680); Jakob (*1682) • +1682

- Ursula Faesch[#177l] (1653-1667) • ∪ev ref. 19.11.1653 Basel (St. Peter) • +1667

#178   Weiß, Marcus (1651-1704)

Ⓥ Niklaus Weiß[#356] (1626-1706) • Ⓜ Ursula Brandmüller[#357] (1616-1675) • ∪ev-ref. 25.01.1651 Basel (St. Leonhard) • ∞23.08.1675 Basel mit Anna <u>Elisabeth</u> Socin[#179] (1657-1716) • Ⓚ Ursula[#89a] (*1676 Basel); Katharina[#89] (*1677 Basel); Anna Elisabeth[#89b] (*1679 Basel); Susanna[#89c] (*1682 Basel); Nikolaus[#89d] (*1683 Basel); Marcus[#89e] (*1687 Basel); Salome[#89f] (*1690 Basel); Anna Margareth[#89g] (*1692 Basel); Marcus[#89h] (*1696) • +04.03.1704 Basel

Leutnant in französischen Diensten • dann Hauptmann in Kaiserlichen Diensten • Mitglied des Großen Rats zu Basel

- Cleophe Weiß[#178a] (1649-???) • ∪ev-ref. 22.07.1649 Basel (St. Leonhard)

- Nikolaus Weiß[#178b] (1652-???) • ∪ev-ref. 24.06.1652 Basel (St. Leonhard)

#179   Socin, Anna <u>Elisabeth</u> (1657-1716)

Ⓥ Emanuel Socin[#358] (1628-1717) • Ⓜ Susanna Mitz[#359] (1640-1672) • *21.04.1657 Basel • ∞23.08.1675 Basel mit Marcus Weiß[#178] (1651-1704) • Ⓚ Ursula[#89a] (*1676 Basel); Katharina[#89] (*1677 Basel); Anna Elisabeth[#89b] (*1679 Basel); Susanna[#89c] (*1682 Basel); Nikolaus[#89d]

---

[1] Johann Jakob Merian (1648-1724) • Ⓥ Jakob Merian • Ⓜ Barbara Beck (1621-1685), *03.06.1621 Basel, +11.03.1685 Basel • *24.03.1648 Basel • +07.01.1724 Basel • Eisenhändler und Bürgermeister zu Basel

(*1683 Basel); Marcus[#89e] (*1687 Basel); Salome[#89f] (*1690 Basel); Anna Margareth[#89g] (*1692 Basel); Marcus[#89h] (*1696) • +16.12.1716 Basel

▪ Susanna Socin[#179a] (1658-1724) • ◡ev-ref. 17.06.1658 Basel (St. Elisabeth) • ∞1679 mit Johann Lukas Krug[1] (1655-1731) • Ⓚ Hans Ludwig[2] (*1680); Emanuel[3] (*1681); Susanna[4] (*1687) • +1724

▪ Benedikt Socin[#179b] (1660-???) • ◡ev-ref. 26.02.1660 Basel (St. Elisabeth)

▪ Emanuel Socin[#179c] (1661-???) • ◡ev-ref. 08.10.1661 Basel (St. Elisabeth)

▪ Dorothea Socin[#179d] (1663-1759) • ◡ev-ref. 26.03.1663 Basel (St. Elisabeth) • ∞1678 mit Benedikt Ryhiner[5] (1654-1703) • Ⓚ Johann Heinrich[6] (*1681 Basel); Margaretha[7] (*1684 Basel); Dorothea[8] (*1687 Basel); Katharina; Emanuel[9] (*1695 Basel) • +1759 Basel

▪ Ursula Socin[#179e] (1664-1709) • ◡ev-ref. 25.09.1664 Basel (St. Elisabeth) • ∞1683 mit Heinrich Ryhiner[10] (1659-1727) • Ⓚ Dorothea[11] (*1684); Catharina[1] (*1686); Ursula[2] (*1701); Susanna (*1703) • +1709

---

[1] Johann Lukas Krug (1655-1731) • Ⓥ Johann Ludwig Krug (1617-1683) • Ⓜ Judith Wettstein • *1655 • +1731

[2] Hans Ludwig Krug (1680-???) • *1680 • ∞ mit Chrischona Burckhardt (1691-???), Tochter von Jakob Burckhardt und Magdalena Heusler • Ⓚ Magdalena (1717-1805)

[3] Emanuel Krug (1681-???) • *1681 • ∞1711 mit Anna Maria Wettstein

[4] Susanna Krug (1687-1766) • *1687 • ∞1716 mit Johannes Sarasin (1687-1771) • +1766

[5] Benedikt Ryhiner (1654-1703) • Ⓥ Hans Heinrich Ryhiner • Ⓜ erste Ehefrau Anna Faesch

[6] Johann Heinrich Ryhiner (1681-1746) • ∞I 1705 mit Margaretha Faesch (1688-1744) • Ⓚ drei • ∞II 1745 mit Susanna Faesch (1690-1769)

[7] Margaretha Ryhiner (1684-1763) • *10.05.1684 Basel • ∞24.06.1700 Basel mit Balthasar Stähelin (1675-1746), *13.12.1675, +21.02.1746 • Ⓚ vier • +26.12.1763 Basel

[8] Dorothea Ryhiner (1687-1742) • ∞1705 mit Daniel Meran (1676-1728) • Ⓚ fünf

[9] Emanuel Ryhiner (1695-1764) • ∞1723 mit Anna Maria Zäslin (1693-1771)

[10] Heinrich Ryhiner (1659-1727) • Ⓥ Hans Heinrich Ryhiner • Ⓜ zweite Ehefrau Margaretha Falkner

[11] Dorothea Ryhiner (1684-1709) • *1684 • ∞ mit Johann Jacob Wolleb • +1709

- Benedikt Socin[#179f] (1665-1748) • ∪ev-ref. 26.11.1665 Basel (St. Elisabeth) • ∞1694 mit Catharina Sarasin[3] (1678-1754) • Ⓚ Sara (*1696); Gertrud[4] (*1698); Emanuel (1699-1773); Susanna[5] (*1702); Benedikt (1704-1788); Jacob (1706-1761); Catharina (1709-1762); Josef (1712-1773); Gedeon (1715-1782) • +1748

- Robert Socin[#179g] (1667-???) • ∪ev-ref. 21.03.1667 Basel (St. Alban)

#180   Geßner, Johann Samuel (1661-1704)

Ⓥ Samuel Geßner[#360] (1637-1707) • Ⓜ Anna Maria Raab[#361] (1629-1689) • *29.12.1661 Lehmingen bei Wassertrüdingen • ∪ev • ∞30.08.1687 Roth/Nürnberg mit Maria Magdalena Hußwedel[#181] (1670-1738) • Ⓚ Johann Samuel[#90a] (*1688); Andreas Samuel[#90b] (*1690 Roth/Nürnberg); Johann Matthias[#90] (*1691 Roth/Nürnberg); Catharina Barbara[#90c] (*1692); Johann Lorenz[#90d] (*1694); Johann Albrecht[#90e] (*1695); Margaretha Magdalena[#90f] (*1697); Jacob Christian[#90g] (*1698); Euphosina Helena[#90h] (*1699) • +09.03.1704 Auhausen • ☐ev 11.11.1704

ev. Pfarrer zu Roth/Nürnberg • 1691-1704 ev. Pfarrer im Kloster zu Auhausen

Halbschwester aus erster Ehe der Mutter Anna Maria Raab[#361] (1629-1689) mit Balthasar Alberti (1614-1657):

---

[1] Catharina Ryhiner (1686-1774) • *1686 • ∞1712 mit Hieronymus Roschet (*1688) • Ⓚ Emanuel (1713-1743) • +1774

[2] Ursula Ryhiner (1701-1733) • *1701 • ∞ mit Jean Henri Reber (???-1748), Sohn von Jean Jacques Reber (1661-1719) und Marie Magdaleine Hugenin (???-1698) • Ⓚ Marie Madeleine (1721-1745), ∞I 1742 mit Mathieu Mug (1717-1796) • +1733

[3] Catharina Sarasin (1678-1754) • Ⓥ Gedeon Sarasin (1643-1697), Sohn von Peter Sarasin (1608-1662) und Sara Burckhardt (1619-1698) • Ⓜ Gertrud Mitz (1651-1717), Tochter von Andreas Mitz (*1620 Köln, +1686) und Susanna Werthemann (+1666)

[4] Gertrud Socin (1698-1772) • *1698 • ∞1716 mit Hans Rudolf Beck, Sohn von Hans Heinrich Beck (*1654 Basel) und Judith Christ (*1662 Basel, +1747 Basel) • +1772

[5] Susanna Socin (1702-1760) • *1702 • ∞1725 mit Johann Jacob Bischoff (1692-1759) • +1760

▪ Margarethe Barbara Alberti[#180a] (1653-1722) • *10.12.1653 Feuchtwangen • ∞ Auhausen mit Georg Albrecht Müzel[1] (1650-1700) • Ⓚ Michael Albrecht[2] (*1678 Dambach/Mittelfranken) • +08.04.1722 Treuchtlingen • □12.04.1722 Treuchtlingen

#181   Hußwedel, Maria Magdalena (1670-1738)

Ⓥ Georg Konrad Hußwedel[#362] (1620-1680) • Ⓜ Maria Magdalena Kern[#363] (1639-1718) • *05.02.1670 Ansbach • ᴗev 07.02.1670 Ansbach • ∞I ev 30.08.1687 Roth/Nürnberg mit Johann Samuel Geßner[#180] (1661-1704) • Ⓚ namens Geßner: Johann Samuel[#90a] (*1688); Andreas Samuel[#90b] (*1690 Roth/Nürnberg); Johann Matthias[#90] (*1691 Roth/Nürnberg); Catharina Barbara[#90c] (*1692); Johann Lorenz[#90d] (*1694); Johann Albrecht[#90e] (*1695); Margaretha Magdalena[#90f] (*1697); Jacob Christian[#90g] (*1698); Euphosina Helena[#90h] (*1699) • ∞II ev 11.11.1704 Auhausen mit ev. Pfarrer Johann Zuckermantel[3] • Ⓚ namens Zuckermantel: Johann Lorenz[#90i] (*1705); Johanna Albertina[#90j] (*1706); Johann Lorenz[#90k] (*1707); Johann Conrad[#90l] (*1708); Jacob[#90m]

---

[1] Georg Albrecht Müzel (1650-1700) • Ⓥ Albrecht Müzel (1615-1691), *08.12.1615 Kürstatt, +25.01.1691 Auhausen, 1639 studiert Jena, 1644 ordiniert, 1644 Rektor und Kantor in Gunzenhausen, 1646 Pfarrer in Auernheim, 1650 Auhausen • Ⓜ Barbara Klein (???-1696), aus Nördlingen, +11.06.1696 Westheim • *15.05.1650 Auernheim/Mittelfranken • stud Wittenberg 1669, Adjunkt Auernheim, 1676 Pfarrer Röckingen, 1677 Pfarrer Dambach, 1684 Pfarrer Westheim, 1696 Dekan und Stadtpfarrer Wassertrüdingen • +04.09.1700 Wassertrüdingen

[2] Michael Albrecht Müzel (1678-1738) • *05.11.1678 Dambach/Mittelfranken • 1697 studiert Wittenberg, 1702 ordiniert Ansbach, Magister, 1702 Kaplan Röckingen, 1705 Pfarrer • ∞I mit Anna Margarete Schrozbach • ∞II 11.09.1702 Röckingen/Gunzenhausen mit Barbara Emmerndörfer, *Röckingen/Gunzenhausen, Tochter von Leonhard Emmerndörfer (Wirt in Röckingen) • Ⓚ Johann Philipp (1705-1765) • +26.04.1738 Röckingen bei Gunzenhausen

[3] Markgraf Georg als Territorialherr ernennt mit Georg Götz den ersten protestantischen Pfarrer in Auhausen, der im Jahre 1532 als erster lutherischer Pfarrer in Auhausen auftitt; im Jahre 1536 wird die brandenburgische Kirchenordnung eingeführt. Johann Zuckermantel ist 1704-1717 Pfarrer in Auhausen und somit Nachfolger ihres ersten Ehemanns

(*1711); Johann Wilhelm[#90n] (*1712 Auhausen) • +29.06.1738 Obermögersheim bei Wassertrüdingen

■ Maria <u>Sophia</u> Hußwedel[#181a] (1659-1738) • *30.05.1659 • ⌣ev • ∞16.07.1679 mit Ludwig Georg Hamberger[1] (1652-1723) • Ⓚ Martha Dorothea[2] (*1680); Dorothea Catharina[3] (*1681); Johann Andreas[4] (*1683); Jacob Wilhelm[5] (*1684); Johann Friedrich[6] (*1686); Dorothea Sybilla[7] (*1687); Martha Regina[8] (*1689); Lorenz Andreas[9] (*1690);

---

[1] Georg Ludwig Hamberger (1652-1723) • Ⓥ Georg Ludwig Hamberger (1622-1689), Sohn von Georg Albrecht Hamberger (1596-1677) und Ursula Rabus (1601-1671), aus Breitenau, ev. Pfarrer in Beyerberg • Ⓜ Barbara Cöler (1624-1689), Tochter von Pfarrer Johann Philipp Cöler (1592-1638) aus Ansbach und Agnes Laelius • *26.08.1652 Gunzenhausen • +02.06.1723 Feuchtwangen • Magister • 1693-1723 Dekan in Feuchtwangen

[2] Martha Dorothea Hamberger (1680-???) • *04.05.1680

[3] Dorothea Catharina Hamberger (1681-1705) • *21.08.1681 • ∞ mit Johann Lorenz NN • Ⓚ Elisabetha Charlotta (1703-1726), *04.10.1703, +16.07.1726; Johann Andreas (1705-1706), *24.02.1705, +01.07.1706 • +24.02.1705

[4] Johann Andreas Hamberger (1683-???) • *27.02.1683

[5] Jacob Wilhelm Hamberger (1684-1737) • *07.09.1684 •+17.08.1737 • Kaplan in Feuchtwangen • Diaconus • ∞07.07.1716 mit seiner Cousine <u>Juliana</u> Catharina Hußwedel (1693-1773), Tochter von Johann Lorenz Hußwedel[#29b] (1660-1730) • Ⓚ Anna Sabina (1717-1719), *19.05.1717, +05.08.1719; Margaretha Christina (1718-1719), *21.09.1718, +20.08.1719; Juliana Sophia (1720-1721), *20.01.1720, +23.07.1721; Georg Ludwig (1721-1725), *29.08.1721, +23.06.1725; Regina Christiana (1723-???), *10.12.1723; Georg Christoph (1726-1773), *28.03.1726, +27.01.1773, 1746 Student in Göttingen bei Johann Matthias Gessner, 1747 Kustos der Bibliothek der Universität Göttingen, ordentlicher Professor der Philosophie und Geschichte an der Universität Göttingen und Sekretär der königlichen Gesellschaft der Wissenschaften zu Göttingen; Georg Friedrich (1730-???), *13.07.1730; Johann Ludwig Wilhelm (1733-1736), *12.11.1733, +22.04.1736

[6] Johann Friederich Hamberger(1686-???) • *02.05.1686

[7] Dorothea Sybilla Hamberger (1687-???) • *02.09.1687 • ∞15.01.1709 mit Johann Lothar W. • Ⓚ Maria Elisabetha (1710-???), *29.01.1710, ∞04.12.1736 mit Georg Peter ???; Georg Ludwig (1711-???), *25.07.1711, Studium zu Jena, Diaconus, ∞14.06.1740 mit Anna Maria ???; Sabina Christina (1712-???), *17.11.1712, ∞ 28.11.1741 mit Johann Jacob ???; Georg Christian (1714-???), *30.08.1714; Johann Friedrich (1716-1740), *26.04.1716, +01.02.1740, Studium der Theologie in Jena • +01.03.1764

[8] Martha Regina Hamberger (1689-???) • *22.03.1689

[9] Lorenz Andreas Hamberger (1690-1718) • *21.01.1690 • +19.05.1718

Friedrich Joseph[1] (*1692); Maria Sophia[2] (*1693 Feuchtwangen); Lorenz Friedrich[3] (*1694 Feuchtwangen); Margaretha[4] Sybilla (*1696 Feuchtwangen); Johann Gottfried[5] (*1698 Feuchtwangen); Regina Elisabetha[6] (*1701 Feuchtwangen) • +30.08.1738 Feuchtwangen

▪ Johann Lorenz Hußwedel[#181b] (1660-1730) • *16.08.1660 • ꙅev • Studium zu Jena • Brandenburgisch-Ansbachischer Verwalter in Auhausen • ∞10.01.1693 mit Juliana Maria Bezold[7] (1668-1730) • Ⓚ Juliana Catharina[8] (*1693); Johann Ernst[9] (*1695); Christina Maria[10]

---

[1] Friedrich Joseph Hamberger (1692-???) • *12.02.1692

[2] Maria Sophia Hamberger (1693-1697) • *19.05.1693 Feuchtwagen • +1697

[3] Lorenz Friedrich Hamberger (1694-1696) • *17.11.1694 Feuchtwangen • +16.08.1696

[4] Margaretha Sybilla Hamberger (1696-???) • *02.08.1696 • ∞01.11.1718 mit Georg Ludwig ??? • Ⓚ Georg Wilhelm (1721-???), *15.02.1721; Johann Ludwig (1722-???), *09.09.1722; Maria Margaretha (1724-???), *13.02.1724; Maria Sophia (1725-1729), *19.05.1725, +20.05.1729; Christoph Albrecht (1726-???), *03.12.1726; Georg Christian (1728-???), *03.02.1728; Johann Friedrich (1729-???), *15.03.1729; Johanna Euphrosina (1730-???), *17.10.1730; Georg Christoph (1732-1734), *03.07.1732, +21.05.1734; Christiana Juliana (1735-1736), *20.07.1735, +29.07.1736; Sophia Charlotta (1737-???), *21.08.1737; Juliana Dorothea (1738-1739), *20.09.1738, +27.05.1739

[5] Johann Gottfried Hamberger (1698-1700) • *12.11.1698 Feuchtwangen • +23.08.1700

[6] Regina Elisabetha Hamberger (1701-1702) • *30.07.1701 Feuchtwangen • +05.02.1702

[7] Juliana Maria Bezold (1668-1730) • Ⓥ Georg Christoph Bezold (1631-1698), 1690 Bürgermeister in Rothenburg o. T. • Ⓜ Maria Salome v. Hohenbuch (1641-1711) • *1668 • +1730

[8] Juliana Catharina Hußwedel (1693-1773) • *05.10.1693 • +14.01.1773 Göttingen • ∞07.07.1716 mit Jacob Wilhelm Hamberger

[9] Johann Ernst Hußwedel (1695-1701) • *02.07.1695 • +16.05.1701

[10] Christina Maria Hußwedel (1696-1697) • *30.07.1696 • +25.03.1697

(*1696); Joachim Bernhard[1] (*1697); Sophia Christina[2] (*1700); Anna Euphrosina Dorothea[3] (*1702); Anna Sabina[4] (*1704) • +16.02.1738

▪ Johann Christoph Hußwedel[#181c] (1662-???) • *14.07.1662 • ∪ev

▪ Catharina Rosina Hußwedel[#181d] (1663-1694) • *1663 • ∪ev • +1694

▪ Anna Margaretha Hußwedel[#181e] (1665-1706) • *1665 • ∪ev • ∞1690 mit Johann Conrad Schmid[5] (???-1719) • Ⓚ Margaretha Maria[6] (*1691); Friederica Philippina Elisabetha[7] (*1692); Maria Catharina[8] (*1694); Johanna Maria[9] (*1695); Johann Conrad[10] (*1697); Johann Lorenz[11] (*1699); Johann Christoph[12] (*1702); Johann Andreas[13] (*1704); Johann Wilhelm (*1706) • +1706, verstorben im Kindsbett

▪ <u>Catharina</u> Maria Hußwedel[#181f] (1668-1740) • *29.07.1668 Ansbach • ∪ev • ∞22.01.1684 mit Johann Samuel Geret[14] (1665-1695) • Ⓚ Susanna

---

[1] Joachim Bernhard Hußwedel (1697-???) • *27.06.1697 • Studium zu Jena • 1725 adjungiert • ∞18.10.1726 mit Dorothea ??? • Ⓚ Johann Wilhelm Friedrich (1727-1729), *15.06.1727, +22.05.1729; Anna Augusta F. (1733-???), *04.06.1733

[2] Sophia Christina Hußwedel (1700-???) • *16.01.1700 • ∞1724 mit Albrecht Friedrich F…• Ⓚ acht

[3] Anna Euphrosina Dorothea Hußwedel (1702-???) • *16.10.1702 • ∞1719 mit Georg Wolfgang NN • Ⓚ acht

[4] Anna Sabina Hußwedel (1704-???) • *12.09.1704

[5] Johann Conrad Schmid (???-1719) • Kanzlei-Direktor • +14.01.1719

[6] Margaretha Maria Schmid (1691-???) • *16.03.1691

[7] Friederica Philippina Elisabetha Schmid (1692-1727) • *29.09.1692 • ∞20.10.1711 mit Benedict Johann M • Ⓚ sieben • +02.08.1727

[8] Maria Catharina Schmid (1694-???) • *08.03.1694 •∞ mit M. Stein, Hofprediger bei der Gräfin von der … zu Detmold • Ⓚ sieben

[9] Johanna Maria Schmid (1695-???) • *27.12.1695

[10] Johann Conrad Schmid (1697-???) • *18.08.1697 • 1727 Stadtschreiber • ∞11.03.1727 mit Maria Elisabetha ???

[11] Johann Lorenz Schmid (1699-1722) • *08.10.1699 • +1722 Mantua (?)

[12] Johann Christoph Schmid (1702-???) • *30.03.1702 • ∞1734 mit Magdalena Susanna Winterberger (?)

[13] Johann Andreas Schmid (1704-???) • *07.01.1704 • Apothekergeselle

[14] Johann Samuel Geret (1665-1695) • Ⓥ Johann Geret (1621-1675), Dekan in Crailsheim • Ⓜ Margaretha Barbara Laelius (1622-1669), *26.11.1622 Ansbach, +03.09.1699 Crailsheim, Tochter von Lorenz Laelius (1572-1634) und Anna Maria

Regina[1] (*1684); <u>Christoph Heinrich</u> Andreas[2] (*1686); Maria Catharina[3] (*1687); Sophia Margaretha[4] (*1689); Anna Margaretha[5] (*1690); Martin Leonhard[6] (*1692); Maria Sophia[1] (*1693); Johann Georg[2] (*1694); Anna Barbara[3] (*1695) • +19.12.1740 Ansbach

---

Strebel (1592-1679) • *22.03.1665 • 1683-1695 Stadtrat in Roth • +21.06.1695 Roth/Nürnberg

[1] Susanna Regina Geret (1684-1718) • *12.11.1684 • ∞1709 mit Johann Christoph Brunner • Stadtkaplan zu Ansbach (?) • Ⓚ sieben • +1718

[2] <u>Christoph Heinrich</u> Andreas Geret (1686-1757) • ∪ev 27.01.1686 Roth/Nürnberg • immatrikuliert zu Ansbach und 1704 zu Jena • 1712 Feldprediger des in Holländischen Sold stehenden v. Kavenaghischen Infanterieregiments und reist zu demselben nach Mons in Hennegau • 1713 kommt dieses Regiment in kursächische Dienste des Königs August II und er kommt mit diesem Regiment nach Thorn • 1714 ev. Prediger, 1723 Senior Ministerii und dann Pastor bei der Altstädter Gemeinde zu Thorn (damalig St. Marien) • ∞ mit Elisabetha Schloss (1700-1763), Tochter von Daniel Schloss (1656-1711) und Regina Reinhardt (1679-1730) • Ⓚ neun u.a. Christina (1723-1741), *06.07.1723 Torun/Polen, +24.11.1741 Konitz, ∞ mit Johann Daniel Hevelcke (1714-1785); Samuel Luther (1730-1797) • +08.07.1757 Torun/Polen

Samuel Luther (v.) Geret (1730-1797) • *18.06.1730 Thorn • Gymnasium in Thorn • 05.05.1749 immatrikuliert zu Frankfurt/Oder • immatrikuliert zu Göttingen und dann Wittenberg • 30.04.1751 Magister der Philiosophie zu Wittenberg • 13.05.1753 Adjunkt an der Philosophischen Fakultät der Wittenberger Hochschule • Nov 1753 ausserordentlicher Prof. der Philosophie in Wittenberg • 1754 Gymnasialprof. in Thorn • 1755 Adjunkt seines Vaters • als ordinierter Prediger und Abgeordneter der Stadt Thorn geht er an die protestantischen Höfe und Städte nach Deutschland, Holland und England, um Kollekten zur Erbauung einer neuen evangelischen Marienkirche in Thorn zu sammeln; auf diesen Reisen wird er Mitglied gelehrter Gesellschaften in Augsburg, Mainz, Göttingen und Jena • nach Rückkehr Austritt aus dem geistlichen Stand • 1759 Sekretär der Stadt Thorn und ist als solcher öfter am königlichen Hof in Warschau, wo er sich 1766 bis 1776 ständig aufhält • Während dieser Zeit promoviert er 1772 als Universitätskurator an der Universität Göttingen zum Doktor beider Rechte • 1774 Syndicus der Stadt Thorn und königlich preußischer Hof- und Kriegsrat • ab 1775 im Rat der Stadt Thorn • wird auf dem Reichstag vom polnischen König in den Adelsstand erhoben und ist von 1782 bis 1783 Burggraf • +28.09.1797 Thorn

[3] Maria Catharina Geret (1687-1728) • *20.07.1687 •∞ mit Gottfried NN • Ⓚ vier

[4] Sophia Margaretha Geret (1689-1690) • *1689 • +1690

[5] Anna Margaretha Geret (1690-???) • *08.11.1690

[6] Martin Leonhard Geret (1692-???) • *15.03.1692

▪ Anna Maria Hußwedel[#181g] (1674-[>]1723) • *22.12.1674 • ◡ev • ∞I 1700 mit Friedrich J. Raab (???-1703) • Ⓚ Christina Maria[4] (*1701); Magdalena Sabina[5] (*1703) • ∞II [>]1723 mit Albrecht Christian Ludwig • +[>]1723

▪ Sabine Hußwedel[#181h] (1676-1761) • *09.06.1676 Ansbach • ◡ev • ∞02.04.1695 Auhausen mit dem fürstlichen Rat Georg Konrad Seefried[6] (1663-1739) • Ⓚ Johann Christof[7] (*1696 Ansbach); Christian[1] (*1697

---

[1] Maria Sophia (1693-???) • *1693 • ∞01.05.1720 mit Eliser W. (?) • Ⓚ sechs

[2] Johann Georg Geret (1694-1761) • *20.08.1694 Roth/Nürnberg • Gymnasium in Ansbach und Berlin • 1716 immatrikuliert zu Jena • 13.10.1719 immatrikuliert zu Wittenberg • 30.04.1721 Magister der Philosophie • Privatdozent • 15.10.1723 Adjunkt an der Philosophischen Fakultät der Wittenberger Hochschule • 1726 ev. Pfarrer in Treuchtlingen • 1730 Konrektor am kurfürstlichen Gymnasium in Ansbach • 1737-1757 Rektor am kurfürstlichen Gymnasium zu Ansbach • 1757-1761 Dekan und Stadtpfarrer zu Crailsheim • ∞30.08.1729 mit Johanna Margaretha Ruppens • Ⓚ vier • +25.08.1761 Crailsheim

[3] Anna Barbara Geret (1695-???) • *18.11.1695 • ∞mit Johann Albrecht Geßner

[4] Christina Maria Raab (1701-???) • *27.08.1701 • ∞1721 mit Johann Casimir NN • Ⓚ vier

[5] Magdalena Sabina Raab (1703-???) • *06.05.1703 • ∞1722 mit Johann Christoph Brenner • Ⓚ acht-neun

[6] Georg Konrad Seefried (1663-1739) • Ⓥ Johann Christof Seefried (1628-1694), *15.05.1628 Wittelshofen, +04.06.1694 Ansbach, Post- u. Botenmeister • Ⓜ Anna Maria Weiß (1634-1700), *02.04.1634 Crailsheim, +21.06.1700 Ansbach • *20.01.1663 Ansbach • fürstlicher Rat zu Ansbach, Sekretarius • +22.07.1739 Ansbach

[7] Johann Christof Seefried (1696-1760) • *06.02.1696 Ansbach • Hofrat und Archivar • ∞28.01.1726 Ansbach mit Hofratstochter Henrica Eva Helene Schneider (+10.10.1765 Ansbach) • ⓀSabine Sofie Philippine (1726-???), *10.12.1726 Ansbach; Sofie Luise (1729-???), *25.11.1729 Ansbach; Georg Christian (1732-1805), *13.03.1732 Ansbach, +12.02.1805 Ansbach, ∞17.05.1763 Ansbach mit Sofie Friederike Christ (1738-1779, *15.04.1738 Ansbach, +28.02.1779 Ansbach); Christof Friedrich (1734-1823), *11.07.1734 Ansbach, +24.01.1823 Ansbach, ∞I 12.07.1774 Heilsbronn mit Magdalena Sabine Eleonore Nagler, ∞II 05.07.1787 Ansbach mit Margarethe Friederike Theresia Kechel/Kechelein (1755-1795, *27.07.1755 Ansbach, +26.12.1795 Ansbach), ∞III 22.02.1797 Ansbach mit Friederike Marie Heide/Heyde (1766-1814, *02.02.1766, +16.08.1814 Ansbach); Johann Christian (1736-1769), *19.01.1736 Ansbach, +1769; Johann Christof (1738-???), *30.04.1738 in Ansbach; Johann Georg Ludwig (1739-???), *07.11.1739 Ansbach, +1739 Ansbach; Magdalene Friederike Margarete (1740-???), *16.11.1740 Ansbach; Elisabeth Juliane Johanna (1742-???),

Ansbach); Johann Albrecht[2] (*1699 Ansbach); Johann Lorenz[3] (*1700 Ansbach); Anna Luise[4] (*1702 Ansbach); Juliane Marie[5] (*1705 Ansbach); Ludwig Christof[6] (*1708 Ansbach); Georg Friedrich Konrad[7] (*1709 Ansbach) • +05.04.1761 Ansbach

#182   Eberhard, David Philipp (1661-1729)

Ⓥ Philipp Eberling gen. Eberhard[#364] (1622-1703) • Ⓜ Anna Friede[#365] (1632-???) • ∪ev 16.09.1661 Gotha • ∞10.09.1689 Suhl mit Elisabeth Barbara Heim[#183] (1668-???) • Ⓚ Elise Caritas[#91] (*1695 Gera/Thüringen) • +03.04.1729 Gera

1688 ev. Pfarrer zu Elgersburg • 1695 ev. Pfarrer zu Gera und Angelroda in Schwarzburg-Rudolstadt

---

*04.11.1742 Ansbach, ∞09.01.1776 Markt Berolzheim mit Georg Ludwig Schmidt (1726-1796); Christof Ludwig (1746-1750), *08.10.1746 Ansbach, +16.08.1750 Ansbach; Johann Georg Ludwig (1739-???), *07.11.1739 Ansbach, +1739 Ansbach; Magdalene Friederike Margarete (1740-???), *16.11.1740 Ansbach; Elisabeth Juliane Johanna (1742-???), *04.11.1742 Ansbach, ∞09.01.1776 Markt Berolzheim mit Georg Ludwig Schmidt (1726-1796, *12.05.1726 Kammerstein, +27.08.1796 Gunzenhausen; Christof Ludwig (1746-1750), *08.10.1746 Ansbach, +16.08.1750 Ansbach • +29.02.1760 Ansbach
[1] Christian Seefried (1697-1742) • *25.12.1697 Ansbach • Hofrat • ledig • +14.11.1742
[2] Johann Albrecht Seefried (1699-1706) • *30.06.1699 Ansbach • +30.08.1706 Ansbach
[3] Johann Lorenz v. Seefried (1700-1783) • *19.11.1700 Ansbach • ∞15.01.1736 Regensburg Barbara Magdalena v. Reck (1713-1792), *15.09.1713, +19.05.1792 Wendelstein • +23.03.1783 Wendelstein
[4] Anna Luise Seefried (1702-1768) • *29.07.1702 Ansbach • ∞19.10.1734 Ansbach mit Justizrat Johann Christian Schad (???-1740), +26.12.1740
[5] Juliane Marie Seefried (1705-1775) • *21.05.1705 Ansbach • ∞24.04.1725 Ansbach mit Johann Christian v. Knebel (???-1768), +27.07.1768 Ansbach • +15.05.1775 Ansbach
[6] Ludwig Christof Seefried (1708-1709) • *01.08.1708 Ansbach • +15.06.1709 Ansbach
[7] Georg Friedrich Konrad Seefried (1709-1710) • *24.11.1709 Ansbach • +02.02.1710 Ansbach

#183   Heim, Elisabeth Barbara (1668-???)

Ⓥ Martin Heim[#366] (1625-1707) • Ⓜ Barbara Klett[#367] (1635-1706) • *20.05.1668 Suhl • ∪ev • ∞10.09.1689 Suhl mit David Philipp Eberhard[#182] (1661-1729) • Ⓚ Elise Caritas[#91] (*1695 Gera/Thüringen)

#184   Hartert, Johann Franz (1668-1734)

Ⓥ Franz Hartert[#368] (1643-1694) • Ⓜ Elisabeth (Christina) Wetzel[#369] (1644-1676) • *06.08.1668 Grebenstein • ∪ev • ∞~1694/1695 mit Hedwig Sophia Pforrius[#185] (1668-1735) • Ⓚ David Hermann[#92a] (*1695 Reichensachsen); Johann Heinrich[#92b] (*1697 Reichensachsen); Dietrich Philipp[#92] (*1699 Reichensachsen); Friedrich David[#92c] (*1701 Reichensachsen); Heinrich Franz[#92d] (*1703 Reichensachsen); Dorothea Sophie[#92e] (*1705 Reichensachsen); Bernhard Philipp[#92f] (*1708 Reichensachsen); Christina Sabina[#92g] (*1710 Reichensachsen) • +20.07.1734 Sontra • □Sontra (Stadtkirche)

29.08.1683 immatrikuliert zu Marburg • 1690 Stipendiaten-Major in Marburg • 1693 Feldprediger bei „Serenissimo" von Landgraf Karl, der Generalität und Leibgarde • 1694 ev. Pfarrer zu Reichensachsen und Langenhain • 1711 ev. Pfarrer und Metropolitan zu Sontra • 1732 emeritiert • Grabstein mit Lebenslauf in der Stadtkirche zu Sontra

■ Daniel Hartert[#184a] (~1672->1684) • *~1672 Grebenstein • ∪ev • konf. 1684 Grebenstein • +>1684

■ Anna Gertrud Hartert[#184b] (1674-1676) • ∪ev 27.11.1674 Grebenstein • □ev 10.08.1676 Grebenstein

#185   Pforrius, Hedwig Sophia (1668-1735)

Ⓥ Johann David Pforrius[#370] (1631-1688) • Ⓜ Magdalena Elisabeth Stöckenius[#371] (1643-1700) • *15.09.1668 Kassel • ∪ev 20.09.1668 Kassel • ∞~1694/1695 mit Johann Franz Hartert[#184] (1668-1734) • Ⓚ David Hermann[#92a] (*1695 Reichensachsen); Johann Heinrich[#92b] (*1697 Reichensachsen); Dietrich Philipp[#92] (*1699 Reichensachsen); Friedrich

David[92c] (*1701 Reichensachsen); Heinrich Franz[92d] (*1703 Reichensachsen); Dorothea Sophie[92e] (*1705 Reichensachsen); Bernhard Philipp[92f] (*1708 Reichensachsen); Christina Sabina[92g] (*1710 Reichensachsen) • □01.09.1735 Sontra

Ihre Taufpatin ist die Hedwig Sophie v. Brandenburg (1623-1683), Schwester des Großen Kürfürsten Friedrich Wilhelm v. Brandenburg (1620-1688), verheiratet mit Wilhelm VI. v. Hessen-Kassel (1629-1663) und somit 1668 Landgräfin und Regentin v. Hessen-Kassel

• Anna Catharina Pforrius[185a] (1670-???) • *25.12.1670 Kassel • ∪ev • ∞I 28.09.1702 Kassel (Freiheit) mit David Friedrich Buch[1] (???-1703) • ∞II 12.02.1704 Ehlen mit Johannes Hermann Krug[2] (1669-1726) • Ⓚ keine

#186   Andreä, Johann Stephan (1676-1719)

Ⓥ Adam Henrich Andreä[372] • Ⓜ Katharina Aitinger[373] (˜1655-˂1696) • *1676 • ∪ev • ∞ mit Susanna Christine Stückrad[187] (???-1727) • Ⓚ Katharina Elisabeth[93] (*1714 Rothenburg/Fulda); Johann Jacob[93a] (*1715 Rotenburg/Fulda); Franz Benjamin[93b] (*1717 Rotenburg/Fulda); Johann Caspar[93c] (*1719 Rotenburg/Fulda); Catharina Philippina[93d] (*1719 Rotenburg/Fulda) • □11.10.1719 Rotenburg/Fulda

Stiftskämmerer und Sekretär • Nachfahre von Karl dem Großen und der Heiligen Elisabeth

---

[1] David Friedrich Buch (???-1703) • Ⓥ David Buch, Registrator bei der Fürstlichen Rentkammer Kassel • *Kassel • +14.02.1703 Ehlen • □19.02.1703
[2] Johannes Hermann Krug (1669-1726) • Ⓥ Hermann Philipp Krug (1636-1675), *1636 Kassel, +19.02.1675 Hersfeld, Kollaborator Gymnasium Hersfeld, Sohn von Johann Thomas Krug 1595-1675) und Anna Sabina Krug (1599-1676) • Ⓜ Anna Maria Limberger (1642-1676), *16.03.1642 Hersfeld, +31.03.1676 Hersfeld, Tochter von Johannes Limberger (+02.07.1678 Hersfeld) und Kunigunde Steube • ∪05.08.1699 Hersfeld • 1685-1690 Gymnasium Hersfeld • 07.03.1690 immatrikuliert zu Marburg • 1691 imm. zu Bremen • 10.06.1695 imm zu Marburg • vor 1703 Praeceptor Waisenhaus Kassel • 1703-1726 Pfarrer Ehlen • □03.06.1726 Ehlen

#187   Stückrad, Susanna Christine (???-1727)

Ⓥ Johann Jacob Stückrad[#374] (1660-1715) • Ⓜ Rahel Cotrel[#375] (1670-1695) • ∪ev • ∞I mit Johann Stephan Andreae[#186] (1676-1719) • Ⓚ Katharina Elisabeth[#93] (*1714 Rothenburg/Fulda); Johann Jacob[#93a] (*1715 Rotenburg/Fulda); Franz Benjamin[#93b] (*1717 Rotenburg/Fulda); Johann Caspar[#93c] (*1719 Rotenburg/Fulda); Catharina Philippina[#93d] (*1791 Rotenburg/Fulda) • ∞II 07.11.1720 mit Johann Christian Stückrad[1], Kanzleisekretarius (1762-1821) • Ⓚ Sophia Anna Catharina[#93e] (*1721 Rotenburg/Fulda) • □18.03.1727 Rotenburg/Fulda

Nachfahrin von Karl dem Großen und der Heiligen Elisabeth

■ Johanna Elisabeth Stückrad[#187a] (1690-1734) • *März 1690 • ∪ev • ∞<1711 mit Oberförster Johann Wick zu Treysa[2] (1667-1734) • □15.03.1734 Treysa, verstorben im Alter von 44 Jahren und 1 Woche

■ Johann Jacob Stückrad[#187b]

■ Franz Stückrad[#187c] (???-1740) • ∪ev • 1731 Förster zu Kehrenbach • 1735 Oberförster in Sooden zu Allendorf • ∞ mit NN Manger (□22.06.1735 Allendorf) • +27.05.1740 Allendorf

Halbgeschwister aus zweiter Ehe

■ Johann Philipp Stückrad[#187d] (1714-<1753) • *1714 • ∪ev • Förster zu Iba • +<1753

■ Catharina Elisabeth Stückrad[#187e] (???-<1789) • ∪ev • ∞16.01.1747 Rothenburg mit Andreas Wilhelm Knopf, Hofmeister beim Prinzen Constantin in Rotenburg (1747), Forstverwalter zu Iba • +<1789

#188   Bose, Andreas

---

[1] Johann Christian Stückrad (1762-1821) • Ⓥ Theodor Benjamin Stückrad (1732-1787) • Ⓜ Katharina Maria Trumbach (1741-1799) • *1762 Kassel • Kanzleisekretarius • Kurfürstlich Hessischer Auditeur im Rgt Gens d´Armes • +17.11.1821 Melsungen
[2] Johann Wick zu Treysa (~1667-1734) • *~1667 • □09.11.1734 Treysa, verstorben im Alter von 67 Jahren und 6 Monaten

Ⓥ ??? • Ⓜ ??? • ∞ mit Dorothea NN[#189] • Ⓚ Karl Adolf Christian[#94] (*1720 Herzberg/Harz)

Bürger zu Herzberg im Harz

#189 NN, Dorothea

Ⓥ ??? • Ⓜ ??? • ∞ mit Andreas Bose[#188] • Ⓚ Karl Adolf Christian[#94] (*1720 Herzberg/Harz)

#190 Weber, Heinrich Albrecht (1692-1746)

Ⓥ Sebastian Heinrich Weber[#380] (1653-1706) • Ⓜ Anna Maria Kroll[#381] (???-1707) • ∪ev 15.08.1692 Wahlhausen/Werra • ∞14.08.1727 Sontra mit Katharine Elisabeth Hilchen[#191] (1706-1741) • Ⓚ Christine Bernhardine[#95] (*1731 Wanfried/Werra) • +14.12.1746 Wanfried/Werra

Hessen-Rheinfelsischer Amtmann zu Wanfried

▪ Sebastian Heinrich Weber[#190a] (1685-1748) • ∪ev 26.07.1685 Wahlhausen • ∞25.09.1730 Wahlhausen mit Catharina Schabacker[1] (???-1774) • Ⓚ George Friedrich[2] (*1731 Wahlhausen); Maria Sophia[3] (*1734

---

[1] Catharina Schabacker (???-1774) • Ⓥ Conrad Schabacker (1682-1744) • Ⓜ Anna Maria NN (~1678-1726) • ∪ev • +16.12.1774 Wahlhausen • □18.12.1774 Wahlhausen
[2] George Friedrich Weber (1731-???) • *31.03.1731 Wahlhausen • ∪ev 02.04.1731 Wahlhausen
[3] Maria Sophia Weber (1734-1804) • *30.10.1734 Wahlhausen • ∪ev 02.11.1734 Wahlhausen • ∞09.02.1752 Wahlhausen mit Johann Heinrich Morgenthal (???-1793) • Ⓚ Anna Catharina (1754-1834); Johann Adam (152-1761); Georg Friedrich (1757-1832); Anna (Johanna) Maria (1764-1813); Anna Christina (1759-1825); Martha Elisabeth (1762-1825); Anna Dorothea (1767-1773); Johann Christian (*1770); Catharina Elisabeth (1774-1780) • +~24.04.1804 Wahlhausen (in der Stille beerdigt worden, nachdem sie in der Nacht vom 21. zum 22. sich aus dem Hause entfernt und den 23. in der Werra ertrunken gefunden worden) • □24.04.1804 Wahlhausen

Wahlhausen); Johann Philipp[1] (*1743 Wahlhausen) • +14.09.1748 Wahlhausen • □17.09.1748 Wahlhausen

▪ NN♀ Weber[#190b] (1687-1687) • *+~19.04.1687 Wahlhausen (Totgeburt) • □21.04.1687 Wahlhausen

▪ Agneß Margreth Weber[#190c] (*1688) • ᴜev 24.05.1688 Wahlhausen

▪ Johann Henrich Weber[#190d] (1690-1714) • ᴜev 29.04.1690 Wahlhausen • □30.09.1714 Wahlhausen

▪ Georg Friedrich Weber[#190e] (1697-???) • ᴜev 26.10.1697 Wahlhausen

#191   Hilchen, Katharine Elisabeth (1706-1741)

Ⓥ Georg Leo Hilchen[#382] (1679-1741) • Ⓜ Marie Elisabeth Bourdon[#383] (1685-1750) • *20.11.1706 Sontra • ᴜev-ref. • ∞14.08.1727 Sontra mit Heinrich Albrecht Weber[#190] (1692-1746) • Ⓚ Christine Bernhardine[#95] (*1731 Wanfried/Werra) • +11.03.1741 Wanfried/Werra

▪ Johann Friedrich Hilchen[#191a] (1706-1781) • *19.10.1706 Sontra • ᴜev-ref. • Hofkammerrat • Salinendirektor • Oberamtmann • Gutsbesitzer • ∞11.08.1744 Kassel mit Reichsfreiin Carolina Dorothea Magdalena Waitz v. Eschen[2] (1727-1786) • Ⓚ Friedrich Sigismund (*1745 Sontra) • +13.07.1781

▪ Sophie Elise Hilchen[#191b] • ∞<1754 mit Dr. med. Otto Christoph Faust[3] (1717-1758), Dr. med. und Amtsarzt (Physikus) in Rotenburg/Fulda • Ⓚ Bernhard Christoph (*1755 Rotenburg/Fulda)

---

[1] Johann Philipp Weber (1743-1746) • *26.11.1743 Wahlhausen • ᴜev 01.12.1743 Wahlhausen • +08.03.1746 Wahlhausen • □11.03.1746 Wahlhausen
[2] Reichsfreiin Carolina Dorothea Magdalena Waitz v. Eschen (1727-1786) • *03.05.1727 Kassel • +17.02.1786 Eschen-Dudendorf bei Sulze/Mecklenburg
[3] Otto Christoph Faust (1717-1758) • Ⓥ Jacob Wilhelm Faust, Dr. med. in Bad Hersfeld und Sohn von Dr. med. Johann Wilhelm Faust (1640-1705)

#192   **Wachtmann, Ernst <u>Philipp</u> (1691-1755)**

Ⓥ Hennig Wachtmann[#384] (1658->1691) • Ⓜ Margaretha Gerdruth Busco[#385] (???->1691) • *Wülfel/Hannover • ∪ev 09.08.1691 Wülfel/Hannover • ∞I ev 08.01.1711 Döhren/Hannover mit Anna Ilsebei Schäffer[1] (???-1714) • <u>∞II</u> ev 11.07.1715 Döhren/Hannover mit Catharine Sophie Höper[#193] (1691-1750) • Ⓚ mehrere Kinder u. a. <u>Johann</u> <u>Erich</u> Wilhelm[#96] (*1719 Wülfel/Hannover) • +22.04.1755 Wülfel/Hannover • □ev 26.04.1755 Wülfel/Hannover

1735 bis 1742 vermutlich Halbkötner Nr. 45 in Gestorf durch Kauf, Schulmeister

■ Henning Christoffer Wachtmann[#192a] (1689-???) • ∪ev 18.07.1689 Wülfel/Hannover

#193   **Höper, Sophie Catharine (1691-1750)**

Ⓥ ??? • Ⓜ ??? • *Juni 1691 Wennigsen • ∪ev • ∞ev 11.07.1715 Döhren/Hannover mit Ernst <u>Philipp</u> Wachtmann[#192] (1691-1755) • Ⓚ mehrere Kinder u. a. <u>Johann</u> <u>Erich</u> Wilhelm[#96] (*1719 Wülfel/Hannover) • +30.12.1750 Wülfel/Hannover • □ev 06.01.1751 Wülfel/Hannover

#196   **Burius, Anton Günther (1661-1707)**

Ⓥ Johannes Burius[#392] (1630-1668) • Ⓜ Gertrud Selken[#393] (~1635->1661) • *1661 • ∪ev • ∞ev mit Dorothea Westphal[#197] (~1650-1723) • Ⓚ Johann Günther[#98] (*1696 Bardowick/Lüneburg); Heinrich Wilhelm Anton[#98a] (*Scharnebeck/Lüneburg); Friedrich Carl[#98b] (*1702 Scharnebeck/Lüneburg) • +05.04.1707

1694 ev. Prediger in Scharnebeck bei Lüneburg

---

[1] Anna Ilsebei Schäffer (???-1714) • *Laatzen • +1714

#197   Westphal, Dorothea (~1650-1723)

Ⓥ Johann Westphal[#394] (~1600->1664) • Ⓜ NN Barsoepius[#395] (???->1661) • *~1650 • ◡ev • ∞ev mit Anton Günther Burius[#196] (1661-1707) • Ⓚ Johann Günther[#98] (*1696 Bardowick/Lüneburg); Heinrich Wilhelm Anton[#98a] (*Scharnebeck/Lüneburg); Friedrich Carl[#98b] (*1702 Scharnebeck/Lüneburg) • +04.01.1723 Scharnebeck

#200   Becker, Hermann (<1676-1706)

Ⓥ Heinrich Becker[#400] (1629-1672) • Ⓜ Catharine Berger[#401] • *<1676 Bramsche • ◡ev • ∞ev 1696 Bramsche (St. Martin) mit Maria Gertrud Eckelmann[#201] (1672-1740) • Ⓚ Margaretha Gertrud[#100a] (*1697 Bramsche); Maria Gertrud[#100b] (*1699 Bramsche); Hermann Heinrich[#100] (*1703 Bramsche); Johann Heinrich[#100c] (*1706 Bramsche) • +1706 Bramsche

Bäcker und Brauer in Bramsche Nr. 5 (Brückenort)

■ Helena Becker[#200a] • *Bramsche • ◡ev Bramsche (St. Martin) • ∞1677 Achmer (Wackum) mit Friedrich Strüve

■ Anna Lucia Becker[#200b] (1658-1729) • *1658 Bramsche • ◡ev Bramsche (St. Martin) • ∞ev 24.04.1680 Bramsche (St. Martin) mit Hermann Möllmann[1] (1660-1723) • Ⓚ Anna Adelheit[2]; Catherine[1]; Anna

---

[1] Hermann Möllmann (1660-1723) • Ⓥ Gerd Möllmann (???-1678) • Ⓜ Adelheit Goelckenbecht • ◡1660 Bramsche • Colonus Vollerbe in Bramsche Nr. 23 (Pente) Nr. 17 • □08.11.1723

[2] Anna Adelheit Möllmann (???-1736) • ∞Dez 1720 mit Hermann Heinrich Kleine Thymann (1691-1747), Sohn von Hermann von Lübken Colonus Kleine Thymann und erste Ehefrau Margarethe Niemann (*Epe, +1694 Hesepe), ◡1691 Hesepe, +27.04.1747 Stapelberg, □30.04.1747, Colonus Halberbe in Hesepe Nr. 17 • Ⓚ Hermann Heinrich (1721-???), ◡1721 Hesepe, ∞I 1753 mit Anna Adelheit Dinkelmann, ∞II 1760 mit Maria Adelheit Auf der Heyde; Anna Adelheit (1722-1723), ◡13.11.1722 Hesepe, □24.02.1723 Hesepe; Johann Heinrich (1724-1793), ◡02.04.1724 Hesepe, +09.05.1793 Achmer, ∞ mit Catharina Margaretha Becker (17127-1804); Anna Catharina (1727-???), *11.01.1727 Hesepe, ◡19.01.1727, ∞1756 mit Johann

Catherina[2] (*1678 Bramsche); Johann Hermann[3] (*1688 Bramsche); Johann Heinrich[4] (*1690 Bramsche); Johann Dierck[5] (*1695); Johann[6] (*1703 Bramsche) • □ev 28.12.1729

▪ Heinrich Becker[#200c] (???-1714) • * Bramsche • ∪ev Bramsche (St. Martin) • Zunftspedell in Bramsche • ∞I ev 06.12.1692 Bramsche (St. Martin) mit Hilcke Eschs[7] (1662-1710) • Ⓚ Anna[8] (*1698 Bramsche) • ∞II ev 1711 Bramsche (St. Martin) mit Catherine Margarethe Frye[9] (1687-1751) • Ⓚ Johann Heinrich[10] (*1713 Bramsche) • +Aug 1714

▪ Johann Becker[#200d] (1656-1729) • *1656 Bramsche • ∪ev Bramsche (St. Martin) • Einwohner in Bramsche Nr. 149 (Mühlenort) • ∞1682 Bramsche mit Catharine Strüve[11] (1652-1729) • Ⓚ Anna Catharine[12] (*1683); Catharine Margarethe[13] (*1684 Bramsche); Johann[14] (*1685

Heinrich Auf der Heyde; Hermann Heinrich (1723-1733), ∪06.04.1733 Hesepe, □29.10.1733 Hesepe; Johann Diedrich (1735-???), ∪23.10.1735 Hesepe • +1736

[1] Catherine Möllmann • ∞ mit Johann Butke

[2] Anna Catherina Möllmann (1678-???) • ∪1678 Bramsche • ∞1713 mit Johann Heinrich Kreecke

[3] Johann Hermann Möllmann (1688-1767) • ∪Feb 1688 Bramsche (St. Martin) • +29.03.1767 • □01.04.1767

[4] Johann Heinrich Möllmann (1690->1730) • ∪März 1690 Bramsche (St. Martin) • ∞1730 mit Helena Margarethe Buchtmann

[5] Johann Dierck Möllmann (1695->1724) • *1695 • ∞I mit Catherine Elisabeth Bey der Sandwisch • ∞II 1724 mit Anna Catharine Möddelmann

[6] Johann Möllmann (1703->1736) • *1703 Bramsche • ∞21.04.1736 Weesp mit Elisabeth Regina Van der Liet (1708-???)

[7] Hilcke Eschs (1662-1710) • Ⓥ Ahasver Eschs • Ⓜ Adelheit Tebbenhof • *1662 • +16.05.1710 Bramsche

[8] Anna Becker (1698-1726) • *1698 Bramsche • +14.04.1726 Bramsche

[9] Catherine Margarethe Frye (1687-1751) • Ⓥ Hermann Freye • *05.11.1687 Bramsche • +17.11.1751 Bramsche • □19.11.1751 Bramsche (St. Martin)

[10] Johann Heinrich Becker (1713-1714) • *Mai 1713 Bramsche • +18.12.1714 Bramsche

[11] Catharine Strüve (1652-1729) • Ⓥ Rudolph Lettmathe Col. Strüve • *Juli 1652 Achmer (Wackum) • +29.09.1729

[12] Anna Catharine Becker (1683-1683) • *Juli 1683 • □17.11.1683 Bramsche

[13] Catharine Margarethe Becker (1684-???) • ∪08.09.1684 Bramsche • ∞1732 Bramsche mit Nicolaus Proßmann

[14] Johann Becker (1685-???) • ∪ev15.09.1685 Bramsche (St. Martin)

Bramsche); Margarethe Adelheit[1] (*1696 Bramsche); Anna Catharine[2] (*1689) • +30.11.1729 Bramsche

▪ Anna Catharina Becker[#200e] (1666-1750) • *11.11.1666 Bramsche • ⌣ev Bramsche (St. Martin) • ∞ev Okt 1688 Bramsche (St. Martin) mit Hermann Wieckmeyer[3] (1656-1724) • Ⓚ Johann Heinrich[4] (*1698) • +29.05.1750 Bramsche, „lange kränklich" • ☐ev 31.05.1750 Bramsche (St. Martin)

▪ Johann Berend Becker[#200f] (1670-???) • ⌣ev 1670 Bramsche (St. Martin)

#201   Eckelmann, Maria Gertrud (1672-1740)

Ⓥ Hermann Eckelmann[#402] (1625-1714) • Ⓜ Margaretha Berger[#403] (1632-1713) • *Januar 1672 Bramsche • ∞I 1696 Bramsche mit Hermann Becker[#200] (???-1706) • Ⓚ Margaretha Gertrud[#100a] (*1697 Bramsche); Maria Gertrud[#100b] (*1699 Bramsche); Hermann Heinrich[#100]

---

[1] Margarethe Adelheit Becker (1696-1723) • *1696 Bramsche • ☐15.05.1723

[2] Anna Catharine Becker (1689-???) • ⌣22.05.1689

[3] Hermann Wieckmeyer (1656-1724) • Ⓥ Ludecke Wieckmeyer • *1656 Bramsche • ☐03.09.1724 Bramsche (St. Martin) • Schuster in Bramsche Nr. 121 (Hinterstrasse)

[4] Johann Heinrich Wieckmeyer (1698-1758) • *30.03.1698 Bramsche • +17.06.1758 Bramsche, verstorben an „Schwindsucht und hitzigem Fieber" • ☐20.06.1758 Bramsche (St. Martin) • Schuhmachermeister in Bramsche Nr. 121 (Hinterstrasse) • ∞I Mai 1728 Bramsche (St. Martin) mit Catharine Margarethe Eckelmann (???-1736) • Ⓚ Anna Maria • ∞II 16.10.1741 Bramsche (St. Martin) mit Catharine Margarethe Dierckes (1714-1748), Tochter von Claus Hermann Dierckes, *25.07.1714 Bramsche, +22.08.1748 Bramsche, ☐24.08.1748 Bramsche (St. Martin) • Ⓚ Anna Maria (1732-???), ⌣05.10.1732 Bramsche (St. Martin), ∞1756 Bramsche mit Johann Ebcke von Büren; Margarethe Elisabeth (1742-1742), *16.08.1742 Bramsche, ⌣25.08.1742 Bramsche (St. Martin), ☐27.10.1742; Johann Heinrich (1744-1745), *25.02.1744 Bramsche, ⌣02.03.1744 Bramsche (St. Martin), +14.07.1745 Bramsche (verstorben an Schwindsucht), ☐16.07.1745 Bramsche; NN♂ (1745-1745), *+30.07.1745 Bramsche, totgeboren; Johann Heinrich (1746-1748), *06.08.1746 Bramsche, ⌣14.08.1746 Bramsche (St. Martin), +19.05.1748 Bramsche, ☐31.05.1748 Bramsche; Regina Margarethe (1748-???), *21.08.1748 Bramsche, ⌣25.08.1748 Bramsche (St. Martin), ∞1768 Bramsche mit Ernst Rudolph Gresel

(*1703 Bramsche); Johann Heinrich[#100c] (*1706 Bramsche) • ∞II 1709 Bramsche mit Heinrich Detering • Ⓚ Johann Heinrich[#100d] (*1710 Bramsche); Anna Margaretha[#100e] (*1715); NN[♀#100f] (*Bramsche) • +25.01.1740 Bramsche

▪ Catharina Margarethe Eckelmann[#201a] (???->1692) • *Bramsche • ∞1678 Bramsche mit Johann Heinrich Meyer • Ⓚ NN[1]; Hermann[2] (*1680 Bramsche); NN[3]; Johann Heinrich[4] (*1683 Bramsche); Johann Hermann[5] (*1685 Bramsche); Heinrich Rudolph[6] (*1689 Bramsche); Hermann Rudolph[7] (*1689 Bramsche); Catharina Margaretha[8] (*1692 Bramsche); Margarethe Gertraud[9] • >1692

▪ Anna Helene Luise Eckelmann[#201b] (~1659-1693) • *Bramsche • ∞I ev 22.09.1677 Bramsche (St. Martin) mit Wilhelm Rost[10] (~1645-1683) • Ⓚ Margaretha Adelheit[11] (*1678 Bramsche); Hermann Arend[12] (*1679 Bramsche) • ∞II ev 16.09.1684 Bramsche (St. Martin) mit Johann Rudolph Meyer gen. Rost[13] (1658-1745) • Ⓚ Johann Heinrich[14] (*1686

---

[1] NN Meyer (???-1680) • ☐21.01.1680 Bramsche

[2] Hermann Meyer (1680-1680) • ◡28.07.1680 Bramsche • ☐17.08.1680 Bramsche

[3] NN Meyer (???-1682) • ☐14.08.1682 Bramsche

[4] Johann Heinrich Meyer (1683-???) • ◡ev 13.06.1683 Bramsche (St. Martin)

[5] Johann Hermann Meyer (1685-???) • ◡ev 09.03.1685 Bramsche (St. Martin)

[6] Heinrich Rudolph Meyer (1687-???) • ◡ev 12.12.1687 Bramsche (St. Martin)

[7] Hermann Rudolph Meyer (1689-???) • ◡ev 23.10.1689 Bramsche (St. Martin)

[8] Catharina Margaretha Meyer (1692-??) • ◡ev Mai 1692 Bramsche (St. Martin) • ∞1717 Bramsche mit Johann Heinrich Glindkamp

[9] Margarethe Gertraud Meyer • ∞25.05.1712 Osnabrück (St. Marien) mit Wilhelm Heinrich Beverförden

[10] Wilhelm Rost (~1645-1683) • Ⓥ Heinrich Rost • Ⓜ Adelheit Kramer • *~1645 • ☐Okt 1683 • Einwohner in Bramsche Nr. 18 (Brückenort)

[11] Margaretha Adelheit Rost (1678-???) • ◡ev 30.05.1678 Bramsche (St. Martin)

[12] Hermann Arend Rost (1679-???) • ◡15.10.1679 • ∞~1710 in Bramsche mit NN

[13] Johann Rudolph Meyer gen. Rost (1658-1745) • Ⓥ Lübbert Meyer zu Bramsche • *16.04.1658 Bramsche • +20.08.1745 Bramsche • ☐22.08.1745 • Kaufhändler in Bramsche Nr. 18 (Brückenort)

[14] Johann Heinrich Meyer (1686-1688) • ◡ev 05.05.1686 Bramsche (St. Martin)• ☐ev 21.05.1688 Bramsche

Bramsche); Heinrich Rudolph[1] (*1689 Bramsche); Johann Heinrich[2] (*1691 Bramsche) • +1693

▪ Johann Heinrich Eckelmann[#201c] (1674-1736) • ∪ev 01.07.1674 Bramsche • ∞13.04.1706 Bramsche (St. Martin) mit Anna Margaretha Meyer[3] (1683-1748) • Ⓚ Hermann Balthasar[4] (*1707); Johann Heinrich[5] (*1712 Bramsche); Johann Rudolph[6] (*1717 Bramsche); Anna Margaretha[7] (*1720 Bramsche); NN♀[8] (*Bramsche) • +21.04.1736 Bramsche

#202   Meyer, Johann Heinrich (1672-1757)

Ⓥ Andreas Meyer[#404] (1630-1677) • Ⓜ Catharina Margaretha Bockwete[#405] (1638-1712) • *02.04.1672 Bramsche • ∪ev 08.04.1672

---

[1] Heinrich Rudolph Meyer (1689-???) • ∪ev 06.01.1689 Bramsche (St. Martin)

[2] Johann Heinrich Meyer (1691-???) • ∪ev 08.08.1691 Bramsche (St. Martin) • ∞ev 1717 Bramsche (St. Martin) mit Christina Margaretha Broellmann

[3] Anna Margaretha Meyer (1683-1748) • Ⓥ Balthasar Henrich Meyer (1656-1716), *1656 Bramsche, +1716 Bramsche, ∞ev 04.10.1681 Bramsche (St. Martin) • Ⓜ Margarethe Lucretia Sanders (1658-1713), *1658 Bramsche, +1713 Bramsche • *1683 Bramsche • +01.06.1748 Bramsche

[4] Hermann Balthasar Eckelmann (1707-1783) • *16.02.1707 • +15.11.1783 • Leinenhändler und Bürgermeister in Bramsche • ∞II 03.10.1731 Bramsche (St. Martin) mit Anna Margarethe Meyer (Strubbe) (1709-1770), Tochter von Hermann Rudolph Meyer (1682-1763) und Anna Maria Strubbe (1689-1751), *12.06.1709, +20.12.1770 • Ⓚ Johann Rudolf (1733-1811), *08.12.1733, +12.03.1811, Blau- und Schönfärbemeister, ∞18.09.1766 Bramsche mit Johanne Christine Kleinow (1742-1778)

[5] Johann Heinrich Eckelmann (1712-1770) • *1712 Bramsche • Kaufgeselle • ∞23.09.1738 mit Margarete Engel Dorothee Meyer gen. Rump (*1719 Hitzhausen, +21.08.1781 Hitzhausen), Tochter von Johann Berend Meyer (*1690) und Dorothee Angela Rump (*1700) • Ⓚ Johann Bernhard (1739-1801), *18.10.1739 Ostercappeln, +18.10.1801, ∞06.10.1766 mit Anne Marie zu Hagen (*07.08.1735 Vehrte, +16.01.1819 Vehrte) • +12.03.1770 Hitzhausen

[6] Johann Rudolph Eckelmann (1717-1735) • *Jun 1717 Bramsche • □07.01.1735 Bramsche (St. Martin)

[7] Anna Margaretha Eckelmann (1720-???) • *12.08.1720 Bramsche • ∞1738 Bramsche mit Heinrich Rudolph Meyer

[8] NN♀ • *Bramsche • +früh

Bramsche (St. Martin) • ∞ev 17.04.1703 Bramsche (St. Martin) mit Catharina Margaretha Strüve gen. Riesenbeck[#203] (1683-1761) • Ⓚ Hermann Heinrich[#101a] (*1705 Bramsche); Catharina Margarethe[#101] (*1709 Bramsche); Heinrich Rudolph[#101b] (*1715 Bramsche); Johann Hermann[#101c] (*1718 Bramsche); Catharina Maria[#101d] (*1718 Bramsche); Johann Heinrich[#101e] (*Bramsche); Christina Adelheit[#101f] (*1721 Bramsche); Catharina Maria[#101g] (*1724 Bramsche); Johann Gerd[#101h] (*1725 Bramsche); Christina Margarethe[#101i] (*1727 Bramsche) • +25.05.1757 Bramsche, „14 Tage krank, 85 Jahre" • □ev 28.05.1757 Bramsche (St. Martin)

Genannt „Andreas Sohn" • Bäcker und Brauer in Bramsche Nr. 111 (Hinterstraße)

▪ Anna Meyer[#202a] (1670-???) • *28.02.1670 Bramsche • ∪ev • +früh verstorben

▪ Johann Hermann Meyer[#202b] (1674-1676) • ∪ev 14.04.1674 Bramsche • +Nov 1676 Bramsche, verstorben an Pocken

▪ Heinrich Ebcke Meyer[#202c] (1676->1736) • *06.04.1676 Bramsche • ∪ev 10.04.1676 Bramsche (St. Martin) • ∞I 1704 mit Lücke Adelheit von Dörsten • ∞II 1736 Bramsche mit Anna Elisabeth Kerckhoff • +>1736

#203   Strüve gen. Riesenbeck, Catharina Margaretha (1683-1761)

Ⓥ Heinrich Strüve gen. Riesenbeck[#406] (???-1719) • Ⓜ Catherina Helene Berger[#407] (1660-1688) • *08.03.1683 Bramsche (Zwillingsschwester von Anna Margarethe[#203a]) • ∪ev 12.03.1683 Bramsche (St. Martin) • ∞ev 17.04.1703 Bramsche (St. Martin) mit Johann Heinrich Meyer[#202] (1672-1757) • Ⓚ Hermann Heinrich[#101a] (*1705 Bramsche); Catharina Margarethe[#101] (*1709 Bramsche); Heinrich Rudolph[#101b] (*1715 Bramsche); Johann Hermann[#101c] (*1718 Bramsche); Catharina Maria[#101d] (*1718 Bramsche); Johann Heinrich[#101e] (*Bramsche); Christina Adelheit[#101f] (*1721 Bramsche); Catharina Maria[#101g] (*1724 Bramsche); Johann Gerd[#101h] (*1725 Bramsche); Christina

Margarethe[#101i] (*1727 Bramsche) •+07.08.1761 Bramsche, verstorben an „Schwindsucht" • ☐ev 11.08.1761 Bramsche (St. Martin)

▪ Anna Margarethe Strüve[#203a] (1683-???) • *08.03.1683 Bramsche (Zwillingsschwester von Catharina Margaretha[#203]) • ◡ev 12.03.1683 Bramsche (St. Martin)

▪ Johann Hermann Strüve[#203b] (1684-1723) • ◡ev 09.04.1684 Bramsche • Kaufhändler und Brauer in Bramsche Nr. 122 (Mühlenort) • ∞Okt 1719 Bramsche mit Helene Adelheit Niemann[1] (1697-1723) • Ⓚ Hermann Heinrich[2]; Catharine Helene[3] (*1723 Bramsche) • +18.08.1723 Bramsche

▪ Anna Maria Strüve[#203c] (1688-1713) • *05.03.1688 Bramsche • ◡ev 10.03.1688 Bramsche (St. Martin) • ∞ev 07.04.1712 Bramsche (St. Martin) mit Hermann Ruwe[4] (1674-1735) • Ⓚ Catharina Elisabeth[5] (*1713 Bramsche) • ☐ev 20.01.1713 Bramsche (St. Martin)

#204   Sanders, Johann Rudolph (1682-1758)

Ⓥ Hermann Rudolph Sanders[#408] (1649-1739) • Ⓜ Anna Catharine Meyer zu Rieste[#409] (1660-1737) • *22.09.1682 Bramsche • ◡ev 26.09.1682 Bramsche (St. Martin) • ∞ev 22.09.1707 Bramsche (St. Martin) mit Catharina Gertrud Eymann[#205] (1688-1751) • Ⓚ Anna Gertrud[#102a] (*1710 Bramsche); Adelheit[#102b] (*Bramsche); Catharina Maria[#102c] (*1713 Bramsche); Hermann Rudolph[#102] (*1723 Bramsche) • +04.03.1758 Bramsche, verstorben an „plötzlichem Schlagfluß" • ☐08.03.1758 Bramsche (St. Martin)

---

[1] Helene Adelheit Niemann (1697-1723) • *16.04.1697 Anckum • +08.06.1732 Bramsche • ☐10.06.1732 Bramsche

[2] Hermann Heinrich Strüve (???-1722) • ☐26.05.1722

[3] Catharina Helene Strüve (1723-???) • ◡02.12.1723 Bramsche (St. Martin) • ∞1752 Bramsche mit Johann Rudolph Schmidt

[4] Hermann Ruwe (1674-1735) • ◡19.08.1674 Bramsche • ☐07.05.1735 Bramsche • Bäcker und Brauer in Bramsche Nr. 75 (Neustadt)

[5] Catharina Elisabeth Ruwe (1713-???) • *1713 Bramsche • ∞1738 Bramsche mit Hermann Rudolph Eymann

vornehmer Leinenhändler in Bramsche Nr. 76 (Neustadt)

▪ Hermann Heinrich Sanders[#204a] (1686-???) • ∪ev 29.12.1686 Bramsche (St. Martin)

▪ Catharina Margarethe Sanders[#204b] (1691-1781) • *1691 Bramsche • ∪ev • +22.08.1781 Bramsche • □24.08.1781 Bramsche (St. Martin)

▪ Anna Margaretha Sanders[#204c] (1694-???) • *~1694 Bramsche • ∪ev • ∞1714 Bramsche (St. Martin) mit Hermann Rudolph Pörtener

▪ Johann Balthasar Sanders[#204d] (1697-???) • *25.05.1697 Bramsche • ∪ev • ∞1726 Bramsche mit Catharina Elisabeth Meyer zu Bramsche

#205   Eymann, Catharina Gertrud (1688-1751)

Ⓥ Hermann Eymann[#410] • Ⓜ Gerdruth Meyer[#411] (1655-???) • *05.02.1688 Bramsche • ∪ev 12.02.1688 Bramsche (St. Martin) • ∞ev 22.09.1707 Bramsche (St. Martin) mit Johann Rudolph Sanders[#204] (1682-1758) • Ⓚ Anna Gertrud[#102a] (*1710 Bramsche); Adelheit[#102b] (*Bramsche); Catharina Maria[#102c] (*1713 Bramsche); Hermann Rudolph[#102] (*1723 Bramsche) • +15.04.1751 Bramsche, „13 Wochen krank, 63 Jahre" • □20.04.1751 Bramsche (St. Martin)

▪ Hermann Heinrich Eymann[#205a] (1679-???) • ∪ev 22.07.1679 Bramsche (St. Martin) • ∞ev 1705 Bramsche (St. Martin) mit Anna Adelheit Sanders

▪ NN♀ Eymann[#205b] (???-1684) • *Bramsche • +06.05.1684

▪ Margarethe Adelheit Eymann[#205c] (1684-1686) • ∪ev 25.09.1684 Bramsche (St. Martin) • □25.11.1686 Bramsche (St. Martin)

▪ (Anna) Maria Adelheit Eymann[#205d] (1690-???) • ∪ev 18.06.1690 Bramsche (St. Martin) • ∞ev 1713 Bramsche (St. Martin) mit Hermann Rudolph Sanders[1] (1683-???) • leben in Bramsche • Ⓚ Rudolph

---

[1] Hermann Rudolph Sanders (1683-???) • Ⓥ Rudolph (Roleff) Sanders (1648-1722), Sohn von Johann Sanders (~1620-~1688) und Anna Kramer (1620-1677) • Ⓜ Adelheit

Balthasar[1] (*1719 Bremen); Hermann[2] (*1720 Bremen); Johann[3] (*1723 Bremen); Anna[4] (*1725 Bremen); Anna Maria[5] (*1727 Bremen); Maria Magdalena[6] (*1728 Bremen) • +Bremen

■ Johann Rudolph Eymann[#205e] (1692-???) • *13.11.1692 Bramsche • Uev • ∞ mit Maria Magdalena Nagels aus Hamburg • leben in Bramsche

■ Regina Margaretha Eymann[#205f] (1699-???) • *20.01.1699 Bramsche • Uev • ∞1719 Bramsche mit Balthasar Meyer

#206   **Wördemann, Cornelius (???-<1764)**

Ⓥ ??? • Ⓜ ??? • ∞ mit Anna Gertrud Gösling[#207] (???->1764) • Ⓚ Anna Gertrud[#103] (*1730 Wildeshausen)

Kaufmann zu Wildeshausen

#207   **Gösling, Anna Gertrud (???->1764)**

Niemann (1654-1732), Tochter von Gerdt Niemann und Lücke Boitmann • Uev 26.12.1683 Bramsche (St. Martin) • + Bremen

[1] Rudolph Balthasar Sanders (1719-???) • Uev 18.06.1719 Bremen (St. Petri Dom) • 1755 Kaufmann in Bremen • 26.08.1754 Aufgebot in Bremen (St. Martini) • ∞1754 Hildesheim mit Margaretha Lucretia Reiche, Tochter von NN Reiche (Syndicus in Hildesheim) • Ⓚ Philipp Rudolph (1755-???), Uev 24.07.1755 Bremen (St. Petri Dom); Philipp (1756-???), *16.12.1756 Bremen, Uev 21.12.1756 Bremen (St. Petri Dom); Johann Friedrich (1758-???), *23.11.1758 Bremen, Uev 29.11.1758 Bremen (St. Petri Dom); Anna Maria (1760-???), *06.09.1760 Bremen, Uev 09.09.1760 Bremen (St. Petri Dom); Elisabeth Philippina (1762-???), *13.04.1762 Bremen, Uev 16.04.1762 Bremen (St. Petri Dom); Maria Dorothea (1764-???), *10.03.1764 Bremen, Uev 13.03.1764 Bremen (St. Petri Dom); Wilhelm Conrad (1766-???), *09.10.1766 Bremen, Uev 12.10.1766 Bremen (St. Petri Dom)

[2] Hermann Sanders (1720-???) • Uev 11.10.1720 Bremen

[3] Johann Sanders (1723-???) • Uev 02.08.1723 Bremen

[4] Anna Sanders (1725-???) • Uev 26.03.1725 Bremen

[5] Anna Maria Sanders (1727-???) • Uev 14.03.1727 Bremen • ∞26.02.1743 Bremen (St. Martini) mit Conradt Christian Mindermann

[6] Maria Magdalena Sanders (1728-???) • Uev 19.04.1728 Bremen • ∞24.05.1746 Bremen (St. Martini) mit Henrich Gerhardt Schumann

Ⓥ ??? • Ⓜ ??? • aus Osnabrück • ∞ mit Cornelius Wördemann[#206] (???-
<1764) • Ⓚ Anna Gertrud[#103] (*1730 Wildeshausen)

#220   Stüve, Dietrich Eberhard (1667-1719)

Ⓥ Hermann Stüve[#440] (1643-1703) • Ⓜ Engel Strietbecke[#441] (???-1706) •
*28.08.1667 • Schule in Osnabrück und Bremen • 1688 Studium der
Jurisprudenz in Jena, erwähnt als „Diderich Eberh. Stüve,
Osnabrugens" • Studium in Leipzig • 1693 in Erfurt juristische
Dissertation unter Prof. Dietrich Wilhelm Matthiae (1640-1701) mit
Titel „de testimonio coeci et surdi in testamento", die 1775 in Gießen
neu aufgelegt wird • lässt sich in Osnabrück nieder, übernimmt nach
Tod des Vaters Haus an der Johannisstrasse • übt Beruf als Advokat
wegen langjähriger Schwindsucht nicht aus, lebt still und privat • ∞I ev
26.04.1701 Osnabrück (St. Katharinen) mit Magdalene Elisabeth
Niemann[#221] (1681-1702) • Ⓚ <u>Dietrich</u> Bernhard Hermann[#110] (*1702
Osnabrück) • ∞II 26.05.1711 Osnabrück mit Regine Margaretha
Münnich[1] (???-1727) • Ⓚ Johann Eberhard[#110a] (*1715 Osnabrück) •
+1719

#221   Niemann, Magdalene Elisabeth (1681-1702)

Ⓥ Bernhard Boldewin/Bolduin Niemann[#442] (~1642-1718) • Ⓜ
Margaretha Ellinghausen[#443] (???->1709) • *1681 Osnabrück • ∞ev
26.04.1701 Osnabrück (St. Katharinen) mit Dietrich Eberhard Stüve[#220]
(1667-1719) • Ⓚ <u>Dietrich</u> Bernhard Hermann[#110] (*1702) • +~26.09.1702
Osnabrück, verstorben im Kindbett

▪ Margaretha Agnes Niemann[#221a] (1683-1754) • ᴗev 26.05.1683
Osnabrück (St. Katharinen) • konf. 1699 Osnabrück (St. Katharinen) •
1744 als Witwe Besitzerin des Hauses Voss in Osnabrück (noch in ihrer
Familie bis etwa 1800) • ∞09.05.1708 Osnabrück (St. Katharinen) mit

---

[1] Regine Margaretha Münnich (???-1727) • Ⓥ Dr. jur. Gerhard Münnich (1634-1686) •
Ⓜ Regina Maria v. Lengerke • +1727

Johann Jacob Klövekorn[1] (~1675-1721) • Ⓚ Anthonetta Regina Margareta[2] (*1709 Osnabrück); Sophia Elisabeth[3] (*1712 Osnabrück); Johann Bernhard[4] (*1715 Osnabrück) • ☐22.05.1754 Osnabrück

▪ Sophia Maria Niemann[#221b] (1686-1719) • ᴗev 15.09.1686 Osnabrück (St. Katharinen) • konf. 1701 Osnabrück (St. Katharinen) • ∞15.02.1718 Osnabrück (St. Katharinen) mit Ernst Georg Goelitz[5] (1686-1719) • Ⓚ Ernst August[6] (*1719 Osnabrück) • +1719

▪ Johan Rudolff Berenhardt Niemann[#221c] (1689-???) • ᴗev 21.11.1689 Osnabrück (St. Katharinen) • wahrscheinlich früh verstorben, da nicht konfirmiert in Osnabrück (St. Katharinen) um 1703/4

▪ Johan Berenhardt Niemann[#221d] (1692-???) • ᴗev 14.09.1692 Osnabrück (St. Katharinen)

---

[1] Johann Jacob Klövekorn (~1675-1721) • Ⓥ Johann Klövekorn, 1665 J. U. Lic Straßburg, Gograf und Richter zu Vörden und Bramsche • Ⓜ Regine Gertrud Bruning • *~1675 • 15.05.1693 immatrikuliert zu Jena als „Joh. Jacob Klovekorn, Osnab. Westph."• 13.09.1699 immatrikuliert zu Tübingen als „Joh. Jac. Klövekorn Osnabrugensis" • 29.11.1699 Dr. jur. utr. zu Tübingen (Bramasca Westphalus) • 1716-1721 Gograf und Richter zu Vörden und Bramsche • +09.04.1721 Bramsche
[2] Anthonetta Regina Margareta Klövekorn (1709-???) • ᴗev 05.04.1709 Osnabrück (St. Katharinen)
[3] Sophia Elisabeth Klövekorn (1712-???) • ᴗev 15.02.1712 Osnabrück(St. Katharinen)
[4] Johann Bernhard Klövekorn (1715-???) • ᴗev 17.12.1715 Osnabrück) • konf. 1731 Osnabrück (St. Katharinen) • <1735 Osnabrück Gymnasium
[5] Ernst Georg Goelitz (1686-1719) *1686 Rudolstadt • Fürst. Gymnasium Rudolstadt • 28.10.1695 immatrikuliert zu Jena als „Ernest. Geo. Gölitz, Rudolstad." • Magister • 27.06.1711 immatrikuliert zu Halle als „M. Ernest Georg Goeliz, Rudolstad." • J.U.D. • 1717 Kanzleisekretär in Osnabrück (Bestallung durch Bischof Ernst August von Osnabrück im Dezember 1717) • +1719 Osnabrück
[6] Ernst August Klövekorn (1719->1769) • ᴗev30.05.1719 Osnabrück (St. Katharinen), Taufpate: „Ihr Königl. Hoheit Ernest August, Unser Gnädigster LandesHerr" • 27.10.1739 immatrikuliert zu Jena als „Ernest. August. Goelitz, Osnabrugens. Westphalus" • Regierungsrat in Minden • 28.03.1764 Pate bei Jürgen Henrich Niemanns Urenkel Ernst Friedrich Ludwig Niemann in Pr. Oldendorf • sein Nachfolger als Regierungsrat bei der Regierung Minden-Ravensberg wurde im Febr. 1769 Franz Heinrich Crayen • +>1769

#244 **Pospíšil, Ondřej (1684-1752)**
(Pospischil)

Ⓥ ??? • Ⓜ ??? • *1684 Tschechei • ∞I mit NN • Ⓚ Martin[#122] (*1712 Hryzely/Böhmen, Region Kouřimský/CZ); Jan[#122a] (*1717 Hryzely/Böhmen, Region Kouřimský/CZ) • ∞II mit Kateřina Omáčková • Ⓚ Anna[#122b] (*1731); Veronika[#122c] (*1734 Hryzely/Böhmen, Region Kouřimský/CZ) • +26.05.1752 böhm. Rixdorf/Berlin

01.05.1736 geht mit seiner zweiten Frau Kateřina Omáčková und Kindern von Hryzely/Böhmen (Region Kouřimský/CZ) nach Sachsen, aber sie kehrt um

XI
Generation VIII

#288   **Fenner, Johannes (~1575-1632)**

Ⓥ Oswald Fenner[#576] (1551-1611) • Ⓜ NN Dietzel[#577] (???-1612) • *~1575 Niedergrenzebach • ∞1598 Loshausen mit Ermengard Selig[#289] (1580-1632) • Ⓚ Henrich[#144] (*1599 Loshausen); Hans[#144a] (*1600); Johannes[#144b] (*1603); Catharina[#144c] (*1606); Anna[#144d] (*1608); Helwig[#144e] (*1609 Loshausen); NN[#144f] (+1612); Caspar[#144g] (*1615, +1617); Caspar[#144h] (*+1617); Elisabeth[#144i] (*1618); Anna[#144j] (*+1620) • +Juni 1632 Niedergrenzebach

Bauer zu Loshausen auf Hof Nr. 4, den er durch Heirat erwirbt • 02.03.1619 siedelt nach Tod des Bruders Helwig nach Niedergrenzebach über • 1620 als Gerichtsschöffe erwähnt

■ Helwig Fenner[#288a] (1573-1619) • *~1573 Niedergrenzebach • Landwirt in Niedergrenzebach im Bastehof • ∞25.04.1611 Niedergrenzebach mit Margaret Euves (*Christerode, +>1638) • Ⓚ Ermgart[1] (*1612 Niedergrenzebach); NN[♂] (*16.08.1614, + als Kind); Hans[2] (*1616 Niedergrenzebach) • + verstorben an Blutvergiftung • □02.03.1619 Niedergrenzebach

■ Hans Fenner[#288b] (1578-1604) • *~1578 Niedergrenzebach • seit 1601 Bürger und Metzger zu Ziegenhain • ∞28.09.1601 Ziegenhain mit Margarete Schroll[3] (1579-???) • Ⓚ Johannes[4] (*1603 Ziegenhain) • +1604 Ziegenhain-Weichaus

---

[1] Ermgart Fenner (1612-1613) • *21.06.1612 Niedergrenzebach • □10.08.1613 Niedergrenzebach)

[2] Hans Fenner (1616-1680) • *05.04.1616 Niedergrenzebach • erbt den Hof von seinem Onkel • □27.12.1680

[3] Magarete Schroll (1579-???) • Ⓥ Balthasar Schroll • *23.02.1579 Ziegenhain • ∞II 11.05.1609 Ziegenhain mit Johannes Stübing.

[4] Johannes Fenner (1603-1672) • ᴗ28.03.1603 Ziegenhain • Weinwirt in der Festung Ziegenhain • ∞07.11.1625 Ziegenhain mit Künne oder Catharina Deche (□22.04.1673 Ziegenhain), Tochter von Valten Deche zu Rotenburg/Fulda • □28.05.1672

- Anna Fenner[#288c] (1580-<1629) • *~1580 • ∞30.01.1619 Niedergrenzebach mit Johannes Hederich, der größte Bauer zu Niedergrenzebach • ohne Erben, Besitz fällt an Bruder Johannes, der Hof an seinen Neffen (Sohn Hans vom Bruder Helwig) • +<1629

- Catharina Fenner[#288d] (~1582-???) • *~1582 • ∞~1610 mit Johannes Bornemann, Fahrbauer zu Allendorf

#289   Selig, Ermengard (~1580->1632)

Ⓥ Henrich Selig[#578] • Ⓜ ??? • *~1580 • ∞1598 Loshausen mit Johannes Fenner[#288] (~1575-1632) • Ⓚ Henrich[#144] (*1599 Loshausen); Hans[#144a] (*1600); Johannes[#144b] (*1603); Catharina[#144c] (*1606); Anna[#144d] (*1608); Helwig[#144e] (*1609 Loshausen); NN[#144f] (+1612); Caspar[#144g] (*1615, +1617); Caspar[#144h] (*+1617); Elisabeth[#144i] (*1618); Anna[#144j] (*+1620) • +>1632

#304   Rübenkönig, Hans Caspar (1643-???)

Ⓥ ??? • Ⓜ ??? • *12.12.1643 Hersfeld • ∞ mit NN[#305] (???-1732) • Ⓚ Johann Bartfeld[#152]; Johann Heinrich[#152a]; Jost[#152b]

1662 Bürger und Wollenweber zu Hersfeld

#305   NN (???-1732)

Ⓥ ??? • Ⓜ ??? • ∞ mit Hans Caspar Rübenkönig[#304] (1643-???) • Ⓚ Johann Bartfeld[#152]; Johann Heinrich[#152a]; Jost[#152b] • □23.08.1732 Hersfeld

#312   Ulifex (Töpfer), Werner (1611-1692)

Ⓥ ??? • Ⓜ ??? • *1611 • ∞1639 mit Anna Roeling[#313] (???-1690) • Ⓚ Johannes[#156] • +1692

#313   Roeling, Anna (???-1690)

Ⓥ ??? • Ⓜ ??? • ∞1639 mit Werner Ulifex (Töpfer)[#312] (1611-1692) • Ⓚ Johannes[#156] • +1690

#316   Ungar, Konrad

Ⓥ ??? • Ⓜ ??? • ∞09.08.1655 Ziegenhain mit Elisabeth Bokewitz[#317] • Ⓚ Johann Thomas[#158] (*1658 Ottrau)

Pfarrer zu Spießkappel

#317   Bokewitz, Elisabeth

Ⓥ ??? • Ⓜ ??? • ∞09.08.1655 Ziegenhain mit Konrad Ungar[#316] • Ⓚ Johann Thomas[#158] (*1658 Ottrau)

#318   Schenckel, Bernhard (1623-1683)

Ⓥ Bernhard Schenckel[#636] (1593-<1637) • Ⓜ ??? • ∪ev 25.08.1623 Hofgeismar • konf. 29.03.1635 Hofgeismar • ∞04.12.1649 Wolfhagen mit Elisabeth Kauffungen[#319] (~1622-1692) • Ⓚ Anna Elisabeth[#159a] (*1650 Wolfhagen); Johannes[#159b] (*~1651); Elisabeth[#159c] (*~1652); Christophorus[#159d] (*1655 Wolfhagen); Johann Conrad[#159e] (*1660); Anna Gertrud[#159] (*1662); Anna Catharina[#159f] (*1665) • □08.03.1683 Ehringen

1643 immatrikuliert zu Kassel • 1647-1650 Praeceptor in Hofgeismar • 1650-1655 Pfarradjunkt zu Ehringen, 27.05.1650 Präsentationsschreiben, 15.06.1650 ernannt • 1655-1683 ev. Pfarrer zu Ehringen, anwesend 1656 bei der Superindentenwahl • erwähnt als Pate am 22.05.1659 in Wolfhagen und am 19.10.1662 zu Ehringen • 03.08.1663 Beilegung des Streits um Schafhaltung mit der Gemeinde zu seinen Gunsten, ebenso am 05.02.1673 Klage der Herren von der Malsburg auf Lieferung von vier Hähnen jährlich • weitere Forderung auf Lieferung einer Zehntgarbe wird am 22.09.1675 zurückgewiesen

- Conrad Schenckel[#318a] (1618-???) • *1618 Hofgeismar

- Johannes Schenckel[#318b] (???-1620) • +1620 Hofgeismar

- Bernhard Schenckel[#318] (1623-???) • *1623 Hofgeismar

- Henricus Schenckel[#318c] (1625-???) • *1625 Hofgeismar

#319   Kauffungen, Elisabeth (~1622-1692)

Ⓥ Johannes Kauffungen[#638] (1598-1667) • Ⓜ Weintraud Bernhard[#639] (1589-1657) • *~1622 • ∪ev • 1635 konf. Wolfhagen • ∞04.12.1649 Wolfhagen mit Bernhard Schenckel[#318] (1623-1683) • Ⓚ Anna Elisabeth[#159a] (*1650 Wolfhagen); Johannes[#159b] (*~1651); Elisabeth[#159c] (*~1652); Christophorus[#159d] (*1655 Wolfhagen); Johann Conrad[#159e] (*1660); Anna Gertrud[#159] (*1662); Anna Catharina[#159f] (*1665) • □09.12.1692 Wolfhagen

Sehr oft erwähnt als Patin in Wolfhagen

#320   Schüler, Johann Georg (???-~1675)

Ⓥ Georg Schüler[#640] • Ⓜ ??? • ∞ mit NN[#321] (???->1686) • Ⓚ Johann Wilhelm[#160] (*1655 Vacha) • + ~1675

Bürger zu Vacha • erwähnt 1652-1675

#321   NN (???->1686)

Ⓥ ??? • Ⓜ ??? • ∞ mit Georg Schüler[#320] • Ⓚ Johann Wilhelm[#160] (*1655 Vacha)

Als Witwe erwähnt 1676-1686

#328   Sandrock, Kurt

Ⓥ ??? • Ⓜ ??? • zu Wipperode • ∞ mit NN • Ⓚ Johannes[#164] (*1644 Eschwege)

#330   Heinemann, Konrad (???-1693)

Ⓥ Hanß Heinemann[#660] (˘1550-1669) • Ⓜ Catharina Brill[#661] (???-1662) • ∞13.09.1647 Eschwege mit Katharina Kalthoff[#331] (???-1669) • Ⓚ Anna Catharina[#165a] (*1648 Eschwege); Margaretha[#165b] (*1650 Eschwege); Dorothea[#165] (*1653 Eschwege); Anna Christina[#165c] (*1655 Eschwege); Philipp[#165d] (*1657 Eschwege); Johann Gottfried[#165e] (*1660 Eschwege); Dorothea Elisabeth[#165f] (*1663 Eschwege) • □30.08.1693 Eschwege (Altstadt)

Bürger und Metzger zu Eschwege

• Simon Heinemann[#330a] (???-1642) • ∞I 13.09.1627 Eschwege mit Anna Catharina Lobedantz • Ⓚ Eobanus[1] (*˘1635 Eschwege); Nicolaus[2] (*Eschwege); Catharina[3] (*˘1636 Eschwege) • ∞II 1637 Eschwege mit Otilia Gebhardt[4] (???-1672) • Ⓚ Philip[5] (*1639 Eschwege); Bernhardt[6] (*1641 Eschwege) • □14.12.1642 Eschwege

---

[1] Eobanus Heinemann (???-1635) • *˘1635 Eschwege • konf. 1646 • ∞14.10.1659 Eschwege (Altstadt) mit Anna Maria Gebhardt (1637-1699) • Ⓚ Johann Philipp (*1661 Eschwege); Anna Maria (*1663 Eschwege); Conrad (*1666 Eschwege); Bernhardt (*1668 Eschwege); Margareta (*1670 Eschwege); Johann (*1673 Eschwege); Anna Catharina (*1680 Eschwege) • □12.02.1696 Eschwege

[2] Nicolaus Heinemann • *Eschwege • konf. 1646 • ∞29.04.1661 Eschwege (Altstadt) mit Elisabeth Tudenberg (1638-1696) • Ⓚ Johann Christoph (*18664); Johann Georg (*1666) • □01.09.1685 Eschwege (Altstadt)

[3] Catharina Heinemann (˘1636-1708) • *˘1636 Eschwege • konf. 1642 • ∞02.07.1655 Eschwege mit Johannes Grosse (???-1680) • Ⓚ Johann George (*1664 Eschwege) • □01.05.1708 Eschwege (Altstadt)

[4] Otilia Gebhardt (???-1672) • ∞II 29.03.1649 Eschwege mit Johannes Sommermann • □16.12.1672

[5] Philip Heinemann (1639-1722) • ∪23.01.1639 Eschwege • ∞23.09.1669 Eschwege (Altsadt) mit Anna Catharina Wagener (1649-1718) • Ⓚ Johann Berndt (*1675 Eschwege) • □03.02.1722 Eschwege (Neustadt)

[6] Bernhardt Heinemann (1641-1702) • ∪22.02.1641 Eschwege • konf. 1656 Eschwege • Metzger in Eschwege • ∞I 14.05.1666 Eschwege mit Elisabeth Kirchner (1624-1691) • ∞II 05.09.1692 Eschwege (Altstadt) mit Catharina Elisabeth Bräutigam (1670-???) • Ⓚ Johann Berendt (*1693 Eschwege); Johann Philippus (*1695 Eschwege); Conrad (*1697 Eschwege); Juliana (*1698 Eschwege); Anna Maria (*1701 Eschwege) • □13.01.1702 Eschwege (Altstadt)

▪ Johannes Heinemann[#330b] (???-1711) • ∞04.09.1649 Eschwege mit Martha Borngreber (???-1714) • Ⓚ Anna Martha[1] (*1650 Eschwege) • □14.04.1711 Eschwege (Altstadt)

▪ Jacob Heinemann[#330c] (???-1692) • konf. 1643 Eschwege • ∞21.04.1662 Eschwege (Neustadt) mit Anna Catharina Knieriem[2] (1647-1696) • □25.03.1692 Eschwege

▪ Orthey Heinemann[#330d] (???-1687) • ∞19.05.1624 Eschwege mit Jost Scheffer • □26.02.1687 Eschwege (Altstadt)

▪ Martha Heinemann[#330e] (???-1711) • ∞12.11.1650 Eschwege mit Johannes Scheffer (???-1687) • Ⓚ Johann Jacob[3] (*1651 Eschwege); Reinhard[4] (*1654 Eschwege); Elisabeth (*1656 Eschwege)[5]; Eleonora Catharina[6] (*1659 Eschwege) • □05.06.1711 Eschwege (Altstadt)

▪ Anna Catharina Heinemann[#330f] (???-1676) • ∞ mit Philipp Diede[7] (???-1667) • Ⓚ Anna[8]; Anna Christina[1] • □20.05.1676 Eschwege

---

[1] Anna Martha Heinemann (1650-1728) • ∪23.06.1650 Eschwege • ∞09.07.1677 Eschwege (Altstadt) mit Conrad Holtzapfel (1650-1734) • Ⓚ Johann Christophel (*1678 Eschwege); Barbara Elisabeth (*1680 Eschwege); Anna Catharina (*1681 Eschwege); George Philippus (*1683 Eschwege); Catharina Elisabeth (*1685 Eschwege); Frantz Christophel (*1687 Eschwege) • □09.02.1728 Eschwege (Altstadt)

[2] Anna Catharina Knieriem (1647-1696) • Ⓥ Johann Knieriem (1608-1665), 1634 Rektor, 1641-1644 Diakon,1656 Pfarrer in Eschwege Neustadt• Ⓜ Ottilia Neuhaus (???-1669) • ∪08.07.1647 Eschwege • konf. 1659 Eschwege • □26.06.1696 Eschwege (Altstadt)

[3] Johann Jacob Scheffer (1651-???) • ∪13.07.1651 Eschwege • konf. 1665 Eschwege (Altstadt)

[4] Reinhard Scheffer (1654-???) • ∪05.02.1654 Eschwege • konf. 1667 Eschwege (Altstadt)

[5] Elisabeth Scheffer (1656-???) • ∪27.12.1656 Eschwege • konf. 1669 Eschwege (Altstadt) • ∞14.08.1673 Eschwege (Altstadt) mit George Ludwig

[6] Eleonora Catharina Scheffer (1659-???) • ∪20.08.1659 Eschwege (Altstadt)

[7] Philipp Diede (???-1667) • Ⓥ Friedrich Diede • Ratsherr und Handelsmann zu Eschwege • □24.09.1667 Eschwege

[8] Anna Diede • konf. 1648 Eschwege • ∞18.04.1653 mit Johannes Kannenberg (~1620-1670) • Ⓚ Johann Jacob (*1662 Eschwege); Johann Philipp (*1665 Eschwege); Elsa

• Anna Catharina Heinemann[#330g] (???-1657) • ∞01.11.1642 mit H. Eobanus Lobedanz (???-1678) • Ⓚ Anna Catharina (*1644 Eschwege); Eobanus Heinrich (*1646 Eschwege); Catterliese (*1648 Eschwege); Catter Elisabeth (*1649 Eschwege); Margareta (*1652 Eschwege) • ☐11.05.1657 Eschwege (Altstadt)

#331 Kalthoff, Katharina (???-1669)

Ⓥ Lambrecht Kalthoff[#662] (???-<1652) • Ⓜ ??? • ∞13.09.1647 Eschwege mit Konrad Heinemann[#330] (???-1693) • Ⓚ Anna Catharina[#165a] (*1648 Eschwege); Margaretha[#165b] (*1650 Eschwege); Dorothea[#165] (*1653 Eschwege); Anna Christina[#165c] (*1655 Eschwege); Philipp[#165d] (*1657 Eschwege); Johann Gottfried[#165e] (*1660 Eschwege); Dorothea Elisabeth[#165f] (*1663 Eschwege) • ☐26.03.1669 Eschwege (Altstadt)

#332 Marggraf, Valentin (1625-1702)

Ⓥ Antonius Ernst Marggraf[#4.760] (~1600-<1656) • *30.09.1625 Schwarzenborn • ∞ mit Anna NN[#333] (1618-1692) • Ⓚ Johann Salomon[#166] (*1652 Homberg/Efze) • ☐10.03.1702 Homberg/Efze

seit 1653 Bürger • Schneidermeister und Lektor

#333 NN, Anna (1618-1692)

Ⓥ ??? • Ⓜ ??? • *1618 • ∞ mit Valentin Marggraf[#332] (1625-1702) • Ⓚ Johann Salomon[#166] (*1652 Homberg/Efze) • ☐21.03.1692 Homberg • alt 74 Jahre weniger 5 Monate

---

1 Anna Christina Diede • ∞21.11.1644 Eschwege mit Christoffel Hütterodt (1615-1680) • Ⓚ Catharina (*1654 Eschwege); Anna Catharina; Catharina Elisabeth (*1653 Eschwege); Ottilia (*1654 Eschwege); Orthey (*1659 Eschwege); Baltzer Philipp (*1662 Eschwege); Johann Ludwig (*1665 Eschwege) • ☐19.08.1682 Eschwege

#334   Nad, Vitus (1606-1684)

Ⓥ Jakob Nad[#668] (1571-1623) • Ⓜ Anna Walberg[#669] (???-1617) • *Sontra • ◡ev 12.03.1606 Sontra • ∞ev 20.04.1637 Kassel (Freiheit) mit Anna Kühn[#335] (???-1677) • Ⓚ Anna Elisabeth[#167a] (*1641 Westuffeln); Gerdrut[#167b] (*1643 Westuffeln); Hans Jacob[#167c] (*1645 Westuffeln); Ottilia[#167d] (*1649 Westuffeln); Anna Martha[#167e] (*1652 Westuffeln); Magdalena[#167f] (*1654 Westuffeln); Anna Gerdruth[#167g] (*1656 Westuffeln); Katharina Elisabeth[#167] (*1660 Westuffeln) • □23.10.1684 Westuffeln mit Eintragung im Kirchenbuch „vir reverendus ac doctissimus" [ein ehrwürdiger und gelehrter Mann]

1633 immatrikuliert zu Kassel • seit 1636 Pfarr-Adjunkt zu Westuffeln • 1637-1682 ev. Pfarrer zu Westuffeln und Hohenborn • 19.03.1656 unterschreibt er in Kassel als „senior classis Zierenbergensis in absentia Metropolitani" die synodalen Bedenken der Generalsynode in Betreff der Kirchen-, Schul-, Konvents- und Katechisationsordnung • 1659 Bau des neuen Pfarrhauses

#335   Kühn, Anna (???-1677)

Ⓥ Hildebrand Kühn[#670] (1588-1638) • Ⓜ ??? • ∞ev 20.04.1637 Kassel (Freiheit) mit Vitus Nad[#334] (1606-1684) • Ⓚ Anna Elisabeth[#167a] (*1641 Westuffeln); Gerdrut[#167b] (*1643 Westuffeln); Hans Jacob[#167c] (*1645 Westuffeln); Ottilia[#167d] (*1649 Westuffeln); Anna Martha[#167e] (*1652 Westuffeln); Magdalena[#167f] (*1654 Westuffeln); Anna Gerdruth[#167g] (*1656 Westuffeln); Katharina Elisabeth[#167] (*1660 Westuffeln) • □18.05.1677 Westuffeln

#336   Stern, Heinrich Dietrich

Ⓥ ??? • Ⓜ ??? • ∞ mit Anna Margaretha NN[#337] (???->1680) • Ⓚ Christian Georg[#168] (*1655 Rodenberg am Deister)

Bürger und Schwarzfärbermeister zu Rodenberg am Deister

#337   NN, Anna Margareta (???->1680)

Ⓥ ??? • Ⓜ ??? • ∞ mit Heinrich Dietrich Stern[#336] • Ⓚ Christian Georg[#168] (*1655 Rodenberg am Deister)

erwähnt 1680 als Patin in Kassel

#338   Schmits, Barthel

Ⓥ ??? • Ⓜ ??? • ∞ mit NN • Ⓚ Anna Maria Schmits[#169] (*1652 Kassel)

aus Obersuhl • seit 1646 Bürger zu Kassel • Schuhmachermeister zu Kassel

#340   Nagel, Johann Heinrich (???-<1677)

Ⓥ ??? • Ⓜ ??? • ∞ mit NN • Ⓚ Christian[#170] (*1648) • + <05.09.1677

Hessischer Leutnant

#344   Appelius, Johannes (1621-1688)

Ⓥ Johannes Appelius[#688] (1590-1668) • Ⓜ Maria Hafner[#689] (???-1644) • *1621 Neucölln/Berlin • ∪16.04.1621 Berlin • ∞08.10.1650 Treysa mit Anna Elisabeth Neuberger[#345] (1630-1673) • Ⓚ Johann Jacob[#172] (*1658 Neukirchen) • +15.02.1688 Neukirchen (Kreis Ziegenhain)

Amtsschultheiß

#345   Neuberger, Anna Elisabeth (1630-1673)

Ⓥ Theophilus Neuberger[#690] (1593-1656) • Ⓜ Magdalena Stolz[#691] (1592-1659) • *Kassel • ∪ev 26.12.1630 Kassel (Hofgemeinde) • ∞08.10.1650 Treysa mit Johannes Appelius[#344] (1621-1688) • Ⓚ Johann Jacob[#172] (*1658 Neukirchen) • +23.03.1673 Neukirchen

▪ Johann Albrecht Neuberger[#345a] (1623-1635) • *1623 • ∪ev • +September 1635

- Wilhelm Neuberger[345b] (1629-1630) • *Dezember 1629 • ∪ev • +1630

- Wilhelm Thomas Neuberger[345c] (1633-1637) • *1633 • ∪ev • +August 1637

- Wilhelm Neuberger[345d] (???-1637) • +August 1637 Marburg

- Anna Barbara Neuberger[345e] (1639-1644) • *1639 • ∪ev • +1644

- Anna Sybille Neuberger[345f] • ∪ev • ∞12.05.1634 mit Gregor Stannarius, Diakonus und Rektor zu Fulda und nachher Dr. und Prof. Theol. zu Marburg

- Sophie Christine Neuberger[345g] • ∪ev • ∞04.11.1644 mit Joh. Merziger (jun.), Rentmeister in Kassel

- Catharine Magdalene Neuberger[345h] • ∪ev • ∞12.09.1654 mit Prediger Caspar Henr. Grau zu Allendorf

- Ernestus Neuberger[345i] (˃1623-1677) • *˃1623 Güstrow/Mecklenburg • ∪ev • 1641 immatrikuliert zu Marburg/Kassel • 1649-1677 Metropolitan in Felsberg • ∞I 03.08.1648 Kassel mit Elisabeth Murhard[1] (˜1629-1660) • Ⓚ sechs • ∞II 26.11.1661 Felsberg mit Catharina Elisabeth Ruppel[2] (˜1644-1696) • Ⓚ neun • +26.03.1677 Felsberg • □04.04.1677 Felsberg

#346　　　Neuber, Konrad (1629-1686)

Ⓥ Daniel Neuber gen. Bede[692] (1603-1659) • Ⓜ Anna NN[693] (1597-1668) • *1629 Homberg/Efze • ∪ev • ∞25.10.1659 Rotenburg/Fulda mit Dorothea Majus (May)[347] • Ⓚ Catharine Elisabeth[173a] (*1660 Laubach); Anna Dorothea[173b] (*1663 Laubach); Albertina Amalia[173] (*1664 oder 1667); Carl Otto[173c] (*˜1666 Laubach); Marie Juliane[173d] (*˜1668 Laubach); Agnetha Elisabeth[173e] (*1668 Laubach); Theophilius

---

[1] Elisabeth Murhard (˜1629-1660) • Ⓥ Hermann Murhard, Rentmeister zu Spangenberg • *˜1629 • +06.04.1660 Felsberg • □13.04.1660 Felsberg

[2] Catharina Elisabeth Ruppel (˜1644-1696) • Ⓥ Johann Philipp Ruppel, Hofmeister zu Kassel • *˜1644 • als Witwe ∞II 22.09.1689 Abterode mit Johann Melchior Wiskemann, Witwer und Pfarrer in Abterode • +29.12.1696 Kassel

Hermann[#173f]; Johann Theodor[#173g] (*~1679 Laubach); Catharina Henriette[#173h] (*1682 Laubach) • □28.10.1686 Neukirchen

1645-1648 Schüler in Hersfeld • 1648 imm. Kassel • 05.07.1653 immatrikuliert zu Marburg • Magister • ~1656-1679 ev. Hofprediger zu Laubach • übersetzt einige Werke aus dem englischen und hollänischen ins deutsche • 11.05.1679-1686 Metropolitan in Neukirchen

#347   Majus (May), Dorothea (1639-1685)

Ⓥ Nicolaus Majus (May)[#694] (1607-1669) • Ⓜ Agnesa Schäffer (Scheffer)[#695] • *Homberg/Efze • ∪ev 19.08.1639 Homberg/Efze • konf. 1652 Homberg/Efze • ∞25.10.1659 Rotenburg/Fulda mit Konrad Neuber[#348] (1629-1686) • Ⓚ Catharine Elisabeth[#173a] (*1660 Laubach); Anna Dorothea[#173b] (*1663 Laubach); Albertina Amalia[#173] (*1664 oder 1667); Carl Otto[#173c] (*~1666 Laubach); Marie Juliane[#173d] (*~1668 Laubach); Agnetha Elisabeth[#173e] (*1668 Laubach); Theophilius Hermann[#173f]; Johann Theodor[#173g] (*~1679 Laubach); Catharina Henriette[#173h] (*1682 Laubach) • +10.01.1685 Neukirchen

▪ Anna Maria May[#347a] (1633-???) • ∪ev 21.08.1633 Rotenburg • konf. 1645 Homberg/Efze

▪ Catharina Elisabeth May[#347b] (1635-1635) • *März 1635 • +1635, verstirbt nach 17 Tagen in Rotenburg

▪ Johann Valentin May[#347c] (1536-1678) • ∪ev 15.02.1636 Homberg/Efze • konf. 1647 Homberg/Efze • 1651-1653 Gymnasium in Kassel • 1653-1654 Gymnasium in Hersfeld • 15.05.1655 immatrikuliert zu Marburg • +01.10.1678 Groningen/Holland auf der Reise

■ Anna Catharina May[#347d] (1637-???) • ∪ev 14.12.1637 Homberg/Efze • konf. 1650 Homberg/Efze • ∞28.09.1658 Rotenburg/Fulda mit Elias Schmierfeld[1] (1622-1695) • Ⓚ drei Kinder, die alle vor 1695 versterben

■ Anna Elisabeth May[#347e] (1639-1639) • Zwillingsschwester von Dorothea May • *1639 • +1639, verstorben nach 6 Wochen • □16.09.1639 Homberg/Efze

■ Eva Christina May[#347f] (1641-1646) • ∪ev 17.11.1641 Homberg/Efze • +1646, verstorben im Alter von 4 Jahren und 9 Monaten 3 Tage • □09.08.1646 Homberg/Efze

■ Theophilius Hermann May[#347g] (1645-1683) • ∪ev 15.07.1645 Homberg/Efze • Schüler in Homberg • 22.10.1669 immatrikuliert zu Duisburg • 1673-1675 ev.-ref. Pfarrer in Köln • 1676-1677 Diakonus Rotenburg/Fulda, zugleich 1676-1683 Hofprediger bei der verwitweten Landgräfin Kunigunde Juliane v. Hessen-Rotenburg (1608-1683)[2] • 20.08.1676 als Pate in Rotenburg erwähnt • 05.03.1682 hält Leichenpredigt für den Oberschultheißen Theodor Benjamin Stückradt • ∞13.06.1677 mit Anna Catharina Spangenberg[3] • +01.04.1683 Rotenburg • □10.04.1683 Rotenburg

■ Susanna May[#347h] (*+1647) • ∪ev 02.01.1647 Homberg/Efze • □06.01.1647 Homberg/Efze

■ Johann Ludwig May[#347i] (*+1650) • ∪ev 24.08.1650 Homberg/Efze • □29.09.1650 Homberg/Efze

■ Johann Valentin May[#347j] (???-1703) • 1662-1667 Schüler in Hersfeld • 1667 immatrikuliert zu Bremen • Adjunkt in Berneburg • 1686-1691 ev.

---

[1] Elias Schmierfeld (1622-1695) • *20.07.1622 Waldkappel • 1639 immatrikuliert zu Kassel • 25.07-1653-1669 Hofprediger in Rotenburg • 1669-1695 Metropolitan Rotenburg • +01.12.1695 Rotenburg
[2] Landgräfin Kunigunde Juliane v. Hessen-Rotenburg (1608-1683), geborene v. Anhalt-Dessau, ist die zweite Ehefrau von Landgraf Hermann v. Hessen-Rotenburg (1607-1658)
[3] Anna Catharina Spangenberg • Ⓥ Amtmann Paul Spangenberg zu Wittmarsdorf/Neuengleichen • als Witwe ∞II 1686 mit Dr. med. Georg Hermann Bartheld

Pfarrer in Berneburg • 1691-1703 ev. Pfarrer in Seifertshausen • Streit in Seifertshausen mit dem Schultheißen, der im Dorf eine Art Kirchensturm veranlast • ∞ mit Anna Barbara Reuter, Tochter des Pfarrers Paul Gerlach Reuter in Berneburg • +23.12.1703 Seifertshausen

#348   **Stietz, Jost (1634-1715)**

Ⓥ ??? • Ⓜ ??? • *1634 • ∞ mit Klara Elisabeth Bromsenius[#349] • Ⓚ Johannes[#174] (*1658 Niedermeiser); Anna Maria[#174a] (*1664 Niedermeiser) • ☐23.02.1715 Niedermeiser

#349   **Bromsenius, Klara Elisabeth**
      (Brombesen, Brombsen)

Ⓥ Ludwig Bromsenius (Brombsen)[#698] (1599-1681) • Ⓜ Maria Weste (Westen)[#699] • ∞ mit Jost Stietz[#348] (1634-1715) • Ⓚ Johannes[#174] (*1658 Niedermeiser); Anna Maria[#174a] (*1664 Niedermeiser)

aus Obermeiser

- Johannes Bromsenius[#349a] • ∞11.05.1664 mit Sophia Dorothea Boppenhausen[1]

- Catharina Elisabeth Bromsenius[#349b] • ∞ mit Johannes Hundemann, Pfarrer in Obermeiser

- Johann Jacob Bromsenius[#349c] (~1643-???) • *~1643 • 08.06.1660 immatrikuliert zu Marburg • 1662 immatrikuliert zu Bremen • 14.09.1672-1674 Pfarradjunkt in Zierenberg • 1674-1698 ev. Pfarrer in Kruspis/Hersfeld • 1698-1720 ev. Pfarrer in Niederaula • ∞~1672 Zierenberg mit Maria Elisabeth Kanngießer (Stannarius)[2] (1652-1713)

---

[1] Sophia Dorothea Boppenhausen • Ⓥ Jost Christoph Boppenhausen, Rentmeister in Trendelburg

[2] Maria Elisabeth Kanngießer (Stannarius) (1652-1713) • Ⓥ Johannes Kanngießer, Pfarrer in Dörnberg und Metropolitan in Zierenberg • ᴗev 26.06.1652 Dörnberg • +03.05.1713 Niederaula

- (?) Vit Bromsenius[349d] (~1644-1725) • *~1644 Obermeiser • Eisenschmiede-Meister zu Westuffeln • ∞21.03.1671 Westuffeln mit Anna Catharina Grebe[1] (1650-1718) • Ⓚ zwölf u.a. Maria[2] (*1681) • ☐28.12.1725 Westuffeln

- (?) Cunrad Bromsenius[349e] (~1656-???) • *~1656 • +27.11.1715 Obermeiser

#350   Heine, Georg (1618-1698)

Ⓥ ??? • Ⓜ ??? • *Juni 1618 Waldau • ◡ev • ∞26.11.1657 Kassel (Altstadt) mit Anna Maria Simon[351] (???-1692) • Ⓚ Maria Elisabeth[175] (*1675 Kassel); Caspar[175a] (*1658 Kassel) • ☐05.02.1698 Kassel

seit 1650 Bürger und Stadtschmied zu Kassel

#351   Simon, Anna Maria (???-1692)

Ⓥ Werner Simon[702] (1604-1657) • Ⓜ Maria Beyer[703] (1609-???) • aus Kassel • ◡ev • ∞26.11.1657 Kassel (Altstadt) mit Georg Heine[350] (1618-1698) • Ⓚ Maria Elisabeth[175] (*1675 Kassel); Caspar[175a] (*1658 Kassel) • ☐23.02.1692 Kassel

#352   Huber, Johann Rudolf (1584-1634)

Ⓥ Hans Rudolf Huber[704] (1545-1601) • Ⓜ Helena Meyer zum Pfeil[705] (1543-1584) • ◡ev 13.07.1584 Basel (St. Alban) • ∞26.08.1611 mit Ursula Peyer[353] (1588-1664) • Ⓚ Ursula[176a] (*1612 Basel); Hans Rudolf[176b] (*1613 Basel); Hans Christof[176c]; Helena[176d] (*1617 Basel); Hans Wernhard[176] (*1619 Basel); Helena[176e] (*1621 Basel); Daniel[176f] (*1622 Basel); Alexander[176g] (*1625 Basel); Margaretha[176h] (*1628 Basel); Anna Catharina[176i] (*1633 Basel) • +25.10.1634 Basel

---

[1] Anna Catharina Grebe (1650-1718) • ◡ev 21.11.1650 Westuffeln • konf. 1656 Westuffeln • ☐01.11.1718 Westuffeln
[2] Maria Bromsenius (1681-???) • ◡ev 06.02.1681 Westuffeln

Bürger, Kaufmann und Ratsherr zu Basel

- Margaretha Huber[#352a] (1571-???) • ᴗev 02.11.1571 Basel (St. Alban)

- Catharina Huber[#352b] (1573-???) • ᴗev 29.07.1573 Basel (St. Alban)

- Hans Wernhard Huber[#352c] (1575-???) • ᴗev 02.08.1575 Basel (St. Alban)

- Hans Jacob Huber[#352d] (1577-???) • ᴗev 05.09.1577 Basel (St. Alban)

- Hans Wernhard Huber[#352e] (1578-1623) • ᴗev 04.11.1578 Basel (St. Alban) • ∞I 1606 mit Salome Irmi[1] (???-1609) • ∞II 1614 mit Maria Battier[2] (1593-1666) • +1623

- Dorothea Huber[#352f] (1581-???) • ᴗev 22.05.1581 Basel (St. Alban)

| #353 | **Peyer, Ursula (1588-1664)** |
| | **(Peÿer, Beier, Beyer, Beÿer)** |

Ⓥ Hans <u>Christoph</u> Peyer[#706/#711b] (1561-1617) • Ⓜ Ursula Im Hof[#707] (1567-1655) • *15.10.1588 Basel • ᴗev-ref. 17.10.1588 Basel (St. Martin) • ∞26.08.1611 mit Johann Rudolf Huber[#352] (1584-1634) • Ⓚ Ursula[#176a] (*1612 Basel); Hans Rudolf[#176b] (*1613 Basel); Hans Christoph[#176c]; Helena[#176d] (*1617 Basel); Hans Wernhard[#176] (*1619 Basel); Helena[#176e] (*1621 Basel); Daniel[#176f] (*1622 Basel); Alexander[#176g] (*1625 Basel); Margaretha[#176h] (*1628 Basel); Anna Catharina[#176i] (*1633 Basel) • +17.05.1664 Basel

- Margareta Peyer[#353a] (1590-???) • ᴗev-ref. 09.08.1590 Basel (St. Martin)

- Daniel Peyer[#353b] (1593-???) • ᴗev-ref. 19.08.1593 Basel (St. Martin)

---

[1] Salome Irmi (???-1609) • ▢25.01.1609 Basel (St. Martin)
[2] Maria Battier (1593-1666) • Ⓥ Jacob Battier (1543-1608), *1543 Lyon, +1608 Basel, Sohn von Jakob Battier (*1506 Saint-Symphorien-le-Château bei Lyon, +1554) und Agnes Thellusson (1516-1564) • Ⓜ Maria Bauhin (1553-1632), *1553 Basel, +1632 Basel, Tochter von Johann Bauhin (*1511 Amiens, +1582 Basel) und Jeanne Fontaine (+1583) • *1593 • ∞I 1614 Basel • ∞II 1624 Franz Henzgen (1597-1638) • +1666

- Andreas Peyer[#353c] (1595-???) • ⌣ev-ref. 29.07.1595 Basel (St. Martin)

- Maria Peyer[#353d] (1598-???) • ⌣ev-ref. 25.04.1598 Basel (St. Martin)

- Catharina Peyer[#353e] (1600-???) • ⌣ev-ref. 12.07.1600 Basel (St. Martin)

- Hans Christof Peyer[#353f] (1603-???) • ⌣ev-ref. 05.07.1603 Basel (St. Martin)

#354   **Faesch, Johann (Hans) Jacob (1598-1677)**

Ⓥ Johann (Hans) Rudolf Faesch[#708] (1572-1559) • Ⓜ Anna (v.) Gebwiler[#709] (1577-1654) • ⌣ev-ref. 02.06.1598 Basel (St. Martin) • ∞I 1625 Basel mit Margaretha Ryff[1] (1606-1628) • Ⓚ Anna Maria[#177a] (*1626 Basel); Margaretha[#177b] (*1628 Basel) • ∞II 16.05.1631 Basel mit Maria Hagenbach[#355] (1613-1696) • Ⓚ Maria[#177] (*1633 Basel); Hans Rudolf[#177c] (*1635 Basel); Anna Catharina[#177d] (*1636 Basel); Johann Jacob[#177e] (*1638 Basel); Isaac[#177f] (*1640 Basel); Valeria[#177g] (*1642 Basel); Emanuel[#177h] (*1646 Basel); Christoff[#177i] (*1648 Basel); Lucas[#177j] (*1649 Basel); Susanna[#177k] (*1651 Basel); Ursula[#177l] (*1653 Basel) • +30.09.1677 (auch 01.08.1677) Basel

Kaufmann, Mitglied des Großen Rats und Gerichts zu Basel

- Remigius Faesch[#354a] (1595-1667) • *26.05.1595 Basel • ⌣ev-ref. 29.05.1595 Basel (St. Alban) • Jurastudium in Genf, Bourges, Paris und Marburg, 1628 Abschluss zum Dr. jur. in Basel • 1620-21 große Italienreise • 1637 Consiliarius des Herzogs von Württemberg und 1637-38 der Markgrafen von Baden-Durlach • 1629 Prof. an der juristischen Fakultät Basel • 1649-1650 und 1660-1661 Rektor der Universität Basel • Gründer des „Faeschischen Kabinetts" (Kunstsammlungen), die er als Familienfideikommiss errichtet; außerdem Gründer des botanischen Gartens • unverheiratet und kinderlos • +27.02.1667 Basel

- Johann Albrecht Faesch[#354b] (1596-???) • ⌣ev-ref. 10.10.1596 Basel (St. Alban)

---

[1] Margaretha Ryff (1606-1628) • Ⓥ Theobald Ryff • Ⓜ Gertrud Burckhardt

- Rosina Faesch[#354c] (1600-1670) • *25.03.1600 • ∪ev-ref. 30.03.1600 Basel (St. Martin) • ∞1617 mit Hans Ulrich Frey[1] (1571-1634) • Ⓚ drei • ∞II 1636 mit Emanuel Rüdin (1600-???) • +07.01.1670 Basel

- Hans Rudolf Faesch[#354d] (1602-1672) • ∪ev-ref. 24.03.1602 Basel (St. Martin) • ∞1628 mit Catharina Lichtenhahn[2] (1610-1670) • +26.01.1672

- Emanuel Faesch[#354e] (1602-1636) • ∪ev-ref. 24.03.1602 Basel (St. Martin) • ∞13.10.1628 mit Elisabeth Bischoff[3] (1610-1682) • Ⓚ drei • +17.06.1636

- Johann Wernhard Faesch[#354f] (1605-1670) • ∪ev-ref. 10.02.1605 Basel (St. Martin) • ∞I 17.03.1628 mit Barbara Werenfels[4] (1603-1646) • ∞II 1646 mit Salomea Wirth • +16.01.1670

- Jeremias Faesch[#354g] (1606-1672) • ∪ev-ref. 30.11.1606 Basel (St. Martin) • ∞04.07.1626 mit Anna Passavant (+12.08.1692) • Ⓚ elf • +1672

- Anna Faesch[#354h] (1608-1608) • *28.05.1608 Basel • ∪ev-ref. 02.06.1608 Basel (St. Martin)

- Hans Albrecht Faesch[#354i] (1610-1663) • *04.03.1610 • ∪ev-ref. 08.03.1610 Basel (St. Martin) • ∞02.02.1635 mit Margaretha Merian[5] (1618-1647) • +05.08.1663

- Hans Christoff Faesch[#354j] (1611-1683) • ∪ev-ref. 08.08.1611 Basel (St. Martin) • 1638 Lizentiat der Rechte • 1644 J.U.D • 1645 Prof. Loggicae

---

[1] Hans Ulrich Frey (1571-1634) • Ⓥ David Frey • Ⓜ Anna Rieher • *14.03.1571 • als Meister der Zunft zu Safran im Rat • +24.10.1634
[2] Catharina Lichtenhahn (1610-1670) • Ⓥ Hans Ludwig Lichtenhahn • Ⓜ Catharina Werenfels • *1610 • +15.12.1670
[3] Elisabeth Bischoff (1610-1682) • Ⓥ Nicolaus Bischoff (1581-1650) • Ⓜ Helene Lichtenhan (1585-1638) • *16.06.1610 Basel • +10.09.1682 Basel
[4] Barbara Werenfels (1603-1646) • Ⓥ Hans Heinrich Werenfels (1568-1647) • Ⓜ Ursula Beck (1581-1611) • *1603 • +14.02.1646
[5] Margaretha Merian (1618-1647) • Ⓥ Onophrius Merian • Ⓜ Salome Beck • *1618 • +28.07.1647

• 1649 erster Prof. Historiae an der Basler Universität • ∞06.02.1643 mit Catharina Günzer[1] (1617-1684) • Ⓚ sechs • +21.08.1683

▪ Sebastian Faesch[#354k] (1613-1655) • ∪ev-ref. 14.03.1613 Basel (St. Martin) • ∞26.08.1635 mit Margaretha Beck[2] (1616-1686) • Ⓚ zwei • +30.06.1655 Basel

▪ Niclaus Faesch[#354l] (1614-1663) • *02.08.1614 • ∪ev-ref. 21.08.1614 Basel (St. Martin) • ∞15.06.1640 mit Helena Lichtenhahn[3] (1620-1645) • Ⓚ drei • ∞II 29.03.1647 mit Maria Magdalena Spörlin[4] (1626-1668) • Ⓚ sieben • +07.09.1663

▪ Petermann Faesch[#354m] (1616-1618) • ∪ev-ref. 11.04.1616 Basel (St. Martin) • +12.04.1618

▪ (?) Catharina Faesch[#354n] (1618-1639) • *02.02.1618 • ∞1636 mit Samuel Battier[5] (1616-1688) • +15.08.1639

▪ Johann Ludwig Faesch[#354o] (1619-1683) • *13.12.1619 Basel • ∪ev-ref. 19.12.1619 Basel (St. Martin) • ∞I 1641 mit Sarah Burckhardt[6] (1623-1686) • Ⓚ eins • ∞II 13.07.1641 Sara Burckhardt (1623-1686) • Ⓚ zwölf • +28.07.1683 Basel

---

[1] Catharina Günzer (1617-1684) • Ⓥ Sebastian Günzer (1590-1638) • Ⓜ Margaretha Stähelin (1596-1629) • ∞I 1634 mit Jakob Bernoulli (kinderlos) • ∞II 1635 mit Johann Jacob Frey (ein Sohn namens Jakob aus dieser Ehe) • ∞III 06.02.1643 mit Hans Christoff Faesch.

[2] Margaretha Beck (1616-1686) • Ⓥ Johann Jacob Beck (1563-1639), *1563 Basel, +1639 Basel, Sohn von Theobald Beck (~1508-1564) und Salome Oberriet (???-1564) • Ⓜ Helena Dienast (1580-1654), *1580 Basel, +1654 Basel, Tochter von Johann Dienast und Marguerite de Masure • *1616 Basel • +05.05.1686 Basel

[3] Helena Lichtenhahn (1620-1645) • Ⓥ Hans Ludwig Lichtenhahn (1574-1638), Sohn von Isaac Lichtenhahn (1529-1608) und Margret Gebhard (1550-1626) • Ⓜ Catharina Werenfels (1578-1628), Tochter von Heinrich Werenfels (1538-1597) und Barbara Krug

[4] Maria Magdalena Spörlin (1626-1668) • Ⓥ Paulus Spörlin (1600-1648) • Ⓜ Elisabeth Margret Bischoff • *1626 • +22.08.1668

[5] Samuel Battier (1616-1688) • Ⓥ Hans Jakob Battier (1582-1650) • Ⓜ Gertrud Gebhardt (???-1587) • *1616 • +1688

[6] Sarah Burckhardt (1623-1686) • Ⓥ Bonifacius Burckhardt (1594-1660) • Ⓜ Judith Graf (1602-1648) • *16.02.1623 Basel • +24.12.1686 Basel

#355   Hagenbach, Maria (1613-1696)

Ⓥ Isaak Hagenbach[#710] (1577-1625) • Ⓜ Maria Peyer[#711/#706f] (1573-1630) • *16.01.1613 Basel • ∪ev-ref. 24.01.1613 Basel (St. Martin) • ∞16.05.1631 Basel mit Johann (Hans) Jacob Faesch[#354] (1598-1677) • Ⓚ Maria[#177] (*1633 Basel); Hans Rudolf[#177c] (*1635 Basel); Anna Catharina[#177d] (*1636 Basel); Johann Jacob[#177e] (*1638 Basel); Isaac[#177f] (*1640 Basel); Valeria[#177g] (*1642 Basel); Emanuel[#177h] (*1646 Basel); Christoff[#177i] (*1648 Basel); Lucas[#177j] (*1649 Basel); Susanna[#177k] (*1651 Basel); Ursula[#177l] (*1653 Basel) • +30.06.1696 Basel

▪ Lucas Hagenbach[#355a] (1610-???) • ∪ev-ref. 22.12.1610 Basel (St. Martin)

▪ Justina Hagenbach[#355b] (1615-???) • ∪ev-ref. 27.04.1615 Basel (St. Martin)

#356   Weiß, Nikolaus (1626-1706)

Ⓥ Marcus Weiß[#712] (1597-1667) • Ⓜ Elisabeth Meyer zum Pfeil[#713] (1596-1670) • ∪ev-ref. 21.12.1626 Basel (St. Alban) • ∞I 19.06.1648 Basel (St. Leonhard) mit Ursula Brandmüller[#357] (1616-1675) • Ⓚ Cleophe[#178a] (*1649 Basel); Marcus[#178] (*1651 Basel); Nikolaus[#178b] (*1652 Basel) • ∞II 1695 mit Catharina Sarasin[1] (1644-1715) • +08.01.1706 Basel • □11.01.1706 Basel (St. Peter)

Mitglied des Geheimen Rats • Schultheiß des Stadtgerichts • Dreierherr und Deputierter zu Basel

▪ Magdalena Weiß[#356a] (1628-???) • ∪ev-ref. 28.10.1628 oder 28.11.1628 Basel (St. Martin)

---

[1] Catharina Sarasin (1644-1715) • Ⓥ Peter Sarasin (1608-1662), Goldschmied, 1637 Bürgerrecht Basel, Sohn von Seidenhändler Gedeon Sarazzin und Marguerite Denais/Dienast • Ⓜ Sara Burckhardt (1619-1698), Tochter von Ratsherr Bernhard Burckhardt und seiner zweiten Ehefrau Katharina Gugger • *1644 • ∞I 1664 mit Dr. med. Nikolaus Eglinger (1637-1667) • ∞II 1668 mit Andreas Mitz (1620-1686) • ∞III 1695 mit Nikolaus Weiß[#356] (1626-1717) • +1715

▪ Salome Weiß[#356b] (1630-???) • ∪ev-ref. 03.06.1630 Basel (St. Martin)

#357   Brandmüller, Ursula (1616-1695)

Ⓥ Johannes Brandmüller[#714] (1590-1647) • Ⓜ Cleophe Bondet[#715] (1597-1657) • ∪18.08.1616 Basel (St. Martin) • ∞I 1634 mit Jacob Schultheiß (???-⁻1648), Münzenmeister zu Basel • Ⓚ Catharina[1] (*1634 Basel) • ∞II 19.06.1648 Basel (St. Leonhard) mit Nikolaus Weiß[#356] (1626-1717) • Ⓚ Cleophe[#178a] (*1649 Basel); Marcus[#178] (*1651 Basel); Nikolaus[#178b] (*1652 Basel) • +06.01.1695 Basel

▪ Johann Jakob Brandmüller[#357a] (1617-1677) • ∪06.09.1617 Basel (St. Alban) • Prof. Dr. jur. • ∞I 1647 mit Salome König[2] (1631-1691) • Ⓚ vierzehn u. a: Cleophe[3] (*1647); Johannes[4] (*1650 Basel); Emanuel[5] (*1651 Basel); Johannes[6] (*1653 Basel); Cleopha[7] (*1655 Basel); Jakob[8] (*1657 Basel); Salome[9] (*1658 Basel); Catharina (*1660 Basel); Jacob[1]

---

[1] Catharina Schultheiss (1634-1668) • *1634 Basel • ∞ mit Alexander Huber (1625-1700), Wirt, Sohn von Johann Rudolf Huber (1584-1634) und Ursula Peyer (1588-1664) • Ⓚ Johann Rudolf (1668-1748), Kunstmaler, Großrat, ∞ mit Catharina Faesch (1671-1719) • +1668

[2] Salome König (1631-1691) • ∞II 1680 mit Bürgermeister Hans Ludwig Krug (1617-1683)

[3] Cleophe Brandmüller (1647-???) • ∪ev-ref. 22.11.1647 Basel (St. Peter)

[4] Johannes Brandmüller (1650-???) • ∪ev-ref. 11.04.1655 Basel (St. Peter)

[5] Emanuel Brandmüller (1651-1733) • ∪ev-ref. 25.05.1651 Basel (St. Peter)

[6] Johannes Brandmüller (1653-1710) • ∪ev ref. 29.05.1653 Basel (St. Peter) • ∞ mit Anna Maria König, Tochter von Johannes König (1626-1676) und Anna Marg. Schott (1630-1675) • Ⓚ Emanuel (1676-???); Johannes (1678-???); Hans Ludwig (1680-???); Salome (1682-1752), ∞1698 mit Silberdreher Hans Rudolf Schorendorff (1671-1758); Anna Maria (1686-???); Jakob (1692-???); Johannes (1704-1740), Buchdrucker; Helena, ∞1736 mit Buchdrucker Johannes Christ (1699-1754); Johann Ludwig, Buchdrucker • +1710

[7] Cleopha Brandmüller (1655-1733) • ∪ev-ref. 21.01.1655 Basel (St. Peter) • ∞1670 mit Johann Jacob Buxtorf (1645-1704), Prof für Hebräisch • Ⓚ Salome (1676-1697), ∞1693 mit Huthändler Emanuel Stehelin (1672-1722); Dorothea (1683-1752), ∞1709 mit Johann Heusler • +1733

[8] Jakob Brandmüller (1657-???) • ∪ev-ref. 12.07.1657 Basel (St. Peter)

[9] Salome Brandmüller (1658-???) • ∪ev-ref. Dez 1658 Basel (St. Peter)

(*1660 Basel); Hans Heinrich (*1663 Basel); Ludwig (*1664 Basel); Friedrich (*1666 Basel); Ludwig (*1676 Basel); Nikolaus (*1668); Hans Rudolf (*1670) • +14.08.1677

#358 Socin, Emanuel (1628-1717)

Ⓥ Benedikt Socin[#716] (1594-1664) • Ⓜ Ursula Beck[#717] (1599-1634) • *08.02.1628 Basel • ∪ev-ref. 10.02.1628 Basel (St. Peter) • ∞I 04.02.1656 mit Susanna Mitz[#359] (1640-1672) • Ⓚ Anna Elisabeth[#179] (*1657 Basel); Susanna[#179a] (*1658 Basel); Benedikt[#179b] (*1660 Basel); Emanuel[#179c] (*1661 Basel); Dorothea[#179d] (*1663 Basel); Ursula[#179e] (*1664); Benedikt[#179f] (*1665 Basel); Robert[#179g] (*1669 Basel) • ∞II 1673 mit Catharina Socin[2] (1629-1694) • +03.12.1717 Basel

Gymnasium in Basel • 1641-42 immatrikuliert zu Basel • Handelslehre in Lyon • Lehrabbruch und Eintritt in den schwedischen Kriegsdienst • Leutnant auf verschiedenen Feldzügen im Dreißigjährigen Krieg • Kommandant der Leibkompanie Dragoner des schwedischen Feldmarschalls Carl Gustav Wrangel (1651-1665) • 1650 Begleiter von Oberst Sebastian Peregrin Zwyer von Evibach (???-1661) und Bürgermeister Johann Rudolf Wettstein auf deren Gesandtschaft nach Wien zur Umsetzung der Friedensschlüsse von 1647 • ab 1650 Beamter in Basel • 1654-1656 Steinen-Schaffner und Quartierhauptmann (Spalen) • 1656 eidg. Landeshauptmann • 1660 Sechser zum Schlüssel • 1665-1669 Ratsherr • 1667-1717 Dreizehner (geheimer Staatsrat) • 1670 Kriegsrat der Eidgenossenschaft • 1669-1682 Oberstzunftmeister • 1683-1717 Bürgermeister des Freistaat Basel

---

[1] Jacob Brandmüller (1660-1740) • *1660 • Pfarrer und Schloßprediger auf Farnsburg • ∞I 1682 mit Sara Ochs (1667-1702), Tochter von Hans Georg Ochs (1614-1680) und dessen zweiten Ehefrau Elisabeth Fattet (1632-1690) • Ⓚ neun • ∞II mit Sybilla Beck • Ⓚ Dorothea (*1705) • +1740

[2] Catharina Socin • Ⓥ Benedikt Socin • Ⓜ Rosina Faesch • ∞I 1651 mit Johann Rudolf Müller (1609-1672), Sohn von Matthias Müller (1573-1651) und Gertrud Burckhardt (*16.01.1583, +20.09.1629)

Geschwister aus erster Ehe des Vaters Benedikt Socin[#716] (1594-1664) mit Ursula Beck[#717] (1599-1634)

- Barbara Socin[#358a] (1618-1655) • ᴗev-ref. 01.09.1618 Basel (St. Peter) • ∞I 1635 mit Bläsi-Amtmann Johann Georg Ramspeck (1615-1648) • Ⓚ u.a.: Sebastian (*1637); Barbara[1] (*1638); Elisabeth[2] (*1640); Appollonia[3] (*1641); Josef (*1643); Benedict (*1645); Ursula (*1646) • ∞II 1650 Basel mit Bläsi-Amtmann Georg Baur[4] (1623-1670) • Ⓚ Valeria[5] (*1653) • +1655 Basel

- Ursula Socin[#358b] (1623-???) • ᴗev-ref. 12.06.1623 Basel (St. Peter) • +12.09.1634 Basel an der Pest

- Joseph Socin[#358c] (1624-???) • ᴗev-ref. 14.10.1624 Basel (St. Peter)

- Benedikt Socin[#358d] (1626-???) • ᴗev-ref. 10.02.1626 Basel (St. Peter) • jung verstorben

- Sebastian Socin[#358e] (1630-1685) • *21.02.1630 Basel • ᴗev-ref. 21.02.1630 Basel (St. Peter) • Goldschmied, Großrat, 1670 Landvogt zu Münchenstein • ∞07.12.1657 mit Catharina Forcart[6] (1641-1704) • Ⓚ mindestens fünf, u. a: Catharina[7] (*1660); Sebastian[1] (*1662) • +22.04.1685 Basel

---

[1] Barbara Ramspeck • ∞1658 mit Jakob Saxer (1620->1670)

[2] Elisabeth Ramspeck (1640-1700) • *1640 • ∞I 1664 mit Armbruster Johann Wernhard Beck (1639-<1673) • Ⓚ mindestens vier • ∞II 1673 mit Hans Conrad Beckel • +1700

[3] Apollonia Ramspeck • ∞1670 mit Witwer und Spitalschmid/Spitalschreiber Lucas Falkeisen (1628-1696) • Ⓚ mindestens fünf

[4] Georg Baur • Ⓥ Georg Baur • Ⓜ Agathe Doff • ∞II 1657 mit Margaretha Beck (1617-1686)

[5] Valeria Baur (1653-1735) • *1653 • ∞1676 mit Johann Heinrich Beck (1653-1710) • +1735

[6] Catharina Forcart (1641-1704 Basel) • Ⓥ Jacob Forcart (1613-1660), Kaufmann, Sohn von Dietrich Forcart (1581-1553) und Catharina Sägler (*1579 bei Köln, +1665) • Ⓜ Margaretha Kipp (1618-1658) aus Frankenthal • *02.01.1641 Basel • +14.09.1704 Basel

[7] Catharina Socin (1660-1728) • *1660 • ∞I 1679 mit Kaufmann Samuel Thierry (1652-1684) • ∞II 1696 mit Buchhändler und Großrat Hans Georg König • Ⓚ Anna

- Abel Socin[#358f] (1632-1695) • *08.03.1632 Basel • ∪ev-ref. 11.03.1632 Basel (St. Peter) • Gerichtsherr und Gesandter • ∞I 04.05.1654 Basel mit Maria Hummel[2] (1635-1681) • Ⓚ zwölf, u.a.: Hans Jakob[3] (*1658); Ester[4]; Josef[5] (*1662); Maria[6] (*1666); Margaretha[7] (*1667); Ursula[8] (*1673) • ∞II 1682 mit Judith Bischoff[9] • ∞III 1688 mit Sara Eglinger[10] (1640-1710) • +21.02.1695 Basel

- C. Socin[#358g] (1634-???) • ∪ev-ref. 16.09.1634 Basel (St. Peter)

Halbgeschwister aus der zweiten, 1637 geschlossenen Ehe des Vaters Benedikt Socin[#716] (1594-1664) mit Elisabeth Bischoff (1613-1682):

- Helena Socin[#358h] (1638-1683) • ∪ev-ref. 29.07.1638 Basel (St. Peter) • ∞1658 Basel mit Kaufmann und Ratsherr Andreas Mitz (1633-1686), Sohn von Tuchhändler Robert Mitz (1577-1649) und seiner zweiten Ehefrau Anna Plenis (1594-1676) • Ⓚ dreizehn u. a. Anna Elisabeth[11]

Margarthe (1699-1783), ∞1728 mit Kaufmann Abraham Le Grand (1679-1729) • +1728

[1] Sebastian Socin (1662-1729) • *1662 • ∞ mit Susanna Millot (1668-1749) • Ⓚ zwei • +1729

[2] Maria Hummel (1635-1681) • Ⓥ Hans Jakob Hummel (1590-1654) • Ⓜ dritte Ehefrau Maria Rink (1602-1653) • *1635, aus Memmingen • +1681

[3] Hans Jacob Socin (1658-1699) • *1658 • Kaufmann und Dreizehner • ∞1682 mit Katharina Stähelin (1665-1721) • +1699

[4] Ester Socin • ∞ mit Kaufmann und Ratsherr Daniel Mitz (1648-1718)

[5] Josef Socin (1662-1736) • *1662 • Kaufmann, Dreizehner und 1710 Obervogt in Riehen • ∞1694 mit Sara Sarasin (1677-1746) • Ⓚ dreizehn • +1736

[6] Maria Socin (1666-1732) • *1666• ∞ Joh. Rudolf Wettstein, Kanzlist, 1683 Stadtschreiber in Liestal, Oberstzunftmeister und 1724-1734 Bürgermeister zu Basel • +1732

[7] Margaretha Socin (1667-1736) • *1667 • ∞1685 mit Kaufmann Philipp Sarasin • +1736

[8] Ursula Socin (1673-1711) • *1673 • ∞1694 mit Pfarrer Joh Heinrich Gernier (1664-1747) • +1711

[9] Judith Bischof ist die Witwe des Jakob Christ. Ihre Eltern sind Nikolaus Bischoff und Judith Fattet.

[10] Sara Eglinger ist die Witwe von Samuel Burckhardt (1621-1679). Ihre Eltern sind Joh. Friedrich Eglinger und Chrischona Werenfels.

[11] Anna Elisabeth Mitz (1658-1687) • *1658 • ∞1676 mit Kaufmann Jeremias Ortmann (1653-1713), Sohn von Jeremias Ortmann und Elisabeth Brunschweiler • +1687

(*1658 Basel); Benedikt[1] (*1665 Basel); Susanna[2] (*1666 Basel); Esther[3] (*1670 Basel); Catharina[4] (*1674 Basel) • +1683

▪ Elisabeth Socin[#358i] (1640->1664) • ∪ev-ref. 06.10.1640 Basel (St. Peter) • +>1664

▪ Valeria Socin[#358j] (1642-<1664) • ∪ev-ref. 15.11.1642 Basel (St. Peter) • +~1646 (4½ Jahre), verstorben durch Sturz auf der Treppe

▪ Josef Socin[#358k] (1645-1684) • ∪ev-ref. 09.01.1645 Basel (St. Peter) • J.U.L. • Grossrat in Basel • Domprobstei-Schaffner in Basel • ∞1666 mit Cleophea Schönauer[5] (1643-1690) • Ⓚ Benedikt[6] (*1667 Basel);

---

[1] Benedikt Mitz (1665-1738) • *1665 • Kleinrat • ∞ 1685 mit Dorothea Beck (*1661) • Ⓚ fünf u. a. Dorothea (*1687), Andreas (1688-1757) • +1738
[2] Susanna Mitz (1666-1725) • *1666 Basel • ∞ mit JUD und Schultheiss Christoph Burckhardt (1661-1713) • Ⓚ Helena (1689-1737), ∞I mit Lukas Iselin (???-1711), Kaufmann in Genf und Schaffhausen und dann Schappefabrikant in Basel, ∞II 1726 mit Emanuel Müller; Susanna (1697-1766), ∞ mit Jacob Christoph Frey (1688-1744)
[3] Esther Mitz (1670-1733) • *1670 • ∞1685 mit Eisen- und Tabakgroßhändler sowie Bankier Peter Ochs (1658-1706) • Ⓚ Hans Georg (1686-1707), Hauptmann in österreichischen Diensten; Friedrich (1691-1729), ∞1715 mit Sibylle Faesch (1696-1780); Helena (1693-1781), ∞1721 mit Oberst und Bürgermeister Johann Rudolf Faesch (1680-1762); Esther (1697-1772), ∞1718 mit Kaufmann und Oberstzunftmeister Felix Battier (1691-1767); Carl Wilhelm (1700-1753), Mitinhaber Bankhaus Gebrüder Ochs, ∞I 1727 mit Gertrud Thierry (1705-1732), ∞II 1743 mit Gertrud Leisler (1716-1744); Caspar (1701-1752), Mitinhaber Bankhaus Gebrüder Ochs, ∞1725 mit Elisabeth Socin (1703-1780); Catharina (1702-1769), ∞ mit Tuch- und Leinenwarenhändler Leonhard Ryhiner (1696-1781); Peter (1706-1747), Strumpffabrikant, ∞1728 mit Salome Heusler (1707-1764), Tochter von Papierfabrikant und Ratsherr Joh. Jacob Heusler (1678-1754) und Anna Marg. Karger (1683-1749) •+1725
[4] Catharina Mitz (1674-1703) • *1674 • ∞ mit Prof. Joh. Rudolf Zwinger (1660-1708) • Ⓚ acht • +1703
[5] Cleophea Schönauer (1643-1690) • Ⓥ Domstiftschaffner Joh. Rudolf Schönauer (1604-1670) • Ⓜ Cleophea Barth (1618-1688) • *1643 • ∞II 1687 mit Johann Rudolf Faesch (1644-1709), Sohn von Amtmann St. Bläsi Rudolf Faesch und Catharina Eglinger • +1690
[6] Benedikt Socin (1667-1735) • *1667 Basel • Domprobsteischaffner • Großrat • Landvogt zu Homburg • Schultheiß Klein-Basel • ∞I 1688 mit Margaretha Faesch (1673-1752), Tochter von Amtmann St. Bläsi Joh. Rudolf Faesch und Catharina

Josef[1] (*1670 Basel); Emanuel[2] (*1672 Basel); Elisabeth[3] (*1673 Basel); Cleophea[4] (*1676 Basel) • +1684

■ Elisabeth Socin[#358l] (1647-1665) • ∪ev-ref. 14.01.1647 Basel (St. Peter) • ∞1664 mit Schaffner im Steinenkloster und Basler Großrat Johann Jakob Burckhardt[5] (1640-1686) • Ⓚ Anna Mag.[6] (*1665) • +1665

■ Esther Socin[#358m] (1649-1681) • ∪ev-ref. 22.07.1649 Basel (St. Peter) • ∞1667 mit Basler Ratsherr und Stadtrichter Rudolf Faesch (1641-1704) • Ⓚ Margaretha[7] (*1685) • +1681

#359　　　　　Mitz, Susanna (1640-1672)

Ⓥ Robert Mitz[#718] (1609-1640) • Ⓜ Dorothea Obermeyer[#719] (1619-1653) • *14.05.1640 Basel • ∪ev 19.05.1640 Basel (St. Peter) • ∞04.02.1656 Basel (St. Peter) mit Emanuel Socin[#358] (1628-1717) • Ⓚ Anna Elisabeth[#179] (*1657 Basel); Susanna[#179a] (*1658 Basel); Benedikt[#179b] (*1660 Basel); Emanuel[#179c] (*1661 Basel); Dorothea[#179d] (*1663 Basel); Ursula[#179e] (*1664); Benedikt[#179f] (*1665 Basel); Robert[#179g] (*1669 Basel) • +26.02.1672 Basel • □27.02.1672 Basel (Münster)

Eglinger • Ⓚ acht u. a. Benedikt (1669-1738), Pfarrer, ∞I mit Anna Cath. Huber (1702-1737), ∞II 1737 mit Valerie Burckhardt (1709-1775) • +1735

[1] Josef Socin (1670-1750) • *1670 Basel • Schulmeister • Spitalunterschreiber • Großrat • Schultheiß Klein-Basel • ∞1693 mit Margaretha Hummel (1673-1737), Tochter von Kaufmann Johann Jakob Hummel und Anna Marg. Faesch • Ⓚ Margaretha (1694-1786), ∞1713 mit Pfarrer Christof Burckhardt (1679-1753); Rudolf (1699-1735), ∞1728 mit Judith Merian (1709-1769) • +1750

[2] Emanuel Socin (1672-1692) • *1672 • Offizier in franz. Diensten • gefallen 1692

[3] Elisabeth Socin (1673-1709) • *1673 • ∞1691 mit Kaufmann Joh. Rudolf Hummel • +1709

[4] Cleophea Socin (1676-???) • *1676 • ∞1697 mit Stadtschreiber Hans Rudolf Huber (*Basel)

[5] Johann Jakob Burckhardt (1640-1686) • Ⓥ Johann Jakob Burckhardt (1614-1690) • Ⓜ Catharina Iselin (1617-1694)

[6] Anna Mag. Burckhardt (1665-1714) • *1665 • ∞1680 mit Domschaffner Niklaus Hummel (1661-1715)

[7] Margaretha Faesch (1685-1720) • *1685 • ∞1705 mit Tuchhändler Dietrich Forcart (1685-1740) • +1720

Susanna Mitz ist Einzelkind hat daher keine Geschwister

#360 Geßner, Samuel (1637-1707)

Ⓥ Georg Geßner[#720] (???-1683) • Ⓜ Friederika Susanna Cunrad (Conrad)[#721] • *19.02.1637 Scheibenberg/Erzgebirge • ∞04.12.1660 Wassertrüdingen mit Anna Maria Raab[#361] (1629-???) • Ⓚ Johann Samuel[#180] (*1661 Lehmingen/Wassertrüdingen) • +24.11.1707 Lehmingen/Wassertrüdingen

seit 1660 Pfarrer in Lehmingen bei Wassertrüdingen

#361 Raab, Anna Maria (1628-1689)

Ⓥ Michael Raab[#722] (1600-1667) • Ⓜ Maria Cordula Ziegler[#723] (1604-1634) • *1628 Weissenbronn • ∞I 23.01.1649 Wassertrüdingen mit Balthasar Alberti[1] (1614-1657) • Ⓚ Margarete Barbara[#180a] (*1653 Feuchtwangen) • ∞II 04.12.1660 Wassertrüdingen mit Samuel Geßner[#360] (1637-1707) • Ⓚ Johann Samuel[#180] (*1661 Lehmingen/Wassertrüdingen) • +03.05.1689

#362 Hußwedel, Georg Konrad (1620-1680)

Ⓥ Conrad Hußwedel[#724] (1578-1630) • Ⓜ Anna Margareta Kayser[#725] (1590-1623) • *08.10.1620 Remlingen • ∞03.08.1658 Ansbach mit Maria Magdalena Kern[#363] (1639-1718) • Ⓚ Maria Sophia[#181a] (*1659); Maria Magdalena[#181] (*1670 Ansbach); Johann Lorenz[#181b] (*1660); Johann Christoph[#181c] (*1662); Catharina Rosina[#181d] (*1663); Anna Margaretha[#181e] (*1665); Catharina Maria[#181f] (*1668 Ansbach); Anna Maria[#181g] (*1674); Sabine[#181h] (*1676 Ansbach) • +10.06.1680 Ansbach

---

[1] Balthasar Alberti (1614-1657) • Ⓥ Laurentius Alberti (1577-1621), *1577 Feuchtwangen, +07.12.1621 Feuchtwangen • Ⓜ Barbara Siebenhaar (1581-???), *31.01.1581 Beyerberg • ◡ev 14.08.1614 Feuchtwangen • +27.03.1657 Feuchtwangen • □31.03.1657 Feuchtwangen • Archidiaconus in Feuchtwangen

1644 Kanzlist in der Ansbachischen Hofkanzlei • 1651 Rentgegenschreiber • 1664 Rentmeister zu Ansbach • seit 02.06.1674 Kammerrat zu Ansbach

#363 Kern, Maria Magdalena (1639-1718)

Ⓥ Kaspar Kern[#726] (???-1670) • Ⓜ Maria Barbara Venediger[#727] (1615-1647) • *02.04.1639 Creglingen • ∪03.04.1639 Creglingen • ∞03.08.1658 Ansbach mit Konrad Georg Hußwedel[#362] (1620-1680) • Ⓚ Maria Sophia[#181a] (*1659); Maria Magdalena[#181] (*1670 Ansbach); Johann Lorenz[#181b] (*1660); Johann Christoph[#181c] (*1662); Catharina Rosina[#181d] (*1663); Anna Margaretha[#181e] (*1665); Catharina Maria[#181f] (*1668 Ansbach); Anna Maria[#181g] (*1674); Sabine[#181h] (*1676 Ansbach) • +15.06.1718 Ansbach

#364 Eberling gen. Eberhard, Philipp (1622-1703)

Ⓥ NN Eberlin[#728] • Ⓜ ??? • *19.07.1622 im Bistum Bamberg • ∪rk im Bistum Bamberg • ∞02.06.1655 oder 06.02.1655 Gotha mit Anna Friede[#365] (1632-???) • Ⓚ David Philipp[#182] (*1661 Gotha) • ☐ev 04.01.1703 Gotha

Buchdrucker zu Schleusingen, dann zu Gotha • konvertiert nach dem Tod der Eltern vom katholischen zum evangelisch-lutherischen Glauben

#365 Friede, Anna (1632-???)

Ⓥ Andreas Friede[#730] (1601-???) • Ⓜ Katharina Becke[#731] (1609-???) • *Gotha • ∪04.02.1632 Gotha • ∞02.06.1655 oder 06.02.1655 Gotha mit Philipp Eberling gen. Eberhard[#364] (1622-1703) • Ⓚ David Philipp[#182] (*1661 Gotha)

#366 Heim, Martin (1625-1707)

(Heym)

Ⓥ Caspar Heim[#732] (1588-1662) • Ⓜ Barbara Kerner[#733] (1597-<1637) • *22.04.1625 Suhl • ∪23.04.1625 Suhl • ∞12.11.1651 Suhl (Stadtkirche) mit Barbara Klett[#367] (1635-1706) • Ⓚ elf u. a. Elisabeth Barbara[#183] (*1668 Suhl) • +08.05.1707 Suhl • □10.05.1707 Suhl

Wein- und Armaturhändler[1], seit 1669 im Rat zu Suhl ältester Bürgermeister und Senior des Rats, Stadthauptmann • anlässlich seiner Goldenen Hochzeit „Eheliches Jubelfest" am 13.11.1701 mit Festschrift von Johann Ludwig Winter, Pfarrer und Superintendent zu Suhl, mit dem Titel „Das verjüngte Alter und verneuerte Ehe-Land, Des ... Herrn Martini Heymen ... Wein- und Armatur-Händlers in ... Suhla, und der ... Frauen Barbaren einer gebohrnen Klettinn, Bey Ihrem den 13. Novemb. Anno 1701. wiederholten Eh- und Ehren-Mahl, als Sie Funffzig Jahr ehlich beysammen gelebet"

#367   Klett, Barbara (1635-1706)

Ⓥ Veit Klett[#734] • Ⓜ Barbara Stockmar[#735] • *14.02.1635 Suhl • ∪15.02.1635 Suhl • ∞12.11.1651 Suhl (Stadtkirche) mit Martin Heim[#366] (1625-1707) • Ⓚ elf u. a. Elisabeth Barbara[#183] (*1668 Suhl) • +31.12.1706 Suhl • □03.01.1707 Suhl

#368   Hartert, Franz (1643-1694)

Ⓥ Anton Hartert[#736] (1607-1659) • Ⓜ Maria Katharina Badenhausen[#737] (1620-1653) • *02.01.1643 Grebenstein • ∞I 22.10.1667 Grebenstein mit Christina Elisabeth Wetzel[#369] (1644-1676) • Ⓚ Johann Franz[#184] (*1668 Grebenstein); Daniel[#184a] (*~1672 Grebenstein); Anna Gertrud[#184b] (*1674 Grebenstein) • ∞II 24.04.1677 Grebenstein mit Katharina Cordt[2] • +Ende 1694/Anfang 1695 Grebenstein

---

[1] Armaturhändler sind Kaufleute, die mit Gewehren handeln
[2] Katharina Cordt • Ⓥ Ratsherr zu Grebenstein Günther Cordt • ∞I 19.06.1654 mit Ratsherr zu Grebenstein Johann Zufall

28.11.1663 immatrikuliert zu Marburg • Bürgermeister zu Grebenstein

▪ Margareta Hartert[#368a] (1641-^>1701) • *Grebenstein • ∪07.02.1641 •
∞15.04.1658 Grebenstein mit Pfarrer Daniel Wiskemann[1] (~1635-1685)
• Ⓚ Anna Maria[2] (*1659); Franziska[3] (~*1660); Jost Henrich[4] (*~1664);
Alexander[5] (*~1666); Johann Adam[6] (*~1669); Johann Christian[7] (*1673);
Martha Elisabeth[8] (*1677); Margaretha Magdalena[9] (*1681 Wabern) •
+^>02.06.1701

▪ Katharina Hartert[#368b] (~1645-???) • *~1645 Grebenstein • ∞02.11.1665
Hofgeismar mit Pfarrer Hermann Uthovius[10] (~1625-1675) • Ⓚ Anna
Katharina[11] (*1668 Trendelburg); Franz[12] (*1670 Trendelburg);
Margaretha[13] (*1674 Trendelburg)

---

[1] Daniel Wiskemann (~1635-1685) • Ⓥ Heinrich Wiskemann • *~1635 Eschwege •
1653 immatrikuliert zu Marburg, 1656 ev. Pfarrer zu Dörnberg, 1672-1685 ev. Pfarrer
zu Wabern • +1685 Wabern

[2] Anna Maria Wiskemann (1659-1676) • *01.02.1659 • ∪ev • □24.08.1676 Wabern

[3] Franziska Wiskemann (~1660-^>1673) •~*1660 • ∪ev • konf. 1673 Wabern

[4] Jost Heinrich Wiskemann (~1664-1701) •~*1664 • ∪ev • konf. 1677 Wabern •
∞21.10.1700 Raboldshausen mit Elisabeth Margaretha Braun • +03.03.1701 Kassel •
□07.03.1701 Kassel

[5] Alexander Wiskemann (~1666-1732) •~*1666 • ∪ev • konf. 1679 Wabern •
+19.02.1732 Hülsa/Homberg • □25.02.1732 Hülsa/Homberg

[6] Johann <u>Adam</u> Wiskemann (~1669-^>1682) •~*1669 Wabern • ∪ev • konf. 1682
Wabern • ∞31.10.1695 Raboldshausen mit Anna Barbara Reitz (1677-1737) •
+09.06.1702 Raboldshausen • □13.06.1702 Raboldshausen

[7] Johann Christian Wiskemann (1673-1674) • ∪ev 16.10.1673 Wabern • +25.01.1674
Wabern • □27.01.1674 Wabern

[8] Martha Elisabeth Wiskemann(1677-???) • ∪ev 04.10.1677 Wabern

[9] Margaretha Magdalena Wiskemann (1681-???) • ∪ev 11.02.1681 Wabern •
∞03.06.1700 Raboldshausen mit Johann David Corius

[10] Hermann Uthovius (~1625-1675) • *~1625 Blomberg in Lippe-Detmold • Pfarrer zu
Danzig, 1660 Pfarrer zu Trendelburg, 1661 Pfarrer zu Hofgeismar • ∞I Februar 1648
mit Maria Laabsen (*~1622, +22.11.1664 Hofgeismar) • +16.02.1675 Trendelburg

[11] Anna Katharina Uthovius (1668-???) • ∪ev 15.11.1668 Trendelburg • konf 1683 •
∞06.04.1703 Wenigenhasungen mit Henrich Peter aus Wenigenhasungen

[12] Franz(iscus) Uthovius (1670-???) • ∪ev 04.09.1670 Trendelburg

[13] Margaretha Uthovius (1674-???) • *09.05.1674 Trendelburg • ∪ev

▪ Anna Gertrud Hartert[#368c] (1647-1685) • *Grebenstein • ⌣04.02.1647 • ∞01.12.1669 Hofgeismar mit Hans Georg Goßmann[1] (˜1626-1697) • +04.04.1685 Hofgeismar

▪ Henrich Hartert[#368d] (1650-1697) • *Grebenstein • ⌣20.09.1650 • 1694 Wachtmeister zu Oberkaufungen • 1697 Stiftsgrebe • ∞ mit NN • Ⓚ mindestens zwei u.a.: NN♀ (□17.08.1696); Heinrich (konf. 1697) • □13.04.1697 Oberkaufungen

#369 Wetzel, Christina Elisabeth (˜1644-1676)

Ⓥ Johannes Wetzel[#738] (1619-1686) • Ⓜ Dorothea Schmalz[#739] (1625-1690) • *˜1644 Kalden/Hofgeismar • ⌣ev • ∞ev 22.10.1667 Grebenstein mit Franz Hartert[#368] (1643-1694) • Ⓚ Johann Franz[#184] (*1668 Grebenstein); Daniel[#184a] (*˜1672 Grebenstein); Anna Gertrud[#184b] (*1674 Grebenstein) • +10.10.1676 Grebenstein

▪ Anna Gertrud Wetzel[#369a] (˜1646-˃1713) • *˜1646 Calden • ⌣ev • 1713 als Patin erwähnt • ∞04.06.1678 Grebenstein mit Bernhard Kersting[2] (˜1652-1691) • Ⓚ Johannes[3] (*1679 Grebenstein); Katharina Elisabeth[4] (*1681 Grebenstein); Bernhard Philipp[5] (*1684); Anna Catharina[1] (*1686 Grebenstein); Dietrich[2] (*1689); Johann Daniel[3] (*1690 Schachten)

---

[1] Hans Georg Goßmann (˜1626-1697) • *˜1626 Hofgeismar • Stadtkämmerer und Bürgermeister zu Hofgeismar • +10.11.1697 Hofgeismar

[2] Bernhard Kersting (˜1652-1691) • *˜1652 Niedermeiser • 1671 immatrikuliert zu Bremen als „Niedermeiser Hassus" und 20.11.1674 zu Marburg • 1678-1682 Ludimoderator in Grebenstein und Schulmeister • 1682-1691 Pfarrer in Schachten und Amönethal • +11.05.1691 Schachten • □15.05.1691 Schachten

[3] Johannes Kersting (1679-???) • ⌣06.04.1679 Grebenstein

[4] Katharina Elisabeth Kersting (1681-???) • ⌣14.10.1681 Grebenstein

[5] Bernhard Philipp Kersting (1684-1762) • ⌣April 1684 • Amtschultheiß in Homberg/Efze und Spangenberg • ∞I 17.10.1706 mit Marie Amalie Charlotte Fröhlich (*07.08.1682 Spangenberg, □25.08.1743 Spangenberg), Tochter von Johann Daniel Fröhlich (Amtsschultheiß in Spangenberg) und Margarethe Murray • ∞II mit Martha Catharina Dexbach (1721-1789), *1721, □18.03.1789 Kassel (Hofgemeinde) • +07.03.1762

■ Catharina Elisabeth Wetzel[#369b] • (?) *Calden • ∪ev • ∞I 17.05.1686 Calden mit Philipp Hopf(e)[4] (1656-1691) • ∞II 16.09.1692 Hofgeismar (Altstadt) mit Georg Goßmann, Bürgermeister

■ Johann Philipp Wetzel[#369c] (˜1656-1691) • *˜1656 Calden • ∪ev • konf. 1669 Grebenstein • 14.06.1680 immatrikuliert zu Marburg als „Caldens. Hass." • 1681-1684 Pfarradjunkt in Calden und Burguffeln bei seinem Vater • 1686-1691 ev. Pfarrer in Calden und Burguffeln nach Nachfolger seines Vaters • ∞13.06.1683 Burguffeln mit Sophie Eickmeier[5] (???-1693) • Ⓚ Eleonora Sophia[6] (*1685); Anna Gertrud[7] (*1687); George Gottfried[8] (*1690); Johann Philipp[9] (*1692) • □18.08.1691 Calden

#370   **Pforrius, Johann <u>David</u> (1631-1688)**

Ⓥ Johannes Pforrius[#740] (1596-1637) • Ⓜ Magdalena Rosdorf[#741] (1611-1675) • *26.01.1631 Wolfhagen • ∪ev-ref. 06.02.1631 Wolfhagen • konf. Ostern 1644 Kassel (Freiheit) • ∞ev 01.03.1664 Kassel mit Magdalena

---

[1] Anna Catharina Kersting (1686-???) • *13.12.1686 Grebenstein • ∞04.11.1706 Grebenstein mit Georg Deichmann, Pfarrer zu Schachten

[2] Dietrich Kersting (1689-1747) • ∪01.03.1689 • Pfarrer in Mengsberg • ∞1719 mit Anna Elisabeth Amelung, Tochter von Johann Henrich Amelung (Pfarrer in Vaake) • +03.01.1747 Treysa

[3] Johann Daniel Kersting (1690-1772) • ∪Juli 1690 Schachten • Advokat und Schultheiß in Grebenstein • +14.01.1772 Grebenstein

[4] Philipp Hopf(e) (1656-1691) • Ⓥ Daniel Hopf, Bürgermeister zu Witzenhausen • ∪28.07.1656 Witzenhausen • 01.05.1675 immatrikuliert zu Marburg als Vicenhusanus Hass • 1684-1691 Collaborator scholae und rektor in Grebenstein • □1691 Grebenstein

[5] Sophie Eickmeier (???-1693) • *Silixen, heute Extertal Grafschaft Lippe • □03.02.1693 Calden

[6] Eleonora Sophia Wetzel (1685-1691) • ∪ev 15.03.1685 • □05.10.1691 Calden

[7] Anna Gertrud Wetzel (1687-???) • ∪ev 01.12.1687 • ∞ mit N. Pfeifer

[8] George Gottfried Wetzel (1690-1691) • ∪ev 02.11.1690 • □31.03.1691 Calden

[9] Johann Philipp Wetzel (1692-1755) • ∪ev 18.03.1692 (posthumen) • 30.04.1709 immatrikuliert zu Marburg • 1711-1713 immatrikuliert zu Rinteln • Pfarrer in Batavia • +19.11.1755 Batavia

Elisabeth Stöckenius[#371] (1643-1700) • Ⓚ Hedwig Sophia[#185] (*1668 Kassel); Anna Catharina[#185a] (*1670 Kassel) • +26.04.1688 Schmalkalden

1648 Schule Kassel • 1654 Gymnasium Bremen • Hauslehrer • als Hofmeister der Söhne der verw. schwedischen Generalin v. Lüdinghausen in Rinteln reist er nach Bremen, 1659 nach Utrecht, bringt 1661 zu ihrer Mutter, legt auf Rückreise 2. Examen am 11.03.1662 in Bremen ab • 01.06.1662-1667 ev-ref. Prediger zu Rinteln • 03.10.1667-1676 ev. Hofprediger zu Kassel • 1671 begleitet Landgräfin Hedwig Sophie nach Dänemark • 26.05.1676-1688 ev. Hofprediger und geistlicher Inspektor zu Schmalkalden

▪ Johann Wilhelm Pforrius[#370a] (1635-1714) • *20.01.1635 Wolfhagen • ∪ev 15.02.1635 Wolfhagen • 08.11.1653 immatrikuliert zu Marburg und 1654 zu Bremen • 1663-1667 ev. Pfarrer Herrenbreitungen und Konrektor Schmalkalden • ∞ev ˜1665 Herrenbreitungen mit Margarethe Keil[1] (˜1645-1712) • 1667-1671 ev. Pfarrer Hofgeismar/Neustadt • 1671-1673 ev. Hofprediger zu Homburg • Juni 1674-1696 Metropolitan zu Ziegenhain • 04.09.1696-1714 Inspektor zu Schmalkalden • +13.06.1714 Schmalkalden

#371 Stöckenius, Magdalena Elisabeth (Sophie) (1643-1700)

Ⓥ Johann Heinrich Stöckenius[#742] (1606-1684) • Ⓜ Elisabeth Schildt[#743] (1607-1675) • ∪ev 24.02.1643 Kassel (Hofgemeinde) • ∞ev 01.03.1664 Kassel mit Johann David Pforr[#370] (1631-1688) • Ⓚ Hedwig Sophia[#185] (*1668 Kassel); Anna Catharina[#185a] (*1670 Kassel) • □17.05.1700 Kassel (Freiheit)

▪ Johann Henrich Stöckenius[#371a] (˜1629-1690) • *˜1629 Grebenstein • ∪ev • konf. 1643 Kassel(St. Martin) • 1647 immatrikuliert zu Kassel •

---

[1] Margarethe Keil (˜1645-1712) • Ⓥ Johannes Keil (Amtsverweser zu Herrenbreitungen) • Ⓜ Maria Sabina Dryander, Tochter von Rat und Landsecretarius Johann Andreas Dryander (Nachfahre der Landgräfin Elisabeth v. Thüringen und somit auch von Karl dem Großen) • *˜1645 Kassel • +26.12.1712 Schmakalden

1661-1690 ev. Pfarrer in Niederzwehren bei Kassel • ∞I 14.11.1661 Kassel (Altstadt) mit Anna Maria Seibert[1] (1630-1709) • ∞II >1671 mit (?) Dorothea Elisabeth Schmauch (+22.06.1727 Kassel-Altstadt) • Ⓚ Elisabeth[2] (*~1663); Johann Henrich[3] (*1668 Niederzwehren); Johann Henrich; Johann Hermann; David; Anna Catharina[4] (*1672) • +1690 Niederzwehren/Kassel

- Philipp Stöckenius[#371b] (~1638-???) • *~1638 • ∪ev • 1650 immatrikuliert zu Kassel • 18.11.1652 immatrikuliert zu Marburg

- Curt Henrich Stöckenius[#371c] (???-1638) • ∪ev • □14.05.1638 Kassel (Hofgemeinde)

- Johann Hermann Stöckenius[#371d] (1638-1640) • ∪ev 15.07.1638 Kassel (Hofgemeinde) • □03.06.1640 Kassel/Hofgemeinde

- Hermann Stöckenius[#371e] (1640-???) • ∪ev 28.11.1640 Kassel (Hofgemeinde) • 1665 immatrikuliert zu Bremen

- Anna Barbara Stöckenius[#371f] (1645-1646) • ∪ev 16.01.1645 Kassel (Hofgemeinde) • □23.02.1646 Kassel/Hofgemeinde

---

[1] Anna Maria Seibert (1630-1709) • Ⓥ Pfarradjunkt Johannes Seibert • Ⓜ Gertrud Siegen • ∪ev 14.03.1630 Elgershausen • +25.02.1709 Singlis

[2] Elisabeth Stöckenius (~1663-1686) • *~1663 • ∞ mit cand. theol. Israel Zentgrebe • +1686

[3] Johann Henrich Stöckenius (1668-1733) • *1668 Niederzwehren • 15.11.1689 immatrikuliert zu Bremen und 03.09.1694 zu Franecker • 1699-1713 Diakonus zu Spangenberg • 1713-1733 Metropolitan zu Spangenberg • ∞14.11.1699 Kassel (Freiheit) mit Anna Dorothea Gehebe (*30.06.1672 Hess. Lichtenau, +04.11.1724 Spangenberg, □07.11.1724 Spangenberg), Tochter von Henrich Gehebe (Fischmeister und Förster in Hess. Lichtenau) und Anna Catharina Möller • Ⓚ Georg (1712-1753), *12.05.1712 Spangenberg, ∪ev 18.05.1712 Spangenberg, 1726 konf. Spangenberg, □15.10.1753 Singlis, ev. Pfarrer in Singlis • +27.06.1733 Spangenberg

[4] Anna Catharina Stöckenius (1672-1722) • *1672 • ∞29.11.1701 Niederzwehren/Kassel mit Johann Christian Riccius (1679-1722), ∪09.07.1679 Spangenberg, +22.10.1722 Singlis, Sohn von Pfarrer Johann Jacob Riccius, 1692-1694 Schüler in Hersfeld, 03.12.1694 immatrikuliert in Marburg und 1697 in Bremen, 09.06.1704-1722 Pfarrer in Singlis, Neubau von Kirche und Pfarrhaus • +22.10.1722 Singlis

▪ Aemilia Charlotte Stöckenius[#371g] (1646-1651) • *29.12.1646 Kassel/Hofgemeinde • ◻10.04.1651 Kassel/Hofgemeinde

▪ Johannes Stöckenius[#371h] (1648-???) • ◡ev 09.08.1648 Kassel (Hofgemeinde) • 29.09.1670 immatrikuliert zu Basel als stud. theol. aus Kassel

#372   Andreä, Adam Henrich

Ⓥ Henrich Andreä[#744] • Ⓜ Katharina Fabronius[#745] (1607-???) • ∞I ~1665 mit Katharina Aitinger[#373] (~1655-<1696) • Ⓚ Johann Stephan[#186] (*1676) • ∞II 31.06.1696 Rotenburg/Fulda mit Katharina Baurschmidt[1]

Ratsherr und Bürgermeister zu Rotenburg/Fulda • Nachfahre von Karl dem Großen

#373   Aitinger, Katharina Elisabeth (1645-1694)

Ⓥ Johann Oswald Aitinger[#746] (1615-1693) • Ⓜ Anna Elisabeth Glebe (Klebe)[#747] (1623-1699) • *22.11.1645 Rotenburg/Fulda • ∞1665 mit Adam Henrich Andreä[#372] • Ⓚ Johann Stephan[#186] (*1676) • +12.05.1694

▪ Johann Adolphen Aitinger[#373a] (1644-1721) • *21.02.1644 Ellingerode • 1672 Lichtkämmerer • ∞ mit Anne Gertrud Sälzer, Tochter des Lichtkämmerers Johann Sälzer • Ⓚ Marie Elisabeth[2] (*1692); Charlotte Sophie Amalie[3] (*1697 Kassel) • +27.08.1721 Kassel

---

[1] Katharina Baurschmidt • Ⓥ Johann Christian Baurschmidt (Goldarbeiter und Steuereinnehmer zu Rotenburg) • Ⓜ Katharina Elisabeth Stirn
[2] Marie Elisabeth Aitinger (1692-1767) • *1692 • ∞ mit Kammerrath Johann Germighausen zu Kassel • +1767
[3] Charlotte Sophie Amalie Aitinger (1697-1746) • *10.12.1697 Kassel • ∞16.07.1716 mit Amtsvogt Johann Caspar Grau zu Germerode (1691-1750) • Ⓚ Johann Adolf (*1717 Germerode); Anna Elisabeth (*1718 Germerode); Johann Karl (*1721 Germerode); Dorothea Magdalena (*1723 Germerode); Katharina Elisabeth (*1724 Germerode); Sophia Anna Katharina (*1726 Germerode); Maria Amalia (*1728 Germerode); Henrike (*1729 Germerode); Anna Martha (*1731 Germerode); Johann

▪ Johann Caspar Aitinger[#373b] (1647-1729) • *05.11.1647 • Kammerrath zu Rotenburg • ∞29.10.1689 mit NN Grau[1] (1666-1725) • +27.02.1729

▪ Martha Aitinger[#373c] (1650-1654) • *28.01.1650 • +30.06.1654

▪ Anna Marie Aitinger[#373d] (1652-1713) • *13.11.1652 • ∞Okt 1672 mit fürstlichen Gegenschreiber • +03.12.1713

▪ Anna Gertrud Aitinger[#373e] (1655-1655) • *28.01.1655 • +23.02.1655

▪ Marie Elisabeth Aitinger[#373f] (1656-1713) • *02.02.1656 • ∞I mit Wilhelm Wolfart, Apotheker und Bürgermeister • ∞II mit Dr. med. Justus Riese zu Rotenburg

▪ Anna Barbara Aitinger[#373g] (1658-1659) • *08.07.1658 • +1659

▪ Johann Peter Aitinger[#373h] (1660-1661) • *29.12.1660 • +05.03.1661

#374   Stückrad, Johann Jacob (1660-1715)

Ⓥ Theodor Benjamin Stückrad[#748] (1624-1682) • Ⓜ Martha Büttner[#749] (1632-1675) • *1660 Rotenburg/Fulda • ∞I 03.06.1689 Hanau mit Rahel Cotrel[#375] (1670-1695) • Ⓚ Susanna Christine[#187]; Johanna Elisabeth[#187a]; Johann Jacob[#187b]; Franz[#187c] • ∞II ~1698 mit Regina Helena Stalb (Stolp, Stalck) aus Barabach/Pfalz (???-˃1741) • Ⓚ Johann Philipp[#187d] (*1714); Catharina Elisabeth[#187e] • □03.11.1715 Seligenthal bei Schalkalden

1689 Hanauischer Erster Hofjäger • 1698 Pfälzischer Saltuarius in Kaiserslautern • seit 1705 Oberförster in Seligenthal

▪ Johann Andreas Stückrad[#374a] (1650-1717) • *Dezember 1650 • 1667 Student in Marburg • 1670 Student in Jena • 07.11.1674 Lic. jur. • Advokat zu Rotenburg • ∞1681 mit Anna Gertrud Stückrad[2] • 1682

Rudolf (*1731 Germerode); Katharina Juliana (*1733 Germerode); Wollrad (*1734 Germerode); Sabine Jacobine (*1737 Germerode); Adolf Heinrich (*1738 Germerode); Franz Georg (*1743 Germerode) • +20.10.1746 Germerode
[1] NN Grau (1666-1725) • Ⓥ Dr. med Theodor Grau zu Gemerode, Landphysikus am Werra-Strom zu Allendorf • *24.04.1666 • +02.09.1725
[2] Anna Gertrud Stückrad • Ⓥ Oberschultheiß und Kommandanten zu Spangenberg Johann Peter Stückrad (???-1675) • Ⓜ Elisabeth v. Nordeck

Oberschultheiß • Wittumsrat • 1684 Kanzleirat • 1694 Hofrat • +19.12.1717

▪ Anna Catharina Stückrad[#374b] (1655-1692) • *31.08.1655 Rotenburg/Fulda • ∞04.11.1673 mit Lic. jur. Johann Philipp Bartheld[1] (1643-1701) • +08.01.1692 Rotenburg/Fulda

▪ Katharina Elisabeth Stückrad[#374c] (1663-1737) • *1663 • ∞10.02.1679 Rotenburg/Fulda mit Franz Ulrich Laubinger[2] (1649-1712) • Ⓚ kinderlos • □25.02.1737 Witzenhausen

▪ Juliana Margaretha Stückrad[#374d] (1666-1740) • *27.09.1666 • ∞ mit Dr. Johann Tobias Ries(e)[3] (1652-1715) • +26.06.1740

▪ Johann Christoph Stückrad[#374e] (1674-1676) • *24.04.1674 • +1676

▪ NN♀ Stückrad[#374f] • ∞ mit NN Wetzel, Metropolitan

#375   Cotrel, Rahel (1670-~1695)
(Cottrell)

Ⓥ Pierre Cotrell[#750] (1645-1714) • Ⓜ Elisabeth Bernus[#751] (1647-1679) • *Hanau • ∪ev 01.08.1670 • ∞03.06.1689 Hanau mit Johann Jacob Stückrad[#374] (1660-1715) • Ⓚ Susanna Christine[#187]; Johanna Elisabeth[#187a]; Johann Jacob[#187b]; Franz[#187c] • +~1695

▪ Maria Elisabeth Cotrel[#375a] (1669-1742) • ∪ev 14.02.1669 Hanau • ∞05.01.1693 mit David Vienne[1] (1649-1713) • Ⓚ Katharina Elisabeth[2] (*1697) • □27.03.1742 Frankfurt

---

[1] Johann Philipp Bartheld (1643-1701) • Ⓥ Anton Bartheld, Sohn von Johann Bartheld • Ⓜ Barbara Grau • *20.10.1643 Rotenburg/Fulda • Lic. jur. • Juris Practicus, später Hessen-Rheinfelsischer Kanzleirat und Rentmeister • □10.03.1701 Rotenburg (alt 57 Jahr und 9 Wochen)

[2] Franz Ulrich Laubinger (1649-1712) • Ⓥ Oberschultheiß Siegmund Laubinger (1617-???), *30.06.1617 • Ⓜ Anna Christine Feige (1631-1697), *22.06.1631 Sooden/Allendorf, +06.04.1697 Witzenhausen • *20.03.1649 Witzenhausen • +30.03.1712 Witzenhausen

[3] Dr. Johann Tobias Ries(e) (1652-1715) • *13.11.1652 • Regierungs- und Steuerrat zu Kassel • +27.03.1715

#380   Weber, Sebastian Heinrich (1653-1706)

Ⓥ Sebastian Heinrich Weber[#760] (???-1688) • Ⓜ Anna Martha Friebe[#761] (???-1677) • *29.01.1653 Wahlhausen • ∪ev 07.02.1653 Wahlhausen • ∞ mit Anna Maria Kroll[#381] (???-1707) • Ⓚ Sebastian Heinrich[#190a] (*1685 Wahlhausen); NN♀[#190b] (*1687 Wahlhausen); Agneß Margreth[#190c] (*1688 Wahlhausen); Johann Henrich[#190d] (*1690 Wahlhausen); Heinrich Albrecht[#190] (*1692 Wahlhausen); Georg Friedrich[#190e] (*1697 Wahlhausen) • +23.09.1706 Wahlhausen, verstorben an Stickfluß • □27.09.1706 Wahlhausen

1688 Gerichtsschreiber • 1690 Hansteinischer Richter zu Wahlhausen/Werra

Geschwister aus erster Ehe des Vaters Sebastian Heinrich Weber[#760] (???-1688) mit Anna Martha Friebe[#761] (???-1677)

• Adolff Ernst Weber[#380a] • ∪ev

• Martha Elisabetha Weber[#380b] (1649-1662) • *01.10.1649 Wahlhausen • ∪ev 04.10.1649 Wahlhausen • +09.12.1662 Großtöpfer

• Liborius Weber[#380c] (1651-1721) • *24.05.1651 Wahlhausen • ∪ev 28.05.1651 Wahlhausen • ev. Pfarrer (35 Jahre lang) • unverheiratet • +08.06.1721 Wahlhausen • □10.06.1721 Wahlhausen (in der Kirche)

• Dorothea Weber[#380d] (1658-1661) • *26.08.1658 Wahlhausen • ∪ev 06.09.1658 Wahlhausen • +05.02.1661 Wahlhausen • □07.02.1661 Wahlhausen

• Martha Juliana Weber[#380e] (1661-???) • *02.02.1661 Wahlhausen • ∪ev 10.02.1661 Wahlhausen

• Johann Christoffel Weber[#380f] (1665-???) • *21.02.1665 Wahlhausen • ∪ev 06.03.1665 Wahlhausen

---

[1] David Vienne (1649-1713) • ∪25.03.1649 Frankfurt • Eisenhändler im Hause zu Grünberg, Schnergasse in Frankfurt • □15.05.1713 Frankfurt
[2] Katharina Elisabeth Vienne (1697-1769) • ∪12.09.1697 Frankfurt • □25.04.1769 Frankfurt

Halbbruder aus zweiter Ehe des Vaters Sebastian Heinrich Weber[#760] (???-1688) mit Anna Volck

▪ Johann Peter Weber[#380g] (1679-???) • *08.06.1679 Werleshausen • ⌣ev 09.06.1679 Werleshausen

#381   **Kroll, Anna Maria (???-1707)**

Ⓥ Caspar Henrich Kroll[#762] • Ⓜ ??? • ∞ mit Sebastian Heinrich Weber[#380] (1653-1706) • Ⓚ Sebastian Heinrich[#190a] (*1685 Wahlhausen); NN♀[#190b] (*1687 Wahlhausen); Agneß Margreth[#190c] (*1688 Wahlhausen); Johann Henrich[#190d] (*1690 Wahlhausen); Heinrich Albrecht[#190] (*1692 Wahlhausen); Georg Friedrich[#190e] (*1697 Wahlhausen) • +13.06.1707 Wahlhausen • □16.06.1707 Wahlhausen

#382   **Hilchen, Georg Leo (1679-1741)**

Ⓥ Johann Christoph Hilchen[#764] (1646-1702) • Ⓜ Juliane Loose[#765] (1650-1701) • *17.11.1679 Sontra • ⌣ev-ref. • ∞22.07.1704 Kassel mit Marie Elisabeth Bourdon[#383] (1685-1750) • Ⓚ[1] Katharine Elisabeth[#191] (*1706 Sontra); Johann Franz[#191a] (*1706 Sontra); Sophie Elise[#191b] • +28.11.1741 Sontra • □31.08.1741 Sontra

seit 1702 Landgräfl. Hessen-Rothenburgischer Amtmann

#383   **Bourdon, Marie Elisabeth (1685-1750)**

Ⓥ Samuel Bourdon[#766] (1631-1688) • Ⓜ Elisabeth Müldner[#767] (1652-1722) • *03.09.1685 Kassel • ⌣ev • ∞22.07.1704 Kassel mit Georg Leo

---

[1] Geburtsdaten der beiden Kinder Katharine Elisabeth[#191] (*1706 Sontra) und Johann Franz[#191a] (*1706 Sontra) widersprechen sich.

Hilchen[#382] (1679-1741) • Ⓚ[1] Katharine Elisabeth[#191] (*1706 Sontra);
Johann Franz[#191a] (*1706 Sontra); Sophie Elise[#191b] • +08.11.1750 Sontra

Halbgeschwister aus erster Ehe des Vaters Samuel Bourdon[#766] (1631-1688) mit Margarethe Wigand

• Caspar Thomas Bourdon[#383a] (1660-1740) • *1660 • ∪ev • Privatisierter Rechtsgelehrter in Kassel • +20.11.1740 Kassel

• Marie Bourdon[#383b] (1662-1664) • *1662 • ∪ev • +1664

• Hedwig Sophie Bourdon[#383c] (1663-1664) • *1663 • ∪ev • +1664

• Nikolaus Bourdon[#383d] (1664-1722) • *1664 • ∪ev • Lic Jur. • +19.11.1722 Kassel

• Johann Philipp Bourdon[#383e] (1669-1730) • *10.07.1669 Kassel • ∪ev • 22.10.1686 Jurastudium in Jena • Jurastudium in Marburg • Nov 1692 Promotion in Marburg mit Dissertation „De Chirographo Tessalorum"• Hessen-Homburgischer Dienst, zuletzt Hof- und Wittumsrat • ∞I 1695 mit Katharina Margaretha Stalmann[2] (1672-1710) • Ⓚ Caspar Thomas[3] (*1702); Friedrich[4] (*1703); Eleonore Charlotte Louise Marie[5]; Nikolaus Wilhelm (*1707); Marie Charlotte[6] (*1708) • ∞II 24.03.1711 Bad Homburg vor der Höhe mit Anna Magdalena v. Biedefeld[7] • Ⓚ zwei Söhne und eine Tochter

---

[1] Geburtsdaten der beiden Kinder Katharine Elisabeth[#191] (*1706 Sontra) und Johann Franz[#191a] (*1706 Sontra) widersprechen sich.
[2] Katharina Margaretha Stalmann (1672-1710) • Ⓥ Wilhelm Stalmann, Bürgermeister in Maaseyk im Bistum Lüttich/Brabant • Ⓜ Catharina von der Heyden • *22.06.1672 Maaseyk im Bistum Lüttich • 13.07.1710 Unfall in Frankfurt • 15.07.1710 mit Ehemann nach Seulburg gefahren • +19.07.1710 Seulberg • □23.07.1710 Homburg vor der Höhe • Leichenrede
[3] Caspar Thomas Bourdon (1702-???) • *1702 • Candidatus jur in Kassel • ∞08.02.1729 Anna Elisabeth Steitz (???-Mai 1768), Tochter des Bürgermeisters Steitz in Treudelberg
[4] Friedrich Bourdon (1703-1703) • *1703 • +nach der Taufe
[5] Eleonore Charlotte Louise Marie Bourdon • ∞24.03.1741 Kassel mit Dr. med. Joh. Jakob Holland
[6] Marie Charlotte Bourdon (1708-1708) • *1708
[7] Anna Magdalena v. Biedefeld • Ⓥ Hauptmann Wilhelm v. Biedefeld (???-1736)

- Nikolaus Bourdon[#383f] (1671-1690) • *1671 • +1690

Geschwister aus der zweiten Ehe des Vaters Samuel Bourdon[#766] (1631-1688) mit Elisabeth Müldner[#767] (1652-1722):

- Johann Christoph Bourdon[#383g] (1680-1681) • *1680 • +1681

- Christoph Bourdon[#383h] (1682-1776) • *1682 • zuletzt Ingenieur-General in Venedig • +1776 Venedig

- Johann Henrich Bourdon[#383i] (1684-???) • *1684

- Friedrich Bourdon[#383j] (1688-1754) • *1688 • 23.09.1707 Studium der Jurisprudenz in Halle/S. • 1728 Advocat Principis zu Kassel • 1731 Rath und Advocat Fisci mit Rang eines Regierungs-Rats • +Dez 1754

#384   Wachtmann, Henning (1658->1691)

Ⓥ Ludolff Wachtmann[#768] (1627-1690) • Ⓜ Anna Elisabeth Plincke[#769] (1636-???) • *Wülfel/Hannover • ⌣ev-luth. 21.11.1658 Döhren-Wülfel (St. Petri)/Hannover • ∞ev 20.01.1689 Döhren (St. Petri)/Hannover mit Margaretha Gerdruth Busco[#385] (~1669->1691) • Ⓚ Henning Christoffer[#192a] (*1689 Wülfel/Hannover); Ernst Philipp[#192] (*1691 Wülfel/Hannover) • +>1691 • ▯Wülfel/Hannover

- Peter Michel Wachtmann[#384a] (1656-1678) • ⌣ev-luth. 02.11.1656 Döhren (St. Petri)/Hannover • ▯18.04.1678 Wülfel/Hannover

- Harmen Andreas Wachtmann[#384b] (1661-1688) • ⌣ev-luth. 17.11.1661 Döhren (St. Petri)/Hannover • ▯22.07.1688 Wülfel/Hannover

- Johann Heinrich Wachtmann[#384c] (1663-1669) • ⌣ev-luth. 03.12.1663 Döhren (St. Petri)/Hannover • ▯09.02.1669 Wülfel-Döhren (St. Petri)/Hannover

- Maria Wachtmann[#384d] (1667-???) • ⌣ev-luth. 08.01.1667 Döhren (St. Petri)/Hannover • ∞ev 30.06.1691 Döhren-Wülfel (St. Petri)/Hannover mit Christoph Göpen

- <u>Ludolff</u> C. Wachtmann[#384e] (1669-1674) • *Mitte 1669 • □ev 25.03.1674 Wülfel-Döhren (St. Petri)/Hannover

- Anna Dorthy Wachtmann[#384f] (1674->1700) • ∪ev-luth. 25.01.1674 Döhren (St. Petri)/Hannover • ∞ev 16.09.1700 Wülfel-Döhren(St. Petri)/Hannover mit Hanß Hinrich Weiberg

- Anna Margreta Wachtmann[#384g] (1676-1676) • ∪ev-luth. 29.06.1676 Wülfel-Döhren (St. Petri)/Hannover • □ev 19.07.1676 Wülfel/Hannover

- <u>Ernst</u> Dietrich Wachtmann[#384h] (1679-???) • ∪ev-luth. 23.03.1679 Wülfel-Döhren (St. Petri)/Hannover • ∞ev 14.06.1704 Wülfel mit Anna Catharin Braehm

#385   Busco, Margaret Gerdruth (˜1669->1691)

Ⓥ ??? • Ⓜ ??? • *Wülfel/Hannover • *˜1669 Cappeln/Osnabrück • ∪ev • ∞ev 20.01.1689 Döhren-Wülfel (St. Petri)/Hannover mit Henning Wachtmann[#384] (1658->1691) • Ⓚ Henning Christoffer[#192a] (*1689 Wülfel/Hannover); Ernst <u>Philipp</u>[#192] (*1691 Wülfel/Hannover) • +>1691

#392   Burius, Johannes (1630-1668)

Ⓥ Michael Burig[#784] (˜1600->1630) • Ⓜ ??? • *1630 Lüneburg • ∞ mit Gertrud Selken[#393] (˜1635->1661) • Ⓚ Anton Günther[#196] (*1661) • +01.04.1668

seit 1659 Pastor in Wardenburg (Oldenburg), 10 Jahre im Amt • änderte Namen von Bures/Burig in Burius

#393   Selken, Gertrud (˜1635->1661)

Ⓥ ??? • Ⓜ ??? • *˜1635 • ∞ mit Johannes Burius[#392] (1630-1668) • Ⓚ Anton Günther[#196] (*1661) • +>1661

#394   Westphal, Johann (˜1600-˃1664)

Ⓥ ??? • Ⓜ ??? • ∞˜1660 mit NN♀ Barsoenius[#395] • Ⓚ Dorothea[#197] (*˜1661)

Kanonikus und Prediger zu Bardowick/Oldenburg

#395   Barsoenius, NN

Ⓥ Georg Leopold Barsoenius[#790] (1621-1664) • Ⓜ ??? • ∞˜1660 mit Johann Westphal[#394] (˜1600-˃1664) • Ⓚ Dorothea[#197] (*˜1661)

#400   Becker, Heinrich (1629-1672)

Ⓥ Heinrich Becker[#800] (1607-1670) • Ⓜ Lücke v. Dörsten[#801] (1599-1679) • *1629 Bramsche • ∞˜1655 Bramsche mit Catharina Berger[#401] • Ⓚ Helena[#200a] (*Bramsche); Anna Lucia[#200b] (*1658 Bramsche); Heinrich[#200c] (*Bramsche); Johann[#200d] (*1656 Bramsche); Anna Catharina[#200e] (*1666 Bramsche); Hermann[#200] (*Bramsche); Johann Berend[#200f] (*1670 Bramsche) • +12.03.1672 Bramsche

Bäcker und Brauer in Bramsche Nr. 5 (Brückenort) und 149 (Mühlenort)

▪ Anna Margaretha Becker[#400a] (˜1630-˃1675) • *˜1630 Bramsche • ∞˜1652 Hesepe mit Ludecke Hoffelt • Ⓚ Heinrich (*˜1650 Hesepe); Johann Dierck (*1652 Hesepe); Johann Heinrich Herbert (*1661 Hesepe); Maria Luecke (*1664 Hesepe); Ludecke (*1671 Hesepe); Johann Heinrich (*1674 Hesepe); Johann Jost (*1675 Hesepe) • +˃1675 Hesepe

▪ Anna Maria Becker[#400b] • *Bramsche • ∞˜1662 Rudolph Lettmathe Col. Strüve[1] (*Covern) • Ⓚ Joh. Rudolph[2]; Anna Lücke (*Wackum);

---

[1] Rudolph Lettmathe Col. Stüve in erster Ehe 1655 mit Anke Strüve (*um 1632 Wackum), Tochter von Johann Strüve und Catharina Moltkaste • aus dieser Ehe drei Kinder: Catherine Strüve, Friedrich Stüve und Anna Margaretha Lettmathe Col. Strüve
[2] Joh. Rudolph Strüve (*1664 Wackum, +19.05.1725 Achmer/Wackum) • ∞I 1697 Bramsche mit Helena Jüngeling (*1672 Schleptrup/Bersenbrück, +14.05.1723

Anna Margaretha (*Mai 1673 Wackum); Hermann Heinrich (*März 1674 Wackum); Joh. Heinrich (*April 1678 Wackum); Anna Margaretha (*Juni 1683 Wackum) • +Wackum

▪ Johann Becker[#400c] • *Bramsche • ∞~1668 Bramsche mit Margaretha Kramer • Ⓚ NN♀ (1669 Bramsche); Hermann Gerdt (*1670 Bramsche); Anna Margarethe (*1670 Bramsche); Johann Heinrich (*1673 Bramsche); Heinrich Philip (*1676 Bramsche); Everdt Heinrich (*1677 Bramsche); Anna Gertrud (*1680 Bramsche); Anna Sophia (*1683 Bramsche)

▪ NN♀ Becker[#400d] (*Bramsche) • ∞~1660 Bramsche mit Johann Sanders, gen. Sudhoff

▪ Catharine Margarethe Becker[#400e] (1640-1686) • *1640 Bramsche • ∞I ~1665 mit Johann Rudolph Holtzgreve (1644-1678) • Ⓚ Johann Rudolph (*1670 Bramsche); Dietrich Hermann (*1672 Bramsche); Rudolph Heinrich (*1675 Bramsche) • ∞II 04.10.1678 Bramsche (St. Martin) mit Heinrich Northoff (1649-1721) • ▢17.11.1686 Bramsche (St. Martin)

#401   **Berger, Catharina**
#403a

Ⓥ Johannes Berger[#802/#806] • Ⓜ Janne Hille Bokenberg[#803/807] (1608-1679) • *Bramsche • ∞~1655 Bramsche mit Heinrich Becker[#400] (1629-1672) • Ⓚ Helena[#200a] (*Bramsche); Anna Lucia[#200b] (*1658 Bramsche); Heinrich[#200c] (*Bramsche); Johann[#200d] (*1656 Bramsche); Anna Catharina[#200e] (*1666 Bramsche); Hermann[#200] (*Bramsche); Johann Berend[#200f] (*1670 Bramsche)

▪ Margarethe Berger[#401a/#403] (*Bramsche) • siehe #403

Wackum) als Tochter von Heinrich Jüngeling und Maria Strüve • ∞II März 1724 Bramsche mit Christina Maria Meyer zu Wackum (*1675 Wackum, +19.01.1747 Grönengrase) als Tochter von Hermann Lubbert Meyer zu Wackum

▪ Johann Berger[#401b/#403b] (???-1668) • *Bramsche • Bäcker und Bierbrauer in Bramsche Nr. 122 (Hinterstraße) • ∞~1660 Bramsche mit Margaretha Pörtener (1636-1712) • Ⓚ Catharina Helena (*1660 Bramsche); Johann (*1667 Bramsche) • +1668 Bramsche

#402   Eckelmann, Hermann (1625-1714)

Ⓥ Hermann Eckelmann[#804] (1585-1670) • Ⓜ Modecke Kramer[#805] (~1590-1679) • *1625 Bramsche • ∞Oktober 1655 Bramsche mit Margaretha Berger[#403] (1632-1713) • Ⓚ Catharina Margarethe[#201a] (*Bramsche); Anna Helene Luise[#201b] (*Bramsche); Maria Gertrud[#201] (*1672 Bramsche); Johann Heinrich[#201c] (*1674 Bramsche) • +06.02.1714 Bramsche

Kaufhändler in Bramsche Nr. 49 (Große Straße)

▪ Johann Eckelmann[#402a] • *Bramsche • ∞I ~1660 Bramsche mit Anna Hackmann • ∞II Bramsche mit Catharina Schrensch[1] (1636-1717) • Ⓚ Johann Heinrich[2] (*1670 Bramsche); NN (*1672 Bramsche); Anna Gerdruth (*1672 Bramsche); Johann Wilhelm (*1682 Bramsche)

#403   Berger, Margaretha (1632-1713)
#401a

Ⓥ Johannes Berger[#802/#806] • Ⓜ Janne Hille Bokenberg[#803/#807] (1608-1679) • *1631/1632 Bramsche • ∞Oktober 1655 Bramsche mit Hermann Eckelmann[#402] (1625-1714) • Ⓚ Catharina Margarethe[#201a] (*Bramsche); Anna Helene Luise[#201b] (*Bramsche); Maria Gertrud[#201] (*1672 Bramsche); Johann Heinrich[#201c] (*1674 Bramsche) • +07.04.1713 Bramsche

▪ Catharina Berger[#401/#403a] (*Bramsche) • siehe #401

---

[1] Catharina Schrensch (1636-1717) • *1636 • +08.01.1717 Bramsche
[2] Johann Heinrich Eckelmann (1670-1741) • *März 1670 Bramsche • Zinnengießer- und Tuchscherermeister in Bramsche Nr. 97 (Hinterstraße)• ∞1690 Bramsche mit Hempe Elsaben Wahrhus (1662-1726) • □27.08.1741 Bramsche (St. Martin)

▪ Johann Berger[#401b/#403b] (???-1668) • siehe #401b

#404   Meyer, Andreas (1630-1677)

Ⓥ Ebcke Meyer zu Broxten[#808] • Ⓜ Anna Sophia Meyer zu Schledehausen[#809] • *1630 Broxten Ksp. Venne • ∞1668 Bramsche mit Catharina Margaretha Bockwete[#405] (1638-1712) • Ⓚ Anna[#202a] (*1670 Bramsche); Johann Heinrich[#202] (*1672 Bramsche); Johann Herrmann[#202b] (*1674 Bramsche); Heinrich Ebcke[#202c] (*1676 Bramsche) • +05.05.1677 Bramsche

Bäcker in Bramsche Nr. 111 (Hinterstraße)

#405   Bockwete, Catharina Margaretha (1638-1712)

Ⓥ Johann Bockwete[#810] (~1615-1677) • Ⓜ Anna Margaretha Meyer[#811] • *24.10.1638 Bramsche • ∞I 1668 Bramsche mit Andreas Meyer[#404] (1630-1677) • Ⓚ Anna[#202a] (*1670 Bramsche); Johann Heinrich[#202] (*1672 Bramsche); Johann Herrmann[#202b] (*1674 Bramsche); Heinrich Ebcke[#202c] (*1676 Bramsche) • ∞II 1678 Bramsche mit Claus Diercks • +11.10.1712 Bramsche, „Krankheit, 74 Jahre"

▪ Margarethe Bockwede[#405a] • *Bramsche • ∞I ~1665 Bramsche mit Christoffer Koch (1629-1673) • ∞II 05.10.1674 Bramsche (St. Bramsche) mit Heinrich Wyck (Wieck)

▪ Johann Heinrich Bockwede[#405b] (1647-???) • *1647 Bramsche • ∞1671 Bramsche mit Anna Margarethe Boockholtz

▪ Johann Heinrich Bockwede[#405c] (1649-???) • *1649 Bramsche • ∞1688 Bramsche mit Gertrud Poske

▪ Anna Margarethe Bockwede[#405d] (~1640-1718) • *~1640 Bramsche • ∞~1660 Bramsche mit Ebcke v. Bühren[1] (~1640-1718) • ⒦Catherine Margarethe (*1663 Bramsche); Ebcke Diedrich (*1665 Bramsche);

---

[1] Ebcke v. Bühren (~1640-1718) • Ⓥ Johann v. Bühren • *Pente • Kaufmann in Bramsche Nr. 106 (Hinterstraße) • +1708 Bramsche

Catharine Marie (*1667 Bramsche); Mencke (*Bramsche); Catharina Margarethe (*1672 Bramsche); Catharine Elisabeth (*1674 Bramsche); Johann Heinrich (*1675 Bramsche); Anna Engel (*1676 Bramsche); Engel Adelheit (*1677 Bramsche); Johann Balthasar (*1680); NN (*1686 Bramsche) • □21.01.1718 Bramsche

▪ Maria Gertrud Bockwede[#405e] (1650-1716) • *1650 Bramsche • ∞30.11.1674 Pente mit Jürgen v. Bühren[1] • Ⓚ Catharina Maria[2] (*1682) • +31.12.1716

#406   **Strüve gen. Riesenbeck, Heinrich (???-1719)**

Ⓥ Hermann Strüve gen. Riesenbeck[#812] (1620-1681) • Ⓜ NN Meyer gen. Oldendorf[#813] • *Bramsche • ∞15.10.1682 Bramsche mit Catharina Helena Berger[#407] (1660-1688) • Ⓚ Anna Margarethe[#203a] (*1683 Bramsche); Catharine Margarethe[#203] (*1683 Bramsche); Johann Herrmann[#203b] (*1684 Bramsche); Anna Maria[#203c] (*1688 Bramsche) • +1719 Bramsche

Bäcker, Brauer und Provisor der Armen in Bramsche Nr. 102 (Hinterstraße)

▪ Hermann Strüve[#406a] (1652-???) • *April 1652 Bramsche • ∞I 1683 mit Adelheit Borgmann • ∞II 1688 Bramsche mit Christina Adelheit Meyer

▪ Maria Strüve[#406b] • *Bramsche • ∞1691 Bramsche mit Meyer, Johann Heinrich Rudolphs Sohn

▪ Anna Adelheit Strüve[#406c] (1661-1724) • *1661 Bramsche • ∞16.11.1683 Bramsche (St. Martin) mit Johann <u>Hermann</u> Schagemann[1]

---

[1] Jürgen v. Bühren gen. Masbecke • Ⓥ Jürgen v. Büren gen. Masbecke (1620-1680), *1620 Pente/Bramsche, +1680 • Ⓜ Elsche Koch (1619-1681), *1619, +03.11.1681 • Pferdehändler
[2] Catharina Maria v. Büren (1682-1742) • *September 1682 • ∞~1702 mit Jobst Dietrich Hasenplatt (1674-1749), *02.02.1674, Schmiedemeister, +19.10.1749, Sohn von Cord Hasenplatt (???-1703) und Margarethe Woltermann (1633-1688) • Ⓚ Johann Balthasar (1705-1781) • +09.10.1742

(1655-1722) • Ⓚ Anna Margaretha[2] (*1684 Bramsche); Herman Hinrich[3] (*1686 Bramsche); Johann Hermann[4] (*1690 Bramsche); Anna Maria[5] (*1701 Bramsche); NN♂ (*Bramsche); Anna Catharina[6] (*Bramsche); Christina Margaretha[7] (*Bramsche) • □17.04.1724 Bramsche (St. Martin)

#407   Berger, Catharina Helena (1660-1688)

Ⓥ Johann Berger[#814] (???-1668) • Ⓜ Margarethe Pörtener[#815] (1636-1712) • *1660 Bramsche • ∞15.10.1682 Bramsche mit Heinrich Strüve gen. Riesenbeck[#406] (???-1719) • Ⓚ Anna Margarethe[#203a] (*1683 Bramsche); Catharine Margarethe[#203] (*1683 Bramsche); Johann Herrmann[#203b] (*1684 Bramsche); Anna Maria[#203c] (*1688 Bramsche) • +12.03.1688 Bramsche, verstorben im Kindbett, 28 Jahre

• Johann Berger[#407a] (1667-???) • *11.11.1667 Bramsche • ∞1692 Bramsche mit Anna Margarethe Schmidt, Tochter von Helena Broilmann

---

[1] Johann <u>Hermann</u> Schagemann (1655-1722) • Ⓥ Peter Schagemann, Schuhmacher in Bramsche Nr. 87 (Neustadt) • Ⓜ Margaretha Boppes • *12.10.1655 Bramsche • Schustermeister in Bramsche Nr. 87 (Neustadt) • □17.04.1724 Bramsche

[2] Anna Margaretha Schagemann (1684-???) • ᴗev 27.08.1684 Bramsche (St. Martin) • ∞1714 Osnabrückmit Johann Daniel Sissener

[3] Hermann Heinrich Schagemann (1686-???) • ᴗev 08.12.1686 Bramsche (St. Martin) • ∞1725 Bramsche mit Margaretha Elisabeth Wieckmeyer

[4] Johann Hermann Schagemann (1690-???) • ᴗev 15.02.1690 Bramsche (St. Martin) • + früh

[5] Anna Maria Schagemann (1701-1767) • *09.02.1701 Bramsche • ᴗev 15.02.1701 Bramsche (St. Martin) • ∞16.10.1731 Bramsche (St. Martin) mit Christian Heinrich Bitter (1700-1765), *02.10.1700 Lemgo, ᴗev 10.10.1700 Lemgo, +19.06.1765 Bramsche (bey seyner Arbeit in seyner Fell- und Kalckgrube umkommen), □22.06.1765 Bramsche, Weißgerbermeister in Osnabrück und Bramsche Nr. 87 (Neustadt), Sohn von Balthasar Heinrich Bitter und Clara Anna Gelhausen • +09.04.1767 Bramsche • □12.04.1767 Bramsche (St. Martin)

[6] Anna Catharina Schagemann • *Bramsche • ∞1728 Osnabrück mit Johann Heinrich Sacker, Goldschmied in Osnabrück

[7] Christina Margaretha Schagemann • *Bramsche • ∞1730 Bramsche (St. Martin) mit Hermann Christoffer Grafe, Kaufmann in Osnabrück

#408   Sanders, Hermann Rudolph (1649-1739)

Ⓥ Rolf Sanders[#816] (1615-1670) • Ⓜ Anna Catharina Strubbe[#817] (1625-1679) • *20.08.1649 Bramsche • ∞09.11.1681 Bramsche mit Anna Catharine Meyer zu Rieste[#409] (1660-1737) • Ⓚ Johann Rudolph[#204] (*1682 Bramsche); Hermann Heinrich[#204a] (*1686 Bramsche); Catherina Margarethe[#204b] (*1691 Bramsche); Anna Margaretha[#204c] (*~1694 Bramsche); Johann Balthasar[#204d] (*1697 Bramsche) • +26.11.1739 Bramsche

▪ Anna Maria Sanders[#408a] (1647-???) • *1647 Bramsche • ∞1674 Bramsche mit Hermann Rudolph Pörtener

▪ Anna Adelheit Sanders[#408b] (1650-???) • *~1650 Bramsche • ∞1676 Bramsche mit Johann Gerdt Meyer

▪ Hermann Sanders[#408c] (1651-1682) • *Juli 1651 Bramsche • ∞14.10.1680 Bremen (?) mit Helena Nipper • +12.07.1682

▪ Margaretha Lucretia Sanders[#408d] (1658-1713) • *1658 Bramsche • ∞Oktober 1681 Bramsche mit Balthasar Henrich Meyer (*1656 Bramsche, +1716 Bramsche) • Ⓚ Anne Margarethe[1]; Johann Berend[2] • +1713 Bramsche

▪ Balthasar Sanders[#408e] (1663-1724) • *11.12.1663 Bramsche • Kaufmann und Zollamtmann in Bremen • ∞07.05.1695 Bremen mit Anna Veronika Ruwe-Thomsen (*27.2.1674 Bremen, +03.04.1743) • aus dieser Ehe acht Kinder, alle früh verstorben • sie setzt am 11.4.1736 in ihrem Testament ein Stipendium für Studenten der Familie aus, die Theologie studieren • +17.07.1724 Bremen • □21.07.1724 Bremen

---

[1] Anne Margarethe Meyer (1683-1748) • *1683 Bramsche • ∞13.04.1706 Bramsche mit Johann Heinrich Eckelmann (1674-1736), *1674 Bramsche, +1736 Bramsche • +01.06.1748 Bramsche

[2] Johann Berend Meyer (1690-???) • *1690 Bramsche • ∞1718 mit Dorothee Angela Rump (*1700 Hitzhausen, +Hitzhausen)

#409 — Meyer zu Rieste, Anna Catharine (1660-1737)

Ⓥ Ratke Meyer zu Rieste[#818] (???-1691) • Ⓜ Margaretha Schmidt[#819] (1629-1674) • *13.08.1660 Rieste • ∞09.11.1681 Bramsche mit Hermann Rudolph Sanders[#408] (1649-1739) • Ⓚ Johann Rudolph[#204] (*1682 Bramsche); Hermann Heinrich[#204a] (*1686 Bramsche); Catherina Margarethe[#204b] (*1691 Bramsche); Anna Margaretha[#204c] (*~1694 Bramsche); Johann Balthasar[#204d] (*1697 Bramsche) • +13.03.1737 Bramsche • □16.03.1737 Bramsche

- Johann Meyer zu Rieste[#409a] (1654-???) • *1654 Rieste • ∞1679 Bramsche mit Anna Buntcker

- Heinrich Meyer zu Rieste[#409b] • *Rieste • nach Bremen verzogen

- Lücke Margaretha Meyer zu Rieste[#409c] • *1658 Rieste • ∞1679 Rieste mit Ratke Hülßmann

- Maria Margaretha Meyer zu Rieste[#409d] • *Rieste • ∞1676 Rieste mit Johann Heinrich Becker

- Hermann Rudolph Meyer zu Rieste[#409e] (1666-???) • *29.9.1666 Rieste • ∞1700 Rieste mit Anna Catharina Meyer

#410 — Eymann, Hermann

Ⓥ Heinrich Eymann[#820] (1620-1682) • Ⓜ Adelheit Kramer[#821] (???-1680) • *Bramsche • ∞30.11.1678 Bramsche mit Gerdruth Meyer[#411] • Ⓚ Hermann Heinrich[#205a] (*1679 Bramsche); NN[♀#205b] (*Bramsche); Margarethe Adelheit[#205c] (*1684 Bramsche); Catharina Gertrud[#205] (*1688 Bramsche); Maria Adelheit[#205d] (*1690 Bramsche); Johann Rudolph[#205e] (*1692 Bramsche); Regina Margaretha[#205f] (*1699 Bramsche)

Kaufhändler in Bramsche Nr. 2 (Brückenort)

- Johann Eymann[#410a] • *Bramsche • ∞1681 mit Anna Margarethe Wieckmeyer

- Heinrich Eymann[#410b] (1653-???) • *1653 Bramsche • ∞I 1686 mit Margarethe Gesmolt • ∞II 1701 Bramsche mit Catharine Meyer

#411   Meyer, Gerdruth

Ⓥ Hermann Meyer zu Rieste gen. Meyer-Strubbe[#822] (1624-1678) • Ⓜ Margaretha Woltermann[#823] (1620-1679) • *Bramsche • ∞30.11.1678 Bramsche mit Hermann Eymann[#410] • Ⓚ Hermann Heinrich[#205a] (*1679 Bramsche); NN♀[#205b] (*Bramsche); Margarethe Adelheit[#205c] (*1684 Bramsche); Catharina Gertrud[#205] (*1688 Bramsche); Maria Adelheit[#205d] (*1690 Bramsche); Johann Rudolph[#205e] (*1692 Bramsche); Regina Margaretha[#205f] (*1699 Bramsche)

- Balthasar Heinrich Meyer[#411a] (1656-???) • *1656 Bramsche • ∞I 1681 mit Margaretha Lucretia Sanders • ∞II ~1698 Bramsche mit Anna Margaretha Grave

- Anna Meyer[#411b] (1658-1670) • *1658 Bramsche • +15.06.1670, verstorben „18 Jahre, an einem Schaden, welchen sie am Arm gehabt"

#440   Stüve, Hermann (1643-1703)

Ⓥ Dietrich Stüve[#880] (1585-1673) • Ⓜ Mechthild Gildemeister[#881] • *1643 • ∞1666 mit Engel Strietbecke[#441] (1628-1706) • Ⓚ Dietrich Eberhard[#220] (*1667) • +01.05.1703

1666 Bürgeraufnahme als Wandschneider (=Kleinhändler mit Tuchwaren) • 1670 kauft Haus von seinem Vater mit der Verpflichtung, die Eltern zu unterhalten und den Halbbruder Adrian im Hause zu beköstigen • 1686-1693 und 1699-1703 Ratsherr der Neustadt • Lohnherr der Neustadt

Halbbruder aus erster Ehe des Vaters Dietrich Stüve[#880] (1585-1673) mit Margarethe Dalde

- Adrian Stüve[#440a] (???-???)• candidatus juris

Geschwister aus zweiter Ehe des Vaters Dietrich Stüve[#880] (1585-1673) mit Mechthild Gildemeister[#881]:

■ Regine Stüve[#440b] (1635-???) • *1635 • wahrscheinlich früh verstorben

■ Dietrich Stüve[#440c] (1638-1690) • *1638 • Studium der Jurisprudenz • 1664 juristische Doktorwürde in Orleans • tritt in braunschweiglüneburgischen Dienst • Rat und Generalauditeur in Hannover • ∞ mit Dorothea Margarethe Nölting • +1690 Bergen op Zoom / Holland

■ Christine Stüve[#440d] (1640-???) • *1640 • ∞1662 mit Dr. jur. Johann Bieregge (???-1695), 1670 Ratsherr und Bürgermeister der Neustadt • Ⓚ NN♀; NN♀; Gerhard Dietrich[1]

■ Gerhard Stüve[#440e] (???-›1679) • candidatus juris • unverheiratet • +›1679

#441   Strietbecke, Engel (1628-1706)

Ⓥ Johann Heinrich Strietbecke[#882] (˜1600-‹1635) • Ⓜ Margarethe Klövekorn[#883] (1600-???) • *1628 • ∞I 21.04.1654 Osnabrück mit Johann Gösling[2] (1629-1664) • Ⓚ Johann Jost (*1662) • ∞II 1666 mit Hermann Stüve[#440] (1643-1703) • Ⓚ Dietrich Eberhard[#220] (*1667) • □21.06.1706 Osnabrück

■ Elisabeth Strietbecke[#441a] (???-1671) • ∞1634 mit Berend Sickmann[3] (˜1606-‹1671) • Ⓚ Margaretha[4] (*˜1655 Osnabrück) • +05.08.1671

---

[1] Gerhard Dietrich Bieregge (???-1730) • Gograf in Melle • ∞ mit NN Schröder • +1730

[2] Johann Gösling (1629-1664) • *1629 Osnabrück • ∪ev-luth. Osnabrück • Hoflieferant von Bischof Ernst August; Tuchmacher und Wandschneider • Kleinhandel • 11. Juli 1650 Bürgereid Neustadt • begr 11.08.1664 Osnabrück

[3] Berend Sickmann (˜1606-‹1671) • Ⓥ Carsten Sickmann (1580-1635) • Ⓜ Margarethe Wenker (1580-1635) • *˜1606 Osnabrück • Tuchmacher, Wandfärber und Kaufhändler zu Osnabrück • +‹05.08.1671 Osnabrück

[4] Margaretha Sickmann (˜1655-›1705) • *˜1655 Osnabrück • ∞‹18.01.1674 mit Samuel Meyer (~1650-›1703), Kaufmann •+‹1705

#442   **Niemann, Bernhard Boldewin/Bolduin**
             (~1642-1718)

Ⓥ (?) Bernhard/Berendt Niemann[#884] (~1615-???) • Ⓜ (?) Anna Catharina Voss[#885] • *~1642 • ∞~1680 mit Margaretha Ellinghausen[#443] (???->1709) • Ⓚ Magdalena Elisabeth[#221] (*1681 Osnabrück); Margaretha Agnes[#221a] (*1683 Osnabrück); Sophia Maria[#221b] (*1686 Osnabrück); Johann Rudolff Berenhardt[#221c] (*1689 Osnabrück); Johann Berenhardt[#221d] (*1692 Osnabrück) • □03.05.1718 Osnabrück

Sommersemester 1668 immatrikuliert als stud. jur. an der Univ. Jena als „Bernhardus Balduinus Nieman Osnab. Westph." • Dr. jur. utr. • 20.11.1676 als Bevollmächtigter der Anna Margarethe Christine v. Schloen gen. Tribbe (später verheiratet mit Hermann v. Oer zu Notbeck) vom Grafen Johann Adolph v. Tecklenburg mit dem Eickhof zu Engershausen im Kirchspiel Oldendorf belehnt • 18.12.1676 Bürgerrecht (als civis filius) • 27.11.1705 Besitz des Hauses Voss (Hakenstraße) in Osnabrück • 1680 Eid als Advocatus Fisci • 1691 schon 12 Jahre Advokat und 20 Jahre im Dienst • 1699 Bestallung zum Kanzleirat in Osnabrück

▪ Georg/Jürgen Henrich Niemann[#442a] (1644-1717) • *15.09.1644 • Verwalter des Rittergutes Groß-Engershausen/Preußisch Oldendorf (als Verwalter seit 1674 nachweisbar) • 1704 Pächter des Rittergutes und ab 1709 zugleich kgl. preuß. Steuereinnehmer (Receptor) des ravensbergischen Amtes Limberg • 1706 Pate beim Enkel Reimerdes • 1713 Pate beim Enkel Georg Jobst Tegtmeyer • ∞I mit NN • Ⓚ Margaretha Catharina[1] (*1681 Engershausen/Preußisch Oldendorf); Lucia Margaretha[2] (*1682 Engershausen/Preußisch Oldendorf);

---

[1] Margaretha Catharina Niemann (1681-???) • *25.07.1681 Engershausen/Preußisch Oldendorf • ᴗev Preußisch Oldendorf • ∞~1702 mit Johann Daniel Schultze (1668-???), *01.08.1668, +Preußisch Oldendorf • Ⓚ mindestens fünf
[2] Lucia Margaretha Niemann (1682-1728) • *14.06.1682 Engershausen/Preußisch Oldendorf • ᴗev Preußisch Oldendorf • ∞I 27.01.1705 Steinbergen mit Johann Hermen/Hermann Reimerdes (1674-1715), Besitzer des Großen Neelhofs (Kirchspiel Steinbergen, Schaumburg-Lippe), Sohn von Johannes Reimerdes und von Venna

Hermann Heinrich[1] (*1683 Engershausen/Preußisch Oldendorf); Magdalena Elisabeth[2] (*1689 Engershausen/Preußisch Oldendorf) • ∞II 1689/98 mit Catharina Elisabeth Wedige (1664->1730) • Ⓚ Johann Georg[3] (*1699 Engershausen/Preußisch Oldendorf); Justus/Jobst Diedrich[4] (*1703 Engershausen/Preußisch Oldendorf); Hieronymus

---

Maria Möllers • ∞II 19.07.1716 Steinbergen mit Ernst Christian Bornemann (Bormann) (~1679-1745) • +23.08.1728 Neelhof

[1] Hermann Heinrich Niemann (1683-1739) • *25.07.1683 Engershausen/Preußisch Oldendorf • ᴗev Preußisch Oldendorf • 26.04.1704 immatrikuliert zu Jena als „Herm. Henr. Niemann Ravensberg. Westph." • seit dem Tod des Vaters 1717 Verwalter und seit 1721 Pächter des Rittergutes Groß Engershausen, auch Adjunkt und seit 19.08.1716 Vogt der Vogtei Oldendorf im Amt Limberg • ∞22.06.1717 Preußisch Oldendorf mit Dorothea Charlotte Schultze • Ⓚ mindestens fünf

[2] Magdalena Elisabeth Niemann (1689-1761) • *21.02.1689 Engershausen/Preußisch Oldendorf) • ᴗev Preußisch Oldendorf • ∞12.11.1709 Engershausen/Preußisch Oldendorf mit Johann David Tegtmeyer (1687-1759) • Ⓚ Margarethe Elisabeth (1711-1773); Georg Jobst (1713-???); Catharina Justina Lucia (1715->1756); Charlotta Magdalena (1718-1719); Johann Friederich (1720-???); Johann Georg (1723-???); Dorothea Carolina (1725-???); Friderica Wilhelmina (1728-1796); Anna Hendrietta (1732-???) • +28.10.1761 Bordenau, verstorben an der Ruhr

Friderica Wilhelmina Tegtmeyer (1728-1796) • *10.07.1728 Bordenau • ᴗev 11.07.1728 • ∞31.08.1753 Bordenau mit Ernst Wilhelm Scharnhorst (1723-1782) • Ⓚ Elisabeth Sophia Wilhelmina (1750-1811); Gerhard Johann David (1755-???), General; Ernst Wilhelm (1760-1809); Friedrich Heinrich Christoph (1763-1831); Johann Hinrich (1768-1770); H(e)inrich Diet(e)rich Christian (1770-1809); Dorothea Christiana Louise (1774-1776) • +10.01.1796 Hannover, verstorben an Brustkrankheit • ☐Hannover (Fischerhof)

[3] Johann Georg Niemann (1699-1706) • *07.04.1699 Engershausen/Preußisch Oldendorf) • ᴗev Preußisch Oldendorf • +21.06.1706 Engershausen/Preußisch Oldendorf

[4] Justus/Jobst Diedrich Niemann (1703-1744) • ᴗev 05.09.1703 Preußisch Oldendorf • 19.04.1720 immatrikuliert zu Jena als „Just. Diet. Niemann Oldendorp. Rav." • 19.02.1721 immatrikuliert zu Halle als „Justus Diderich Nieman[n] Oldendorpio Ravensbergensis" • cand jur. • 1728 Amtschreiber in Zeven • 1744 Amtmann in Zeven • 1761 in Pension • ∞09.06.1729 Neustadt/Rübenberge mit Elisabeth Dorothea (Dorette) Henriette Meyer (1712-1763), *01.02.1712 Neustadt/Rübenberge, ☐12.10.1763 Zeven, Tochter von Johann Georg Meyer (Amtmann in Neustadt/Rübenberge) und von Catharina Dorothea Lüders • +14.04.1744 Ottersberg

Henrich[1] (*~1704 Engershausen/Preußisch Oldendorf); Margaretha Eleonora[2] (*1707 Engershausen/Preußisch Oldendorf) • +Groß-Engershausen • □08.01.1717 Preußisch Oldendorf

#443 Ellinghausen, Margaretha (???->1709)

Ⓥ Rudolph Ellighausen[#886] • Ⓜ (?) Anna Adelheid Molden[#887] • *Diepholz • ∞~1680 mit Bernhard Boldewin/Bolduin Niemann[#442] (~1642-1718) • Ⓚ Magdalena Elisabeth[#221] (*1681 Osnabrück); Margaretha Agnes[#221a] (*1683 Osnabrück); Sophia Maria[#221b] (*1686 Osnabrück); Johann Rudolff Berenhardt[#221c] (*1689 Osnabrück); Johann Berenhardt[#221d] (*1692 Osnabrück) • +>05.04.1709

vermutlich Enkelin von Heinrich Ellinghausen, Oberamtmann zu Hilligerloh, Bürgermeister des Fleckens Diepholz (+14.04.1648), und dessen 2. Ehefrau Margarethe von Drebber

---

[1] Hieronymus Henrich Niemann (~1704-???) • *~1704 • 19.04.1720 immatrikuliert zu Jena als „Hier. Hch. Niemann Oldendorp. Ravensbergensis" • 07.10.1722 immatrikuliert zu Halle als „Hieronymus Henrich Nieman[n] Oldend. Rabensb." • 1733 Niemann'scher Miterbe • 1738 Amtschreiber in Bremervörde • 1750-1777Amtmann in Alt- und Neubruchhausen • ∞ mit Sophia Friederica Cordemann (1719-1788), *1719, +03.06.1788 Döhren/Hannover • Ⓚ zwei Töchter

[2] Margaretha Eleonora Niemann (1707-1707) • *13.01.1707 Engershausen/Preußisch Oldendorf • ∪ev Preußisch Oldendorf • +05.05.1707 Engershausen/Preußisch Oldendorf

XII
Generation IX

#576 **Fenner, Oswald (1551-1611)**
(Venner)

Ⓥ Johannes / Hen Fenner (Venner)[#1.152] (1512-1580) • Ⓜ ??? • *1551 Niedergrenzebach • ∞~1572 mit NN Dietzel[#577] (???-1612) • Ⓚ Helwig[#288a] (*~1573 Niedergrenzebach); Johannes[#288] (*1575); Hans[#288b] (*~1578 Niedergrenzebach); Anna[#288c] (*~1580 Niedergrenzebach); Catharina[#288d] (*~1582) • +1611 Niedergrenzebach

1580 Besitzer des Koden (Unser lieb Frauen, Bastehof), von dem er laut Salbuch dem Gotteskasten 1 Taler und 14 Albus zinst • 1581 Kastendiener • 14.02.1587 als Zeuge vor Gericht erwähnt: „100 Gulden reich, 36 Jahre alt" • 1599 und 1600 Grebe

▪ Johannes/Hen Fenner (genannt Vennerhen und Haen Hen)[#576a] (1536-1613) • *1536 • Landwirt zu Niedergrenzebach • 1576 als Zeuge erwähnt • 1599 und 1606 Kastendiener des Gotteskastens zu Niedergrenzebach • ∞I mit Kunigunde NN • Ⓚ Johannes (*~1577) • ∞II 28.05.1601 Zella mit Maria Luckart, Tochter von Gottschalk Luckart • +1613

▪ Eberhard Fenner[#576b] (~1540-???) • *~1540 • 1561 immatrikuliert zu Marburg als „Eberhard Gallus" (=Hahn) • Konrektor der Lateinschule zu Alsfeld

▪ Elisabeth/Leisa Fenner[#576c] • ∞ mit Claus Eisenhut, Müller zu Niedergrenzebach

▪ Catharina Fenner[#576d] • ∞~1572 mit Heintz Wiederhold, Bürger zu Niedergrenzebach und Kommandant der Festung Hohentwiel

#577   Dietzel, NN (???-1612)

Ⓥ ??? • Ⓜ ??? • *Niedergrenzebach • ∞ ~1572 mit Oswald Fenner[#576] (1551-1611) • Ⓚ Helwig[#288a] (*~1573 Niedergrenzebach); Johannes[#288] (*1575); Hans[#288b] (*~1578 Niedergrenzebach); Anna[#288c] (*~1580 Niedergrenzebach); Catharina[#288d] (*~1582) • □12.07.1612 Niedergrenzebach

▪ Hans Dietzel[#577a]

#578   Selig, Henrich

Ⓥ ??? • Ⓜ ??? • Ⓚ Ermengard[#289] (*1580)

Gerichtsschöffe und Grebe zu Loshausen

#636   Schenckel, Bernhard (1593-<1637)

Ⓥ ??? • Ⓜ NN Hollemann[#1.273] • *1593 Hofgeismar • ∞ mit NN (+zwischen 1648 und 1655) • Ⓚ Conrad[#318a] (*1618 Hofgeismar); Johannes[#318b] (+1620 Hofgeismar); Bernhard[#318] (*1623 Hofgeismar); Henricus[#318c] (*1625 Hofgeismar) • +<09.02.1637 Grebenstein

Magister • Rektor zu Hofgeismar • Pfarrer zu Schachten und zugleich Konrektor zu Grebenstein

#638   Kauffungen, Johannes

Ⓥ ??? • Ⓜ ??? • ∞ mit Weintraud Bernhard[#639] • Ⓚ Elisabetha[#319] (*~1622)

Bürgermeister zu Wolfhagen

#639   Bernhard, Weintraud

Ⓥ ??? • Ⓜ ??? • ∞ mit Johannes Kauffungen[#638] • Ⓚ Elisabetha[#319] (*~1622)

#640   (?) Schüler, Georg (???-$^{<}$1660)

Ⓥ Georg Schüler$^{#1.280}$ • Ⓜ ??? • ∞ mit NN$^{♀#641}$ (???-$^{>}$1674)• Ⓚ Johann Georg$^{#320}$ • +$^{<}$1660

Bürger zu Vacha • erwähnt 1638-1642

#641   NN$^{♀}$ (???-$^{>}$1674)

Ⓥ ??? • Ⓜ ??? • ∞ mit Georg Schüler$^{#640}$ • Ⓚ Johann Georg$^{#320}$

1660-1674 als Witwe erwähnt

#660   Heinemann, Hanß ($^{<}$1590-1669)

Ⓥ Curt Heinemann$^{#1.320}$ • Ⓜ Catharina Werner$^{#1.321}$ • *$^{<}$1590 Eschwege • ∞ mit Catharina Brill$^{#661}$ (???-1662) • Ⓚ Konrad$^{#330}$; Simon$^{#330a}$; Johannes$^{#330b}$; Jacob$^{#330c}$; Orthey$^{#330d}$; Martha$^{#330e}$; Anna Catharina$^{#330f}$; Anna Catharina#330g • □12.07.1669 Eschwege (Altstadt)

#661   Brill, Catharina (???-1662)

Ⓥ Martin Brill$^{#1.322}$ (???-$^{>}$1642) • Ⓜ Martha Kompenhans$^{#1.323}$ (???-1642) • ∞ mit Hanß Heinemann$^{#660}$ ($^{<}$1590-1669) • Ⓚ Konrad$^{#330}$; Simon$^{#330a}$; Johannes$^{#330b}$; Jacob$^{#330c}$; Orthey$^{#330d}$; Martha$^{#330e}$; Anna Catharina$^{#330f}$; Anna Catharina$^{#330g}$ • □12.12.1662 Eschwege (Altstadt)

#662   Kalthoff, Lambrecht (???-$^{<}$1652)

Ⓥ ??? • Ⓜ ??? • • Ⓚ Catharina$^{#331}$ • +$^{<}$1652

#664   Marggraf, Antonius Ernst ($^{~}$1600-$^{<}$1656)

Ⓥ ??? • Ⓜ ??? • *$^{~}$1600 Schwarzenborn • ∞ mit Anna NN$^{#665}$ (???-$^{>}$1656) • Ⓚ Valentin$^{#332}$ (*1625 Schwarzenborn) • +$^{<}$1656 Schwarzenborn

1618 immatrikuliert zu Marburg • Stadtschreiber zu Schwarzenborn

#665 NN, Anna (???->1656)

Ⓥ ??? • Ⓜ ??? • ∞ mit Antonius Ernst Marggraf[#664] (~1600-<1656) • Ⓚ Valentin[#332] (*1625)

16.01.1656 als Witwe und Patin erwähnt

#668 Nad, Jakob (~1571-1623)

Ⓥ Hans Schmidt[#1.336] (1560-1601) • Ⓜ ??? • *~1571 • ∞I ~1600 Sontra mit Anna Walberg[#669] (???-1617) • Ⓚ Vitus[#334] (*1606 Sontra) • ∞II 1618 Sontra mit Katharina Zülch[1] (???-1623) • +an der Pest • □18.11.1623 Sontra

1602 Förster zu Ulfen • dann Förster sowie Muster- und Stadtschreiber zu Sontra

#669 Walberg, Anna (???-1617)

Ⓥ ??? • Ⓜ ??? • ∞~1600 Sontra mit Jakob Nad[#668] (1571-1623) • Ⓚ Vitus[#334] (*1606 Sontra) • +1617

#670 Kühn, Hildebrand (1588-1638)

Ⓥ Johannes Kühn[#1.340] • Ⓜ ??? • *1588 Grebenstein • ∞I ~1620 mit NN[#671] (???-<1637) • Ⓚ Anna[#335] • ∞II 20.04.1637 Kassel (Freiheit) mit Margareta NN, Witwe des Henrich Mardorf (Pfarrer zu Grebenstein) • +19.02.1638 Kassel

1607 immatrikuliert zu Marburg • 1610 Magister in Marburg • 1611-1616 Pädagoglehrer in Marburg • 1635-1638 Medicus und Tertius an der Lateinschule in Kassel

---

[1] Katharina Zülch (???-1623) • + verstorben an der Pest • □Sontra 19.10.1623

#671   NN♀ (???-<1637)

Ⓥ ??? • Ⓜ ??? • ∞~1620 mit Hildebrand Kühn[#670] (1588-1638) • Ⓚ Anna[#335] (???-1677) • +<20.04.1637

#688   Appelius, Johannes (~1590-1668)

Ⓥ Hans Appel[#1.376] • Ⓜ ??? • *~1590 Auerbach/Bergstrasse • ∞I 27.04.1619 Auerbach mit Maria Hafner[#689] (???-1644) • Ⓚ siebzehn u.a. Johannes[#344] (*1621 Neucölln/Berlin) • ∞II 19.02.1646 mit Elisabeth Viëtor[1,2] • +17.06.1668 Bückeburg • □24.06.1668

Student an den Universitäten Heidelberg, Rostock, Greifswald und Wittenberg; dann 1616 immatrikuliert zu Frankfurt/Oder • seit 17.08.1618 Pfarrer zu Cölln an der Spree, bleibt aber noch bis Herbst 1619 in Frankfurt/Oder • 1633-1637 als Nachfolger von Theophilius Neuberger[#690] (1593-1656) Hofprediger zu Güstrow; dann zu Danzig • seit 1638 Hofprediger zu Bückeburg, mit der Abhaltung ref. Gottesdienste in Rinteln beauftragt • 1661 auf Bitte des hess. Landgrafen Teilnahme am Kasseler Colloquium

#689   Hafner, Maria (???-1644)

Ⓥ Hans Hafner[#1.378] • Ⓜ Barbara NN[#1.379] • aus Auerbach • ∞27.04.1619 Auerbach mit Johannes Appelius[#688] (~1590-1668) • Ⓚ siebzehn u.a. Johannes[#344] (*1621 Neucölln/Berlin) • +17.03.1644 Bückeburg

---

[1] Elisabeth Viëtor • Ⓥ Erasmus Büddinger gen. Viëtor (~1580-1652), *~1580 Schwalenberg, +17.11.1652 Schwalenberg • Ⓜ Elisabeth Steinmeyer

[2] Bruder von Elisabeth Viëtor: Johann Heinrich Viëtor (*21.09.1609 Schwalenberg in Lippe, +27.11.1652 auf der Schaumburg, Gräfl. Schaumburg-Holstein. Amtmann zu Schaumburg), ∞1642 mit Margareta Gentersberg (*10.11.1608, +13.05.1687 Kassel, □16.05.1687 Kassel-Hofgemeinde, vor ihrer Ehe Kammerdienerin bei Gräfin Elisabeth zu Schaumburg, geb. Gräfin zur Lippe

#690   Neuburger, Theophilus (1593-1656)

Ⓥ Martin Neuberger[#1.380] (???-1612) • Ⓜ ??? • *05.05.1593 Jena • ∞13.09.1614 Neuburg/Heidelberg mit Magdalena Stotz[#691] (1592-1659) • Ⓚ sieben Söhne und sechs Töchter u.a. Johann Albrecht[#345a] (*1623); Wilhelm[#345b] (*1629); Anna Elisabeth[#345] (*1630 Kassel); Wilhelm Thomas[#345c] (*1633); Wilhelm[#345d] (+1637 Marburg); Anna Barbara[#345e] (*1639); Anna Sybille[#345f]; Sophie Christine[#345g]; Catharine Magdalene[#345h]; Ernst[#345i] (*Güstrow) • +09.01.1656 Kassel (Hofgemeinde)

1610 immatrikuliert zu Heidelberg • 04.03.1614-1615 ev. Pfarrer zu Neuburg bei Heidelberg • 26.05.1615-1620 erster Diakon zu Kaiserslautern • 12.07.1620-1621 Hofprediger zu Heidelberg • Flucht aufgrund spanischer Besetzung der Stadt; hält sich in Großsachsen, Schorndorf und Berlin auf • 1623-1628 Hofprediger zu Güstrow in Meckenburg und auch vertrieben • 30.10.1628-1654 Hofprediger in Kassel und Begleiter des Landgrafen • 12.12.1634-09.01.1656 Superintendent zu Kassel

■ zwölf Geschwister

#691   Stotz, Magdalena (~1592-1659)

Ⓥ Valentin Stoltz[#1.382] • Ⓜ ??? • *~1592 Heppenheim/Bergstrasse • ∞13.09.1614 Neuburg bei Heidelberg mit Theophilus Neuburger[#690] (1593-1656) • Ⓚ sieben Söhne und sechs Töchter u.a. Johann Albrecht[#345a] (*1623); Wilhelm[#345b] (*1629); Anna Elisabeth[#345] (*1630 Kassel); Wilhelm Thomas[#345c] (*1633); Wilhelm[#345d] (+1637 Marburg); Anna Barbara[#345e] (*1639); Anna Sybille[#345f]; Sophie Christine[#345g]; Catharine Magdalene[#345h]; Ernst[#345i] (*Güstrow) • +12.06.1659 Kassel

#692   Neuber gen. Bede, Daniel (1603-1659)

Ⓥ NN Neuber[#1.384] • Ⓜ ??? • *1603 Homberg/Efze • ∞ mit Anna NN[#693] • Ⓚ Konrad[#346] (*1629 Homberg/Efze) • □02.08.1659 Homberg/Efze

Weißgerber und Riemenschneider in Homberg/Efze

#693   NN, Anna (1597-1668)

Ⓥ ??? • Ⓜ ??? • *1597 • ∞ mit Daniel Neuber gen Bede[#692] (1603-1659) • Ⓚ Konrad[#346] (*1629 Homberg/Efze) • □27.02.1668 Homberg/Efze

#694   Majus (May), Nikolaus (1607-1669)

Ⓥ Lukas Majus (May)[#1.388] (1571-1633) • Ⓜ Dorothea Pezelius[#1.389] (1575-1617) • ᴗev 11.05.1607 Kassel-Altstadt • ∞18.11.1632 Rotenburg/Fulda mit Agnes Schäffer (Scheffer)[#695] (1608-1652) • Ⓚ Anna Maria[#347a] (*1633 Rotenburg); Catharina Elisabeth[#347b] (*+1635 Rotenburg); Johann Vatentin[#347c] (*1636 Homberg/Efze); Anna Catharina[#347d] (*Homberg/Efze); Dorothea[#347] (*1639 Homberg/Efze); Anna Elisabeth[#347e] (*Homberg/Efze), Zwillingsschwester von Dorothea; Eva Christina[#347f] (*1641 Homberg/Efze); Theophilius Hermann[#347g] (*1645 Homberg/Efze); Susanna[#347h] (*1647 Homberg/Efze); Johann Ludwig[#347i] (*+1650 Homberg/Efze); Johann Valentin[#347j] • +01.01.1669 Rotenburg/Fulda • □ev 05.01.1669 Rotenburg/Fulda

1623 immatrikuliert zu Marburg • 1624 immatrikuliert zu Frankfurt/Oder • 1626 Reise durch Brandenburg, Schlesien, Polen und Siebenbürgen • 1628 Informator in Berlin als Hauslehrer vermögender Eltern • ˜1631 Pfarrgehilfe bei seinem Vater in Kassel • 1632-1635 Stiftsprediger/Pfarrer in der Neustadt zu Rotenburg/Fulda • 1635-1648 Diakonus in Homberg; hier beginnt er das Homberger Kirchenbuch, nachdem das vorhergehende bei der Belagerung der Stadt durch die Truppen des Generals Götz zerstört wurde, und erhält 1646 eine

Unterstützung aus dem Stift Fritzlar • 1648-1649 Adjunkt und Gehilfe seines Vorgängers, Metropolitan Bartholomäus Kistner[1] in Homberg • 1649-1653 Metropolitan in Homberg, sein Nachfolger wird Adolf Fabrizius[2] • Dez 1653-1669 Dekan zu Rotenburg/Fulda • 31.08.1661 gütliche Regelung in der Frage, ob der Diakonus die Einkünfte aus Gebühren für Amtshandlungen selbst einnehmen dürfe • +01.01.1669 Rotenburg/Fulda an Schlaganfall auf der Kanzel

■ Margarethe Majus (May)[#694a] • ∞ mit Pfarrer Justus Steller (Stelerus, Catharinus)[3] (1570-1638), Sohn von Johannes Steller[4] und Martha

---

[1] Bartholomäus Kistener (1573-1652) • Ⓥ Caspar Kistener (*~1550 Kassel), 1581-1612 Pfarrer der 1. Pfarrstelle zu Homberg • Ⓜ NN Schlauraff, Tochter von Johannes Schlauraff • *04.06.1573 Kassel • 1589 immatrikuliert zu Marburg • 1594 Bürgerrecht der Stadt Homberg • 1594-1597 Schulmeister in Homberg • 1597-1610 Pfarrer in Berge und Mardorf • 1612-1649 Metropolitan in Homberg • 1649-1652 Ruhestand in Homberg • ∞~1594 mit Catharina Kurtzrock (□19.10.1636 Ziegenhain), Tochter des Kupferschmids Adam Kurtzrock und Christina Helffrich • Ⓚ vier • +28.10.1652 Homberg • □31.10.1652 Homberg

[2] Adolf Fabrizius (1604-???) • Ⓥ Georg Fabrizius aus Glatz/Schlesien, Schultheiß in Rotenburg und Oberschultheiß in Wanfried • Ⓜ Catharina Echzell • *19.01.1604 Rotenburg/Fulda • ihm wird als Kind vor dem elterlichen Haus von einer Dogge das männliche Glied abgebissen • 1624 Schüler am Collegium Mauritianum in Kassel • 1625 Studium der Rechtswissenschaften in Basel • 1626 Reise nach Italien und auf der Rückreise Aufenthalt in Genf • 1628 Sekretarius des Landgrafen Moritz • 5 Jahre Studium der Theologie in Holland und England • 16.07.1633 durch den Bischof zu Lincoln zum Pfarrer ordiniert • 1633-1643 Hofprediger in Rotenburg/Fulda • 1643-1646 ohne Amt • 1646-1649 Reisebegleiter des Landgrafen Friedrich bis zu dessen Hochzeit mit Eleonore Catharina Wasa, Schwester des Königs Carl Gustav von Schweden • 1649-Nov 1651 Hofprediger des Landgrafen Ernst in Rheinfels • 1652-1652 ohne Amt, lebt in Witzenhausen • 1653-1676 Metropolitan in Homberg als Nachfolger von Nikolaus Majus • er ist reich und stiftet einen großen Teil seines Vermögens

[3] Justus Steller (Stelerus, Catharinus) (1570-1638): *um 1570 Singlis • 1588 immatrikuliert zu Marburg • 1599-1638 Pfarrer in Singlis • +1638 Singlis

[4] Johannes Steller (*um 1530 Homberg) • Ⓥ Hans Stelerus (Catharinus) • 1549 immatrikuliert in Marburg • 1570 Bürger zu Homberg • 1559-1599 Pfarrer in Singlis als Nachfolger von Johann Razz(ius) (*~1532 Grifte) • ∞~1559 Homberg (?) mit Martha Hellferich, Tochter von Henne Hellferich gen. Ungefug (Bürgermeister in Homberg) und Elisabeth Scheffer • Ⓚ acht

Hellferich • Ⓚ Johannes[1] (*~1600 Singlis); Catharina[2] (+>1665); Gertrud[3] (*~1615); Anna Marie[4] (*~1616); Anna Margarethe[5]

#695   Schäffer (Scheffer), Agnes (~1608-1652)

Ⓥ Valentin Schäffer (Scheffer)[#1.390] (???-1637) • Ⓜ Eva Pflüger[#1.391] • *~1608 Homburg/Efze • ∞18.11.1632 Rotenburg/Fulda mit Nicolaus Majus (May)[#694] (1607-1669) • Ⓚ Anna Maria[#347a] (*1633 Rotenburg); Catharina Elisabeth[#347b] (*+1635 Rotenburg); Johann Vatentin[#347c] (*1636 Homberg); Anna Catharina[#347d] (*Homberg); Dorothea[#347] (*1639 Homberg); Anna Elisabeth[#347e] (*1639); Zwillingsschwester von Dorothea; Eva Christina[#347f] (*1641 Homberg); Theophilius Hermann[#347g] (*1645 Homberg); Susanna[#347h] (*1647 Homberg); Johann Ludwig[#347i] (*+1650 Homberg); Johann Valentin[#347j] • +22.06.1652 Homberg/Efze

---

[1] Johannes Steller (???-1648) • ∪ev • 1618 Pädagogium in Marburg, dort 01.01.1619-1.04.1624 Stipendiat • 1624-1629 Informator in Züschen • 1629-1634 Pfarradjunkt in Felsberg • 1634-1648 Metropolitan in Felsberg • +kurz vor Pfingsten 1648 Felsberg • ∞Felsberg 12.08.1632 mit Magdalena Combach (+02.08.1646 Felsberg, □05.08.1646 Felsberg), Tochter von Metropolitan Johannes Combach (*05.12.1585 Wetter) und Catharina Wassmuth • Ⓚ Johannes (*28.05.1634 Felsberg, +13.05.1637 auf der Flucht); Michael (+27.04.1637 auf der Flucht vorm Feinde); Johannes (*19.02.1638 Felsberg, ∪27.02.1638 Felsberg); Johann Erich (∪1640 Kassel auf der Flucht); Johann Friedrich (*15.11.1641 Felsberg); Magdalena (*03.05.1644, ∪14.05.1644); Anna Catharina (*27.01.1646 Felsberg, ∪12.02.1646 Felsberg), ∞1668 Marburg mit Johann Helferich Schirnberg (*~1636, +12.05.1672 Felsberg)

[2] Catharina Steller (???->1665) • ∪ev • ∞~1638 mit Friedrich Waßmuth, der als Nachfolger seines Schwiegervaters von 1638-1665 Pfarrer in Singlis ist. Sein Vater ist Johannes Waßmuth, Bürgermeister in Wetter • +>1665

[3] Gertrud Steller (~1615-???) • *~1615 • ∪ev • konf. 1628 Singlis • ∞27.08.1635 Felsberg mit Dr. Moritz Buch, Schulmeister in Felsberg und Pfarrer in Hesserode und Sohn des Hieronymus Buch (Ratsverwandter in Felsberg)

[4] Anna Marie Steller (~1616-???) • *~1616 • ∪ev • konf. 1629 Singlis • ∞~1637 mit Philipp Werner, Wahrscheinlich sind die Ehepartner Vettern. Die Eltern von Philipp Werner sind Hans Werner und Gertraud Catharinus.

[5] Anna Margarethe Steller • ∪ev • ∞1643 mit Conrad Reinhard, Sohn des Hans Reinhard, Bürger und Einspännigen bei Hof aus Kassel

#698   Bromsenius, Ludwig (˜1599-1681)
(Brombsen)

Ⓥ Johannes Bromsenius[#1.396] (1545-1625) • Ⓜ Margaretha Eskuche gen Hauptmann[#1.397] (1570-1599) • *˜1599 Zierenberg • ∞I ev 21.03.1632 Grebenstein mit Christina Hentze (+˂28.10.1634) • ∞II ev 28.10.1634 Zierenberg mit Maria Weste[#699] (˜1610-1698) • Ⓚ Johannes[#349a]; Catharina Elisabeth[#349b]; Johann Jacob[#349c]; (?) Vit[#349d] (*˜1644 Obermeiser); Cunrad[#349e] (*˜1656); Klara Elisabeth[#349] • +16.08.1681 Obermeiser

1617-1618 Pädagogium zu Marburg • 01.07.1618-30.09.1622 Stipendiat zu Marburg • 16233-1637 Schulmeister (Magister) zu Zierenberg • 17.08.1637-1684 Pfarrer zu Obermeiser • lt. Ortsrepositur beschwert sich die Gemeinde 1655 über ihn, wegen der Äußerung, es gebe in der Gemeinde nur Zauberer und Unholde und 1666 klagt Johann Andreas v. Warburg gegen ihn wegen Beschimpfung

#699   Weste, Maria (˜1610-1698)

Ⓥ Ludwig Weste[#1.398] (1582-???) • Ⓜ Margareta Pötter[#1.399] • *˜1610 Zierenberg • ∞ev 28.10.1634 Zierenberg mit Ludwig Bromsenius (Brombsen)[#698] (1599-1681) • Ⓚ Johannes[#349a]; Catharina Elisabeth[#349b]; Johann Jacob[#349c]; (?) Vit[#349d] (*˜1644 Obermeiser); Cunrad[#349e] (*˜1656); Klara Elisabeth[#349] • +September 1698

▪ Anna Katharina Weste[#699a] (1625-1691) • *1625 Zierenberg • ∞1648 mit Konrad Horstmann[1] (1625-1693) • Ⓚ Elisabeth[2]; Johann George[1] (*1629) • □11.02.1691 Borken

---

[1] Konrad Horstmann (1625-1693) • Ⓥ Johann Daniel Horstmann (???-1642), 1639 Bürger in Zierenberg • *1625 Zierenberg • Verwalter auf Domäne Marienrode bei Borken • +1693

[2] Elisabeth Horstmann • ∞ mit Peter Daniel Pfaff (*um 1650), Domänenpächter auf dem Eichhof bei Hersfeld

#702   Simon, Werner (1604-<1657)

Ⓥ Hektor Simon[#1.404] (???-1635) • Ⓜ Elisabeth Schmits[#1.405] • ∪22.10.1604 Kassel • ∞29.01.1627 Kassel mit Maria Beyer[#703] (1609-1657) • Ⓚ Anna Maria[#351] • +<1657 Kassel

Bürger und Hufschmied zu Kassel

#703   Beyer, Maria (1609-1657)
               (Peyer, Beier)

Ⓥ Jost Beyer[#1.406] (???-1613) • Ⓜ Orthey (Dorothea) Stalhans[#1.407] (???-1617) • ∪14.04.1609 Kassel • ∞29.01.1627 Kassel mit Werner Simon[#702] (1604-<1657) • Ⓚ Anna Maria[#351] • +1657

Halbbruder aus erster Ehe der Mutter Orthey (Dorothea) Stalhans[#1.407] (???-1617) mit Caspar Prange (1570-1605):

▪ Cornelius Prange[#703a] (1599-1668) • *1599 Kassel • Gildemeister der Bäcker, Ratsherr und Kirchensenior • ∞18.10.1630 Kassel mit Elisabeth Österling[2] (1610-1674) • Ⓚ Gertrauth[3] (*1643 Kassel); Anna Catharina[4] • +28.12.1667 Kassel • □03.01.1668 Kassel

---

[1] Johann George Horstmann (1629-1715) • *1629 • Schultheiß in Jesburg • ∞I 1660 mit NN • ∞II 1693 mit Anna Kunigunde Bramer (1673-1712), *1673, +24.03.1712 Jesburg, Tochter von Nikolaus Bramer (∪28.03.1644 Ziegenhain, +17.02.1713 Treysa) und Anna Maria Scheidt (*1650 Iba, +11.03.1688 Treysa) • Ⓚ Anna Catharina (1698-1733), *13.03.1698 Jesberg, +14.04.1733 Liebenau/Diemel, ∞05.12.1715 Jesberg mit Johann Benjamin Limberger (∪18.04.1684 Hersfeld, +05.11.1749 Grebenstein), Schultheiß in Jesberg und Liebenau • +28.08.1715 Jesburg/Linsing

[2] Elisabeth Österling (1610-1674) • Ⓥ Johannes Österling (Schultheiß zu Borken) • Ⓜ Susanna Feyge • *1610 Borken • +19.08.1674 Kassel

[3] Gertrauth Prange (1643-1703) • *08.05.1643 Kassel • ∞09.09.1673 Großenritte/Braunatal mit Ludwig Kannengiesser (1631-1707) • +12.04.1703 Großenritte/Braunatal

[4] Anna Catharina Prange • ∞27.09.1660 Kassel mit Johann v. Rhoden (1630-???)

#704   Huber, Hans Rudolf (1545-1601)

(V) Johannes Huber[#1.408] (1506-1571) • (M) Margaretha Wölfflin[#1.409/#2.838a] (1521-1579) • ∪ev-ref. 08.08.1545 Basel (St. Martin) • ∞~1571 Basel mit Helena Meyer zum Pfeil[#705] (1543-1584) • (K) Margaretha[#352a] (*1571 Basel); Catharina[#352b] (*1573 Basel); Hans Wernhard[#352c] (*1575 Basel); Hans Jacob[#352d] (*1577 Basel); Hans Wernhard[#352e] (1578 Basel); Dorothea[#352f] (*1581 Basel); Hans Rudolf[#352] (*1584 Basel) • +11.02.1601 Basel

1571 kaufte er Schlüsselzunft durch seinen Vetter Werner Wölfflin • 1572 und 1578 Mitglied des Großen Rats • 1582 Dreizehnherr • 1583 Gesandter über das Gebirge (Revisionsbeamter für den Kanton Tessin) • 1584 Deputat der Kirchen und Schulen • 1578-1591 Ratsherr zum Schlüssel und Obervogt zu Riehen • 1590 Dreierherr • 1592-1593 Oberstzunftmeister • 1594 Bürgermeister zu Basel

Halbbruder aus erster Ehe des Vaters Johannes Huber[#1.408] (1506-1571) mit Barbara Brand (???-1540):

▪ Martin Huber[#704a] (1536-1564) • ∪ev-ref. 10.07.1536 Basel (St. Martin) • Studium in Basel und Italien • 1563 Promotion zum D.U.J. in Bologna • 29.01.1564 Aufnahme in die juristische Fakultät • +März 1564 an der Pest

Geschwister aus der zweiten, 1541 geschlossenen Ehe des Vaters Johannes Huber[#1.408] (1506-1571) mit Margaretha Wölfflin[#1.409/#2.838a] (1521-1579):

▪ Wilhelm Huber[#704b] (1542-???) • ∪ev-ref. 19.02.1542 Basel (St. Martin)

▪ Anna Huber[#704c] (1543-???) • ∪ev-ref. 08.10.1543 Basel (St. Martin)

▪ Christiana Huber[#704d] (1546-???) • ∪ev-ref. 18.11.1546 Basel (St. Martin)

▪ Ottilia Huber[#704e] (1548-???) • ∪ev-ref. 20.03.1548 Basel (St. Martin)

▪ Hans Jacob Huber[#704f] (1549-???) • ∪ev-ref. 16.09.1549 Basel (St. Martin)

▪ Maria Huber[#704g] (1551-???) • ‿ev-ref. 13.04.1551 Basel (St. Martin)

▪ Hans Wilhelm Huber[#704h] (1552-???) • ‿ev-ref. August 1552 Basel (St. Martin)

▪ Hans Wernhard[#704i] (1555-???) • ‿ev-ref. 08.07.1555 Basel (St. Martin)

▪ Esther Huber[#704j] (1562-ˈ1593) • ‿ev-ref. 27.05.1562 Basel (St. Martin) • ∞1581 Emanuel Frey (1551-1608) • +ˈ1593

▪ Agnes Huber[#704k] (1563-???) • ‿ev-ref. 23.07.1563 Basel (St. Martin)

#705   Meyer zum Pfeil, Helena (1543-1584)

Ⓥ Junker Niklaus Meyer zum Pfeil[#1.410] (1515-ˈ1550) • Ⓜ Katharina Rüdin[#1.411/#2.818a/#5.676a/#11.518a] (1517-1547) • ‿ev-ref. 22.04.1543 Basel (St. Martin) • ∞~1571 Basel mit Hans Rudolph Huber[#704] (1545-1601) • Ⓚ Margaretha[#352a] (*1571 Basel); Catharina[#352b] (*1573 Basel); Hans Wernhard[#352c] (*1575 Basel); Hans Jacob[#352d] (*1577 Basel); Hans Wernhard[#352e] (1578 Basel); Dorothea[#352f] (*1581 Basel); Hans Rudolf[#352] (*1584 Basel) • +1584 Basel

▪ Bernhard Meyer zum Pfeil[#705a] (1538-???) • ‿ev-ref. 11.11. 1538 Basel (St. Martin)

▪ Hans Jakob Meyer zum Pfeil[#705b] (1540-???) • ‿ev-ref. 04.02.1540 Basel (St. Martin)

▪ Agnes Meyer zum Pfeil[#705c] (1541-1577) • ‿ev-ref. 31.07.1541 Basel (St. Martin) • ∞ mit Eusebius Bischoff[1] (1540-1599) • Ⓚ Justina[2] (*1564); Catharina[1] (*1566 Basel) • +21.10.1577 Basel

---

[1] Eusebius Bischoff (1540-1599) • Ⓥ Niklaus Bischoff (1501-1564), *1501 Weissenburg/Elsass, +07.03.1564 Basel • Ⓜ Justina Froben (1512-1564), *1512 Basel, +27.09.1564 Basel • *1540 Basel • Buchdrucker und Buchhändler • bringt als eifiger Geschäftsmann die „Herwagenschen Offizine", in denen er als junger Mann als Korrektor Dienste geleistet hat, an sich • Herr zu Fridlingen und Hiltalingen (mit Schloss) • Wappenbesserung durch Kaiser Rudolf II. 05.05.1581 +1599 Basel

[2] Justina Bischoff (1564-1634) • *1564 • ∞ mit Andreas Imhof (1562-1588), Sohn Andreas Imhof (???-1575) und Margaretha Brunner (1536-1604) • +1634

• Burkhard Meyer zum Pfeil[#705d] (1545-???) • ᴗev-ref. 18.01.1545 Basel (St. Martin)

• Adelberg Meyer zum Pfeil[#705e] (1547-???) • ᴗev-ref. 23.01.1547 Basel (St. Martin)

#706/#711b   **Peyer (mit den Weggen), Hans Christoph (1561-1617)**

Ⓥ Daniel Peyer (mit den Weggen)[#1.412/#1.422] (1531-1606) • Ⓜ Modesta Bischof[#1.413/#1.423] (1537-1607) • ᴗev-ref. 13.07.1561 Basel (St. Martin) • ∞1587 Basel mit Ursula Im Hof[#707] (1567-1655) • Ⓚ Ursula[#353] (*1588 Basel); Margareta[#353a] (*1590 Basel); Daniel[#353b] (*1593 Basel); Andreas[#353c] (*1595 Basel); Maria[#353d] (*1598 Basel); Catharina[#353e] (*1600 Basel); Hans Christof[#353f] (*1603 Basel) • +1617 Basel

Kaufmann zu Basel

• Nikolaus Peyer[#706a/#711a] (1559-???) • ᴗev-ref. 15.04.1559 Basel (St. Martin) • ∞1587 mit Dorothea Irmy (1567-1609)

• Modestia Peyer[#706b/#711c] (1566-???) • ᴗev-ref. 17.02.1566 Basel (St. Martin) • *1565 • ∞1583 mit Hans Jakob Beck (*1563, +1639) • +1589

• Hans Rudolf Peyer[#706c/#711d] (1566-???) • ᴗev-ref. 17.02.1566 Basel (St. Martin)

• Daniel Peyer[#706d/#711e] (1569-1610) • ᴗev-ref. 05.05.1569 Basel (St. Martin) • ∞1595 mit Margaretha Schönauer[2] (1569-1632) • +1610

• Justina Peyer[#706e/#711f] (1571-1628) • ᴗev-ref. 12.08.1571 Basel (St. Martin) • ∞I 1593 mit Aurelius Erasmus Burckhardt[3] (1571-1602) • ∞II

---

[1] Catharina Bischoff (1566-1625) • *1566 Basel • ∞1586 Basel mit Johann Jacob Iselin (1564-1632), *1564 Basel, +06.08.1632 Basel, Sohn von Johann Lucas Iselin (1518-1588) und Cleopha Heydelin (1542-1564) • +1625 Basel

[2] Margaretha Schönauer (1569-1632) • Ⓥ Theobald Schönauer • Ⓜ Anna Merian • *1569 • +1632

[3] Aurelius Erasmus Burckhardt (1571-1602) • Ⓥ Bernhard Burckhardt (1545-1608), Tuch- u. Seidenhändler, Zunftmeister, Ratsherr • Ⓜ zweite Ehefrau Elisabeth Hartmann (???-1585), Tochter von Hans Hartmann und Magdalena Zuvlin •

1603 mit Leonhard Respinger[1] (1559-1628) • Ⓚ zwei u.a. Maria[2] (*1604 Basel) • +1628

▪ Maria Peyer[#706f/#711] (1572-1630) • siehe #711

▪ Alexander Peyer[#706g/#711g] (1578-???) • ⊔ev-ref. 29.06.1578 Basel (St. Martin)

#707   Im Hof, Ursula (1567-1655)

Ⓥ Andreas Im Hof[#1.414] (1535-1573) • Ⓜ Margaretha Brunner[#1.415] (1536-1604) • ⊔ev-ref. 11.04.1567 Basel (St. Martin) • ∞1587 Basel mit Hans Christoph Peyer[#706/#711b] (1561-1617) • Ⓚ Ursula[#353] (*1588 Basel); Margreth[#353a] (*1590 Basel); Daniel[#353b] (*1593 Basel); Andreas[#353c] (*1595 Basel); Maria[#353d] (*1598 Basel); Catharina[#353e] (*1600 Basel); Hans Christof[#353f] (*1603 Basel) • +1655 Basel

▪ Andreas Im Hof[#707a] (1562-1588) • ⊔ev-ref 16.07.1562 Basel (St. Martin) • ∞ mit Justina Bischoff (1564-1634) • +1588

▪ Margreth Im Hof[#707b] (1565-???) • ⊔ev-ref 13.12.1565 Basel (St. Martin)

▪ Margreth Im Hof[#707c] (1569-???) • ⊔ev-ref 23.06.1569 Basel (St. Martin)

---

*15.02.1571 Basel • Hauptmann in Niederlänischen Diensten • +1602 gefallen in Oostende
[1] Leonhard Respinger (1559-1628) • Ⓥ Hans Jakob Respinger (1532-1596) • Ⓜ Dorothea Lützelmann (???-1564) • *1559 Basel • Handelsherr "Zum Leopard" • 1583-1593 Schaffner zu St. Leonhard; zur Erinnerung daran lässt er 1591 eine Glasscheibe anfertigen • Kauft 1608 das früher seinem Grossvater gehörende Haus "Zum Kranich" • Übernimmt nach dem Tode seines kinderlosen Bruders Peter Respinger (1557-1610) das väterliche Haus "Zum Leymen" • 1616 Sechser zu Safran, somit Mitglied des Grossen Rates • Beisitzer des Stadtgerichtes der mehreren Stadt • Gerichtsherr, Beisitzer am Ehegericht • Hauptmann und Rittmeister • +1628
[2] Maria Respinger (1604-1671) • *1604 Basel • ∞1624 Leonhard Elbs (1590-1644)• +1671 Basel

- Catharina Im Hof[#707d] (1565-???) • ∪ev-ref 29.07.1571 Basel (St. Martin)

- Hans Christoph Im Hof[#707e] (1574-1610) • *März 1754 (posthumen) • ∪ev-ref 29.03.1574 Basel (St. Martin) • ∞I 1586 mit Maria Singeysen • ∞II mit Magdalena Gugger (1582-1629) • +1610, verstorben an der Pest

#708   Faesch, Johann (Hans) Rudolf (1572-1659) (Feschen)

Ⓥ Remigius (Remy) Faesch[#1.416] (1541-1610) • Ⓜ Rosina Beck[#1.417/#2.868b] (1539-1575) • *18.10.1572 Basel • ∪ev-ref. 21.10.1572 Basel (St. Martin) • ∞September 1594 Basel mit Anna (v.) Gebwiler[#709] (1577-1654) • Ⓚ Remigus[#354a] (*1595 Basel); Johann Albrecht[#354b] (*1596 Basel); Hans Jacob[#354] (*1598 Basel); Rosina[#354c] (*1600 Basel); Hans Rudolf[#354d] (*1602 Basel); Emanuel Faesch[#354e] (*1602 Basel); Johann Wernhard[#354f] (* 1605 Basel); Jeremias[#354g] (*1606 Basel); Anna[#354h] (*1608); Hans Albrecht[#354i] (*1610 Basel); Hans Christoff[#354j] (*1611 Basel); Sebastian[#354k] (*1613 Basel); Nicklaus[#354l] (*1614 Basel); Petermann[#354m] (*1616 Basel); Catharina[#354n] (*1618 Basel); Johann Ludwig[#354o] (*1619 Basel) • +07.05.1659 Basel • □Basel (Münster)

Seidenkaufmann, Immobilienhändler, Bankier • Besitzer einer Papiermühle • 1619-1630 Zunftmeister der Zunft zu Hausgenossen und 1630-1636 Oberstzunftmeister • 1621 Dreizehner • 1636-1659 Bürgermeister zu Basel als Leiter der profranzösischen Ratsfraktion neben Johann Rudolf Wettstein als Leiter der eidgenössischen Ratsfraktion • Bildnis der Familie des Basler Zunftmeisters Hans Rudolf Faesch, gemalt von Hans Hug Kluber 1559, im Kunstmuseum Basel

Grabschrift von 1660 im Basler Münster nach Johannes Tonjola „Basilea Sepulta retecta continuata" (1661), S. 107: „An. 1660. JOH. RUDOL. FESCHIO, REMIGII COS. F. / JOH. RUDOL. SENAT. N / QUEM VIRTUS GENTILIS INCLYTA / REIP. MATURE ADMOTUM, / PER OMNES HONORUM & DIGN. GRADUS, / SENATORIAE, VIII VIR III.VIR &c. / AD TRIBUNIT. USQUE INDE CONSULAR. / SUMMAM IN REP. / CUI EXEMPLO RARIORI XIIICIES PRAEFUIT, / APPLAUSU PUBLICO EREXIT. / QUAM STARTAM, SPECTATA F. DE MAJOR. / PIETATE, PRUD. FORTIT. INTEGRITAT. / CUM

FACUNDIA CONJ. NATUR. / CENTUM ET ULTRA REIP. NOMINE OBIT FELIC. / LEGATIONIB. ARDUIS, / COMPOSIT. DEXT. SING. OBORT. IN HELVETIA / MOTIB. PERICUL. PACE PATRIAE RESTIT. / IN OMNI REGIM. QUANTUM IN IPSO FUIT / SALVTIS PUBLICAE MAGIS ET DIGNIT. / ORDD. IN REP. OMNIUM / QUAM SUI SUORUMQ; HABITA RATIONE / TAM DIGNE EXORNAVIT, / UT PATRIAE PATRIS ELOG. MAGN. CONSENSU / PROMERUERIT. / TANDEM DIER. SATUR PIE DISPOS. DOMO, / BENE PREC. PATRIAE DILECTISS."

Die erste Ehe des Vaters Remigius (Remy) Faesch[#1.416] (1541-1610) mit Anna Wachter bleibt kinderlos. Geschwister aus der zweiten, um 1567 geschlossenen Ehe des Vaters Remigius (Remy) Faesch[#1.416] (1541-1610) mit Rosina Beck[#1.417/#2.868b] (1539-1575):

- Anna Faesch[#708a] (1568-???) • ∪ev-ref. 07.09.1568 Basel (St. Martin)

- Anna Faesch[#708b] (1569-1634) • ∪ev-ref. 27.03.1569 Basel (St. Martin) • ∞1602 mit Jakob Gernler (1553-1634) • +08.08.1634

- Johann Jakob Faesch[#708c] (1570-1652) • *04.08.1570 • ∪ev-ref 16.10.1570 Basel (St. Martin) • ab 1599 Jura-Professor in Basel • ∞1602 mit Anna Maria Bauhin[1] (1584-1650) • Ⓚ Rosina[2] (*1603); Barbara[3] (*1604); Juditha[4] (*1608); Johann Jacob (*1610, +1648) • +17.02.1652

- Maria Faesch[#708d] (1574-1629) • ∪ev-ref 09.04.1574 Basel (St. Martin) • +15.07.1629

- Magdalena Faesch[#708e] (1575-???) • ∪ev-ref 19.08.1575 Basel (St. Martin)

Halbgeschwister aus der dritten Ehe des Vaters Remigius (Remy) Faesch[#1.416] (1541-1610) mit Rosina Irmy (1539-1609):

---

[1] Anna Maria Bauhin (1584-1650) • Ⓥ Kaspar Bauhin (1560-1624), *17.01.1560 Basel, ∞1581, +05.12.1624 Basel, Sohn von Johannes Bauhin (1511-1582) und Jeanne Fontaine (???-1583) • Ⓜ Barbara Vogelmann (1561-1594) • *1584 • +1650
[2] Rosina Faeach (1603-1679) • *1603 ∞1628 mit Benedikt Socin (1606-1636) • +1679
[3] Barbara Faesch (1604-1659) • *1604 • ∞1627 mit Peter Battier (1599-1654) • +1659
[4] Juditha Faesch (1608-1667) • *1608 ∞1639 mit Daniel Müller (1607-1653) • +1667

- Rosa Faesch[#708f] (1577-1625) • ∪ev-ref. 11.03.1577 Basel (St. Peter) • +21.02.1625

- Emanuel Faesch[#708g] (1578-1651) • ∪ev-ref. 04.11.1578 Basel (St. Peter) • ∞I 30.10.1603 Basel (St. Elisabeth) mit Helena Gebhard[1] (1583-1610) • Ⓚ Remigius[2] (*1607 Basel); Emanuel[3] (*1611 Basel) • ∞II 1613 mit Magdalena Gebweiler • +03.07.1651 • □Basel (Münster)

- Valeria Faesch[#708h] (1583-1653) • *01.01.1583 • ∪ev-ref. Jan 1583 Basel (St. Alban) • +15.04.1653

#709 (v.) Gebwiler, Anna (1577-1654)

Ⓥ Johann Albrecht (v.) Gebwiler[#1.418] (1531-1577) • Ⓜ Anna Rüdin[#1.419] (1558-1636) • *14.09.1577 Basel (posthumen, da Vater am 24.04.1577 verstorben) • ∪ev-ref. 17.09.1577 Basel (St. Peter) • ∞September 1594 Basel mit Johann (Hans) Rudolf Faesch[#708] (1572-1659) • Ⓚ Remigus[#354a] (*1595 Basel); Johann Albrecht[#354b] (*1596 Basel); Hans Jacob[#354] (*1598 Basel); Rosina[#354c] (*1600 Basel); Hans Rudolf[#354d] (*1602 Basel); Emanuel Faesch[#354e] (*1602 Basel); Johann Wernhard[#354f] (*1605 Basel); Jeremias[#354g] (*1606 Basel); Anna[#354h] (*1608); Hans Albrecht[#354i] (*1610 Basel); Hans Christoff[#354j] (*1611 Basel); Sebastian[#354k] (*1613 Basel); Nicklaus[#354l] (*1614 Basel); Petermann[#354m] (*1616 Basel); Catharina[#354n] (*1618 Basel); Johann Ludwig[#354o] (*1619 Basel) • +11.06.1654 Basel

Grabschrift von 1654 im Basler Münster nach Johannes Tonjola „Basilea Sepulta retecta continuata" (1661), S. 100: „An. 1654. Gott allein die Ehr. / Hieunden ligt bestattet die viel Ehren= und Tugendreiche Fraw Anna GEBWEILERIN, / des Gestrengen / Ehrenvesten / Fürsichtigen und Weisen Herren Joh. Rudolph FESCHEN / dieser Statt Burgermeister / gewesene Eheliche Gemahlin / Welche/

---

[1] Helena Gebhard (1583-1610) • Ⓥ Lucas Gebhart (1545->1591) • Ⓜ Benedikta Bucher (1550->1583)• ∪ev ref 29.01.1583 Basel (St. Martin) • +06.11.1611 Basel
[2] Remigius Faesch (1607-1667) • ∪ev ref 13.08.1607 Basel (St. Alban) • ∞25.11.1633 Basel mit Ottilia Hackher (1613-1658), ∪09.05.1613 Basel (St. Peter), +21.11.1658 Basel, Tochter von Apotheker Lukas Hackher (1580-1657) und Barbara David (1593-1626) • +15.12.1667 Basel
[3] Emanuel Faesch (1611-???) • ∪ev-ref 28.08.1611 Basel (St. Elisabeth)

nach deme sie / durch Gottes sonderbare Gnad und Segen / mit ihrem Eheman 59 Jahr und 9 Monat in gutem Frieden Gottseliglich / Ehelich zugebracht / und beysammen 13 Söhn und 3 Töchtern / und von denselben noch darzu / so wohl an Groß=Kinderen / als Groß=Enkeln (Enckeln) 115, zusammen 131 erzeugt / erlebt, ist sie endlich Lebens satt / den 11. Junii / Jahrs 1654 Ihres alters 77. Jahr in Gott seliglich entschlafen / einer fröhlichen Auferständnuß an dem grossen Tag in Christo erwartend. Christus ist mein Leben / Sterben ist mein Gewinn. Auf dem Grabstein eingegossen: 16 Begraebnuß 54   Der viel Ehren= und Tugendreichen Frawen Anna Gebweilerin / Herren Burgermeisters Joh. Rudolff Feschen gewesener Ehegemahlin"

Halbgeschwister aus erster Ehe des Vaters Johann Albrecht (v.) Gebwiler[#1.418] (1531-1577) mit Justina Holzach (1532-1569):

- Hans Albrecht (v.) Gebwiler[#709a] (1567-???) • ∪ev-ref. 06.08.1567 Basel (St. Peter) • ∞ mit Catharina v. Offenburg

- Justina (v.) Gebwiler[#709b] (1569-1604) • ∪ev-ref. 03.04.1569 Basel (St. Peter) • ∞1587 mit Hans Heinrich Hoffmann[1] (1564-1626) • Ⓚ Ursula[2] (*1588 Basel); Justina[3] (*1589 Basel); Hans Jakob[4] (*1591); Anna[5] (*1597 Basel) • +1604

Geschwister aus der zweiten, 1567 geschlossenen Ehe des Vaters Johann Albrecht (v.) Gebwiler[#1.418] (1531-1577) mit Anna Rüdin[#1.419] (1558-1636):

- NN (v.) Gebwiler[#709c] (1576-???) • ∪ev-ref. 25.03.1576 Basel (St. Peter)

---

[1] Hans Heinrich Hoffmann (1564-1626) • Ⓥ Hans Hoffmann gen. Seldenrych/Seltenreich (<1528-1566), *<1528 Münzenberg/Wetterau, +1566 Basel, 27.01.1528 Basler Bürger, Sohn von Hans Hoffmann (*Münzenberg/Wetterau, 12.09.1489 Basler Bürger) und Clara Sax • Ⓜ Ursula Wolleb (???-1592), +1592 Tochter von Heinrich Wolleb und Anna Bintzenstock • *19.03.1564 Basel • Schuhmacher • Kleinrat zu Basel • +02.09.1626 Basel

[2] Ursula Hoffmann (1588-1658) • ∞1608 mit Sebastian Falkner (1584-1662), Johanniterschaffner und Ratsherr, Sohn von Sebastian Falkner (1553-1634) und Justina Mieg (1553-1651)

[3] Justina Hoffmann (1589-<1621) • ∞1616 mit Daniel Gysler, Wirt „Zum Storchen"

[4] Hans Jacob Hoffmann (1591-1644) • *1591 • Prof. Recht und Eloquenz • ∞I 1628 mit Ursula Burckhardt (1603-1631), Tochter von Daniel Burckhardt (1564-1633) und Susanne Ryff (1576-1654) • ∞II 1633 Helena Iselin (1613-1674), Tochter von Emanuel Iselin (1581-???) und Martha Bitot (???-1614) • +1644

[5] Anna Hoffmann (1597-1628) • ∞1618 mit Max Cellarius (Keller), Pfarrer

#710   Hagenbach, Isaak (1577-1625)

Ⓥ Lucas Hagenbach[#1.420] (1554-1624) • Ⓜ Ottilia Keller[#1.421] (1551-1589) • ∪ev-ref. 01.09.1577 Basel (St. Peter) • ∞<1609 Basel mit Maria Peyer[#706f/#711] (1573-1630) • Ⓚ Lucas[#355a] (*1610 Basel); Maria[#355] (*1613 Basel) Justina[#355b] (*1615 Basel) • +12.10.1625 Basel • □Basel (St. Peter)

Bürger, Kaufmann, Mitglied des Großen Rats Basel

Grabschrift von 1625 in St. Peter zu Basel nach Johannes Tonjola „Basilea Sepulta retecta continuata" (1661), S. 156: „An. 1625. Wer Christlich lebt und selig stirbt / Auß gnaden ewig Heil erwirbt / O Mensch bedenck und tracht darnach / So wirstu schaffen wohl Dein Sach / Gleich wie Herr ISAACH HAGENBACH / Der hie ruht und begraben ist / Vergleich ihm der HErr JEsus Christ / Ein frewdenreiche Aufferstend / Und uns wie ihm ein seliges End. / Starb den 12. Octobris im Jahr 1625. / seines Alters im 48."

▪ Christiane Hagenbach[#710a] (1578-1629) • ∪ev-ref. 14.12.1578 Basel (St. Peter) •∞ mit dem Bäcker Velte (Valentin) Oswald (1579-1635) • +1629

▪ Margreth Hagenbach[#710b] (1581-???) • ∪ev-ref. 13.08.1581 Basel (St. Peter)

▪ Magdalena Hagenbach[#706c] (1582-???) • ∪ev-ref. 21.08.1582 Basel (St. Peter) • ∞1604 mit Johannes Preiswerk[1] (1580-???) • Ⓚ Niclaus (*1605); Andreas (*1607); Ursula (*1609, +1610)

▪ Ottilia Hagenbach[#706d] (1584-1634) • ∪ev-ref. 29.03.1584 Basel (St. Peter) • ∞1621 mit Mathias Falkeisen[2] (1597-1652) • Ⓚ sechs • +1634

▪ Christiane Hagenbach[#710e] (1585-???) • ∪ev-ref. 14.04.1585 Basel (St. Peter)

---

[1] Johannes Preiswerk (1580-???) • Ⓥ Andreas Preiswerk (1551-1627), *1551 Basel, +13.10.1627 Basel, Sohn von Matthias Preiswerk (*~1515 Colmar, ∞05.03.1549 in Basel, +~1592 Basel) und Elisabeth Dornacher (*Muttenz) • Ⓜ Dorothea Schoelly (1547->1595), *1547 Basel, +>1595 Basel
[2] Mathias Falkeisen (1597-1652) • Ⓥ Mathias Falkeisen (1555-1601) • Ⓜ Margaretha Ottendorf (1572-1634)

- Lucas Hagenbach[#706f] (1586-1644) • ⌣ev-ref. 06.10.1586 Basel (St. Peter) • ∞I 1619 mit Catharina Respinger (1591-1623) • Ⓚ kinderlos • ∞II 1630 mit Gertrud Ryff[1] (1610-1675) • Ⓚ Gertrud[2] (*1632) • +1644

- Hans Ulrich Hagenbach[#706g] (1588-???) • ⌣ev-ref. 25.02.1588 Basel (St. Peter)

- Franz Hagenbach[#706h] (1589-1655) • ⌣ev-ref. 23.10.1589 Basel (St. Peter)• Wundarzt • ∞I 1614 mit Anna Geisling (*1593) • Ⓚ eins • ∞II 1640 mit Maria Ryff • Ⓚ eins • +1655

#711   Peyer (mit den Weggen), Maria (1573-1630)
#706f

Ⓥ Daniel Peyer (mit den Weggen)[#1.412/#1.422] (1531-1606) • Ⓜ Modesta Bischof[#1.413/#1.423] (1537-1607) • ⌣ev-ref. 08.12.1573 Basel (St. Martin) • ∞1609 Basel mit Isaak Hagenbach[#710] (1577-1625) • Ⓚ Lucas[#355a] (*1610 Basel); Maria[#355] (*1613 Basel) Justina[#355b] (*1615 Basel) • +15.03.1630 Basel • ☐Basel (St. Peter)

Grabschrift von 1630 in St. Peter zu Basel nach Johannes Tonjola „Basilea Sepulta retecta continuata" (1661), S. 161: „An. 1630. Hie ligt begraben die Ehren= und Tugendreiche Fraw Maria Bayerin / Herrn Isaac Hagenbach seligen hinderlassene Wittib / starb seliglich den 15. Martii 1630, ihres alters 57 Jahr."

- Nikolaus Peyer (mit den Weggen)[#706a/#711a] (1559-???) • siehe #706a

- Hans Christoph Peyer (mit den Weggen)[#706/#711b] (1561-1617) • siehe #706

- Modestia Peyer (mit den Weggen)[#706b/#711c] (1566-???) • siehe #706b

- Hans Rudolf Peyer (mit den Weggen)[#706c/#711d] (1566-???) • siehe #706c

- Daniel Peyer (mit den Weggen)[#706d/#711e] (1569-1610) • siehe #706d

- Justina Peyer (mit den Weggen)[#706e/#711f] (1571-1628) • siehe #706e

---

[1] Gertrud Ryff[1] (1610-1675) • Ⓥ Theobald Ryff (1582-1629) • Ⓜ Gertrud Burckhardt (1584-1660) • *1610 • ∞II 1645 mit Hans Rudolf Hummel (1605-1648) • +1675
[2] Gertrud Hagenbach (1632-1660) • *1632 • ∞1658 mit Samuel Battier • +1660

• Alexander Peyer (mit den Weggen)[#706g/#711g] (1578-???) • siehe #706 g

#712   **Weiß, Marcus (1597-1667)**

Ⓥ Ambos Weiß[#1.424] (1559-1633) • Ⓜ Magdalena Sonntag[#1.425] (???-1611) • ∪ev-ref. 16.10.1597 Basel (St. Peter) • ∞26.04.1626 Basel (St. Martin) mit Elisabeth Meyer zum Pfeil[#713] (1596-1670) • Ⓚ Nikolaus[#356] (*1626 Basel); Magdalena[#356a] (*1628 Basel); Salome[#356b] (*1630 Basel) • +1667 Basel

Bürger zu Basel • Kramer • Lautenmacher • Ratsherr und Gerichtsschreiber zu Basel

• Anna Weiß[#712a] (1589-???) • ∪ev-ref. 16.03.1589 Basel (St. Peter)

• Daniel Weiß[#712b] (1590-???) • ∪ev-ref. 16.08.1590 Basel (St. Peter)

• Magdalena Weiß[#712c] (1591-???) • ∪ev-ref. 03.11.1591 Basel (St. Peter)

• Ambrosius Weiß[#712d] (1594-???) • ∪ev-ref. 07.04.1594 Basel (St. Peter)

• Joh. Ambrosius Weiß[#712e] (1600-???) • ∪ev-ref. 18.05.1600 Basel (St. Peter)

#713   **Meyer zum Pfeil, Elisabeth (1596-1670)**

Ⓥ Junker Niclaus Meyer zum Pfeil[#1.426] (1565-1629) • Ⓜ Salome Eckenstein[#1.427] (1571-1608) • *14.05.1596 Basel • ∞I 1615 Basel mit Lukas Gebhard (1581-1625) • ∞II 26.04.1626 Basel (St. Martin) mit Marcus Weiß[#712] (1597-1667) • Ⓚ Nikolaus[#356] (*1626 Basel); Magdalena[#356a] (*1628 Basel); Salome[#356b] (*1630 Basel) • +1670 Basel

#714   **Brandmüller, Johannes (1590-1647)**

Ⓥ Jakob Brandmüller[#1.428] (1565-1629) • Ⓜ Ursula Falkner[#1.429] (1572-1629) • ∪ev 28.04.1590 Basel (St. Theodor) • ∞16.10.1615 mit Cleophe Bondet[#715] (1597-1657) • Ⓚ Ursula[#357] (*1616 Basel); Johann Jakob[#357a] (*1617 Basel) • +15.12.1647 Basel • □Basel (St. Leonhard)

Bürger und Kaufmann zu Basel

Grabschrift von 1647 in St. Leonhard zu Basel nach Johannes Tonjola „Basilea Sepulta retecta continuata" (1661), S. 210: „An. 1647 / Auff dem Grabstein / Hier ligt begraben der Ehrenvest und Wohlfürnehm Herr Johann Brandmüller / gewesener Handelsmann. Starb seliglich den 15.Christmon. Anno 1647. seines alters 47. Jahr und 8. Monat. Gott der allmächtig wollte ihn an jemen grossen Tag ein fröliche Aufferstendnuß verleihen."

- Jakob Brandmüller[#714a] (1591-<1598) • ∪ev 07.10.1591 Basel (St. Theodor) • <1598 Basel

- Anna Brandmüller[#714b] (1592- ???) • ∪ev 03.10.1592 Basel (St. Theodor) • ∞ mit Samuel NN

- Heinrich Brandmüller[#714c] (1594-1662) • ∪ev 20.08.1594 Basel (St. Theodor) • ∞I ~1617 mit Margaretha Feldner • Ⓚ Ursula[1] (*1618 Basel); Hans Jakob[2] (*1619 Basel) • ∞II 1621 mit Maria Rosenmund[3] (1603-1657) • Ⓚ Barbara[4] (*1623 Basel); Hans Heinrich[5] (*1624 Basel); Barbara[6] (*1625 Basel); Hans Heinrich[7] (*1627 Basel); Maria[8] (*1630 Basel); Jakob[9] (*1633 Basel); Johannes[10] (*1635 Basel); Barbara[11] (*1640 Basel); Jakob[12] (*1643 Basel) • +30.11.1662 Basel

---

[1] Ursula Brandmüller (1618-???) • ∪ev14.05.1618 Basel (St. Leonhard)

[2] Hans Jakob Brandmüller (1619-???) • ∪ev24.08.1619 Basel (St. Leonhard)

[3] Maria Rosenmund (1603-1657) • Ⓥ F. Rosenmund • Ⓜ Barbara Ritter • ∪ev 20.04.1603 Basel (St. Leonhard) • □16.04.1657 Basel (St. Leonhard)

[4] Barbara Brandmüller (1623-<1625) • ∪ev 21.01.1623 Basel (St. Leonhard) • <1625

[5] Hans Heinrich Brandmüller (1624-<1627) • ∪ev 25.07.1624 Basel (St. Leonhard) • <1627

[6] Barbara Brandmüller (1625-<1640) • ∪ev 15.05.1625 Basel (St. Leonhard) • <1640

[7] Hans Heinrich Brandmüller (1627->1651) • ∪ev 09.12.1627 Basel (St. Leonhard) • ∞1651 mit Ursula NN

[8] Maria Brandmüller (1630-???) • ∪ev 14.11.1630 Basel (St. Leonhard)

[9] Jakob Brandmüller (1633-<1643) • ∪ev 20.08.1633 Basel (St. Leonhard)

[10] Johannes Brandmüller (1635->1658) • ∪ev 17.09.1635 Basel (St. Leonhard) • ∞1658 mit NN

[11] Barbara Brandmüller (1640->1661) • ∪ev 15.12.1640 Basel (St. Leonhard) • ∞1661 mit NN

[12] Jakob Brandmüller (1643->1669) • ∪ev 27.07.1643 Basel (St. Leonhard) • ∞1669 mit NN

▪ Jakob Brandmüller[#714d] (1598-1637) • ∪ev 07.10.1598 Basel (St. Theodor) • 1628-1630 Diacon • 1628-1630 Diacon zu St. Theodor in Basel • 1630-1637 Pfarrer zu St. Theodor in Basel • ∞1622 mit Rosa Geruler[1] (1593-???) • Ⓚ kinderlos • □1637 Basel (St. Theodor)

▪ Imanuel Brandmüller[#714e] (1598-1637) • ∪ev 19.05.1605 Basel (St. Theodor)

▪ Salome Brandmüller[#714f] (1606-1634) • ∪ev 20.10.1606 Basel (St. Theodor) • ∞1631 mit Pfarrer Theodor Richard • +21.09.1634

#715   Bondet, Cleophe (1597-1657)

Ⓥ Leonhard Bondet[#1.430] (???-1650) • Ⓜ Anna Buß[#1.431] (1566-1612) • *07.02.1597 Basel • ∪ev 27.02.1597 Basel (St. Peter) • ∞16.10.1615 mit Johannes Brandmüller[#714] (1590-1647) • Ⓚ Ursula[#357] (*1616 Basel); Johann Jakob[#357a] (*1617 Basel) • +28.06.1657 Basel • □30.06.1657 Basel (St. Leonhard)[2]

Grabschrift von 1657 in St. Leonhard zu Basel nach Johannes Tonjola „Basilea Sepulta retecta continuata" (1661), S. 213: „An. 1657. Hier ruhet in Christo die viel Ehren= und Tugendsame Fraw Cleophe BONDET / weiland des Ehrenvesten / Fürnehmen Herren Johann BRANDMÜLLERs zurück gelassene Fraw Wittib. Starb seliglich den 28. Jan. 1657 ihres alters 60 Jahr und 5 Monat / dero Allgütige Gott zu seiner Zeit eine fröliche aufferstendnus gnädiglich verleihen wolle"

▪ Hans Ulrich Bondet[#715a] (1596-???) • ∪ev 24.02.1596 Basel (St. Peter)

▪ Johannes Bondet[#715b] (1599-???) • ∪ev 05.08.1599 Basel (St. Peter)

#716   Socin, Benedikt (1594-1664)

Ⓥ Joseph Socin[#1.432] (1571-1643) • Ⓜ Barbara Seiler gen. Murer[#1.433] (1575-1647) • *25.07.1594 Basel • ∪ev[3] Basel (St. Peter) • ∞I[1] 01.09.1617

---

[1] Rosa Geruler (1593-???) • Ⓥ J. J. Geruler • Ⓜ Anna Faesch • ∪ev 15.10.1593 Basel (St. Theodor)
[2] Leichenpredigt durch Pfarrer Samuel Grynäus, Prediger zu Basel St. Leonhard
[3] Taufpaten: Ratsherr Rudolf Kuder und Ratsherr Rudolf Schlecht

Basel (St. Peter) mit Ursula Beck[#717] (1599-1634) • Ⓚ Barbara[#358a] (*1618 Basel); Ursula[#358b] (*1623 Basel); Benedikt[#358d] (*1626 Basel); Emanuel[#358] (*1628 Basel); Sebastian[#358e] (*1630 Basel); Abel[#358f] (*1632 Basel); C.[#358g] (*1634 Basel) • ∞II 13.03.1637 Basel (St. Peter) mit Elisabeth Bischoff[2] (1613-1682) • Ⓚ Helena[#358h] (*1638 Basel); Elisabeth[#358i] (*1640 Basel); Valeria[#358j] (*1642 Basel); Josef[#358k] (*1645 Basel); Elisabeth[#358l] (*1647 Basel); Esther[#358m] (*1649 Basel) • +06.11.1664 Basel • ☐09.11.1664 Basel

1606 zur Erlernung der französischen Sprache nach Genf • 1609-1611 Aufenthalt bei den Handelsleuten Pillon und d´Annone in Metz • 13monatige Reise durch Provence nach Italien • 3½ jährige Ausbildung bei Marx Kleber, Generaleinnehmer und Burgvogt zu Rötteln • Unterstützung seines Vaters als Kornmeister • 1621 zusammen mit dem späteren Bürgermeister Johann Rudolf Wettstein Abgeordneter in die Münze • 1624 Gründung einer Handelskompagnie zum Vertrieb französischer Waren zusammen mit Balthasar Irmy • 1634 als Gesandter der schweizerischen Kaufmannschaft in Paris, Gesandtschaft wird vom Sonnenkönig Ludwig XIV. empfangen • während des Aufenthalts in Paris verstirbt seine Ehefrau an der Pest • 1616 Sechser zu Gartnern • 1637 Zunftschreiber • 1639 Gerichtsherr • 1640 Inspektor des Münzwesens, abermals neben Wettstein • 1641 Zunftseckelmeister zu Gartnern • 1644 Beisitzer des Ehegerichts • 1646 Bannherr zu St. Peter • 1651 Mitgliedschaft des kleinen Rats • 1652 Oberstzunftmeister • Gutfertiger (Großspediteur) und Bankier, Ratsherr, Schultheiß des Stadtgerichts und Oberstzunftmeister zu Basel • 1663 Basels Gesandter beim Bundesschwur in Paris

#717 Beck, Ursula (1599-1634)

Ⓥ Johann Jakob Beck[#1.434] (1574-1632) • Ⓜ Margreth Rippel[#1.435] (1574-1610) • ∪ev 12.07.1599 Basel (St. Alban) • ∞01.09.1617 Basel mit

---

[1] Hochzeit in der Zunftstube „Zum Seufen", Trautzeugen; Hans Lux Iselin und Ratsherr Jakob Burckhardt
[2] Elisabeth Bischoff (1613-1682) • *15.06.1613 Basel • ☐12.09.1682 Basel

Benedikt Socin[#716] (1594-1664) • Ⓚ Barbara[#358a] (*1618 Basel); Ursula[#358b] (*1623 Basel); Benedikt[#358d] (*1626 Basel); Emanuel[#358] (*1628 Basel); Sebastian[#358e] (*1630 Basel); Abel[#358f] (*1632 Basel); C.[#358g] (*1634 Basel) • +12.11.1634 Basel, verstorben an der Pest • □Basel (St. Peter)

Grabschrift von 1634 in St. Peter zu Basel nach Johannes Tonjola „An. 1634. Basilea Sepulta retecta continuata" (1661), S. 165: „Hie ligt begraben die Ehren- und Tugendreiche Fraw Ursula BECKIN / Herren Benedict SOCIN des Elteren gewesene Eheliche Hausfraw / starb seliglich den 12. Novembr. 1634, ihres Alters 35. jahr."

▪ Margreth Beck[#717a] (1597-???) • ◡ev 11.09.1597 Basel (St. Alban)

▪ Maria Beck[#717b] (1604-???) • ◡ev 05.02.1604 Basel (St. Alban)

▪ Catharina Beck[#717c] (1608-???) • *1608 Basel

#718   Mitz, Robert (1609-1640)

Ⓥ Robert Mitz[#1.436] (1577-1639) • Ⓜ Anna (de) Lescaillet[#1.437] (1589-1614) • *12.01.1609 Hanau • ∞11.03.1639 Basel mit Dorothea Obermeyer[#719] (1619-1653) • Ⓚ Susanna[#359] (*1640 Basel) • +09.08.1640 Colmar • □Basel (St. Peter)

1634 Bürger und Kaufman zu Basel

Grabschrift von 1640 in St. Peter zu Basel nach Johannes Tonjola „Basilea Sepulta retecta continuata" (1661), S. 168: „Anno 1640 den 9. Augusti zu Colmar in dem Herren entschlaffen / und ligt allhier begraben der Ehrenvest und Fürgeacht Herr Robert MITZ der Jünger seines Alters 31 Jahr und 7 Monat / deme Gott genad."

Geschwister aus der ersten, 1607 geschlossenen Ehe des Vaters Robert Mitz[#1.436] (1577-1639) mit Anna (de) Lescaillet[#1.437] (1589-1614):

▪ Daniel Mitz[#718a] (1614-1667) • *1614 • ∞ mit Esther Triponnet (*1626 Strassburg, +1673) • Ⓚ neun • +1667

Geschwister aus der zweiten, 1617 geschlossenen Ehe des Vaters Robert Mitz[#1.436] (1577-1639) mit Anna Plénis (1594-1676):

▪ Elisabeth Mitz[#718b] (1624-???) • *1624

- Susanna Mitz[#718c] (1627-???) • *1627

- Andreas Mitz[#718d] (1633-???) • *1633

#719   Obermeyer, Dorothea (1619-1653)

Ⓥ German Obermeyer[#1.438] (1588-1655) • Ⓜ Magdalena Verzasca[#1.439] (1594-1628) • *09.11.1619 Basel • ∞11.03.1639 Basel mit Robert Mitz[#718] (1609-1640) • Ⓚ Susanna[#359] (*1640 Basel) • +1653

Halbbruder aus zweiter Ehe des Vaters German Obermeyer[#1.438] (1588-1655) mit Susanne Burckhardt (1608-???)

- Daniel Obermeyer[#719a] (1630-1686) • ∪ev 03.06.1630 Basel (St. Peter) • Ratsherr, Schaffner der Karthaus und des Klosters St. Alban, Gastwirt, Kleybeckmühlenbesitzer, Meister zu Schmieden, wird der Bestechung bezichtigt, 25.07.1682 Verkauf des Gasthofs • ∞22.10.1654 Muttenz/Basel mit Esther de Lachenal (*16.12.1630) • Ⓚ Gertrud[1] (*1659 Basel) • +1686

#720   Geßner, Georg (???-1683)

Ⓥ Kaspar Geßner[#1.440] (???-1628) • Ⓜ ??? • ∞08.07.1627 Scheibenberg/Erzgebirge mit Friederika Susanna Cunrad (Conrad)[#721] (˜1607-1642) • Ⓚ Samuel[#360] (*1637 Scheibenberg/Erzgebirge) • +28.03.1683 Scheibenberg/Erzgebirge

Bürger und Fleischhauer in Scheibenberg im Erzgebirge

---

[1] Gertrud Obermeyer (1659-???) • ∪ev 26.08.1659 Basel (St. Peter) • ∞24.10.1681 Basel (St. Margarethen) mit Franz Maring (1647-???), der gleichzeitig von Pfalzburg (Elsaß) nach Basel übersiedelt

#721   **Cunrad, Friederika Susanna (˜1607-1642)**
                                    (Conrad)

Ⓥ Friedrich Cunrad[#1.442] (???-1638) • Ⓜ ??? • *˜1607 Wassertrüdingen • ∞08.07.1627 Scheibenberg/Erzgebirge mit Georg Geßner[#720] (???-1683) • Ⓚ Samuel[#360] (*1637 Scheibenberg/Erzgebirge) • +1642

#722   **Raab, Michael (1600-1667)**

Ⓥ Johannes Raab[#1.444] (1568-1632) • Ⓜ Anna Feuerlin[#1.445] (1575-???) • *27.09.1600 Weißenbronn • ∞I 1626 mit Maria Cordula Ziegler[#723] (1604-1634) • Ⓚ Anna Maria[#361] (*1628 Weißenbronn) • ∞II 06.12.1636 Wassertrüdingen mit Anna Maria Eck[1] • +17.06.1667 Wassertrüdingen

11.05.1620 immatrikuliert zu Wittenberg • 31.03.1624 immatrikuliert zu Altdorf • 1623 Kaplan zu Wassertrüdingen • 1632 Pfarrer zu Auhausen • 1643 Pfarrer zu Röckingen • 1647 Dekan zu Wassertrüdingen

#723   **Ziegler, Maria Cordula (1604-1634)**

Ⓥ Caspar Ziegler[#1.446] (1565-1613) • Ⓜ Margareta Schweicker[#1.447] (1573-1609) • *Crailsheim • ∪04.11.1604 • ∞1626 mit Michael Raab[#722] (1600-1667) • Ⓚ Anna Maria[#361] (*1628 Weißenbronn) • +1634 Auhausen

#724   **Hußwedel, Conrad (1578-1630)**

Ⓥ Johann Hußwedel[#1.448] (???-1592) • Ⓜ Margarete Grave[#1.449] (???-1612) • *1578 Hamburg • ∞I 28.05.1613 Marktbreit mit Anna Margareta Kayser[#725] (1590-1623) • Ⓚ Georg Konrad[#362] (*1620 Remlingen) • +19.05.1630 Marktbreit am Main

1612 Rektor zu Schweinfurt • 11.08.1615 erneut immatrikuliert zu Altdorf • Juris Practicus • Gräfl. Castellscher Kanzleirat • 05.09.1622 erhaltener Brief von Wolfgang II. Graf zu Castell-Remlingen (1558-

---

[1] Anna Maria Eck • Ⓥ Sophronius Eck, Pfarrer zu Wassertrüdingen

1631) an Secretario Conrad Hußwedel • zuletzt Brandenburg-Ansbachischer Rat

#725 **Kayser, Anna Margareta (1590-1623)**

Ⓥ Christoph Kayser[#1.450] (1545-1592) • Ⓜ Margarete Tettelbach[#1.451] (1565-1623) • *28.06.1590 Ansbach • ∞28.05.1613 Marktbreit mit Conrad Hußwedel[#724] (1578-1630) • Ⓚ Georg Konrad[#362] (*1620 Remlingen) • +21.01.1623 Marktbreit oder Remlingen

#726 **Kern, Kaspar**

Ⓥ Kaspar Kern[#1.452] (???-1638) • Ⓜ ??? • ∞I 17.08.1638 Creglingen mit Maria Barbara Venediger[#727] (1615-1647) • Ⓚ Maria Magdalena[#363] (*1639 Creglingen) • ∞II 10.07.1648 Ansbach • +>1670

1636 Brandenburg-Ansbachischer Stadtschreiber und Kastner zu Creglingen • 1648 Gräfl. Hohenlohischer Amtmann zu Bartenstein

#727 **Venediger, Maria Barbara (1615-1647)**

Ⓥ Ephraim Venediger[#1.454] • Ⓜ Barbara Tettelbach[#9.647] (???-1593) • *Ansbach • ∪17.12.1615 Ansbach • ∞17.08.1638 Creglingen mit Kaspar Kern[#726] • Ⓚ Maria Magdalena[#363] (*1639 Creglingen) • □10.12.1647 Creglingen

#728 **Eberlin, NN**

Ⓥ ??? • Ⓜ ??? • ∪rk • ∞ mit NN • Ⓚ Philipp[#364] (*1622 im Bistum Bamberg)

#730   Friede, Andreas (1601-???)

Ⓥ Andreas Friede[#1.460] (???-1569) • Ⓜ Barbara Poppe[#1.461] • *Gotha • ∪20.01.1601 Gotha • ∞09.10.1626 Gotha mit Katharina Becke[#731] (1609-???) • Ⓚ Anna[#365] (*1632 Gotha)

Bürger zu Gotha

#731   Becke, Katharina (1609-???)

Ⓥ Hans Becke[#1.462] • Ⓜ NN Hartung[#1.463] (???-1609) • ∪15.03.1609 Gotha • ∞09.10.1626 Gotha mit Andreas Friede[#731] (1601-???) • Ⓚ Anna[#365] (*1632 Gotha)

#732   Heim, Caspar (1588-1662)

Ⓥ Johann Heim[#1.464] • Ⓜ Margareta Reyher[#1.465] • *1588 oder 1583 Suhl/Thüringen • ∞I mit Barbara Kerner[#733] (1597-<1637) • Ⓚ Martin[#366] (*1625 Suhl) • ∞II 08.10.1637 Suhl (St. Marien) mit Elisabeth NN[1] (~1593-1655) • +01.06.1662 oder 15.04.1670 Suhl

aus Heinrichs bei Suhl stammend, daher auch „Heinrichs" genannt • 18.10.1634 wird das Dorf Heinrichs von den Kroaten geplündert und abgebrannt, 103 Tote • 1636 Pestepedemie im Dorf Heinrichs mit 156 Toten • Bürger, Weinfuhrmann und Weinhändler (Oenophorus) in Suhl

#733   Kerner, Barbara (1597-<1637)

Ⓥ Johann Kerner[#1.466] • Ⓜ NN Lessnafft[#1.467] • *11.09.15973 Suhl • ∞ mit Caspar Heim[#732] (1588-1662) • Ⓚ Martin[#366] (*1625 Suhl) • +<1637

---

[1] Elisabeth NN (~1593-1655) • *~1593 • ∪ev • ∞I <1609 mit Hans Großgebauer (???-1632) • Ⓚ Christina (*1615 Schleusingerneundorf/Hildburghausen); Paul (*1622 Schleusingerneundorf/Hildburghausen) • ∞II mit Caspar Heim • + verstorben am Schlaganfall • □26.06.1655 Suhl/Thüringen

#734   Klett, Veit

Ⓥ Sebastian Klett[#1.468] • Ⓜ Margareta Trutschel[#1.469] • ∞ mit Barbara Stockmar[#735] • Ⓚ Barbara[#367] (*1635 Suhl)

Gewehrrohr-Schmiedemeister in der Lauter/Suhl

#735   Stockmar, Barbara

Ⓥ Johann Stockmar[#1.470] • Ⓜ Osanna Schröter[#1.471] • ∞ mit Veit Klett[#734] • Ⓚ Barbara[#367] (*1635 Suhl)

#736   Hartert (Harterdt), Anton (1607-1659)

Ⓥ Andreas Hartert[#1.472] (1571-1630) • Ⓜ Juliane Wilhelmine Zepper[#1.473] (???-1607) • *19.12.1607 Diez • ∞I ev-ref. 21.02.1637 Kassel (Hofgemeinde) mit Maria Major[1] (1594-1637) • Ⓚ kinderlos • ∞II 01.02.1638 Kassel (Freiheit) mit Maria Katharina Badenhausen[#737] (1620-1653) • Ⓚ Franz[#368] (*1643 Grebenstein); Margareta[#368a] (*1641 Grebenstein); Katharina[#368b] (*~1645 Grebenstein); Anna Gertrud[#368c] (*1647 Grebenstein); Henrich[#368d] (*1650 Grebenstein) • ∞III 21.11.1653 Grebenstein mit Anna Maria NN, Witwe des Rentmeisters Arnt Pfeffer (□1645 Kassel) • □16.11.1659 Grebenstein

Schule zu Diez • ab 13.05.1622 Schüler des Paedagogiums zu Herborn • April 1627 dort auf der Hohen Schule immatrikuliert • 1629-1630 Gräfl. Nausauischer Kanzleischreiber zu Dillenburg • seit 1637 Rentmeister zu Grebenstein

▪ Anna (Ennchen) Hartert[#736a] (1593-???) • *28.01.1593 • ∞ mit Anton Hoen (Hohn) d. Jüngeren, Sohn von Anton Hoen d. Älteren, Landschreiber

▪ Hans Philips Hartert[#736b] (1594-???) • *15.12.1594

---

[1] Maria Major (1594-1637) • *1594 Frankfurt • Kammermagd der Hess. Landgräfin Amalie Elisabeth v. Hanau (1638-1648 Regentin) • □12.09.1637 Kassel (Freiheit)

- Godtfried Hartert[#736c] (1598-1662) • *15.11.1598 Dillenburg • +16.01.1662 Diez

- Johann Karl Hartert[#736d] (1603-1659) • *~1603 Alt-Diez • +1659 Alt-Diez

- Anna Katharine Hartert[#736e] • ∞1633 Diez mit Johannes Hartmann Mummius aus Herborn, 1618-1620 Pädagogium zu Herborn, 1627 immatrikuliert Herborn, 1634 Kaplan zu Diez, 1635 Kaplan zu Oberneisen, 1644 Pfarrer zu Oberneisen

#737   Badenhausen, Maria Katharina (~1620-1653)

Ⓥ Johannes Badenhausen[#1.474] (1639-???) • Ⓜ Elisabeth Wetzel[#1.475] (1587-1660) • *~1620 Grebenstein • ∞01.02.1638 Kassel (Freiheit) mit Anton Hartert (Harterdt)[#736] (1607-1659) • Ⓚ Margareta[#368a] (*1641 Grebenstein); Franz[#368] (*1643 Grebenstein); Katharina[#368b] (*~1645 Grebenstein); Anna Gertrud[#368c] (*1647 Grebenstein); Henrich[#368d] (*1650 Grebenstein) • +<21.11.1653 Grebenstein

- Margarethe Badenhausen[#737a] (~1627-1683) • *~1627 • ∞I 21.06.1644 mit Pfarrer Georg Möller • ∞II ~1658[1] Oberkaufungen mit Franz Eckemann[2] (~1627-1687) 1645 immatrikuliert zu Kassel, 1657-1687 Pfarrer in Oberkaufungen • +29.03.1683 • □02.04.1683

#738   Wetzel, Johannes (~1619-1686)

Ⓥ Heinrich Wetzel[#1.476] (1585-1640) • Ⓜ Maria Magdalena Hesse[#1.477] • *~1619 Grebenstein • ∞30.11.1643 Grebenstein mit Dorothea Schmalz[#739] (1625-1690) • Ⓚ Christina Elisabeth[#369] (*~1644 Calden);

---

[1] vor 02.01.1659 (wird an diesem Datum als Patin genannt)
[2] Franz Eckemann[2] (~1627-1687) • Ⓥ Johann Eckemann, Bürgermeister • Ⓜ Pfarrerstochter Orthia Vilmar • *~1627 Grebenstein • 1645 immatrikuliert zu Kassel • 1657-1687 ev. Pfarrer in Oberkaufungen • ∞II 29.04.1684 Oberkaufungen mit Anna Elisabeth Spangenberg, Tochter des Kasseler Bürgermeisters Leonhard Spangenberg • +09.07.1687 • □12.07.1687, Grabstein im Seitenschiff der Stiftskirche

Anna Gertrud[#369a] (*~1646 Calden); Catharina Elisabeth[#369b]; Johann Philipp[#369c] (*~1656 Calden) • +23.11.1686 Calden/Hofgeismar • □30.11.1686 Calden/Hofgeismar

seit 1643 Pfarrer in Calden bei Hofgeismar

• Johann Christoph Wetzel[#738a] (1624-1691) • *~1624 • 30.05.1644 immatrikuliert zu Kassel als „Grebensteinensis" • um 1652-1653 Präceptor in Hofgeismar • 1653-1663 Pfarrer in Vernawahlshausen[1] • 1654 examiniert in Kassel und „nolens volens removiert", weil er lange mit seiner Magd Unzucht getrieben hat • bei seinem Abzug von Vernawahlshausen weigert er sich, die Kirchenbücher zurückzulassen oder seinem Nachfolger zu übergeben • zieht zurück in seine Heimatstadt Grebenstein und wird dort 1668 als Pate erwähnt • 16.02.1666-1691 Pfarrer in Wichte • ∞I mit NN • ∞II ~1665 mit NN • Ⓚ Maria Magdalena[2]; Martha Elisabeth[3] (*1661); NN♀[4], Justus[5]; (?) Johann Philipp[6]; Johann Christoph[7]; Johann Christoph; Anna Martha[8] • □24.12.1691 Wichte[9]

• Bernhard Wetzel[#738b] • Stadtschreiber in Lichtenau

---

[1] 1506 wird in Vernawahlshausen der erste evangelische Pfarrer eingesetzt und 1527 fallen Kirche und Pfarrei Vernawahlshausen an den Landgrafen v. Hessen. Die mittelalterliche Kirche St. Margartha in Vernawahlshausen mit Wandmalereien im Chor wird 1589 mit einem neuen Kirchenschiff und 1744 mit einem Fachwerkturm ergänzt.
[2] Maria Magdalena Wetzel • ∞03.11.1685 mit Georg Deichmann, Bürgermeister in Grebenstein
[3] Martha Elisabeth Wetzel (1661-???) • ∪27.02.1661 Lippoldsberg
[4] Tochter Wetzel (???-1664) • □25.11.1664 Grebenstein
[5] Justus Wetzel • konf. 1680 Wichte
[6] (?) Johann Philipp Wetzel • 08.06.1689 immatrikuliert zu Marburg
[7] Johann Christoph Wetzel • konf. 1686 Wichte
[8] Anna Martha Wetzel • konf. 1690 Wichte
[9] Eingetragen im Kirchenbuch Altmorschen

#739   **Schmalz, Dorothea (1625-1690)**

Ⓥ Johannes Schmalz[#1.478] (1597-1694) • Ⓜ Gertrud Stöckenius[#1.479] (1603-1654) • ᴗ10.08.1625 Kassel (Unterneustadt) • ∞30.11.1643 Grebenstein mit Johannes Wetzel[#738] (1619-1686) • Ⓚ Christina Elisabeth[#369] (*~1644 Calden); Anna Gertrud[#369a] (*~1646 Calden); Catharina Elisabeth[#369b]; Johann Philipp[#369c] (*~1656 Calden) • □11.03.1690 Calden

■   Johannes   Schmalz[#739a]   (1626-1704)   •   *11.01.1626 Elbenberg/Wolfhagen • Schule in Kassel • 1644 immatrikuliert zu Kassel • 1648/9-Juli 1651 ev. Pfarrer in Waldau und Bettenhausen bei Kassel • 11.07.1651-1661 ev. Pfarrer in Hofgeismar-Neustadt • 1651 fängt dort das erste Kirchenbuch an, dass er Diarium nennt • 1661-1704 Pfarrer und Metropolitan in Hofgeismar-Altstadt 1 als Nachfolger von Pfarrer Conrad Streicher[1] (1602-1661) • sein Nachfolger wird 1704 Johann Henrich Streicher[2] (1656-1724), der Sohn seines Vorgängers • ∞I 23.04.1649 Grebenstein mit Katharina Staubesand[3] (???-1673) • Ⓚ

---

[1] Conrad Streicher (1602-1661) • Ⓥ Georg Streicher (~1568-1610), *~1568, Ratsherr in Hofgeismar, +13.01.1610 Hofgeismar, Grabstein in Altstädter Kirche, ∞23.06.1595 in Hofgeismar • Ⓜ Margarethe Emser • *Juni 1602 Hofgeismar • 24.05.1621 immatrikuliert zu Marburg als Geismariensis Hassus • vor 1628-1636 Schulmeister, Kantor und Rektor in Hofgeismar • 1636-1643 Pfarrer in Oedelsheim • 1644-1651 Pfarrer in Hofgeismar-Neustadt • 1651-1661 Pfarrer und Metropolitan in Hofgeismar-Altsadt 1 • 1656 unterschreibt er die synodalen Bedenken der Generalsynode zu Kassel in Betreff der neuen Kirchenordnung • ∞I 04.03.1628 Hofgeismar-Altstadt mit Margaretha NN (+10.10.1626 Hofgeismar-Altstadt) • ∞II 15.12.1640 Kassel-Freiheit mit Christiane Bäßler, Tochter des Messerschmids Andreas Bäßler • ∞III 02.12.1641 Kassel-Freiheit mit Maria Ziegler (*24.03.1612 Kassel, konf. Pfingsten 1625 Kassel, □14.04.1654 Hofgeismar), Tochter von Hans Ziegler aus Eschwege (Lakai in Kassel) und Catharina Sehlmann • ∞IV 23.10.1654 Hofgeismar-Neustadt mit Anna Margarethe v. Weitersen, Tochter des Trendelburger Schultheißen Heinrich v. Weitersen • insgesamt acht Kinder u.a. Johann Henrich (*06.05.1656), der 1704 Nachfolger von Johannes Schmalz Metropolitan in Hofgeismar-Altstadt 1 wird • +10.05.1661 Hofgeismar, □14.05.1661 Hofgeismar-Altstadt

[2] Johann Henrich Streicher (1656-1724) • *06.05.1656 Hofgeismar • □24.04.1724 Hofgeismar-Altstadt)

[3] Katharina Staubesand (???-1673) • Ⓥ Antonius Staubesand, Bürgermeister in Grebenstein • □13.09.1673

Johannes[1] (*1650 Waldau); Johannes[2] (*1651 Kassel); Katharina Elisabeth[3] (*1653); Conrad (Cunradus)[4] (*1655 Hofgeismar); Johann Henricus (*1658 Hofgeismar); Anna Margarete[5] (*1659 Hofgeismar); Franciscus[6] (*1662 Hofgeismar); Johann Henrich[7] (*1663 Hofgeismar) • Anna Catharina[8] (*1664 Hofgeismar); Jeannetta[9] (*1667); Anna Gertrutha[10] (*1669 Hofgeismar); Johann David[11] (*1673 Hofgeismar) •

[1] Johannes Schmalz (1650-1650) • ∪03.04.1650 Waldau • □25.05.1650 Waldau

[2] Johannes Schmaltz (1651-1697) • *26.03.1651 Kassel • konf. 10.04.1664 Hofgeismar-Altstadt • Ratsverwandter und Stadtkämmerer in Hofgeismar • ∞I 28.11.1677 Hofgeismar-Altstadt mit Maria Barbara (???-1685), □04.07.1685, 25 Jahre und 15 Wochen alt, Tochter des Johannes Hartmann Gottschalk von Kaiserslutter • ∞II 08.06.1686 Hofgeismar-Altstadt mit Margarete Höster, Tochter des Ratsherrn Johannes Höster in Hofgeismar • □25.01.1697 Hofgeismar-Altstadt

[3] Katharina Elisabeth Schmaltz (1653-???) • ∪07.02.1653 • konf. Ostern 1665 Hofgeismar-Altstadt • ∞18.09.1672 Hofgeismar-Altstadt mit cand. jur. Caspar Johannes Range, später Rentmeister in Hofgeismar, Sohn von Syndicus Georg Range in Hofgeismar

[4] Conrad (Cunradus) Schmaltz (1655-???) • ∪15.07.1655 Hofgeismar • konf. 23.03.1668 Hofgeismar-Altstadt • 28.05.1671 immatrikuliert zu Marburg • öffentlicher Notar in Hofgeismar und kaiserlicher Rat • ∞21.01.1679 Hofgeismar mit Anna Gertrud Wetzel (∪1656, konf. 1668 Hofgeismar-Altstadt, □08.04.1680 Hofgeismar-Altstadt), Tochter des Bürgermeisters und Stadtschreibers Conrad Wetzel und dessen zweiten Ehefrau Elisabeth Haxthausen

[5] Anna Margarete Schmalz (1659-1679) • ∪01.05.1659 Hofgeismar • konf. 23.04.1671 Hofgeismar-Altstadt • □27.12.1679 Hofgeismar • ∞Oktober 1678 Hofgeismar mit Magister Johann Georg Wetzel, praeceptor scholae primarius in Hofgeismar und Diakonus in Wolfhagen • Ⓚ Johannes (1679-???), ∪14.12.1679 Hofgeismar-Altstadt

[6] Franciscus Schmalz (1662-1662) • ∪19.01.1662 Hofgeismar • □14.06.1662 Hofgeismar

[7] Johann Henrich Schmalz (1663-1663) • ∪03.05.1663 Hofgeismar • □07.05.1663 Hofgeismar • 10 Stunden alt

[8] Anna Catharina Schmalz (1664-???) • ∪19.06.1664 Hofgeismar • ∞26.04.1687 Hofgeismar-Altstadt mit Witwer Laurentius Bitter, Pfarrer in Hofgeismar-Altstadt 2

[9] Jeannetta Schmalz (1667-1721) • *24.02.1667 • konf. Ostern 1680 Hofgeismar-Altstadt • ∞24.06.1690 Hofgeismar-Altstadt mit Philippus Farnecke, Sohn des Johann Georg Farnecke • □25.07.1721 Hofgeismar

[10] Anna Gertrutha Schmalz (1669-1672) • ∪12.12.1669 Hofgeismar • □05.02.1672 Hofgeismar

[11] Johann David Schmalz (1673-1674) • ∪20.07.1673 Hofgeismar • □30.01.1674 Hofgeismar

∞II 04.05.1674 Hofgeismar-Altstadt mit Margaretha Rudolph[1] (~1631-1711) • zweite Ehe kinderlos • +17.12.1704 Hofgeismar • □29.12.1704 Hofgeismar-Altstadt

- Christina Schmalz[#739b] (~1629-???) • *~1629 Elbenberg • ∞28.11.1648 Grebenstein mit Henrich (Henricus) Wagner[2] (~1617-1671) • Ⓚ zehn u.a.: Anna Katharina[3] (*1650 Elben); Anna Gertrud[4] (*1654 Elben); Johann Henrich[5] (*1658 Elben); Anna Barbara[6] (*1661 Kirchberg)

- Anna Gertrud Schmalz[#739c] (1625-1665) • *02.12.1635 Elbenberg • ∞22.11.1652 Grebenstein mit Pfarrer Johann Franziskus Langhans[7] (~1628-1709) • +31.03.1665 Immenhausen

- Maria Magdalena Schmalz[#739d] (1639-1639) • *14.03.1639 Grebenstein • +31.07.1639 Grebenstein

- NN Schmalz[#739e] • als Kleinkind verstorben

---

[1] Margaretha Rudolph (~1631-1711) • *~1631 • ∞I mit Franz Kannengießer (*10.05.1626 Hofgeismar, □18.07.1673 Hofgeismar), Ratsverwandter und Weinschenk zu Hofgeismar • diese Ehe kinderlos • □29.12.1711 Hofgeismar-Altstadt)

[2] Henrich (Henricus) Wagner (~1617-1671) • Ⓥ Paul Wagner (???-1649) • Ⓜ Katharina Eibell (???-1641) • *~1617 Elben • 1638 immatrikuliert zu Kassel; 13.09.1647-1671 Pfarrer in Elben/Wolfenhagen, zugleich 1650-1653 Pfarrer Altenstädt und seit 19.05.1650 des Vikariats Altendorf; anwesend 1650 und 1656 bei der Superintendentenwahl • +25.05.1671 Elben • □28.05.1671 Elben

[3] Anna Katharina Wagner (1650-1683) • *10.11.1650 Elben • ᴗ26.11.1650 Elben • konf. 1663 • ∞17.10.1671 mit Johann Wilhelm Hartmann, Pfarrer in Elben • +15.10.1683 Elben

[4] Anna Gertrud Wagner (1654-???) • *28.10.1654 Elben • ᴗ08.11.1654 Elben • konf. 1668

[5] Johann Henrich Wagner (1658-???) • *03.10.1658 Elben • ᴗ12.10.1658 Elben • 02.11.1678 immatrikuliert zu Marburg und 16.07.1683 immatrikuliert zu Basel • ∞20.10.1692 Rüdigheim mit Maria Christine Altvater (1664-1709), *17.12.1664 Hanau, +06.04.1709 Rüdigheim, Tochter von Johannes Altvater (Schönfärber und Bürgerkapitän) und Maria von den Creutzen

[6] Anna Barbara Wagner (1661-???) • ᴗ23.01.1661 Kirchberg

[7] Johann Franziskus Langhans (~1628-1709) • Ⓥ Christoph Langhans (Ratsverwandter Grebenstein) • *~1628 Grebenstein • 1647 immatrikuliert zu Kassel, 1651-1657 Rektor in Grebenstein, 1657-1709 Pfarrer zu Immenhausen • □30.08.1709 Immenhausen

- Anna Barbara Schmalz[#739f] (1642-1677) • ∪22.11.1642 Grebenstein • 23.01.1661 erwähnt als Patin in Elben • ∞11.11.1662 Grebenstein mit Franz (Franziskus) Möller[1] (1634-1691) • Ⓚ Anna Catharina[2] (*1663 Grebenstein); Johann Franz[3] (*1666 Grebenstein); Catharina Elisabeth[4] (*1668); Johann Henrich[5] (*1671 Grebenstein); Johann Franz[6] (*1673 Grebenstein); Johann Christoph[7] (*1675 Grebenstein); Johann George[8] (*1677 Grebenstein) • +17.04.1677 Grebenstein

- Franziskus Schmalz[#739g] (1646-1647) • */∪30.07.1646 Grebenstein • +05.04.1647 Grebenstein

#740   Pforr, Johannes (1596-1637)
(Pforrius, Pfurrius)

Ⓥ Hans (Henne) Pforr[#1.480] • Ⓜ Anna (Katharina?) NN[#1.481] • *1596 Sontra • ∞12.04.1630 Kassel (Freiheit) mit Magdalena Rosdorf[#741] (1611-1675) • Ⓚ Johann David[#370] (*1631 Wolfhagen), Johann Wilhelm[#370a] (*1635 Wolfhagen) • □04.09.1637 Kassel (Freiheit)

---

1 Franziskus Möller (1634-1691) • Ⓥ Henning Möller, Präceptor • Ⓜ Anna Schmidt • *05.06.1634 Grebenstein • immatrikuliert 12.06.1656 zu Marburg • Stadtschreiber und Bürgermeister zu Grebenstein • ∞I 11.11.1662 Grebenstein mit Anna Barbara Schmalz • ∞II mit Anna Dorothea Catharina Junghenn aus Kassel • Ⓚ Catharina Elisabeth (1679-1679), ∪02.03.1679 Grebenstein, □16.10.1679; Anna Dorothea (1680-1702), ∪03.09.1680 Grebenstein, konf. 1693, +25.04.1702) • +07.01.1691 Grebenstein
2 Anna Catharina Möller (1663-???) • ∪06.09.1663 Grebenstein • ∞05.12.1682 mit Johann Justus Mogge (1655-1734), ∪08.02.1655 Grebenstein, konf. Ostern 1666 Grebenstein, □15.10.1734 Grebenstein, Sohn von Johannes Mogge (Pfarrer zu Schachten und Diakonus zu Grebenstein) • Ⓚ fünf
3 Johann Franz Möller (1666-1672) • ∪19.08.1666 Grebenstein • +14.03.1672
4 Catharina Elisabeth Möller (1668-1672) • ∪30.12.1668 • +12.04.1672
5 Johann Henrich Möller (1671-1671) • ∪24.02.1671 Grebenstein • +09.04.1671
6 Johann Franz Möller (1673-???) • *14.05.1673 Grebenstein
7 Johann Christoph Möller (1675-???) • ∪25.10.1675 Grebenstein • 26.10.1697 immatrikuliert zu Marburg • ∞ mit Anna Catharina Kuchenbecker, Tochter des David Kuchenbecker (Metropolitan in Trendelburg)
8 Johann George Möller (1677-1681) • ∪23.03.1677 Grebenstein • □14.11.1681

1615 immatrikuliert zu Marburg • seit 1630 Diakonus zu Wolfhagen, erwähnt 1633 durch Vermerk im Kirchenbuch Wolfhagen bei Konfirmationen: „Anno 1633 sind von mir Joe Pfurrio Diacono zur Confirmation praeparirt ..." • 1637 Pfarrer zu Hohenkirchen • verstorben an der Pest

#741   Rosdorf, Magdalena (1611-1675)

Ⓥ Adam Roßtorf gen. Hund[#1.482] (1579-1637) • Ⓜ Sibylla NN[#1.483] • *~1611 Kassel • konf. 1624 • ∞12.04.1630 Kassel (Freiheit) mit Johannes Pforr[#740] (1596-1637) • Ⓚ Johann David[#370] (*1631 Wolfhagen), Johann Wilhelm[#370a] (*1635 Wolfhagen) • ∞II mit Arnold Staubesand[1] (1589-1684) • +22.03.1675 Kassel

#742   Stöckenius, Johann Heinrich (1606-1684)
#1.479b

Ⓥ Henrich Stöckenius[#1.484/#2.958] (1575-1635) • Ⓜ Elisabeth Uloth[#1.485/2.959] (1577-1651) • *30.03.1606 Grebenstein • ∞I 23.07.1627 Grebenstein mit Elisabeth Schildt[#743] (1607-1675) • Ⓚ Johann Henrich[#371a] (~1629 Grebenstein); Philipp[#371b] (~1638-???); Curt Henrich[#371c]; Johann Hermann[#371d] (*1638 Kassel); Hermann[#371e] (*1640 Kassel); Magdalena Elisabeth[#371] (*1643 Kassel); Anna Barbara[#371f] (*1645 Kassel); Aemilia Charlotte[#371g] (*1646 Kassel); Johannes[#371h] (*1648 Kassel) • ∞II 05.10.1676 Kassel mit Anna Kurtz[2] (~1620-1695) • +01.07.1684 Kassel • □ Leichenpredigt durch Philipp Otto Vietor (1646-1718)

Schule in Kassel • 1621-1623 Gymnasium in Hersfeld • 1623-1624 immatrikuliert als Stipendiat in Marburg • 1627-1634 Rektor zu

---

[1] Arnold Staubesand (1589-1684) • *1589 • Magister, Rektor zu Grebenstein, dann zu Kassel • +09.08.1684 Kassel

[2] Anna Kurtz (1620-1695) • Ⓥ Hans Kurtz, Tochter des Zimmermanns und Schlagdvogts zu Kassel • *~1620 • ∞I Johann(es) Rüppel, Küchenschreiber • +April 1695 Kassel

Grebenstein • 1634-1636 Pfarrer in Eberschütz • 1634-1656 Hofdiakonus zu Kassel • 1635 Predigt für Landgraf Wilhelm V. v. Hessen-Kassel (1602-1637) auf der Sababurg in Kassel, wo dieser wegen der Pest residiert • 02.02.1636 Ernennung zum Hofprediger durch Wilhelm V. • 1656-1658 Oberhofprediger zu Kassel und begleitet Wilhelm VI. auf seinen Feldzügen • 1663 Verfasser der Leichenrede zu Wilhelm VI (1629-1663) in Kassel, hier fürstlich-hessischer Kirchenrath, Superintendent und Hoffprediger • 1658-1684 Superintendent und Konsistorialrat in Kassel

- Clara Stöckenius[#742a/1.479a] (1601-???) • ∪22.11.1601 Kassel (Freiheit)

- Gertrud Stöckenius[#742b/#1.479] • siehe #1.479

- Orthia (Dorothea) Stöckenius[#742c/#1.479c] (1608-1654) • *~1608 Grebenstein • konf. Ostern 1622 Kassel (Unterneustadt) • ∞23.07.1635 Kassel/Altstadt mit Hieronymus Denstadt[1] (1593-1648) • +01.03.1654 Eiterhagen • □08.03.1654 Waldau neben 1. Ehemann

- Anna Catharina Stöckenius[#742d/#1.479d] • ∞23.06.1645 Kassel/Altstadt mit Johannes Helcken, Sohn des Werk- und Scanzenmeisters Jost Helcken in Kassel

- Jakobus Stöckenius[#742e/#1.479e] (~1613-1637) • *~1613 Grebenstein • 1626 immatrikuliert in Herborn Hohe Schule und 1633 in Kassel • 1635-1637 Kaplan in Hersfeld • ∞27.06.1636 Hersfeld mit Margareth Riesner[2] (1619-???)

---

[1] Hieronymus Denstadt (1593-1648) • Ⓥ Hofsporer Hans Denstadt (Dennstädt) aus Erfurt • ∪11.10.1593 Kassel/Altstadt • konf. 1606 Kassel/Altstadt • Nov 1614 immatrikuliert zu Marburg • 1620-1648 Pfarrer in Waldau und Bettenhausen bei Kassel • ∞I 1619 Waldau mit Methtyldis Grabius (*~1592, 20.12.1634 Waldau), Tochter des Vorgängers Magister Joseph Grabius • □20.12.1648 Waldau
[2] Margareth Riesner (1619-???) • Ⓥ Johann Riesner, Küchenmeister • ∪02.07.1619 Hersfeld)

#743   Schildt/Schild, Elisabeth (˜1607-1675)

Ⓥ Henrich Schildt[#1.486] (???-1636) • Ⓜ NN[#1.487] (???-1651) • *˜1607 • ∞I 23.07.1627 Grebenstein mit Johann Henrich Stöckenius[#742] (1606-1684) • Ⓚ Johann Henrich[#371a] (˜1629 Grebenstein); Philipp[#371b] (˜1638-???); Curt Henrich[#371c]; Johann Hermann[#371d] (*1638 Kassel); Hermann[#371e] (*1640 Kassel); Magdalena Elisabeth[#371] (*1643 Kassel); Anna Barbara[#371f] (*1645 Kassel); Aemilia Charlotte[#371g] (*1646 Kassel); Johannes[#371h] (*1648 Kassel) • +13.07.1675 Kassel

#744   Andreä, Henrich

Ⓥ Johannes Andreas[#1.488] • Ⓜ ??? • ∞ mit Katharina Fabronius[#745] (1607-???) • Ⓚ Adam Henrich[#372]

Hessen-Kasselscher Acciseschreiber zu Rotenburg/Fulda • später Bürgermeister zu Rotenburg/Fulda • unter ihm Neubau des Rathauses

#745   Fabronius, Katharina(1607-???)

Ⓥ Hermann Fabronius[#1.490] (1570-1634) • Ⓜ Sibylla Majus[#1.491] (1575-1632) • *16.10.1607 Eschwege • ∞ mit Henrich Andreä[#744] • Ⓚ Adam Henrich[#372]

▪ Christoph Fabronius[#745a] (1599-1599) • *24.10.1599 • +05.11.1599

▪ Johannes Fabronius[#745b] (1600-1603) • *06.11.1600 Kassel • +13.08.1603 Lichtenau

▪ Lucas Fabronius[#745c] (1602-1636) • *26.11.1602 • Bürger und Wollweber zu Eschwege

▪ Anna Fabronius[#745d] (1605-???) • *23.02.1605 Lichtenau • ∞ mit Oswald Ludolphs zu Nieder-Hohne bei Eschwege, Prediger

▪ Johann Hermann Fabronius[#745e] (1609-1632) • *21.07.1609 • Ingenieur in Hessischen Kriegsdiensten • +29.12.1632 Wildungen, im Winterquartier

- Albert Fabronius[#745f] (1611-???) • *09.08.1611 Eschwege • Offizier in Hessischen Kriegsdiensten

- Anne Sibylle Fabronius[#745g] (1614-1625) • *10.05.1614 Eschwege • +11.02.1625 Rotenburg

- Margarethe Fabronius[#745h] (1616-???) • *26.10.1616 Eschwege

#746   Aitinger, Johann Oswald (1615-1693)

Ⓥ Johann Konrad Aitinger[#1.492] (1577-1637) • Ⓜ Maria Saur[#1.493] (1592-1646) • *13.03.1615 Rotenburg/Fulda • ∞30.05.1643 Rotenburg/Fulda mit Anna Elisabeth Glebe (Klebe)[#4.843] (1623-1699) • Ⓚ Katharina[#373] (*~1655) • +15.03.1693 Rotenburg/Fulda

übernimmt zunächst das väterliche Gut in Ellingerode • zieht 1655 nach Rotenburg • Ratsherr und Stadtschreiber zu Rothenburg • seit 1671 Stiftskämmerer zu Rotenburg

#747   Glebe, Anna Elisabeth (1623-1699)
                               (Klebe)

Ⓥ Berthold Glebe[#1.494] (1595-1641) • Ⓜ Barbara Krug[#1.495] • *1623 • ∞30.05.1643 Rotenburg/Fulda mit Johann Oswald Aitinger[#746] (1615-1693) • Ⓚ Katharina[#373] (*~1655) • +01.02.1699 Rotenburg

#748   Stückrad, Theodor Benjamin (1624-1682)

Ⓥ Johann Lorenz Stückrad[#1.496] (1600-1653) • Ⓜ Juliana Margareta Viëtor[#1.497] (1600-???) • *März 1624 Marburg • ∞1648 mit Martha Büttner[#749] (1632-1675) • Ⓚ Johann Andreas[#374a] (*1650); Anna Catharina[#374b] (*1655 Rotenburg/Fulda); Johann Jacob[#374] (*1660); Katharina Elisabeth[#374c] (*1663); Juliana Margaretha[#374d] (*1666); Johann Christoph[#374e] (*1674); NN♀[#2.422f] • +05.03.1682 Rotenburg

Advokat in Rotenburg • seit 01.04.1653 Hess. Oberschultheiß • 01.06.1658 Kanzleirat • seit 1660 Wittumsrat zu Rotenburg

- Johann Siegfried Stückrad[#748a] (???->1659) • +>1659

- Johannes Stückrad[#748b] (???->1659) • +zwischen 1659 und 1709)

- Johann Jacob Stückrad[#748c] (1628-1708) • *04.07.1628 Rotenburg • Advokat zu Rothenburg • seit 1663 in Hersfeld • seit 1683 Hessen-Rothenburgischer Wittumsrat • ∞I 30.11.1663 Hersfeld mit Anna Maria Kleinschmidt (+30.07.1696), Tochter des Oberschultheißen zu Hersfeld Johannes Kleinschmidt • ∞II 21.11.1697 mit Elisabetha Charlotte Asclepia (+25.12.1719), Witwe von Christoph Reinhard Seminarius • +Juli 1708)

- Julius Stückrad[#748d] (???-<1709) • +<1709 • Bürgermeister zu Rotenburg

- Elisabeth Stückrad[#748e] • lebt 1659

#749   Büttner, Martha (1632-1675)

Ⓥ Andreas Büdtner[#1.498] • Ⓜ Martha Elisabeth Grusemann[#1.499] (1612-???) • *01.03.1632 Spangenberg • ∞1648 mit Theodor Benjamin Stückrad[#748] (1624-1682) • Ⓚ Johann Andreas[#374a] (*1650); Anna Catharina[#374b] (*1655 Rotenburg/Fulda); Johann Jacob[#374] (*1660); Katharina Elisabeth[#374c] (*1663); Juliana Margaretha[#374d] (*1666); Johann Christoph[#374e] (*1674); NN[♀#2.422f] • +>1675 Rothenburg/Fulda

#750   Cotrell, Pierre (1646-1714)

Ⓥ Pierre Cotrelle[#1.500] (1617-???) • Ⓜ Marie Bube[#1.501] (1623-1653) • *27.03.1646 Hanau • ∞27.02.1668 Hanau mit Elisabeth Bernus[#751] (1648-1679) • Ⓚ Maria Elisabeth[#375a] (*1669 Hanau); Rahel[#375] (*1670 Hanau) • +Hanau 17.05.714

Kaufmann zu Hanau

#751   Bernus, Elisabeth (1648-1722)

Ⓥ Jakob Bernus[#1.502] (1622-1683) • Ⓜ Anna Tanz[#1.503] • *21.04.1648 Hanau • ∞27.02.1668 Hanau mit Pierre Cotrell[#751] (1646-1714) • Ⓚ Maria Elisabeth[#375a] (*1669 Hanau); Rahel[#375] (*1670 Hanau) • +12.12.1722

Halbbruder aus zweiter Ehe des Vaters Jakob Bernus[#1.502] (1622-1683) mit Maria Steunings (1625-1703)

■ Johann Bernus[#751a] (1657-1720) • *26.07.1657 Hanau • 1682 in Frankfurt lebend • 1696 erwähnt als Bürger in Frankfurt • ∞09.02.1692 mit Helene Langen[1] (1666-1730) • Ⓚ Johann Matthäus[2] (*1705 Frankfurt) • +27.07.1720 Frankfurt

#760   Weber, Sebastian Heinrich (???-1688)

Ⓥ Johann Peter Weber[#1.520] • Ⓜ Anna Hecht[#1.521] (???-1669) • ∞I mit Anna Martha Friebe[#761] (???-1677) • Ⓚ Adolff Ernst[#380a]; Martha Elisabetha[#380b] (*1649 Wahlhausen); Liborius[#380c] (*1651 Wahlhausen); Sebastian Heinrich[#380] (*1653 Wahlhausen); Dorothea[#380d] (*1658 Wahlhausen); Martha Juliana[#380e] (*1661 Wahlhausen); Johann Christoffel[#380f] (*1665 Wahlhausen) • ∞II mit Anna Volck • Ⓚ Johann Peter[#380g] (*1679 Werleshausen) • +1688

#761   Friebe, Anna Martha (???-1677)

Ⓥ Christoffel Friebe[#1.522] (~1580-1661) • Ⓜ ??? • ∞ mit Sebastian Heinrich Weber[#760] (???-1688) • Ⓚ Adolff Ernst[#380a]; Martha Elisabetha[#380b] (*1649 Wahlhausen); Liborius[#380c] (*1651 Wahlhausen); Sebastian Heinrich[#380] (*1653 Wahlhausen); Dorothea[#380d] (*1658

---

[1] Helene Langen (1666-1730) • *10.07.1666 Köln • +31.10.1730 Frankfurt

[2] Johann Matthäus Bernus (1705-1736) • *08.11.1705 Frankfurt • ∞18.08.1733 Frankfurt mit Anna Margarete Passavant (1710-1768, *06.04.1710 Frankfurt, +23.07.1768 Frankfurt) • Ⓚ Jakob (1734-1816), *06.06.1734 Frankfurt, +02.04.1816 Frankfurt, ∞18.10.1772 Frankfurt mit Emilie du Bosc (1741-1793) • +20.04.1736 Frankfurt

Wahlhausen); Martha Juliana[#380e] (*1661 Wahlhausen); Johann Christoffel[#380f] (*1665 Wahlhausen) • +1677

#762   Kroll, Caspar Henrich (???-$^>$1685)

Ⓥ ??? • Ⓜ ??? • Ⓚ Anna Maria[#381]

1685 fürstlich hannoverischer Amtmann auf Reinhausen

#764   Hilchen, Johann Christoph (1646-1702)

Ⓥ Johann Philipp Hilchen[#1.528] (1615-1685) • Ⓜ Anna Elisabeth Zippel[#1.529] (1626-1693) • ∪12.11.1646 Langenschwalbach • ∞I 26.06.1677 Sontra mit Juliane Loose[#765] (1650-1701) • Ⓚ Georg Leo[#382] (*1679) • ∞II 14.03.1702 Anna Katharina Rotarius, Witwe des Ernst Wilhelm Körner (Landgräfl. Hessen-Rotenburgischer Rat zu Kassel) • +17.05.1702 Sontra

25.07.1666 immatrikuliert zu Marburg • Amtmann und Oberschultheiß in Sontra • Stifter des Hilchenschen Familienstipendiums

#765   Loose, Juliane (1650-1701)

Ⓥ Bernhard Loose[#1.530] (1636-1664) • Ⓜ Maria Juliana Heilmann[#1.531] (1629-1664) • *08.01.1650 Marburg • ∞26.06.1677 Sontra mit Johann Christoph Hilchen[#764] (1646-1702) • Ⓚ Georg Leo[#382] (*1679) • +26.01.1701 Sontra

#766   Bourdon, Samuel (1631-1688)

Ⓥ Thomas Bourdon[#1.532] (1606-1640) • Ⓜ Anna Maria Werner[#1.533] (1611-1638) • *14.02.1631 Kassel • ∞I mit Margarethe Wigand • Ⓚ Caspar Thomas[#383a] (*1660); Marie[#383b] (*1662); Hedwig Sophie[#383c] (*1663); Nikolaus[#383d] (*1664); Johann Philipp[#383e] (*1669); Nikolaus[#383f] (*1671) • ∞II 23.02.1675 Kassel mit Elisabeth Müldner[#767] (1652-1722) • Ⓚ Johann Christoph[#383g] (*1680); Christoph[#383h] (*1682); Johann

Henrich[#383i] (*1684); Marie Elisabeth[#383] (*1685); Friedrich[#383j] (*1688) • +06.03.1688 Kassel

Studium der Rechtswissenschaften in Marburg • 1647 Reise nach Frankreich, um seine Großmutter in Metz zu besuchen, trifft sie jedoch nicht mehr lebend an • tritt als Kadett in den Kriegsdienst und nimmt 1648 an der Schlacht bei Lans teil, in der Prinz Condé die Spanier schlägt • 1649 nimmt seinen Abschied und geht nach Marburg • 1651 Hofmeister beim Sohn der Generalin v. Wolf in Bremen • 1652 Hofmeister beim Sohn des Obersten Cuno Adam v. Knyphausen • 1653 geht mit dem Sohn auf die Universität Rinteln, 1654 auf dessen Güter in Pommern, 1655 nach Holland und 1656 wieder nach Marburg • 24.03.1656 immatrikuliert in Rechtswissenschaften zu Kassel • 1658 Verteidigung seiner juristischen Inauguralschrift • geht nach Halle und Ostfriesland • 1660 Dr. jur. in Marburg • 1662 Ratsschöffe zu Kassel • 1657-1669 Bürgermeister • 1673 Regierungsrat und Advocatus fisci zu Kassel

#767   Müldner, Elisabeth (1652-1722)

Ⓥ Nikolaus Christoph Müldner[#1.534] (1608-1656) • Ⓜ Margarete Siegfried gen. Becker[#1.535] (???-1676) • *1652 Kassel • ∞23.02.1675 Kassel mit Samuel Bourdon[#766] (1631-1688) • Ⓚ Johann Christoph[#383g] (*1680); Christoph[#383h] (*1682); Johann Henrich[#383i] (*1684); Marie Elisabeth[#383] (*1685); Friedrich[#383j] (*1688) • +1722 Kassel

#768   Wachtmann, Ludolff (1627-1690)

Ⓥ Berndt Wachtmann[#1.536] (~1600-<1664) • Ⓜ NN[♀1.537] (~1605-1679) • *Anfang 1627[1] • ⌣ev • ∞ev 09.10.1605 Döhren/Hannover mit Anna

---

[1] Gemäß dem Beerdigungseintrag im Kirchenbuch Döhren ist Ludolff Wachtmann am 17.08.1690 im Alter von 63 Jahren, 17 Wochen und 3 Tagen in Wülfel begraben worden. Demnach errechnet sich sein Geburtsdatum zu Anfang 1627. Ein Geburtsort ist im Beerdigungseintrag nicht genannt. Das Kirchenbuch Döhren beginnt erst 1632 und somit erst nach Geburt von Ludolff Wachtmann.

Elisabeth Plincke[#769] (1638-1689) • Ⓚ Peter Michel[#384a] (*1656 Wülfel/Hannover); Henning[#384] (*1658 Wülfel/Hannover); Harmen Andreas[#384b] (*1661 Wülfel/Hannover); Johann Heinrich[#384c] (*1663 Wülfel/Hannover); Maria[#384d] (*1667 Wülfel/Hannover); Ludolff C.[#384e] (*1669 Wülfel/Hannover); Anna Dorthy[#384f] (*1674 Wülfel/Hannover); Anna Margareta[#384g] (*1676 Wülfel/Hannover); Ernst Dietrich[#384h] (*1669 Wülfel/Hannover) • ☐ev 17.08.1690 Wülfel/Hannover

▪ Peter Wachtmann[#768a] • ∪ev • ∞ mit NN • Ⓚ Anna[1] (*1664 Wülfel/Hannover)

#769 Plincke, Anna Elisabeth (1638-1689)

Ⓥ Heinrich Plincke[#1.538] • Ⓜ ??? • *1638 • ∪ev • ∞ev 09.10.1655 Döhren/Hannover mit Ludolff Wachtmann[#768] (1627-1690) • Ⓚ Peter Michel[#384a] (*1656 Wülfel/Hannover); Henning[#384] (*1658 Wülfel/Hannover); Harmen Andreas[#384b] (*1661 Wülfel/Hannover); Johann Heinrich[#384c] (*1663 Wülfel/Hannover); Maria[#384d] (*1667 Wülfel/Hannover); Ludolff C.[#384e] (*1669 Wülfel/Hannover); Anna Dorthy[#384f] (*1674 Wülfel/Hannover); Anna Margareta[#384g] (*1676 Wülfel/Hannover); Ernst Dietrich[#384h] (*1669 Wülfel/Hannover) • ☐ev 02.04.1689 Wülfel/Hannover

#784 Burig (Bures), Michael

Ⓥ ??? • Ⓜ ??? • ∞ mit NN • Ⓚ Johannes[#392] (*1630)

1628 Bürger in Lüneburg

---

[1] Anna Wachtmann (1664-1700) • ∪ev 09.10.1664 Döhren/Wülfel • ∞07.10.1686 Wülfel/Hannover mit Joachim Brandes • +1700 (?)

#790   Barsoenius, Georg Leopold (1621-1664)

Ⓥ ??? • Ⓜ ??? • *21.03.1621 Lüneburg • ⌣ev 25.03.1621 Lüneburg • ∞ mit NN♀ • Ⓚ NN♀[#2.059/#2.443] • □ev 02.12.1664, Leichenpredigt durch Joh. Westphal

Schule St. Johannis in Hamburg • April 1638 immatrikuliert zu Wittenburg, dort 1644 Magister phil. • Prediger in Mohrburg (Hamburg) • königlich schwedischer Resident zu Hamburg

#800   Becker, Heinrich (1607-1670)

Ⓥ ??? • Ⓜ ??? • *1607 Bramsche • ∞~1630 Bramsche (St. Martin) mit Lücke v. Dörsten[#801] (1599-1679) • Ⓚ Heinrich[#400] (*1629 Bramsche); Anna Margaretha[#400a] (*~1630 Bramsche); Anna Maria[#400b] (*Bramsche); Johann[#400c] (*Bramsche); NN[#400d] (*Bramsche); Catharine Margarethe[#400e] (*1640 Bramsche) • +26.12.1670 Bramsche

Bäcker und Brauer in Bramsche Nr. 5 (Brückenort)

#801   v. Dörsten, Lücke (1599-1679)

Ⓥ ??? • Ⓜ ??? • *1599 Bramsche • ∞~1630 Bramsche (St. Martin) mit Heinrich Becker[#800] (1607-1670) • Ⓚ Heinrich[#400] (*1629 Bramsche); Anna Margaretha[#400a] (*~1630 Bramsche); Anna Maria[#400b] (*Bramsche); Johann[#400c] (*Bramsche); NN[#400d] (*Bramsche); Catharine Margarethe[#400e] (*1640 Bramsche) • +24.12.1679 Bramsche

#802   Berger, Johannes (1600-1679)
#806

Ⓥ ??? • Ⓜ ??? • *1600 Osnabrück • ∞1625 mit Janne Hille Bokenberg[#803/#807] (1608-1679) • Ⓚ Catharina[#401] (*Bramsche); Margarethe[#401a] (*Bramsche); Johann[#401b] (*Bramsche) • +1679 Bramsche

Notar und Kaufmann, Ludimagister, in Bramsche Nr. 122 (Hinterstraße)

#803   Bokenberg, Janne <u>Hille</u> (1608-1679)
#807

Ⓥ ??? • Ⓜ ??? • *1608 Bramsche • ∞1625 mit Johannes Berger[#802/#806] (1600-1679) • Ⓚ Catharina[#401] (*Bramsche); Margarethe[#401a] (*Bramsche); Johann[#401b] (*Bramsche) • +03.01.1679 Bramsche • ☐ev 05.01.1679 Bramsche (St. Martin)

#804   Eckelmann, Hermann (1585-1670)

Ⓥ Johann Eckelmann[#1.608] (1555-???) • Ⓜ ??? • *1585 Bramsche • ∞1620 Bramsche mit Modeke Kramer[#805] (~1590-1679) • Ⓚ Hermann[#402] (*1625 Bramsche); Johann[#402a] (*Bramsche) • +12.12.1670 Bramsche

Leinenhändler • Einwohner in Bramsche Nr. 49 (Große Straße)

#805   Kramer, Modecke (~1590-1679)

Ⓥ Hermann Kramer[#1.610] (~1550-1626) • Ⓜ ??? • *Bramsche • ∞1620 Bramsche mit Hermann Eckelmann[#804] (1585-1670) • Ⓚ Hermann[#402] (*1625 Bramsche); Johann[#402a] (*Bramsche) • +18.04.1679 Bramsche

#806   Berger, Johannes (1600-1679)
#802

#807   Bokenberg, Janne <u>Hille</u> (1608-1679)
#803

#808   Meyer zu Broxten, Ebcke

(V) ??? • (M) ??? • ∞ mit Anna Sophia Meyer zu Schledehausen[#809] • (K) Andreas[#404] (*1630 Broxten)

#809   Meyer zu Schledehausen, Anna Sophia

(V) ??? • (M) ??? • ∞ mit Ebcke Meyer zu Broxten[#808] • (K) Andreas[#404] (*1630 Broxten)

#810   Bockwete, Johann (˜1615-1677)

(V) Dietrich Bockwedde[#1.620] (1586-1670) • (M) ??? • *˜1615 Bramsche • ∞˜1635 mit Anna Margaretha Meyer[#811] • (K) Margarethe[#405a] (*Bramsche); Catharina Margarethe[#405] (*1638 Bramsche); Johann Heinrich[#405b] (*1647 Bramsche); Johann Heinrich[#405c] (*1649 Bramsche); Anna Margarthe[#405d] (*Bramsche); Maria Gertrud[#405e] (*1650 Bramsche) • +28.10.1677 Bramsche

■ Dierck Bockwede[#810a] (1623-???) • *1623 Bramsche • ∞1655 Bramsche mit Catharina Margarethe Woltermann

■ Mencke Bockwede[#810b] (???-˃1656) • *Bramsche • Einwohner in Bramsche Nr. 45 (Große Straße) • 1649-1656 genannt • ∞˜1640 Bramsche mit Catharine Engeler[1] (1620-1674) • (K) Ernst Heinrich[2] (*Bramsche) • +˃1656

#811   Meyer, Anne Margaretha

(V) ??? • (M) ??? • *Ostercappeln • ∞ ˜1635 mit Johann Bockwete[#810] (1615-1677) • (K) Margarethe[#405a] (*Bramsche); Catharina Margarethe[#405] (*1638 Bramsche); Johann Heinrich[#405b] (*1647 Bramsche); Johann

---

[1] Catharine Engeler (1620-1674) • (V) Albert Engeler • *1620 Bramsche • +Februar 1674 Bramsche ebd. Reminiscere

[2] <u>Ernst</u> Heinrich Bockwede • ∞April 1689 Bramsche mit Anna <u>Maria</u> Wiecking (1658-1730), *Juni 1658, +20.12.1730

Heinrich[#405c] (*1649 Bramsche); Anna Margarthe[#405d] (*Bramsche); Maria Gertrud[#405e] (*1650 Bramsche) • + Bramsche

#812   Strüve gen. Riesenbeck, Hermann (1620-1681)

Ⓥ ??? • Ⓜ ??? • *1620 Bramsche • ∞~1650 mit NN Meyer gen. Oldendorf[#813] • Ⓚ Hermann[#406a] (*1652 Bramsche); Heinrich[#406] (*Bramsche); Maria[#406b] (*Bramsche); Anna Adelheit[#406c] (*1661 Bramsche) • +04.04.1681 Bramsche

Bierbrauer und Meister in Bramsche Nr. 102 (Hinterstraße)

#813   Meyer gen. Oldenburg, NN♀

Ⓥ ??? • Ⓜ ??? • *Bramsche • ∞~1650 mit Hermann Strüve gen. Riesenbeck[#812] (1620-1681) • Ⓚ Hermann[#406a] (*1652 Bramsche); Heinrich[#406] (*Bramsche); Maria[#406b] (*Bramsche); Anna Adelheit[#406c] (*1661 Bramsche)

#814   Berger, Johann (???-1668)

Ⓥ Johannes Berger[#1.628] • Ⓜ ??? • *Bramsche • ∞1660 Bramsche mit Margarethe Pörtener[#4.143/#4.911] (1636-1712) • Ⓚ Catharina Helena[#407] (*1660 Bramsche); Johann[#407a] (*1667 Bramsche); weitere vier früh verstorbene Kinder • +1668 Bramsche

Bäcker und Bierbrauer in Bramsche Nr. 122 (Hinterstraße)

#815   Pörtener, Margarethe (1636-1712)

Ⓥ Hermann Pörtener[#1.630] (1598-1679) • Ⓜ Margaretha Sanders[#1.631] • *1636 Bramsche • ∞I 1660 Bramsche mit Johann Berger[#814] (???-1668) • Ⓚ Catharina Helena[#407] (*1660 Bramsche); Johann[#407a] (*1667 Bramsche); weitere vier früh verstorbene Kinder • ∞II 1669 Bramsche mit Hermann Meyer gen. Berger • +29.01.1712 Bramsche

#816   Sanders, Rolf (1615-1670)

Ⓥ Rolf Sanders[#1.632] • Ⓜ NN Ruwe[#1.633] • *1615/1625 Bramsche • ∞~1645 mit Anna Catharina Strubbe[#817] (1625-1679) • Ⓚ Anna Maria[#408a] (*1647 Bramsche); Hermann Rudolph[#408] (*1649 Bramsche); Anna Adelheit[#408b] (*~1650 Bramsche); Hermann[#408c] (*1651 Bramsche); Margaretha Lucretia[#408d] (*1651 Bramsche); Balthasar[#408e] (*1661 Bramsche) • +1670 Bramsche

Kaufhändler in Bramsche Nr. 79 (Neustadt)

▪ Johann Sanders[#816a] (~1620-???) • *~1620 • wohnt in Bramsche Nr. 94 (Hinterstrasse) und Bramsche Nr. 70 (Neustadt) • ∞~1645 Bramsche mit Anna Kramer (*1620 Bramsche, +14.02.1677), Tochter von Hermann Kramer[#8.298] • Ⓚ Rudolph (Roleff)[1] (*1648 Bramsche); Heinrich (*1658 Bramsche); Anna Margaretha; Anna Adelheit (*1661 Bramsche)

#817   Strubbe, Anna Catharina (1625-1679)

Ⓥ Johann Strubbe[#1.634] (1580-1644) • Ⓜ Catherina Nutte[#1.635] • *1625 Bramsche • ∞~1645 mit Rolf Sanders[#816] (1615-1670) • Ⓚ Anna Maria[#408a] (*1647 Bramsche); Hermann Rudolph[#408] (*1649 Bramsche); Anna Adelheit[#408b] (*~1650 Bramsche); Hermann[#408c] (*1651 Bramsche); Margaretha Lucretia[#408d] (*1651 Bramsche); Balthasar[#408e] (*1661 Bramsche) • +22.08.1679 Bramsche

#818   Meyer zu Rieste, Ratke (???-1691)
#822a

Ⓥ Johann Meyer zu Rieste[#1.636/#1.644] (1585-1644) • Ⓜ Margarete Meyer zu Bramsche[#1.637/#1.645] (1590-???) • *Rieste • ∞I ~1650 Bramsche (St. Martin) mit Margaretha Schmidt[#819] (1629-1674) • Ⓚ Johann[#409a] (*1654 Rieste); Heinrich[#409b] (*Rieste); Lücke Margaretha[#409c] (*1658 Rieste); Maria Margaretha[#409d] (*Rieste); Anna Catharina[#409] (*1660 Rieste);

---

[1] Rudolph (Roleff) Sanders (1648-1722) • *Juni 1648 Bramsche, • ∞19.11.1680 Bramsche mit Anna Adelheit Niemann (siehe #1.037d) • +22.01.1722 Bramsche

Hermann Rudolph[#409e] (*1666 Rieste) • ∞II 21.01.1676 mit Anna Agnes Schulte[1] (1633-1709) • +15.03.1691 Lage

Colonus Vollerbe in Rieste 1

▪ Hermann Meyer zu Rieste gen. Meyer-Strubbe[#818a/#822] (1624-1678) • siehe #822

#819   Schmidt, Margaretha (1629-1674)

Ⓥ (?) Matthias Schmidt[#1.638] • Ⓜ ??? • *1629 Bramsche • ∪ev-luth. • ∞~1650 Bramsche (St. Martin) mit Ratke Meyer zu Rieste[#818] (???-1691) • Ⓚ Johann[#409a] (*1654 Rieste); Heinrich[#409b] (*Rieste); Lücke Margaretha[#409c] (*1658 Rieste); Maria Margaretha[#409d] (*Rieste); Anna Catharina[#409] (*1660 Rieste); Hermann Rudolph[#409e] (*1666 Rieste) • +19.02.1674 Rieste

#820   Eymann, Heinrich (1620-1682)

Ⓥ ??? • Ⓜ ??? • *1620 Bramsche • ∞~1645 Bramsche mit Adelheit Kramer[#821] (???-1680) • Ⓚ Hermann[#410] (*Bramsche); Johann[#410a] (*Bramsche); Heinrich[#410b] (*Bramsche 1653) • +24.04.1682 Bramsche

Kaufmann und Kramer in Bramsche Nr. 2 (Brückenort)

#821   Kramer, Adelheit (???-1680)

Ⓥ Hermann Kramer[#1.642] • Ⓜ ??? • *Bramsche • ∞~1645 Bramsche mit Heinrich Eymann[#820] (1620-1682) • Ⓚ Hermann[#410] (*Bramsche); Johann[#410a] (*Bramsche); Heinrich[#2410b] (*Bramsche 1653) • +11.04.1680 Bramsche

▪ Heinrich Kramer[#821a] • *Bramsche • ∞~1650 Bramsche mit Anna Margaretha Voß

---

[1] Anna Agnes Schulte (1633-1709) • *1633 • +13.04.1709 Rieste

▪ Anna Kramer[#821b] • *Bramsche • ∞~1645 Bramsche mit Johann Sanders

#822
#818a   **Meyer zu Rieste gen. Meyer-Strubbe, Hermann (1624-1678)**

Ⓥ Johann Meyer zu Rieste[#1.636/#1.644] (1585-1644) • Ⓜ Margarete Meyer zu Bramsche[#1.637/#1.645] (1590-???) • *1624 Rieste • ∞1650 Bramsche mit Margaretha Woltermann[#823] (1620-1679) • Ⓚ Balthasar Heinrich[#411a] (*1656 Bramsche); Gerdruth/Gertrud[#411] (*Bramsche); Anna[#411b] (*1658 Bramsche) • +11.10.1678 Rieste

Leinenhändler in Bramsche Nr. 57 (Große Straße)

▪ Ratke Meyer zu Rieste[#818/#822a] (???-1691) • siehe #818

#823   **Woltermann, Margaretha (1620-1679)**

Ⓥ Balthasar Woltermann[#1.646] (1570-1628) • Ⓜ Margarete Bellmann[#1.647] (1570-1649) • *1620 Bramsche • ∞I Bramsche mit Johann Strubbe • ∞II 1650 Bramsche mit Hermann Meyer zu Rieste gen. Meyer-Strubbe[#822] (1624-1678) • Ⓚ Balthasar Heinrich[#411a] (*1656 Bramsche); Gerdruth/Gertrud[#411] (*Bramsche); Anna[#411b] (*1658 Bramsche) • +1679 Bramsche

#880   **Stüve, Dietrich (1585-1673)**

Ⓥ Gerhard Stüve[#1.760] (~1540-???) • Ⓜ Regine zur Wische[#1.761] (???-???) • *1585 • ∪ev • ∞I 1610 mit Margarethe Dalde • Ⓚ Adrian[#440a] • ∞II mit Mechthild Gildemeister[#881] • Ⓚ Regine[#440b] (*1635); Dietrich[#440c]; Christine[#440d]; Gerhard[#440e]; Hermann[#440] (*1643) • +1673

Bierbrauer • Kaufmann • Ratsherr

▪ Gertrud Stüve[#880a] (???-???) • ∞ mit Manto Dalde, Bierbrauer und Ratsherr

■ Marie Stüve[#880b] (???-???)

■ Margarethe Stüve[#880c] (???-???)

#881   Gildemeister, Mechthild (???-1673)

Ⓥ Christoph (Johann) Gildemeister[#1.762] (1569-1617) • Ⓜ Regina Grave[#1.763] • Uev • ∞ mit Dietrich Stüve[#880] (1585-1673) • Ⓚ Regine[#440b] (*1635); Dietrich[#440c]; Christine[#440d]; Gerhard[#440e]; Hermann[#440] (*1643) • +1673

■ Johann Gildemeister[#881a] (˜1603-???) • *˜1603

Halbschwester aus zweiter Ehe der Mutter Regina Grave[#1.763] mit Anton v. Lingen (˜1593-???)

■ Christine v. Lingen[#881b]

#882   Strietbecke, <u>Johann</u> Heinrich (˜1600-<1635)

Ⓥ ??? • Ⓜ ??? • *˜1600 • 23.10.1627 Bürger der Neustadt Osnabrück • ∞ mit Margarethe Klövekorn[#883] (1600-???) • Ⓚ Engel[#441] (*1628); Elisabeth[#441a] • <1635

#883   Klövekorn, Margarethe (1600-???)

Ⓥ Matthäus Klövekorn[#1.766] (˜1555-˜1614) • Ⓜ Elisabeth tor Niermolle[#1.767] (???->1624) • *1600 Pernickelmühle Osnabrück • ∞I mit <u>Johann</u> Heinrich Strietbecke[#882] (˜1600-<1635) • Ⓚ Engel[#441] (*1628); Elisabeth[#441a] • ∞II mit Boldewin/Balduin Ledebur

■ Matthäus Klövekorn[#883a] (1600-1667) • *07.09.1600 Osnabrück • Müller • 1622 Bürgereid • ∞1625 mit Anna de Bromstorpe/Brunstrup[1] (1605-1667) • +10.03.1667 Osnabrück

---

[1] Anna de Bromstorpe (1605-1667) • *13.06.1605 • +04.03.1667

#884 **Niemann, Bernhard/Berendt (˜1615-˃1644)**

Ⓥ ??? • Ⓜ ??? • *˜1615 Osnabrück • ∞˜1641 mit Anna Catharina Voss[#885] • Ⓚ Bernhard Boldewin/Bolduin[#442] (*1641); Georg/Jürgen Henrich[#442a] (*1644)

1649 vermutlich Neubürger in Osnabrück (als Bürgerssohn Bernhard Nieman) • Mitdeputierter der Grafschaft Ravensberg, Amt Limberg • 1650/51 Bevollmächter der Witwe Catharina Kerssenbrock geb. Vincke

#885 **Voss, Anna Catharina**

Ⓥ ???[1] • Ⓜ ??? • ∞˜1641 mit Bernhard/Berendt Niemann[#884] (˜1615-˃1644) • Ⓚ Bernhard Boldewin/Bolduin[#442] (*1641); Georg/Jürgen Henrich[#442a] (*1644)

#886 **Ellinghausen, Rudolph**

Ⓥ ??? • Ⓜ ??? • ∞ mit Anna Adelheid Molden[#887] • Ⓚ Margareta[#443]

#887 **Molden, Anna Adelheid**

Ⓥ ??? • Ⓜ ??? • ∞ mit Rudolph Ellighausen[#886] • Ⓚ Margareta[#443]

---

[1] Die Verbindung zur Adelsfamilie v. Voß mit dem Domherrn Balduin v. Voß in Osnabrück und seinem Vater Bernhard Boldewin v. Voss (∞ mit 23.02.1626 Elisabeth Margarethe von Oer) ist nicht geklärt.

XIII
Generation X

#1.152   **Fenner, Hen / Johannes (1512->1580)**
              (Venner)

Ⓥ Jost Fenner[#2.304] (1490-1558) • Ⓜ Elisabeth Richart[#2.305] • *1512 Ziegenhain • ∞ mit NN♀ • Ⓚ Johannes/Hen[#576a] (*1536); Eberhard[#576b] (*~1540); Elisabeth/Leisa[#576c]; Catharina[#576d]; Oswald[#576] (*1551 Niedergrenzebach) • +kurz nach 1580 Niedergrenzebach

1534 als Bürger zu Ziegenhain erwähnt als Johann Haen • 1536 als Zeuge vor Gericht erwähnt • 1555 Aufführung seines Besitzes im Salbuch zu Niedergrenzebach • 1556 Diener des Gotteskastens zu Niedergrenzebach • 1558 Zahlung von Forstgeld • 1559 erwähnt als Inhaber des „lieb Frauen Kodens", des heutigen Bastehofes • 1571 Kastendiener Vennerhen • 1580 erwähnt als Alt Henne neben seinem ältesten Sohn Hen Venner

#1.280   **Schüler, Georg (???-<1630)**

Ⓥ Hans Schüler[#2.560] • Ⓜ ??? • ∞ mit NN♀[#1.281] (???->1630) • Ⓚ Georg[#640]

Bürger zu Vacha • erwähnt 1607-1622 • 1622 „der Ältere"

#1.281   **NN♀ (???->1630)**

Ⓥ ??? • Ⓜ ??? • ∞ mit Georg Schüler[#1.280] (???-<1630) • Ⓚ Georg[#640]

als Witwe erwähnt 1630

#1.320   **Heinemann, Curt**

Ⓥ Claus Heinemann[#2.640] • Ⓜ ??? • ∞ mit Catharina Werner[#1.321] • Ⓚ Hanß[#660] (*<1590)

Metzger in Eschwege

#1.321   Werner, Catharina

Ⓥ Henrich Werner[#2.642] • Ⓜ Catharina Dietzmann[#2.643] • ∞ mit Curt Heinemann[#1.320] • Ⓚ Hanß[#660] (*<1590)

#1.322   Brill, Martin (???->1642)

Ⓥ Reichwein Brill[#2.644] • Ⓜ NN Eckhard[#2.645] • ∞ mit Martha Kompenhans[#1.323] (???-1642) • Ⓚ Catharina[#661] • +>15.12.1642

#1.323   Kompenhans, Martha (???-1642)

Ⓥ ??? • Ⓜ ??? • ∞ mit Martin Brill[#1.322] (???->1642) • Ⓚ Catharina[#661] • □15.12.1642 Eschwege

#1.336   Schmidt, Hans (~1560-1601)

Ⓥ David Schmidt[#2.672] • Ⓜ ??? • *~1560 • ∞ mit NN • Ⓚ Jakob[#668] (*1571) • +1601

Bürger zu Sontra • seit 1601 zahlt Jacob Nad, Ehemann von Anna Walberg, an seiner Stelle Rauchheller

#1.340   Kühn, Johannes

Ⓥ ??? • Ⓜ ??? • ∞ mit NN • Ⓚ Hildebrand[#670] (*1588)

1601 immatrikuliert zu Marburg • 1605 Schulmeister zu Grebenstein

#1.376   Appel, Hans

Ⓥ ??? • Ⓜ ??? • ∞ mit NN • Ⓚ Johannes[#688] (*1590)

Bürger zu Auerbach/Bergstrasse

#1.378   **Hafner, Hans**

Ⓥ ??? • Ⓜ ??? • ∞ mit NN • Ⓚ Maria[#689]

1619 Bürger zu Auerbach

#1.380   **Neuberger, Martin (???-1612)**

Ⓥ Christoph v. Neubergk[#2.760] (1531-1598) • Ⓜ ??? • aus Augsburg • ∞ mit NN • Ⓚ Theophilius[#690] (*1593 Jena) • +1612 Alzey

1593 Hofprediger zu Jena • später Pfarrer zu Alzey in Rheinhessen

#1.382   **Stolz, Valentin**

Ⓥ ??? • Ⓜ ??? • ∞ mit NN • Ⓚ Magdalena[#691] (*1592 Heppenheim/Bergstrasse)

Kurpfälzischer Oberschultheiß zu Heppenheim/Bergstrasse

#1.384   **Neuber, NN**

Ⓥ ??? • Ⓜ ??? • ∞ NN • Ⓚ Daniel[#692] (*1603 Homberg/Efze)

altes Homberger Geschlecht • 1548 Bürger in Homberg

#1.388   **Majus, Lukas (1571-1633)**
#1.491d   **(May)**

Ⓥ Lucas Majus (May)[#2.776/#2.982] (1522-1598) • Ⓜ Barbara Küch[#2.777/#2.983] (1540-1608) • *07.07.1571 Rudolstadt • konf. Weihnachten 1582 Kassel (Altstadt) • ∞1596 Bremen mit Dorothea Pezelius[#1.389] (1575-1617) • Ⓚ Nikolaus[#694] (*1607); Margarethe[694a] • +22.02.1633 Kassel bis 1597 in Bremen • 1597-1608 Diakonus zu Kassel-Altstadt • seit 1608 Diakonus und später Archidiakonus zu Kassel-Freiheit (Altstädter Gemeinde)

sechs Halbgeschwister aus erster Ehe des Vaters Lucas Majus (May)[#2.776/#2.982] (1522-1598)

• NN

Geschwister aus zweiter Ehe des Vaters Lucas Majus (May)[#2.776/#2.982] (1522-1598) mit Barbara Küch[#2.777/#2.983] (1540-1608)

• Nikolaus Majus[#1.388a/1.491a] • Rat in Brandenburg

• Jonas Majus[#1.388b/#1.491b]

• Paul Majus[#1.388c/#1.491c]

• Rebecca Majus[#1.388d/#1.491e] (~1572-???) • *~1572 • ∞12.06.1592 Kassel (Altstadt) mit Johannes Meurer, Schwarzburgischer Kanzleiverwandter in Rudolstadt

• Sibylla Majus[#1.388e/#1.491] (*1575) • siehe #1.491

• Maria Majus[#1.388f/#1.491f]

• Andreas Majus[#1.388g/#1.491g]

• Eckbrecht Majus[#1.388h/#1.491h] (*1581)

• Johann Majus[#1.388i/#1.491i] (*1599)

• NN♀ Majus[#1.388j/#1.491j]

#1.389 Pezelius, Dorothea (~1564-1617) (Pexel, Pezel, Pezolt, Pezold)

Ⓥ Christoph Pezelius[#2.778] (1539-1604) • Ⓜ Magdalena Peucer[#2.779] (1556-???) • *~1564 Annaberg (?) • ∞I mit Wolfgang Crell (Crollius)[1]

---

[1] Wolfgang Crell (~1535-1593) • Ⓥ Wolfgang Crell (1592-1664), *September 1592 Bremen, + 08.07.1664 Berlin • *~1535 Meißen • +08.04.1593 in Siegen

(˜1535-1593) • ∞II 1596 Bremen mit Lukas Majus (May)[#1.388] (1571-1633) • Ⓚ Nikolaus[#694] (*1607); Margarethe[#694a] • +20.11.1617 Kassel

Halbgeschwister aus zweiter Ehe des Vaters Christoph Pezelius[#2.778] (1539-1604) mit Catharina Rhau:

▪ Christoph Pezelius[#1.389a] (1568-1569) • *27.03.1568 Wittenberg • +30.01.1569 Wittenberg

▪ Katharina Pezelius[#1.389b] (1569-1569) • *11.05.1569 Wittenberg • +05.09.1569 Wittenberg

▪ Elisabeth Pezelius[#1.389c] (1570-???) • *19.06.1570 Wittenberg • ∞I 24.08.1591 mit August Sagittarius[1] (???-1604) • ∞II mit Urban Pierius (1546-1616) • Ⓚ Christian[2]

▪ Tobias Pezelius[#1.389d] (1571-1631) • *05.10.1571 Wittenberg • 1593 Prof. der Moral am Gymnasium • 1600 • Pastor zu Liebfrauen in Bremen • 1624-1631 Senior venerandi Ministerii • ∞I 1597 mit Eylice Esich, Tochter des Bürgermeisters Esich • ∞II NN Pierius, Tochter von Urban Pierius • +04.04.1631

▪ Caspar Peucer[#1.389e] (1573–1634) • *17.06.1573 Wittenberg • Studium der Rechte in Wittenberg u. Heidelberg • 1596 in Diensten von Graf Johann VI. v. Nassau-Dillenburg (1536-1606) • 1600 Rat von Graf Simons VI. zur Lippe (1554-1613) • 1611 lipp. Hofger. fiskal, später auch Bibliothekar u. Archivar • +10.02.1634 Detmold

▪ Johannes Pezelius[#1.389f] (???-1628) • Weinzapfer

---

[1] August Sagittarius (Schütte) • *Dresden • Studium der Philosophie • Prediger an St. Anscharii zu Bremen • +16.09.1604 Bremen
[2] Christian Sagittarius (???-1648) • 1622 immatrikuliert an der Schola Publica in Theologie • 1627 nach Groningen und kommt später als Lehrer an das hiesige Pädagogium • ∞08.11.1631 mit Elisabeth v. Lastren • Ⓚ August (*1636); Dietrich (*1642) • +1648

#1.390 Schäffer, Valentin (???-1637)
(Scheffer)

Ⓥ Claus Schäffer[#2.780] (???-1618) • Ⓜ ??? • ∞1605 mit Eva Pflüger[#1.391] •
Ⓚ Agnes[#695] (*~1608 Homburg/Efze) • +1637 Ziegenhain, verstorben
an der Pest

Wallenstein´scher Verwalter zu Homberg/Efze • seit 1605 Bürger zu
Homberg/Efze • 1628-1634 Bürgermeister zu Homberg/Efze

#1.391 Pflüger, Eva

Ⓥ Reinhard Pflüger[#2.782] (???-1599) • Ⓜ ??? • *Homberg/Efze • ∞I 1605
mit Valentin Schäffer (Scheffer)[#1.391] (???-1637) • Ⓚ Agnesa[#695] (*~1608
Homburg/Efze) • ∞II 07.05.1638 Homberg/Efze mit Johannes
Räuber[1] (???-1648)

▪ Maria Pflüger[#1.391a] • ∞1618 Homberg/Efze mit Henrich Lohn[2] (1597-
1671)

▪ NN♀ Pflüger[#1.391b] • ∞ mit Hans George/Gerhard Stoll[3] • Ⓚ Susanna[4]

#1.396 Bromsenius, Johannes (~1545-<1625)
(Bromsen)

Ⓥ Hermann Bromsenius[#2.792] (1523-1604) • Ⓜ Emerentia NN[#2.793]
(1530-1589) • *~1545 • ∞~1595 mit Margaretha Eskuche gen
Hauptmann[#1.397] (~1570-~1599) • Ⓚ Ludwig[#698] (*~1599 Zierenberg) •
+<1625

---

[1] Johannes Räuber (???-1648) • 1640 Bürgermeister zu Rotenburg, seit 1646 zu
Homberg • +1648
[2] Henrich Lohn (1597-1671) • *März 1597 • Bürgermeister • +11.09.1671 •
□11.09.1671
[3] George/Gerhard Stoll • Oberförster zu Friedewald/Hersfeld
[4] Susanna Stoll • ∞ mit Johann Christoph Lucan (1620-1671), *28.08.1620 Kassel,
+1671 Schmalkalden, Hofrat und Oberrentmeister, Sohn von Kammerrat David
Lucan und Catharina Breul

1564-1569 Unterschulmeister in Wolfhagen • 1569 – vor 1600 Rektor zu Zierenberg, gründete 1579 eine 2. Lehrerstelle in Zierenberg • Pfarrer zu Zierenberg kurz vor 1600 • 1614 erwähnt als Bürger und Kastenmeister

#1.397   Eskuche, Margaretha(~1570->1599) (gen. Hauptmann / Capito)

Ⓥ Johann(es) Eskuche gen. Hauptmann[#2.794] (~1510-1576) • Ⓜ Elisabeth Meister oder Gudensberger[#2.795] • aus Wolfhagen • *~1570 • ∞~1595 mit Johannes Bromsenius[#1.396] (~1545-<1625) • Ⓚ Ludwig[#698] (*~1599 Zierenberg) • +>1599

▪ Jacobus Eskuche gen. Hauptmann[#1.397a] (~1551-???) • *~1551 Wolfhagen • 1568-1576 Stipendiat zu Marburg • 1576 Schulmeister zu Wolfhagen • Notar und Ratsherr • ∞I 19.08.1588 Wolfhagen mit Magdalena Hecker[1] • Ⓚ Johannes[2] (*1595 Wolfhagen) • ∞II 23.11.1597 mit Gertrud NN[3]

▪ Georg Eskuche gen. Hauptmann[#1.397b] (~1570->1616) • *~1570 • konf. 1582 Wolfhagen • ∞19.05.1600 Wolfhagen mit Elisabeth Poppenheger[4] • Ⓚ Jakob[5] (*1604 Wolfhagen) • +>1616

---

[1] Magdalena Hecker • Witwe aus Mengeringhausen
[2] Johannes Eskuche (1595-1663) • *31.01.1595 Wolfhagen • 1612 immatrikuliert zu Marburg • 1617-1624 ev-ref. Pfarrer in Geismar bei Frankenberg • 1624 als ref. Pfarrer abgesetzt • 1624-1627 ohne Amt in Wolfhagen • Pfarrer in Altenhasungen • ∞I 08.10.1614 Marburg mit Ursula Schönfeld (???-<1625), *Jessen/Kursachsen, +<1625, Tochter von Andreas Schönfeld und Ursula NN • ∞II 30.08.1625 Wolfhagen mit Katharina Trögel (~1603-1679), *~1603 Frankenberg, +16.12.1679 Wolfhagen, Tochter von Johannes Trögelius • +05.05.1663 Wolfhagen
[3] Gertrud NN • verwitwete Peters
[4] Elisabeth Poppenheger • Ⓥ Johann Poppenheger, Bürger in Zierenberg • *Zierenberg
[5] Jakob Eskuche (1604-1637) • *09.04.1604 Wolfhagen • 1634 Bürger zu Wolfhagen • ∞~1626 mit Elisabeth NN (???-1640), +02.12.1640 Wolfhagen • Ⓚ Margarete (1628-1697), *21.04.1628 Wolfhagen, +19.02.1697 Wolfhagen, ∞17.02.1648 Wolfhagen mit Jost Bröske (~1622-1676) • +1637, verstorben auf der Flucht

#1.398   Weste, Ludwig (1582-[>]1659)

Ⓥ Simon Weste[#2.796] • Ⓜ ??? • *1582 • ∞~1610 mit Margareta Pötter[#1.399] (???-[>]1639) • Ⓚ Maria[#699] (~1610 Zierenberg); Anna Katharina[#699a] (*1625 Zierenberg) • +[>]1659

1607 erwähnt als „Lodewigk Westenn" in der hessischen Musterungsliste • 1639 und 1654 Bürgermeister zu Zierenberg • gehörte zu den „principalsten Zehentbeständern"

#1.399   Pötter, Margareta (???-[>]1639)

Ⓥ Jakob Pötter[#2.798] • Ⓜ ??? • *Zierenberg • ∞~1610 mit Ludwig Weste[#1.398] (1582-???) • Ⓚ Maria[#699] (~1610 Zierenberg); Anna Katharina[#699a] (*1625 Zierenberg) • +[>]11.03.1639

■ Henricus Pötter[#1.399a] • *Zierenberg • 1609 immatrikuliert zu Marburg • Schulmeister in Zierenberg • 1615-1628 ev. Pfarrer zu Haueda als Nachfolger von Adolph Badäus[1] (???-1615) • wird am 25.09.??? (Jahr unbekannt) im 30jährigen Krieg von 25 Parteigängern aus dem Paderborner Land gefangen genommen und muss mit 168 Rthl. freigekauft werden • Nachfolger als Pfarrer in Haueda wird sein Bruder Engelhard

■ Engelhard Pötter[#1.399b] (~1587-[>]1656) • *~1587 Zierenberg • 1610 immatrikuliert zu Marburg und 1612 zu Herborn • 1628-1633 ev. Pfarrer in Haueda als Nachfolger seines Bruders • um 1633-1637 ev. Pfarrer in Obermeiser und Niederlistingen • 1637-1641 ev. Pfarrer in

---

[1] Adolph Badäus (Baddäus, Baddoeus, Baden) (???-1615) • stammt aus dem Land Lippe und wird deshalb in der Haueda Pfarrchronik Lippiacus genannt • 1598-1615 Schulmeister zu Liebenau und 1609 ev. Pfarrer in Haueda • 1609-1615 gleichzeitig ev. Pfarrer in Herlinghausen • 1609 beschweren sich die Spiegel zum Desenberg über den Pfarrer zu Haueda wegen verweigerter Frohndienste • hat auf der Kirmes in Haueda „Ermahnung getan" • wird am 29.03.1615 in Haueda auf der Kirmes im Wirtshaus vom Haueder Einwohner Johann Wilke(n) erstochen • Abschaffung der Kirmes nach dem Mord • Mörder wird im Turm in Zierenberg eingesperrt, flieht nach Welda im Stift Paderborn, wo er mit seiner Familie wohnt und in den Wirren des 30jährigen Krieges der Strafverfolgung entgeht • +29.03.1615 Haueda

Oberelsungen • 1642-1645 Pfarradjunkt und 1645-1651 ev. Pfarrer in Niedermeiser • 1646 erhält er Unterstützung aus dem Stift Fritzlar • 1648-1656 Metropolitan in Zierenberg • ∞ mit NN • Ⓚ Dietrich[1] (*~1650 Zierenberg); Eckebrecht; Margarethe[2]; Theodericus[3]

#1.404 Simon, Hektor (???-1635)

Ⓥ ??? • Ⓜ ??? • aus Homberg/Hessen • ∞25.11.1602 Kassel (Freiheit) mit Elisabeth Schmits[#1.405] • Ⓚ Werner[#702] (*1604 Kassel) • □07.09.1635 Kassel

1625 Bürger und Schmiedemeister zu Kassel

#1.405 Schmits, Elisabeth

Ⓥ ??? • Ⓜ ??? • ∞25.11.1602 Kassel (Freiheit) mit Hektor Simon[#1.404] (???-1635) • Ⓚ Werner[#702] (*1604 Kassel)

#1.406 Beyer, Jost (???-1613)

Ⓥ ??? • Ⓜ ??? • *Brakel/Westfalen • ∞23.06.1606 Kassel mit Orthey (Dorothea) Stalhans[#1.407] (???-1617) • Ⓚ Maria[#703] (*1609 Kassel) • □24.03.1613 Kassel

Bürger und Bäckermeister zu Kassel

---

[1] Dietrich Pötter (~1650-???) • *~1650 Zierenberg) • ∞ Kap der Guten Hoffnung mit Zacharia Visser (*~1685) • Urahn von Paul Ohm Krüger, dem ehemaligen Präsidenten der Republik Südafrika
[2] Margarethe Pötter • ∞~1655 mit Daniel Wiskemann, Pfarradjunkt bei ihrem Vater, Pfarrer in Dörnberg
[3] Theodericus Pötter • 08.07.1660 immatrikuliert zu Marburg

#1.407   Stalhans, Orthey (Dorothea) (???-1617)

Ⓥ ??? • Ⓜ ??? • aus Kassel • ∞I 1597 mit Caspar Prange[1] (1570-1605) • Ⓚ Cornelius[#703] (*1599 Kassel) • <u>∞II</u> 23.06.1606 Kassel mit Jost Beyer[#1.406] (???-1613) • Ⓚ Maria[#703] (*1609 Kassel) • □27.09.1617 Kassel

Kräuterfrau

#1.408   Huber, Johannes (1506-1571)

Ⓥ Martin Huber[#2.816] (1460-˜1544) • Ⓜ Anna zum Luft[#2.817] (???˂1490-˃1544) • *1506 Basel • ∞I mit Barbara Brand (???-1540) • Ⓚ Martin[#704a] (*1536 Basel) • <u>∞II</u> 02.05.1541 Basel (St. Martin) mit Margret Wölfflin[#1.409/#2.838a] (1521-1579) • Ⓚ Wilhelm[#704b] (*1542 Basel); Anna[#704c] (*1543 Basel); Hans Rudolf[#704] (*1545 Basel); Christiana[#704d] (*1546 Basel); Ottilia[#704e] (*1548); Hans Jacob[#704f] (*1549 Basel); Maria[#704g] (*1551 Basel); Hans Wilhelm[#704h] (*1552 Basel); Hans Wernhard[#704i] (*1555 Basel); Esther[#704j] (*1562 Basel); Agnes[#704k] (*1563) • +09.02.1571 Basel • □Basel (Martinskirche)

Schule in Schlettstedt und Basel • Studium der Medizin an den Universitäten zu Basel, Montpellier und Toulouse • Arzt in Basel • 1543 Rektor der Universität zu Basel • 1544 Professor der Physik • 1546 Consiliarius Medicus • Professor der Medizinischen Fakultät • 1567 Stadtarzt

Grabschrift mit Wappen von 1571 in St. Martin zu Basel nach Johannes Tonjola „Basilea Sepulta retecta continuata" (1661), S. 222: „An. 1571. D.O.M.S. / JOHANNI HUBERO BASIL. / MARITO DULCISS. /ANNO Sal. CIC IC LXXI. AETAT LXV. / MARGARITHA WÖLFLINA / XVII LIBERORUM MATER / M.C.L. / Heic Urbis Aesculapius / SCHOLAEque gloria Rauracae, / Medicique Idea conditur. / Nec Dii pereunt, neque Ideae: / Nec tu potato mortuum, / Quem Virtus, Eruditio, / Perenne fama celebrat, / Quem Christus aeternum beat. / Abei & bonis cum vivere / Discito, cum piis mori. "

---

[1] Caspar Prange (1570-1605) • Ⓥ Hans Prange (˜1550-???), *˜1550 Beuren/Gensungen • Ⓜ Catharina NN (˜1550-???) • *1570 • Bürger und Bäckermeister zu Kassel • □03.11.1605 Kassel

- Christina Huber[#1.408a] (1513-1597) • *1513 • ∞ 1543 mit Balthasar Maerckt[1] (1513-1598) • Ⓚ Hans[2] • +1597

#1.409   Wölfflin, Margaretha (1521-1579)
#2.838j

Ⓥ   Wilhelm Wölfflin[#2.818] (~1500-1533) • Ⓜ Anna Ehrenfels[#2.819/#5.677/#11.519] (1505-1567) • *1521 Basel • ∞02.05.1541 Basel (St. Martin) mit Johannes Huber[#1.408] (1506-1571) • Ⓚ Wilhelm[#704b] (*1542 Basel); Anna[#704c] (*1543 Basel); Hans Rudolf[#704] (*1545 Basel); Christiana[#704d] (*1546 Basel); Ottilia[#704e] (*1548); Hans Jacob[#704f] (*1549 Basel); Maria[#704g] (*1551 Basel); Hans Wilhelm[#704h] (*1552 Basel); Hans Wernhard[#704i] (*1555 Basel); Esther[#704j] (*1562 Basel); Agnes[#704k] (*1563) • +19.09.1579 Königsfelden • □Basel (St. Martin)

Grabschrift von 1579 in S. Martin zu Basel nach Johannes Tonjola „Basilea Sepulta retecta continuata" (1661), S. 224: „An. 1579. Deo Apodemio / MARGARETHA WÖLFLINA / Joh. Huberi Basiliens. Aesculapii / ut fida, sic foecunda / Conjux: / dum san. thermis Helvetiis decies ante confimatam / repeto / eod. quo maritus ante novennium domi extinctus erat / Anno Sal M.D.L.XXIX / aetat. LVII / a. d. XIX Kal. Septembr. / abrepta / cum vita mortem, cum morte / vitam commutavi. / Tu modo / quisquis es, qui peregre me defunctam / luges, / sed Regio hocce solo rite conditam / plene laudas, / mortalis exilii tui memor / peregrinare cum CHRISTO / cum CHRISTO regnaturus / h. m . h. utinam ne s. / Exstat Königsfeldae."

Geschwister aus der ersten, um 1521geschlossenen Ehe der Mutter Anna Ehrenfels[#2.819/#5.677/#11.519] (1505-1567) mit Wilhelm Wölfflin[#2.818] (~1500-1533)

- Peter Wölfflin[#1.409a/#2.838a] (???-1557)

- Werner Wölfflin[#1.409b/2.838b]

- Agnes Wölfflin[#1.409c/2.838c]

---

[1] Balthasar Maerckt (1513-1598) • *1513 • 1559 Ratsherr zu Gartnern in Basel • +1598
[2] Hans Maerckt • ∞ mit Barbara Baumann

Halbgeschwister aus der zweiten, 1534 geschlossenen Ehe der Mutter Anna Ehrenfels[#2.819/#5.677/#11.159] (1505-1567) mit Hans Jakob Rüdin[#1.411a/#2.818/#5.676/#11.518] (1501-1573)

- Josef Rüdin[#1.409d/#2.838g/#5.759b] (1536-???) • ∪1536 Basel (St. Martin) • *1536

- Hans Jakob Rüdin[#1.409e/#2.838/#5.759c] (1538-1564) • siehe #2.838

- Salome Rüdin[#1.409f/#2.838h/#5.759d] (1539-1610) • *1539 • +1610

- Ester Rüdin[#1.409g/#2.838i/#5.759e] (1541-???) • *1541 • ∞1561 mit Basilius Amerbach (1533-1591)

#1.410   Meyer zum Pfeil, Niklaus (1515->1550)
Junker

Ⓥ Junker Bernhard Meyer zum Pfeil[#2.820/#5.704d] (1488-1558) • Ⓜ Helena Bär[#2.821/#5.635i/#11.411j/#11.509j] (~1490-1515) • *1515 Basel • ∞1537 mit Katharina Rüdin[#1.411/#2.818a/#5.676a/#11.518a] (1517-1547) • Ⓚ Bernhard[#705a] (*1538 Basel); Hans Jakob[#705b] (*1540 Basel); Agnes[#705c] (* Basel) Helena[#705] (*1543); Burkhard[#705d] (*1545 Basel); Adelberg[#705e] (*1547 Basel) • +>1550 Basel

Patrizier • Mitglied des Großen Rats Basel

#1.411   Rüdin, Katharina (1517-???)
#2.818a/#5.676a/#11.518a

Ⓥ Hans Rüdin v. Rheinfelden[#2.822/#5.636/#11.352/#23.036] (~1480-1514) • Ⓜ Katharina Bischoff[#2.823/#5.637/#11.353/#23.037] (???-1531) • *1517 Basel • ∞1537 mit Niklaus Meyer zum Pfeil[#1.410] (1515-1550) • Ⓚ Bernhard[#705a] (*1538 Basel); Hans Jakob[#705b] (*1540 Basel); Agnes[#705c] (* Basel) Helena[#705] (*1543); Burkhard[#705d] (*1545 Basel); Adelberg[#705e] (*1547 Basel)

erwähnt 1537-1547

- Jacob Rüdin[#1.411a/#2.818/#5.676/#11.518] (1501-1573) • siehe #5.676

#1.412   **Peyer (mit den Weggen), Daniel (1531-1606)**
#1.422

Ⓥ Alexander Peyer (mit den Weggen)[#2.824/#2.844] (1500-1577) • Ⓜ Anna Schmid v. Schwarzenhorn[#2.825/#2.845] (???-1532) • *1531 Schaffhausen • ∞1557 mit Modesta Bischoff (Episcopia)[#1.413/#1.423] (1537-1607) • Ⓚ Nikolaus[#706a/#711a] (*1559 Basel); Hans Christoph[#706/#711b] (*1561); Modestina[#706b/#711c] (*1566 Basel); Hans Rudolf[#706c/#711d] (*1566 Basel); Daniel[#706d/#711e] (*1569 Basel); Justina[#706e/#711f] (*1571 Basel); Maria[#706f/#711] (*1573 Basel); Alexander[#706g/#711g] (*1578 Basel) • +23.03.1606 Basel • □Basel (St. Leonhard) mit Grabinschrift

Tuchhändler • geht von Schaffhausen nach Basel • 1556 Basler Bürger • 1556 als Wurzkrämer Zunftkauf zu Safran mit Beistand seines Schwiegervaters Niklaus Bischoff • 1558 Stubenmeister • Mitglied des Stadtgerichts Basel • 1568 gibt Bürgerrecht zu Schaffhausen auf • 05.05.1581 durch Kaiser Rudolf II. (1552-1612) in den erblichen Reichsadelsstand erhoben[1]

Grabschrift von 1606 in St. Leonhard zu Basel nach Johannes Tonjola „Basilea Sepulta retecta continuata" (1661), S. 190: „An. 1606. Gott zu Ehren / und dem nechsten /zur Erinnerung. / Wer Gott Ehret / und dem Nechsten dient / soll hierwider geehret werden. Dieweil dann der Edel / Ehrenvest / Führnehm und Weiß Herr Daniel BAYER / der älter / in Jesum Christum recht geglaubt / ihne bey seinem Dienst andächtig und fleißig besucht / und also demselben gelebt: nach diesem / seiner Haußhaltung getrewlich 49, eines Ehrsamen Stattgerichts / weißlich und dapffer / 22 Jahr: auch sonsten in anderen Ehrendiensten menniglich willig und unverdrossen gedient: und seines Alters im 75. Jahr seliglich in Christo verscheiden: haben seine Kinder ihrem lieben Vater zu wolverdienten Ehren / ihnen und anderen zu nutzlicher Erinnerung dieses Gedechtnus auffgerichtet. Starb den 23. Mertzens / Anno 1606."

• Hans (v.) Peyer[#1.212a/#1.422a] • Reichsvogt • 05.05.1581 durch Kaiser Rudolf II. (1552-1612) in den erblichen Reichsadelsstand erhoben

---

[1] Adelsbrief (Nobilitierung) für die Brüder Hans, Daniel und Hans Jakob Peyer, ausgestellt durch Kaiser Rudolf II. vom 05.05.1581, als Pergamenturkunde mit Siegel und Wappen im Stadtarchiv Schaffhausen mit Signatur G 02.04/A-0256

- Alexander Peyer[#1.212b/#1.422b] • Dr. med. • Leibarzt des Grafen Georg von Württemberg und Mömpelgard • ∞1560 mit Helena v. Wendelstorff • Ⓚ Jeremias[1] (*~1565 Schaffhausen); Friedrich

- Heinrich Peyer (zum Bären)[#1.212c/#1.422c] (1529-1574) • *1529 • 1571 Eintritt in Kaufleuten-Stube • ∞September 1561 Schaffhausen mit Marianne/Maria Schmid[2] (1538-1591) • Ⓚ Alexander; Hans Andreas; Hans Conrad[3] (*1569 Schaffhausen) • +08.03.1574

- Hans Jakob (v.) Peyer[#1.21d/#1.422d] • 05.05.1581 durch Kaiser Rudolf II. (1552-1612) in den erblichen Reichsadelsstand erhoben

---

[1] Jeremias Peyer (~1565->1627) • *~1565 Schaffhausen • 1605 Urteilssprecher • 1606 Schaffhauser Grossrat • 1609-1627 Zunftmeister zun Schmieden • 1616 Eherichter und Abzugsherr • 1623 Obervogt in Rüdlingen und Buchberg, Stallherr des Marstalles, Holzherr • 1624 Scholarch (Schuloberhaupt) und Visitator scholarum • Mitinhaber des Peyer-Huber'schen Handelsgeschäfts, das nicht nur als Handelshaus, sondern auch als Speditionsgeschäft zwischen der Ostschweiz und Lyon fungiert. Durch nicht geklärte Umstände gerät das Handelshaus 1627 in Konkurs. Auf Fürbitte der „teutschen Nation" entgehen er und sein Bruder Friedrich in Lyon dem Galgen; durch den Konkurs wird er vollkommen ruiniert und muss die Stadt verlassen • ∞I 1587 mit Ester Hagenbach • ∞II 1612 mit Margaretha Mäder, Witwe des Leonhard Huber • +>1627
[2] Marianne/Maria Schmid (1538-1591) • Ⓥ Andreas Schmid (1504-1565) • Ⓜ Anna Regula Scherer (???-1553) • *1538 Zürich • +01.013.1591 Schaffhausen
[3] Hans Conrad Peyer (1569-1623) • *02.10.1569 Schaffhausen • ᴗev-ref. • Rechtsstudium in Heidelberg • Ab 1596 macht er Karriere in Schaffhausen, u.a. werden er und sein Bruder als Empfangskomitee beim Besuch von Erzherzog Matthias v. Österreich (1557-1619) eingesetzt • 1599 amtiert er als Stadtschreiber • ab 1603 bis zu seinem Tod ist er ständiger Gesandter der Stadt Schaffhausen an die eidg. Tagsatzung und vertritt die Stadt in heiklen aussenpolit. Verhandlungen • 1605 Obervogt zu Buch • 1608 Obherr der Gesellschaft zun Kaufleuten, Kleinrat, Seckelmeister und 1612 Statthalter und Pannerherr • daneben wirkt er als Gesandter in Graubünden und gehört 1622 zur Gesandtschaft zu König Ludwig XIII. v. Frankreich (1601-1643) • 1594 erwirbt er das Haus Zum drei Ständen, dessen Fassade von Daniel Lindtmayer bemalt wurde und das sich heute als sog. Peyerburg noch im Familienbesitz befindet • er besitzt zahlreiche Güter und gilt als einer der reichsten Bürger der Stadt • sein Epitaph befindet sich an der Nordwand des Kreuzgangs des Klosters Allerheiligen • ∞1593 mit Elisabeth Peyer im Hof • +08.08.1623 Schaffhausen

#1.413   **Bischoff, Modesta (1537-1607)**
#1.423   **(Episcopia)**

Ⓥ Nicolaus Bischoff (Episcopius)[#2.826/#2.846] (1501-1564) • Ⓜ Justina Frobenius[#2.827/#2.847/#5.606a] (1512-1564) • *1537 Basel • ∞1557 mit Daniel Peyer (mit den Weggen)[#1.412/#1.422] (1531-1606) • Ⓚ Nikolaus[#706a/#711a] (*1559 Basel); Hans Christoph[#706/#711b] (*1561); Modestina[#706b/#711c] (*1566 Basel); Hans Rudolf[#706c/#711d] (*1566 Basel); Daniel[#706d/#711e] (*1569 Basel); Justina[#706e/#711f] (*1571 Basel); Maria[#706f/#711] (*1573 Basel); Alexander[#706g/#711g] (*1578 Basel) • +1607 Basel

erwähnt 1555-1607

- Nikolaus Bischoff[#1.413a/#1.423a] (1531-1565) • *1531 Basel • Buchdrucker • ∞1553 mit Elisabeth Peyer (1531-1576), Tochter von Reichsvogt Heinrich Peyer (1499-1553) und Agnes Rueger (˜1510-1563) • Ⓚ Nikolaus (*1555 Basel); Agnes (*1558 Basel); Justina (*1561 Basel) • +1565 Basel, verstorben an der Pest

- Judith Bischoff[#1.413b/#1.423b] (1532-1587) • *1532 Basel • ∞I 1549 mit Oswald Mieg[1] (???-1564) • Ⓚ sieben • +1587 Basel

- Christina Bischoff[#1.413c/#1.423c] (1538-???) • ◡ev-ref. Juli 1538 Basel (St. Martin)

- Eusebius Bischoff[#1.413d/#1.423d] (1540-1599) • ◡ev-ref. Aug/Sep 1540 Basel (St. Martin)

- Justina Bischoff[#1.413e/#1.423e] (1543-???) • ◡ev-ref. 21.10.1543 Basel (St. Peter) • +verstorben als Kind

- Johann Conrad Bischoff[#1.413f/#1.423f] (1546-???) • ◡ev-ref. 15.02.1546 Basel (St. Peter)

- Gertraud Bischoff[#1.413g/#1.423g] (1547-???) • ◡ev-ref. 08.04.1547 Basel (St. Peter)

---

[1] Oswald Mieg (???-1564) • Ⓥ Hieronymus Mieg (1494-1557), Fischhändler und Ratsherr • Ⓜ Margaretha Galicion (???-1520)

- Hieronymus Bischoff[#1.413h/#1.423h] (1548-???) • ‿ev-ref. 28.02.1548 Basel (St. Peter)

- Justina Bischoff[#1.413i/#1.423i] (1550-1564) • ‿ev-ref. 24.08.1550 Basel (St. Peter)

- Ursula Bischoff[#1.413j/#1.423j] (1552-1564) • ‿ev-ref. 02.12.1552 Basel (St. Peter) • +1564, verstorben an der Pest

- Maria Bischoff[#1.413k/#1.423k] (1556-1564) • ‿ev-ref. 18.06.1556 Basel (St. Peter) • +1564, verstorben an der Pest

#1.414   Im Hof(f), Andreas (1535-1572)

Ⓥ Hans Im Hof[#2.828] (~1480-1541) • Ⓜ Margareta NN[#2.829] (???-ˀ1543) • *1535 Basel • ∞1554 Basel mit Margaretha Brunner[#1.415] (1536-1604) • Ⓚ Andreas[#707a] (*1562 Basel); Margreth[#707b] (*1565 Basel); Ursula[#707] (*1567); Margreth[#707c] (*1569); Catharina[#707d] (*1571 Basel); Hans Christoph[#707e] (*1574) • +02.08.1572 Basel • ☐Basel (St. Martin) mit Grabinschrift

Bürger, Kaufmann, Seidenhändler im Haus „zum Engel" • 31.10.1554 zünftig zum Schlüssel • 1565 Mitglied des Großen Rates zu Basel

Grabschrift von 1572 in St. Martin zu Basel nach Johannes Tonjola „Basilea Sepulta retecta continuata" (1661), S. 222: „An. 1572. Herr Andreas im Hoff der aelter / starb den 2. Aug. An. 1572"

- Franz Imhof[#1.414a] (~1520-1567) • *~1520 • ∞ mit Alberta Zäch (~1530-1610) • Ⓚ fünf u.a. Franz[1] (*1565) • +1567

#1.415   Brunner, Margaretha (1536-1604)

Ⓥ Hans Brunner[#2.830] (???-ˁ1574) • Ⓜ Ursula Schöler[#2.831] (???-ˀ1567) • *1536 Basel • ∞I 1554 Basel mit Andreas Im Hof[#1.414] (1535-1572) • Ⓚ Andreas[#707a] (*1562 Basel); Margreth[#707b] (*1565 Basel); Ursula[#707]

---

[1] Franz Imhof (1565-1610) • *1565 • Gastwirt „Zum Ochsen" in Kleinbasel • ∞1585 mit Magdalena Ruchti (1560-ˀ1610)

(*1567); Margreth[#707c] (*1569); Catharina[#707d] (*1571 Basel); Hans Christoph[#707e] (*1574) • ∞II 27.09.1574 Basel mit Andreas Ryff[1] (1550-1603) • +08.07.1604 Basel • □Basel (Münster)

Grabschrift von 1604 im Basler Münster nach Johannes Tonjola „Basilea Sepulta retecta continuata" (1661), S. 50: „An. 1604. Begräbnuß der Thugentreichen Frawen Margreth Brunnerin / wyland Herr Andreas Ryffen seligen nach Todt gelassene Witwe. Verschied seliglich den 8. Julii / Anno 1604, ihres Alters im 68. Jahr."

#1.416   Faesch, Remigius (Remy) (1541-1610)

Ⓥ Hans Rudolf Faesch[#2.832] (1510-1564) • Ⓜ Anna Glaser[#2.833] (1510-1578) • ◡ev-ref. 06.02.1541 Basel (St. Peter) • ∞I mit Anna Wachter • ∞II ~1567 Basel mit Rosina Beck[#1.417] (1539-1575) • Ⓚ Anna[#708a] (*1568 Basel); Anna[#708b] (*1569 Basel); Hans Jacob[#708c] (*1570 Basel); Hans Rudolf[#708] (*1572 Basel); Maria[#708d] (*1574 Basel); Magdalena[#708e] (*1575 Basel) • ∞III mit Rosina Irmy[2] (1539-1609) • Ⓚ Rosa[#708f] (*1577 Basel); Emanuel[#708g] (*1578 Basel); Valeria[#708h] (*1583 Basel) • +22.12.1610 Basel • □Basel (Münster) mit Grabinschrift

Kaufmann und Gasthalter zu Basel • seit 1594 Oberstzunftmeister • 1602 Bürgermeister zu Basel • 1586 als Gesandter der Stadt Basel an König Heinrich III. v. Frankreich (1551-1589), erhält vom König eine goldene Kette zum Geschenk

Grabschrift von 1610 im Basler Münster nach Johannes Tonjola „Basilea Sepulta retecta continuata" (1661), S. 56: „An. 1610. C.S. / INCYTO VIRO, / QUEM SPECTATA PRIMAE IUVENT. VIRUS, / AD SENATOR. DIGNIT. ANNO AETAT. XXXII. EVENIT, / QUI SPARTAM, QUAM NACTUS ERAT, TAM DIGNE EXORNAVIT: / UT SUMMOS IN REIP. HONORES MERUERIT: TRIBUNUS PLEBIS OCTIES, / CONSUL VERO NOVIES RENUNCIATUS FUERIT: REMIGIO FESCHIO PARTI PATRIAE / QUI POSTQUAM CONSULENDO, IUDIC. IMPER. / MULTIS LEGATIONIBUS ARDUIS, / VARIISQUE CIVILIBUS MUNERIBUS OBEUNDIS, / PIETATEM, PRUDENT. FIDEM, SOLERTIAM. / GRAVIT. HUMANITATEM, / DEO, PATRIAE,

---

[1] Andreas Ryff (1550-1603) • *13.02.1550 Basel • Ratsherr und Dreierherr Basel • +18.08.1603 Basel

[2] Rosina Irmy (1539-1609) • Ⓥ Oberst Nicolaus Irmy • Ⓜ Anna Meyer zum Hasen • *1539 • +1609

PROBISQUE OMNIBUS, / DOMI FORISQUE COMPROBASSET: / SEPTUAGENARIO MAIOR VITAE HONORUMQUE SATUR., / PLACIDE IN CHRISTO OBDORMIVIT, / PARENTI DESIDERATISSIMI / LIBERI MOESTISSIMI / M.H.P.C. / XXII. DECEMB. AN. CHRISTI M.D.C.X."

- Johannes Faesch[#1.416a] (1531-<1559) • *1531 Basel • +<1559

- Hans Rudolf Faesch[#1.416b] (1532-1564) • *1532 Basel • +1564

- Justina Faesch[#1.416c] (1533-<1559) • *1533 Basel • +<1559

- Elisabeth Faesch[#1.416d] (1534->1559) • *1534 Basel • +>1559

- Margaretha Faesch[#1.416e] (1537->1559) • *1537 Basel • +>1559

- Magdalena Faesch[#1.416f] (1539->1559) • *1539 Basel • +>1559

- Sebastian Faesch[#1.416g] (1543->1559) • ∪ev-ref. 12.07.1543 Basel (St. Peter) • +>1559

- Paul Faesch[#1.416h] (1545->1559) • ∪ev-ref. 22.11.1545 Basel (St. Peter)

- Justina Faesch[#1.416i] (1548->1559) • ∪ev-ref. 24.04.1548 Basel (St. Peter) • +>1559

- Ursula Faesch[#1.416j] (1552->1559) • ∪ev-ref. 28.02.1552 Basel (St. Peter) • +>1559

- Jeremias Faesch[#1.416k] (1554->1559) • ∪ev-ref. 10.12.1554 Basel (St. Peter)

#1.417   Beck, Rosina (1539-1575)
#2.868b

Ⓥ Jacob Beck[#2.834/#5.736] (1514-1571) • Ⓜ Katharina Hütschy[#2.835/#5.731a/#5.737] (1509-1557) • *1539 Basel • ∞I mit Jakob Schuplin • ∞II Ezechiel Karcher, Gastwirt „Zur Sonne" in Basel • ∞III ~1567 Basel mit Remigius (Remy) Faesch[#1.416] (1541-1610) • Ⓚ Anna[#708a] (*1568 Basel); Anna[#708b] (*1569 Basel); Hans Jacob[#708c] (*1570 Basel); Hans Rudolf[#708] (*1572 Basel); Maria[#708d] (*1574 Basel); Magdalena[#708e] (*1575 Basel) • +25.09.1575 Basel

- Jacob Beck[#1.417a/2.868a] (1538-???) • *1538

- Jacobea Beck[#1.417b/2.868c] (1542-1582) • *1542 • ∞ mit Albrecht Sulzer • +1582

- Susanna Beck[#1.417c/2.868d]

- Dorothea Beck[#1.417d/2.868e]

- Sebastian Beck[#1.417e/#2.868] (1548-1611) • siehe #2.868

- Hans Ulrich Beck[#1.417f/2.868f] (1551-???) • *1551

- Valentin Beck[#1.417g/2.868g] (1556-???) • *1556

- Hans Melchior Beck[#1.417h/2.868h] (1556-???) • *1556

#1.418   (v.) Gebwiler, Johann Albrecht (1531-1577)

Ⓥ Petermann Gebwiler[#2.836] (???-1559) • Ⓜ Helena Klett[#2.837] (???-1559) • *1531 Rötteln in Baden • ∞I mit Justina Holzach (1532-1569) • Ⓚ Hans Albrecht[#709a] (*1567 Basel); Justina[#709b] (*1569 Basel) • <u>∞II</u> 1576 Basel mit Anna Rüdin[#1.419] (1558-1636) • Ⓚ NN[#709c] (*1576 Basel); Anna[#709] (*1577 Basel), posthumen • +24.04.1577 Basel • □Basel (St. Peter)

1567 Basler Bürger • Ritter • Burgvogt und Schloßherr zu Lörrach • Lehensmann des Markgrafen v. Baden, der von 1531 bis 1617 auf der Burg Lörrach sitzt und der Reformation zugewandt ist • erhält 1577 den Reichsadel

Grabschrift von 1577 in St. Peter zu Basel nach Johannes Tonjola „Basilea Sepulta retecta continuata" (1661), S. 128: „An. 1577. C. S. / ALBERTO GEBVVILERO/ viro optimo / improviso casu / XXVI. April. / M.D.LXXVII. / aet. suae / ann. XLVI. / uxori, liberisque / erepto, / mem. ergo / P. "

#1.419   Rüdin, Anna (1558-1636)

Ⓥ Hans Jakob Rüdin gen. Wasserbis[#1.409e/2.838/#5.759c] (1538-1564) • Ⓜ Rosina Irmy[#2.839] (1539-1609) • *08.07.1558 Basel • ∞I 1576 Basel mit Johann Albrecht (v.) Gebwiler[#1.418] (1531-1577) • Ⓚ NN[#709c] (*1576

Basel); Anna[#709] (*1577 Basel), posthumen • ∞II mit Prof. Dr. jur. Samuel Grynäus (1539-1599) • Ⓚ Johann Jakob (*1588); Katharina (*1591) • +1636 Basel

#1.420 Hagenbach, Lucas (1554-1624)

Ⓥ Hans Hagenbach[#2.840] (1512-1584) • Ⓜ Margareta Werenfels[#2.841] (1530-1564) • ∪26.08.1554 Basel (St. Peter) • ∞I 1576 Basel mit Ottilia Keller[#1.421] (1551-1589) • Ⓚ Isaak[#710] (*1577); Christiane[#710a] (*1578 Basel); Margreth[#710b] (*1581 Basel); Magdalena[#710c] (*1582 Basel); Ottilia[#710d] (*1584 Basel); Christiane[#710e] (*1585 Basel); Lukas[#710f] (*1586 Basel); Hans Ulrich[#710g] (*1588 Basel); Franz[#710h] (*1589 Basel) • ∞II ~1590 mit Ursula Müller (???-1606) • ∞III Basel mit Margaretha Fröweler, Witwe des Christmann Fürfelder • +07.04.1624 Basel • □Basel (St. Peter)

Bürger, Kaufmann, Schaffner des St. Peterstifts; Ratsherr, Dreizehnerherr, Mitglied des Geheimen Rats Basel

Grabschrift von 1624 in St. Peter zu Basel nach Johannes Tonjola „Basilea Sepulta retecta continuata" (1661), S. 155: „An. 1624. CHRISTO. S. / LUCAS HAGENBACHIUS F. / cum / Pie vivendo REIP. in SENATU & QUAESTURA, / fidelem operam navando / Omnes viri boni ac. Patriae / Amantis partes explevisset / Tandem occidui hujus aevi satur. / Iam septuagenarius, / Copus terrae, animam coelo, / Virtutis immortalem / Memoriam posteris reliquit. / Ann. Chr. M. DC.XXIV. VII. April. / aetat. LXX."

Halbgeschwister aus erster Ehe des Vaters Hans Hagenbach[#2.840] (1512-1584) mit Scholastika Baumgartner:

• Hans Jacob Hagenbach[#1.420a] (1544-???) • ∪ev-ref. 18.05.1544 Basel (St. Leonhard)

• Agnes Hagenbach[#1.420b] (1545-???) • ∪ev-ref. 27.12.1545 Basel (St. Leonhard)

• Johann Jacob Hagenbach[#1.420c] (1548-???) • ∪ev-ref. 13.04.1548 Basel (St. Peter)

- Scholastika Hagenbach[#1.420d] (1552-???) • ∪ev-ref. 27.02.1552 Basel (St. Peter)

Geschwister aus zweiter Ehe des Vaters Hans Hagenbach[#2.840] (1512-1584) mit Margareta Werenfels[#2.841] (1530-1564):

- Scholastika Hagenbach[#1.420e] (1556-???) • ∪ev-ref. 20.10.1556 Basel (St. Peter)

- Elisabeth Hagenbach[#1.420f] (1558-???) • ∪ev-ref. 09.10.1558 Basel (St. Peter)

- Hans Jacob Hagenbach[#1.420g] (1561-???) • ∪ev-ref. 04.12.1561 Basel (St. Peter)

#1.421 Keller, Ottilia (1551-1589)

Ⓥ Thomas Keller[#2.842] (1516-1561) • Ⓜ Magdalena Schaller[#2.843] (1515-1574) • ∪28.06.1551 Basel (St. Martin) • ∞1576 Basel mit Lucas Hagenbach[#1.420] (1554-1624) • Ⓚ Isaak[#710] (*1577); Christiane[#710a] (*1578 Basel); Margreth[#710b] (*1581 Basel); Magdalena[#710c] (*1582 Basel); Ottilia[#710d] (*1584 Basel); Christiane[#710e] (*1585 Basel); Lukas[#710f] (*1586 Basel); Hans Ulrich[#710g] (*1588 Basel); Franz[#410h] (*1589 Basel) • +1589 Basel (St. Peter)

- Barbara Keller[#1.421a] (1538-???) • ∪ev-ref. 31.07.1538 Basel (St. Peter)

- Hans Ludwig Keller[#1.421b] (1539-???) • ∪ev-ref. 27.11.1539 Basel (St. Peter)

- Dorothea Keller[#1.421c] (1541???) • ∪ev-ref. 24.04.1541 Basel (St. Peter)

- Barbara Keller[#1.421d] (1542-???) • ∪ev-ref. 23.05.1542 Basel (St. Peter)

- Maria Keller[#1.421e] (1544-???) • ∪ev-ref. 10.03.1544 Basel (St. Peter)

- Catharina Keller[#1.421f] (1545-???) • ∪ev-ref. 28.06.1545 Basel (St. Peter)

- Andreas Keller[#1.421g] (1546-???) • ∪ev-ref. 19.12.1546 Basel (St. Martin)

- Elisabeth Keller[#1.421h] (1548-???) • ∪ev-ref. 10.05.1548 Basel (St. Martin)

- Magdalena Keller[#1.421i] (1548-???) • ∪ev-ref. 10.05.1548 Basel (St. Martin)

- Sebastian Keller[#1.421j] (1550-???) • ∪ev-ref. 23.01.1550 Basel (St. Martin)

- Elisabeth Keller[#1.421k] (1553-???) • ∪ev-ref. Aug 1553 Basel (St. Martin)

- Ester Keller[#1.421l] (1555-???) • ∪ev-ref. 17.07.1555 Basel (St. Martin)

#1.422	**Peyer (mit den Weggen), Daniel (1531-1606)**
#1.412	siehe #1.412

#1.423	**Bischof (Episcopia), Modesta (1537-1607)**
#1.413	siehe #1.413

#1.424   **Weiß, Ambos (1559-1633)**

Ⓥ Marcus Weiß[#2.848] (???-1587) • Ⓜ Anna Hachlinger[#2.849] • *1559 Füssen/Allgäu • ∞ mit Magdalena Sonntag[#1.425] (???-1611) • Ⓚ Anna[#712a] (*1589 Basel); Daniel[#712b] (*1590 Basel); Magdalena[#712c] (*1591 Basel); Ambrosius[#712d] (*1594 Basel); Marcus[#712] (*1597 Basel); Joh. Ambrosius[#712e] (*1600 Basel) • +1633 Basel

Glaubensflüchtling aus Füssen/Allgäu • 1587 Bürger zu Basel • Lautenmacher und von Rotbergischer Schaffner zu Basel

#1.425   **Sonntag, Magdalena (???-1611)**

Ⓥ ??? • Ⓜ ??? • ∞ mit Ambos Weiß[#1.424] (1559-1633) • Ⓚ Anna[#712a] (*1589 Basel); Daniel[#712b] (*1590 Basel); Magdalena[#712c] (*1591 Basel); Ambrosius[#712d] (*1594 Basel); Marcus[#712] (*1597 Basel); Joh. Ambrosius[#712e] (*1600 Basel) • +1611 Basel erwähnt seit 1587

#1.426   Meyer zum Pfeil, Niclaus (1565-1629)
Junker

Ⓥ Junker Hans <u>Ludwig</u> Meyer zum Pfeil[#2.852] (1539-1607) • Ⓜ Anna Frobenius[#2.853] (1541-1576) • *07.12.1565 Basel • ∞15.05.1587 Basel mit Salome Eckenstein[#1.427] (1571-1608) • Ⓚ Elisabeth[#713] (*1596 Basel) • +08.10.1629 Basel, verstorben an der Pest • □Basel (St. Martin)

Patrizier zu Basel

Grabschrift von 1629 in St. Martin zu Basel nach Johannes Tonjola „Basilea Sepulta retecta continuata" (1661), S. 234: „An. 1625. GOTT allein die Ehr! / Herr Niclaus MEYER, Herren Ludwig der Raethen Sohn / Herren Adelbert / Burgermeister Enckel / der gegen GOTT frommiglich / gegen den Nechsten ohnbeschwerlich gelebt; nach dem er bey regierender Pest Anno 1625 den 8. Octob. in dem 64. jahr seines alters seliglich verscheiden / haben seine hinderlassene Söhn Adelberg und Ludwig / beide Hauptleuth, und Hans Conrad, Schaffner bey St. Claren / samt Toechteren / auß Kindlich Trew diß Epitaphium aufrichten lassen."

▪ Adelberg Meyer zum Pfeil[#1.426a] (1560-1629) • *05.08.1560 • Ratsherr zu Fischern • Hauptmann in französischen Diensten • 1599 kauft das Haus in St.Johanns-Vorstadt 15 und auch 1602 das Nachbarhaus • 1617 verliert er sein Amt in Zusammenhang mit einer Anklage und Verurteilung zu lebenslänglichem Hausarrerst wegen Zauberei. • ∞I mit Elisabeth v. Speyr • ∞II 1583 mit Ursula Mentelin (1565-1594) • Ⓚ Ursula[1] (*1593 Basel) • +06.08.1629 Basel

▪ Bernhard Meyer zum Pfeil[#1.426b] (1564-1610) • *1564 • ∞ mit Cordula Truchsess v. Rheinfelden[2] (1573-1608) • Ⓚ Ernst Ludwig[1] (*1600) • +1610

---

[1] Ursula Meyer (1593-1627) • ∪15.03.1593 Basel (St. Martin) • ∞ mit Christoph Burckhardt (1586-1639), *14.08.1586, +04.04.1639 Basel, □07.04.1639 Basel (St. Martin) • +03.04.1627 Basel • □05.04.1627 Basel (St. Martin)
[2] Cordula Truchsess v. Rheinfelden (1573-1608) • Ⓥ Jakob Truchsess v. Rheinfelden (1555-1594), *1555, +28.12.1594, Sohn von Hans Truchsess v. Rheinfelden (*1508,

#1.427   Eckenstein, Salome (1571-1608)

Ⓥ Georg Eckenstein[#2.854] (1529-1595) • Ⓜ Elisabeth Spyrer[#2.855] (1574-1625) • *02.06.1571 Basel • ∞15.05.1587 Basel mit Junker Niclaus Meyer zum Pfeil[#1.426] (1565-1629) • Ⓚ Elisabeth[#713] (*1596) • +07.11.1608 Basel • ◻Basel (St. Martin)

Grabschrift von 1608 in St. Martin zu Basel nach Johannes Tonjola „Basilea Sepulta retecta continuata" (1661), S. 229: „An. 1608 den 7. Novembr. starb die Ehren= und Tugendreiche Fraw Salome ECKENSTEIN / Herrn Niclaus MEYERs Eheweib / ihres alters im 38. Jahr."

#1.428   Brandmüller, Jakob (1565-1629)

Ⓥ Johannes Brandmüller[#2.856] (1533-1596) • Ⓜ Anna Behringer[#2.857] (???-1583) • ∪ev-ref. 25.01.1565 Basel (St. Theodor) • ∞23.06.1589 Basel (St. Theodor) mit Ursula Falkner[#1.429] (1572-1629) • Ⓚ Johannes[#714] (*1590 Basel); Jakob[#714a] (*1591 Basel); Anna[#714b] (*1592 Basel); Heinrich[#714c] (*1594 Basel); Jakob[#714d] (*1598 Basel); Imanuel[#714e] (*1605 Basel); Salome[#714f] (*1606 Basel) • +29.10.1629 Basel • ◻31.10.1629 Basel (St. Theodor), vor dem Altar mit Grabinschrift

Magister • 1587 Pfarrer an St. Theodor • 1596 Erster Pfarrer St. Theodor

Grabschrift von 1629 vor dem Altar in St. Theodor zu Basel nach Johannes Tonjola „Basilea Sepulta retecta continuata" (1661), S. 306: „An. 1629. Vor dem Altar / …den Stein Herren Johann Brandmüller / SS. Theol.D. / 1596 verscheiden / Memoria benedicta Reverendi et Clarissimi Domini M. Jacobi BRANDMÜLLERI, Joh. Fil., qui obiit pie MDC. XXIX Cal. Novembr. aetat. LXIV M. (enses) IX, Minister(ii) XLII. Conjug. XLI"

+1562) und Anna Barbara v. Müllenheim • Ⓜ Salome Andlau[2] (???.1597), +28.02.1597, Tochter von Arbogast I v. Andlau und Eva v. Pfirt

[1] Ernst Ludwig Meyer zum Pfeil (1600-1664) • *1600 • ∞1623 mit Angela Elbs (1599-1650), Tochter von Hans Heinrich Elbs (1564-1608) und Catharina d´Annone (1569-1610) • Ⓚ Catharina (1626-1698), ∞1662 mit Johann Ludwig Iselin (*07.11.1637, +03.03.1674) • +1664

- Stefan Brandmüller[#1.428a] (1560-???) • ∪ev-ref. 18.02.1560 Basel (St. Theodor)

- Gregor Brandmüller[#1.428b] (1561-1605) • ∪ev-ref. 08.04.1560 Basel (St. Theodor) • 1584-1587 Pfarrer zu Riedof (?)• 1588-1594 Pfarrer zu Wallenburg • 1594-1597 Decan zu Wallenburg • 1597-1599 Pfarrer zu ??? und ??? (Toggenburg) • ∞1585 mit Catharina Luterberger (1561-1608), Tochter von Jakob Luterberger und Anna v. Selta • Ⓚ Joh. Jakob (*1586); Gregor (*1587); Barbara (*1598); Elisabeth (*1598 Basel); Anna, Johann • +1605

- Susanna Brandmüller[#1.428c] (1562-<1566) • ∪ev-ref. 24.03.1562 Basel (St. Theodor) • <1566

- Maria Brandmüller[#1.428d] (1563-???) • ∪ev-ref. 03.08.1563 Basel (St. Theodor)

- Susanna Brandmüller[#1.428e] (1566-???) • ∪ev-ref. 19.03.1566 Basel (St. Theodor)

- Johannes Brandmüller[#1.428f] (1567-<1568) • ∪ev-ref. 23.03.1567 Basel (St. Theodor) • <1568

- Johannes Brandmüller[#1.428f] (1568-1582) • ∪ev-ref. 05.12.1568 Basel (St. Theodor)

- Baruch Brandmüller[#1.428h] (1570-1610) • ∪ev-ref. 10.12.1570 Basel (St. Theodor) • ∞1592 mit Magdalena Krug • +1610

- Ursula Brandmüller[#1.428i] (1572-1610) • ∪ev-ref. 02.11.1572 Basel (St. Theodor) • ∞1595 mit Franz Laulin (?) • +17.12.1610

- Hieronymus Brandmüller[#1.428j] (1575-<1577) • ∪ev-ref. 06.03.1575 Basel (St. Theodor) • +<1577

- Hieronymus Brandmüller[#1.428k] (1577-???) • ∪ev-ref. 1577 Basel (St. Theodor)

Halbbruder aus zweiter Ehe des Vaters Johannes Brandmüller[#2.856] (1533-1596):

▪ Johannes Brandmüller[#1.428l] (1585-1610) • ᴗev-ref. 23.12.1585 Basel (St. Theodor) • +15.10.1610

#1.429 Falkner, Ursula (1572-1629)

Ⓥ Hans Henrich Falkner[#2.858] (1543-1572) • Ⓜ Salome Schmoller[#2.859] (???-1583) • *23.03.1572 Basel • ∞23.06.1589 Basel (St. Theodor) mit Jakob Brandmüller[#1.428] (1565-1629) • Ⓚ Johannes[#714] (*1590 Basel); Jakob[#714a] (*1591 Basel); Anna[#714b] (*1592 Basel); Heinrich[#714c] (*1594 Basel); Jakob[#714d] (*1598 Basel); Imanuel[#714e] (*1605 Basel); Salome[#714f] (*1606 Basel) • +25.09.1629 Basel • □Basel (St. Theodor)

#1.430 Bondet, Leonhard (???-1650)

Ⓥ ??? • Ⓜ ??? • aus Courtilly • ∞ mit Anna Buß[#1.431] (1566-1612) • Ⓚ Hans Ulrich[#715a] (*1596 Basel); Cleophe[#715] (*1597); Johannes[#715b] (*1599 Basel) • +1650 Basel

Seidenhändler zu Basel • 1594 Basler Bürger

#1.431 Buß, Anna (1566-1612)

Ⓥ ??? • Ⓜ ??? • *1566 • ∞ mit Leonhard Bondet[#1.430] (???-1650) • Ⓚ Hans Ulrich[#715a] (*1596 Basel); Cleophe[#715] (*1597); Johannes[#715b] (*1599 Basel) • +1612 Basel

#1.432 Socin, Joseph (1571-1643)

Ⓥ Benedetto Sozzini[#2.864] (1536-1602) • Ⓜ Valeria Stadler[#2.865] (1549-1601) • *12.07.1571 Basel • ᴗev-ref. 17.07.1571 Basel (St. Peter) • ∞03.09.1593 Liestal/Basel mit Barbara Seiler gen. Murer[#1.433] (1575-1647) • Ⓚ sechs Kinder u. a. Benedikt[#716] (*1594 Basel) • +03.01.1643 Basel • □06.01.1643 Basel (St. Peter) mit Grabschrift

Bürger und Gasthalter „Zum Storchen" in Basel • Kaiserlicher Notar •
1605 Mitglied des Großen Rats • 1606 Ratsherr • 1627 Dreierherr •
1636 Oberstzunftmeister • Verfasser des Familienbuchs Socin

Grabschrift von 1643 in St. Peter zu Basel nach Johannes Tonjola „Basilea Sepulta
retecta continuata" (1661), S. 168: „An. 1642. C. S. / DN. Josehpo Socino Tribun.
Pleb. Spectatissimo / Posteaquam huic Reipub. per An. XXXVII. / Senator XXXI
Trib. Pleb. VI / Summa cum fide, integrit, et prudentia inservisset. / III. Jan
MDCXLIII. aetat. LXXII. / Per=Euthanasian Athanasian (beides in gr. Buchstaben) –
Placide evocato, / Barbara Seileria conjux moestissima / Marito per decem lustra,
parenti desideratissimo / Monumentun hoc com lachrymis PP" mit Kommentar
„visitur in Chori parte dextra versus suggestum"

▪ Elisabeth Socin[#1.432a] (1566-???) • ᴗev-ref. 31.12.1566 Basel (St. Peter)

▪ Hieronymus Socin[#1.432b] (1568-???) • ᴗev-ref. 13.01.1568 Basel (St.
Peter)

▪ Maria Socin[#1.432c] (1569-1571) • ᴗev-ref. 09.12.1569 Basel (St. Peter) •
+1571

▪ Maria Socin[#1.432d] (1573-1578) • ᴗev-ref. 31.07.1573 Basel (St. Peter) •
+1578

▪ Agnes Socin[#1.432e] (1575-???) • ᴗev-ref. 01.07.1575 Basel (St. Peter)

▪ Catharina Socin[#1.432f] (1577-1593) • ᴗev-ref. 09.05.1577 Basel (St.
Peter) • +1593

▪ Emanuel Socin[#1.432g] (1579-1644) • *17.05.1579 Basel • ᴗev-ref.
19.05.1579 Basel (St. Peter) • ersticht im Duell beim Rothen Haus
Heinrich Frei und muss Basel verlassen • 1616 tritt als Kapitän in den Dienst
der Republik Venedig ein, wirbt hierfür in der Gegend um Basel eine
Kompanie an, auch der spätere Basler Bürgermeister J. R. Wettstein ist als
Leutenant und Schreiber darunter • Oberst im Dienste Savoyens, dann

wieder im Dienste Venedigs • ∞1601 mit Anna Maria Iselin[1] (1569-1634) • Ⓚ Emanuel[2] (*1602) • +1644

▪ Abel Socin[#1.432h] (1581-1638) • *09.06.1581 Basel • ∪ev-ref. 11.06.1581 Basel (St. Peter) • 17.04.1601 Übernahme des Gasthofs „Zum Storchen" von seinem älteren Bruder Joseph auf Veranlassung des Vaters • Eltern, die ihn eigentlich unterstützen wollten versterben kurz darauf • 1622 Zunftkauf zu Safran • 1623 Zunftkauf zum Schlüssel • 1636 Sechser zum Schlüssel • Gerichtsherr der Mehreren Stadt • nach sieben Jahren Geschwister ausbezahlt und bauliche Verbesserungen am Gasthof • ∞11.10.1602 Basel (St. Peter) mit Catharina Verzasca[3] (1586-1627) • Ⓚ Benedikt[4] (*1604) • +06.07.1638 • ▢Basel (St. Peter)

▪ Benjamin Socin[#1.432i] (1584-???) • ∪14.02.1584 Basel (St. Peter)

▪ Jakob Socin[#1.432j] (1586-1610) • ∪30.08.1586 Basel (St. Peter) • ▢23.08.1610 Basel (St. Peter) • unverheiratet und kinderlos

#1.433   Seiler gen. Murer, Barbara (1575-1647)

Ⓥ Jakob Seiler gen. Murer[#2.866] (1530-1577) • Ⓜ Verena Felber[#2.867] (1522-1586) • *25.12.1575 Liestal/Basel • ∪29.12.1575 Liestal/Basel • ∞03.09.1593 Liestal/Basel mit Joseph Socin[#1.432] (1571-1643) • Ⓚ sechs Kinder u. a. Benedikt[#716] (*1594 Basel) • +10.10.1647 Basel • ▢Basel (St. Peter) mit Grabschrift

Grabschrift von 1647 in St. Peter zu Basel nach Johannes Tonjola „Basilea Sepulta retecta continuata" (1661), S. 171: „An. 1647. Hier ligt begraben die Ehren= und

---

[1] Anna Maria Iselin (1569-1634) • Ⓥ Johann Lucas Iselin • Ⓜ Judith Bischoff • *1569 • +1634

[2] Emanuel Socin (1602-1626) • *1602 • Magister • +1626, gefallen bei der Belagerung von Verona

[3] Catharina Verzasca (1586-1627) • *17.07.1586 bei Lorcano • entstammt einer aus Zürich übergesiedelten Refugiantenfamilie • +1627 • ▢Basel (St. Peter)

[4] Benedikt Socin (1604-1636) • *09.01.1604 • Wirt „Zum Storchen" • Salzhändler • ∞1628 mit Rosina Faesch (1603-1679), *28.07.1603, +24.03.1679 • Ⓚ Anna Maria (1632-1662), *05.01.1632, +01.09.1662, ∞05.09.1653 mit Johann Bernhard Huber (1619-1701) • +08.04.1636

Tugendreiche Fraw Barbara SEILERIN / weiland Herren Obristzunftmeisters Joseph SOCINs nach Tod hinterlassene Wittib / starb seliglich den 10. Octobris 1647, ihres alters 72 jahr."

- Martin Seiler[#1.433a] (1573-???) • *1573 Liestal/Basel • Wirt zum Schlüssel • Ratsherr zu Liestal/Basel • ∞<1581 mit Katharina Karcher (1561-1629) • Ⓚ Katharina (*1591 Liestal/Basel)

- Küngold Seiler[#1.433b] (1574-1634) • *1574 Liestal/Basel • ∞1593 mit Samuel Merian (1572-1633), Wirt zum Schlüssel • +1634

#1.434   Beck, Johann Jakob (1573-1632)

Ⓥ Sebastian Beck[#1.417e/#2.868] (1548-1611) • Ⓜ Ursula Burckhardt[#2.869] (1554-1638) • *29.03.1573 Basel • ∪31.03.1573 Basel (St. Alban) • ∞I 25.10.1596 Basel (St. Alban) mit Margareta Rippel[#1.435] (1574-1610) • Ⓚ Margaretha[#717a] (*1597 Basel); Ursula[#717] (*1599 Basel); Maria[#717b] (*1604 Basel); Catharina[#717c] (*1608 Basel) • ∞II mit Margareta Schönauer (1569-1632 Basel), Witwe des Daniel Peyer, Kaufmann in Basel • Ⓚ kinderlos •+24.09.1632 Basel • □Basel (St. Peter oder Martin)

1606 Amtsschaffner des Klosters Klingenthal in Basel • 1609 Mitglied des großes Rats • 1612-1632 Ratsherr zu Schmieden

Grabschrift von 1632 in St. Peter zu Basel nach Johannes Tonjola „Basilea Sepulta retecta continuata" (1661), S. 238: „An. 1632. Epitaphium in Area. Anno 1632, den 24. Dembris / ist in Christo seliglich entschlaffen der Ehrenvest / Fürsichtig und Weiß Herr Hanß Jacob BECK des Raths / Herren Obristen Zunfftmeisters Sebastian BECKEN seligen / Eltester Sohn / wie auch die Ehren= und Tugendreiche Fraw Margaretha RIPPLERIN / seine gewesene Eheliche Haußfraw: so schon vor ihme den 11. Novembris / Anno 1610 den lauff dieses zeitlichen lebens vollbracht / beede einer fröhlichen aufferstandnuß erwartend."

- Gertrud Beck[#1.434a] (1574-1610) • *20.05.1574 Basel • ∪ev21.05.1574 Basel (St. Alban) • ∞I 1592 mit Emanuel Rüdin (1571-1610) • Ⓚ

Valeria[1] (*1594); Ursula[2] (*1597) • ∞II 1612 mit Jakob Meyer zum Hirschen (1590-1622) • Ⓚ Jacob[3] (*1618) • +1610

▪ Catharina Beck[#1.434b] (1576-1593) • *12.04.1576 Basel • ∪ev 13.04.1576 Basel (St. Alban) • +25.05.1593

▪ Jakobea Beck[#1.434c] (1577-1629) • *17.08.1577 Basel • ∪ev18.08.1577 Basel (St. Alban) • ∞1599 mit Jakob Battier[4] (1573-1644) • Ⓚ Anna Maria[5] (*1601); Ursula[6] (*1604); Elisabeth[7] (*1606); Lucia[8] (*1608); Jacobea[9] (*1609); Johann Jakob[10] (*1612); Magdalena[1] (*1624) • +16.11.1629

---

[1] Valeria Rüdin (1594-1657) • ∪1594 • ∞1612 mit Wolfgang Meyer (1577-1654), Sohn von Jacob Meyer zum Hirschen und Agnes Capito • Ⓚ Emanuel (1622-1687), ∞1678 Rosina Battier (1643-1697) • +1657

[2] Ursula Rüdin (1597-1668) • *1597 • ∞I Hieronymus Gemuseus (1598-1656), Sohn von Jeremias Gemuseus und Elisabeth Gryffon • Ⓚ Ursula (1630-1720), ∞I 1678 mit Friedrich Merian (1623-1683), ∞II 1683 mit Samuel Löchlin; Jeremias (1636-1713), ∞ 1662 Basel mit Anna Düring (*1642) • +1668

[3] Jacob Meyer zum Hirzen (1618-1701) • ∞I 1639 Rosina Frey (1621-1651) • ∞II 1652 Anna Faesch (1627-1716), Tochter von Jeremias Faesch (*24.09.1606, +1672) und Anna Passavant (+12.08.1692)

[4] Jakob Battier (1573-1644) • Ⓥ Johann Jakob Battier (1537-1602) • Ⓜ Anna Bauhin (1550-1582)

[5] Anna Maria Battier (1601-1688) • *1601 • ∞I 1619 mit Johann Titot (1594-1651) • ∞II 1652 mit Peter Thierry (1608-1673), Sohn von Pierre Thierry (1575-1617) und Sara Railland (1578-1652) • +1688

[6] Ursula Battier (1604-???) • *1604 • ∞1623 mit Jakob Meyer (1596-1646)

[7] Elisabeth Battier (1606-1643) • *1606 • ∞I 1628 Achilles Werthemann (1603-1634), Sohn von Achilles Werthemann (1552-1608) und Susanna Ravellascha (1575-1624) • Ⓚ Anna Maria (1600-1624), ∞1621 Theodor Zwinger (1597-1654); Achilles (1603-1634), ∞1628 Elisabeth Battier (1606-1643) • ∞II 1637 Caspar Mangold (1595-1671) • +1643

[8] Lucia Battier (1608-1629) • *1608 • ∞1627 mit Ludwig Ringler (1601-1634) • +1629

[9] Jacobea Battier (1609-1645) • *1609 • ∞1634 mit Johann Jacob de Bary (1606-1684), Sohn von Johannes de Bary (+1611) und Marie Thomas (+1624) • Ⓚ Maria (1635-1716), ∞1657 mit Philipp Heinrich Fürstenberger (1631-1700); Judith (1640-1718), ∞1658 mit Hans Rudolf Faesch (1635-1698); Johannes (1642-1717), ∞1666 mit Rosina Fürstenberger (1643-1716); Ursula (1644-1684), ∞ mit Peter Fattet (1638-1678) • +1645

[10] Johann Jakob Battier (1612-1684) • *1612 • ∞1637 mit Anna Maria Miville (1620-1678), Tochter von Jakob Miville (+1635) und Maria Noire (1592-1667) • Ⓚ Anna

▪ Maria Beck[#1.434d] (1579-1606) • ∪ev1579 Basel (St. Alban) • ∞1604 mit Hans Ulrich Beck[2] (1576-1632) • +20.07.1606

▪ Ursula Beck[#1.434e] (1581-1611) • *12.07.1581 Basel • ∪ev14.07.1581 Basel (St. Alban) • ∞1601 mit Hans Heinrich Werenfels (1568-1647), Sohn von Heinrich Werenfels und Barbara Krug • Ⓚ Barbara[3] (*1603) • +07.03.1611

▪ Christof Beck[#1.434f] (1583-1594) • *17.12.1583 Basel • ∪ev 22.12.1583 Basel (St. Alban) • +1594

▪ Rosina Beck[#1.434g] (1583-???) • *17.11.1585 Basel • ∪ev 21.11.1585 Basel (St. Alban) • ∞ mit Georg Eggs

▪ Barbara Beck[#1.434h] (1588-1629) • *21.02.1588 Basel • ∪ev Feb Basel (St. Alban) • ∞1610 mit Michael A. Z. • +30.10.1629 Basel (St. Alban)

▪ Judith Beck[#1.434i] (1589-1610) • *08.12.1589 Basel • ∪ev 11.12.1589 Basel (St. Alban) • +29.11.1610

▪ Sebastian Beck[#1.434j] (1592-1661) • *24.05.1592 Basel • ∪ev 29.05.1592 Basel (St. Alban) • Mitglied im Rate der Dreizehn zu Basel • 1635 Schultheiss • 1637-1661 Meister zu Weinleuten • ∞04.05.1612 mit Catharina Meyer zum Hirzen (1599-1638), Tochter von Jakob Meyer

---

(1640-1724), ∞1659 mit Johann Heinrich Zäslin (1640-1701); Jakobea (1643-1708), ∞1674 mit Franz Fatio (1629-1692); Susanne (1648-1691), ∞1688 mit Onophrion Merian (1643-1720); Elisabeth (1650-1712), ∞I 1676 mit Johann Eglinger (1655-1683), ∞II 1684 mit Johann Jakob Frey (+1722) als Sohn von Johann Jakob Frey (1636-1720) und Anna Maria Krug (1641-1671) • +1684
[1] Magdalena Battier (1624-1691) • *1624 • ∞1641 mit Andreas Baumgartner (1616-1684) • +1691
[2] Hans Ulrich Beck (1576-1632) • Ⓥ Hans Valentin Beck (1549-1607), Sohn von Theobald Beck (+1564 Basel) und Salome Oberriet (+1564) • Ⓜ Martha Iselin (1551-1618), ∪21.08.1551 Basel, +01.08.1618 Basel, Tochter von J.U.D. Prof. Johann Ulrich Iselin (*30.04.1520 Basel, +25.07.1564 Basel) und Faustina Amerbach (*25.11.1530 Basel, ∪25.11.1530, +19.02.1602 Basel), • *1576 • +1632
[3] Barbara Werenfels (1603-1646) • *1603 • ∞17.03.1628 mit Johann Wernhard Faesch (1605-1670), Sohn von Johann Rudolf Faesch und Anna Gebwiler • +1646

zum Hirzen[1] und Barbara Henric-Petri[2] • Ⓚ Gertrud[3]; Franciscus[4]; Jacob[5] (*1614); Sebastian[6] (*1618 Basel); Barbara[7] (*1621); Albert[8] (*1627); Christoph[9] (*1631) • +28.04.1661 Basel (St. Alban)

• Albert Valentin Beck[#1.434k] (1594-1657) • *09.06.1594 Basel • ∪ev12.06.1594 Basel (St. Alban) • Schaffner des Klosters Gnadenthal in der Spalenvorstadt zu Basel • ∞1618 mit Angelika Ringler[10] • Ⓚ zwölf u.a.: Sebastian[11] (*1624); Albert Valentin [12] (*1626); Christoph[13] (*1631); Johann Jacob[14] (*1632); Ursula[15] (*1635); Johann Wernhard[16] (*1640) • +05.08.1657

---

[1] Jakob Meyer zum Hirzen (*1563 Basel, +1610 Basel) • Ⓥ Jakob Meyer zum Hirzen (1525-1604) Ⓜ Agnes Capito (1533-1610)

[2] Barbara Henric-Petri (*1568 Basel, +1610 Basel) • Ⓥ Adam Henric-Petri (1543-1587) Ⓜ Katharina Rieher (1544-1587)

[3] Gertrud Beck • ∞1663 mit Georg Jacob Mieg

[4] Franciscus Beck (???-1674) • ∞ mit Rosina Faesch • +1674

[5] Jacob Beck (1614-1677) • *1614 • ∞I 1638 mit Barbara Zärnlin (1612-1667) • ⓀChristoph (???-1676); Albert Valentin • ∞II 1668 mit Ursula Im Hof (1631-1674), Tochter von Niklaus Im Hof und Elisabeth Wix • +1677

[6] Sebastian Beck (1618-1638) • *1618 • +1638

[7] Barbara Beck (1621-1685) • *03.06.1621 • ∞1641 mit Johann Jakob Merian • +11.03.1685

[8] Albert Beck (1627-1677) • *1627 • ∞1688 Magdalena Felgner • +1677

[9] Christoph Beck (1631-1696) • *1631 • ∞I mit Anna Fries, Tochter von Hans Caspar Fries und Anna Schönauer • ∞II Magdalena Leucht (1645-1707) • +1696

[10] Angelika Ringler • Ⓥ Wernhard Ringler (1570-1630), Predigerschaffner und Bürgermeister • Ⓜ Angela d´Annone (1574-1652)

[11] Sebastian Beck (1624-???) • *1624 • ∞1649 mit Catharina Kramer • Ⓚ Albert Valentin

[12] Albert Valentin Beck (1626-1677) • *1626 • +1677

[13] Christoph Beck (1631-1695) • *31.01.1631 • ∞1663 mit Anna Maria Hechtmeyer • Ⓚ Angela ∞1721 mit Leonhard Oser; Jakobea (1664-1728) ∞1689 mit Samuel Uebelin; Angela (1673-1721) ∞ mit Johann Stückelberger • +1695

[14] Johann Jacob Beck (1632-1666) • *1632 • ∞1659 mit Maria Barbara Noll (*1636) • Ⓚ Hans Jakob • +1666

[15] Ursula Beck (1635-1667) • *1635 • ∞1654 mit Bonifacius Lichtenhahn • +1667

[16] Johann Wernhard (1640-???) • *1640 • ∞1664 mit Elisabeth Ramspeck (1640-1700) • Ⓚ Hans Georg; Benedikt (*1664)

• Catharina Beck[#1.434l] (1596-1610) • *13.12.1596 Basel • ∪ev 17.12.1596 Basel (St. Alban) • +20.11.1610

#1.435   Rippel, Margareta (1574-1610)

Ⓥ Hans Burkhart Rippel[#2.870] (1545-1592) • Ⓜ Brigitta Knecht[#2.871] (1539-1607) • ∪25.12.1574 Basel (St. Peter) • ∞ 1596 Basel mit Hans Jakob Beck[#1.434] (1573-1632) • Ⓚ Margaretha[#717a] (*1597 Basel), Ursula[#717] (*1599 Basel), Maria[#717b] (*1604 Basel), Catharina[#717c] (*1608 Basel) • +11.11.1610 Basel • □Basel (St. Martin)

#1.436   Mitz, Robert (1577-1639)

Ⓥ Andreas Mitz[#2.872] (1541-1601) • Ⓜ Elisabeth Both[#2.873] (1556-1616) • *27.05.1577 Köln • ∞I 1607 Hanau mit Anna (de) Lescaillet[#1.437] (1589-1614) • Ⓚ Robert[#718] (*1609), Daniel[#718a] (*1614) • ∞II 22.08.1617 Frankfurt/Main mit Anna Plénis (*1594 Frankfurt, +1676 Basel) • Ⓚ Elisabeth[#718b] (*1624); Susanna[#718c] (*1627); Andreas[#718d] (*1633) • +25.09.1639 Basel • □Basel (St. Peter)

Bürger zu Frankenthal • Bürger und Kaufmann in Köln, Frankfurt/Main, Hanau und seit 1630 zu Basel • Glaubensflüchtling • 1630 Bürgerrecht zu Basel • 26.11.1630 „begehrt er Vertröstung mit Beistand seines Schwagers, des Seidenhändlers Rafnz Brunnschwyller d. J." • 02.08.1631 Zunftkauf Safran, jedoch mit Ausschluss seiner Söhne (Sfz. 7a, Sfz. 26, 82) • Robert Mitz war es, der die «florissante niederländische und englische warenhandlung zu grossem nutzen unserer stadt stabilisierte» (Leichenpredigt auf seinen Enkel, den Handelsmann Benedikt Mitz)

Grabschrift von 1639 in St. Peter zu Basel nach Johannes Tonjola: „Basilea Sepulta retecta continuata" (1661), S. 167: „An. 1639. Epitaph / Allhier ruhet dem Leib nach / der Ehrenvest und Vornehm Herr Robert MITZ der Elter / Burger und Wohlberühmter Handelsmann allhier / welchem Gott sein Geburts Statt zu Coelln / sein Ruhbeth aber allhier zu Basel bestimmt hat. Lebet in zweyfachem Ehestand in frieden fromblich gegen Gott / und auffrichtig gegen seinen Nechsten / zu Ehrengedächnuß hat ihme sein betrübte hinderlassene Fraw Wittib / Anna PLENIS diese Grabschrifft verzeichnet: Starb nach außgestandener mühseligen Bilgerfahrt den 25. Septembr. 1639, seines alters im 62. Jahr." Auf dem Grabstein: "Hie ruhet in Christo / der Ehrenvest und Fürnem Herr Robert MITZ / gewesener Burger und Handelsman allhier / seines alters 62 Jahr und 6 Monath / starb seliglich den 25. Septembr. 1639, deme Gott eine fröliche Aufferständnuß bescheren wölle."

- Jeremias Mitz[#1.436a] (1585-1635) • ∞1620 mit Gertrud Schreiber

- Ester Mitz[#1.436b] (1594-1657) • ∞I 1623 mit Adolf Ortmann[1] (1594-1637) • Ⓚ Jeremias; Gertrud (*1624) • ∞II 1640 mit Nicolaus Bischoff (1581-1650), Sohn von Nikolaus Bischoff und Judith Burckhardt

#1.437 Lescaillet, Anna (1589-1614)

Ⓥ Christoph de Lescaillet[#2.874] (???-1617) • Ⓜ Anna de Famars[#2.875] (???-~1589) • ∪02.02.1589 Frankfurt/Main • ∞1607 Hanau mit Robert Mitz[#1.436] (1577-1639) • Ⓚ Robert[#718] (*1609); Daniel[#718a] (*1614) • +1614 Hanau

#1.438 Obermeyer, Germanus (German) (1588-1655)

Ⓥ Hans Jakob Obermeyer[#2.876] (1550-1613) • Ⓜ Maria Magdalena Iselin[#2.877] (1554-1594) • ∪30.04.1588 Basel • ∞I 20.04.1614 Basel (St. Peter) mit Magdalena Verzasca[#1.439] (1594-1628) • Ⓚ Dorothea[#719] (*1619) • ∞II 05.07.1629 Basel (St. Peter) mit Susanna Burckhardt (*15.11.1607 Basel, +nach 1661) • +01.05.1655 Basel

1604 immatrikuliert zu Basel in Medizin • 03.06.1606 Vordiplom • 12.05.1608 Magister • 19.12.1613 Dr. med. • Bildungsreise durch Deutschland, Frankreich und Italien • 02.02.1630 Professor der Mathematik an der Universität zu Basel • 1635 Rektor der Universität Basel • 14.03.1654 Administrator des Oberen Kollegs Basel (Präpositus des Alumneums) • Stadtarzt zu Basel

---

[1] Adolf Ortmann (1594-1637) • Ⓥ Caspar Ortmann • Ⓜ Sibilla Karsch • *1594 • +1637

#1.439 **Verzasca, Magdalena (1594-1628)**
(Verzascha, Warzascha)

Ⓥ Samuel Verzasca[#2.878] (1564-1610) • Ⓜ Dorothea Zwinger[#2.879] (1573-1610) • ∪20.08.1594 Basel • ∞I 20.04.1614 Basel (St. Peter) mit Germanus Obermeyer[#1.438] (1588-1655) • Ⓚ Dorothea[#719] (*1619) • +1628 Basel

Die Familie Verzasca ist als Glaubensflüchtlinge im 16. Jahrhundert aus dem Tessiner Verzascatal nach Basel emigriert.

#1.440 **Geßner, Kaspar (1565-1628)**

Ⓥ Melchior Geßner[#2.880] (˜1536-1581) • Ⓜ ??? • *1565 • ∞ mit NN • Ⓚ Georg[#720] (*1627 Scheibenberg/Sachsen) • +22.04.1628 Scheibenberg/Sachsen

Bürger und Fleischermeister

#1.442 **Cunrad, Friedrich (???-1638)**

Ⓥ ??? • Ⓜ ??? • ∞ mit NN • Ⓚ Friederika Susanna[#721] (*˜1607 Wassertrüdingen) • +08.06.1638 Scheibenberg/Sachsen

Bürger und Musikant in Scheibenberg/Sachsen

#1.444 **Raab, Johannes (1568-1632)**
(Rabius)

Ⓥ Hans Raab[#2.888] (???-ᐳ1596) • Ⓜ Margaretha Uhl[#2.889] (???-ᐳ1587) • *Ansbach • ∪23.05.1568 Ansbach • ∞07.12.1596 Ansbach mit Anna Feuerlein[#1.445] (˜1575-???) • Ⓚ Michael[#722] (*1600) • +23.12.1632 Pappenheim

02.05.1592 immatrikuliert zu Wittenberg • 1597 ev. Pfarrer zu Weißenbronn • 1613 ev. Pfarrer zu Roßfeld bei Crailsheim • 1615 Hofprediger und Dekan zu Pappenheim in Mittelfranken

#1.445   Feuerlein, Anna (~1575-???)

Ⓥ Johannes Feuerlein[#2.890] (1530-1582) • Ⓜ Elisabeth NN[#2.891] (1545-1592) • *~1575 Roth/Nürnberg • ∞07.12.1596 Ansbach mit Johannes Raab[#1.444] (1568-1632) • Ⓚ Michael[#722] (*1600)

#1.446   Ziegler, Caspar (~1565-1613)

Ⓥ Caspar Ziegler[#2.892] (1536-1588) • Ⓜ Margareta Köler[#2.893] (1540-1588) • *~1565 Crailsheim • ∞03.03.1590 Crailsheim mit Margareta Schweicker[#1.447] (1573-1609) • Ⓚ Maria Cordula[#723] (*1604) • □24.08.1613 Crailsheim

Amtsvogt zu Crailsheim

#1.447   Schweicker, Margareta (1573-1609)

Ⓥ Hanns Schweicker[#2.894] (1549-1593) • Ⓜ Margareta NN[#2.895], verwitwete Hoffmann • ∪18.01.1573 Crailsheim • ∞03.03.1590 Crailsheim mit Caspar Ziegler[#1.446] (1565-1613) • Ⓚ Maria Cordula[#723] (*1604) • □29/30.04.1609 Crailsheim

#1.448   Hußwedel, Johann
                         (Huswelle, Guswelle)

Ⓥ Hermann Huswedel[#2.896] • Ⓜ ??? • *Stadthagen • ∞I ˂1562 mit Alheit NN, Miterbin des Immeke, Witwe des Bäckermeisters Borcherdes • ∞II zwischen 1565 und 1568 Hamburg mit Margarete Grave[#1.449] • Ⓚ Conrad[#724] (*1578) • +˂01.12.1592 Hamburg

Bäckermeister zu Steinfeld, dann zu Hamburg

#1.449   Grave, Margarete

Ⓥ Hinrich Grave[#2.898] • Ⓜ ??? • ∞II zwischen 1565 und 1568 Hamburg mit Johann Hußwedel[#1.448] • Ⓚ Conrad[#724] (*1578) • +>03.07.1612 Hamburg

#1.450   Kayser, Christoph (1545-1592)

Ⓥ Christoph Kayser[#2.900] (???-<1572) • Ⓜ Anna Knoll[#2.901] (<1569-???) • *1545 Ansbach • ∞I mit NN • ∞II 29.08.1586 Ansbach mit Margarete Tettelbach[#1.451] (1565-1623) • Ⓚ Anna Margareta[#725] (*1590 Ansbach) • +1592 Ansbach

Markgräfl. Brandenburg-Ansbachischer Kammerrat zu Ansbach

#1.451   Tettelbach, Margarete (1565-1623)

Ⓥ Johann Baptista Tettelbach[#2.902] (1500-1568) • Ⓜ Hedwig Megersheimer[#2.903] (1532-~1580) • *1565 Ansbach • ∞29.08.1586 Ansbach mit Christoph Kayser[#1.450] (1545-1592) • Ⓚ Anna Margareta[#725] (*1590 Ansbach) • +1623 Ansbach

▪ Maria Tettelbach[#1.451] (<1562-1634) • *<14.11.1562 Ansbach • ∞18.07.1586 mit Johannes Strebel[1] (>1555-1633) • Ⓚ Anna Maria[2] (*1592) • +09.11.1634 Ansbach

#1.452   Kern, Kaspar (???-<1638)

---

[1] Johannes Strebel (>1555-1633) • Ⓥ Johann Strebel (~1535-1585), *~1535 Markt Bergel, +09.05.1585 Ansbach, Sohn von Ambrosius Strebel (1500-1568) und Elisabeth NN (???-<1553) • Ⓜ Barbara Flaischmann (1535-1593), *1535 Rothenburg o. T., +29.03.1593 Uffenheim • *>Juli 1555 Uffenheim • +29.06.1633 Ansbach
[2] Anna Maria Strebel (1592-1679) • *14.04.1592 • ∞ 29.05.1598 mit Lorenz Laelius (1572-1634), *15.04.1572 Kleinlangheim, +26.07.1634 Ansbach • Ⓚ Margharetha Barbara (1622-1669), *26.11.1622 Ansbach, +03.09.1669 Crailsheim, ∞30.07.1649 Ansbach mit Johann Geret (1621-1675) • +16.02.1679

Ⓥ ??? • Ⓜ ??? • ∞ mit NN • Ⓚ Kaspar[#4.822] • +<17.07.1638 Marktscheinfeld

Bürger und Ratsherr zu Marktscheinfeld

#1.454   Venediger, Ephraim (~1587-1629)

Ⓥ Joseph Venediger[#2.908] (1540-1618) • Ⓜ Anna Bugges[#2.909] (1561-1629) • *~1587 Furstenwalde/Spree • ∞24.11.1612 Ansbach mit Barbara Tettelbach[#1.455] (1593-<1633) • Ⓚ Maria Barbara[#727] (*1615 Ansbach) • +22.12.1629 Blaufelden

Markgräfl. Brandenburg-Ansbachischer Kastner zu Wiesenbach bei Blaufelden

#1.455   Tettelbach, Barbara (1593-<1633)

Ⓥ Veit Erasmus Tettelbach[#2.910] (1550-1605) • Ⓜ Helena Wolf[#2.911] • *Ansbach • ∪04.11.1593 Ansbach • ∞24.11.1612 Ansbach mit Ephraim Venediger[#1.454] • Ⓚ Maria Barbara[#727] (*1615 Ansbach) • +<03.08.1633 Blaufelden

#1.460   Friede, Andreas (1569-???)

Ⓥ Matthes Friede[#2.920] • Ⓜ ??? • *24.03.1569 Gotha • ∞03.06.1599 Gotha mit Barbara Poppe[#1.461] • Ⓚ Andreas[#730] (*1601 Gotha)

Bürger zu Gotha

#1.461   Poppe, Barbara

Ⓥ Martin Poppe[#2.922] • Ⓜ ??? • *Gotha • ∞03.06.1599 Gotha mit Andreas Friede[#1.460] (1569-???) • Ⓚ Andreas[#730] (*1601 Gotha)

#1.462   **Becke, Hans**

Ⓥ ??? • Ⓜ ??? • ∞<1609 mit NN Hartung[#1.463] (???-1609) • Ⓚ
Katharina[#731] (*1609 Gotha)

Einwohner zu Gotha

#1.463   **Hartung, NN (???-1609)**

Ⓥ Adam Hartung[#2.926] • Ⓜ ??? • ∞<1609 mit Hans Becke[#1.462] • Ⓚ
Katharina[#731] (*1609 Gotha) • +1609 Gotha

#1.464   **Heim, Johann**

Ⓥ ??? • Ⓜ ??? • ∞ mit Margareta Reyher[#1.465] • Ⓚ Caspar[#732] (*1588 Suhl)

Weinhändler und Gerichtsherr zum Heinrichs bei Suhl/Thüringen

#1.465   **Reyher, Margareta**

Ⓥ ??? • Ⓜ ??? • ∞ mit Johann Heim[#1.464] • Ⓚ Caspar[#732] (*1588 Suhl)

#1.466   **Kerner, Johann**

Ⓥ ??? • Ⓜ ??? • ∞ mit NN Lessnafft[#1.467] • Ⓚ Barbara[#733] (*1593 Suhl)

Bürger und Weinhändler zu Suhl in Thüringen

#1.467   **Lessnafft, NN**

Ⓥ ??? • Ⓜ ??? • ∞ mit Johann Kerner[#1.466] • Ⓚ Barbara[#733] (*1593 Suhl)

#1.468   **Klett, Sebastian**

Ⓥ ??? • Ⓜ ??? • ∞ mit Margareta Trutschel[#1.469] • Ⓚ Veit[#734]

Hammer und Rohrschmiedemeister in der Lauter bei Suhl

#1.469   Trutschel, Margareta

Ⓥ ??? • Ⓜ ??? • ∞ mit Sebastian Klett[#1.468] • Ⓚ Veit[#734]

#1.470   Stockmar, Johann

Ⓥ ??? • Ⓜ ??? • ∞ mit Osanna Schröter[#1.471] • Ⓚ Barbara[#735]

Bürger und Weißbäckermeister zu Suhl

#1.471   Schröter, Osanna

Ⓥ ??? • Ⓜ ??? • ∞ mit Johann Stockmar[#1.470] • Ⓚ Barbara[#735]

#1.472   Hartert (Hartardt), Andreas (1571-1630)

Ⓥ Wilhelm Hartert[#2.944] (1530-1575) • Ⓜ Juliane Theiß[#2.945] (1553-1623) • *~1571 Ebersbach an der Dill • ∞19.03.1592 Dillenburg mit Juliane Wilhelmine Zepper[#1.473] (???->1607) • Ⓚ Anna[#736a] (*1593 Dillenburg); Hans Philipp[#736b] (*1594 Dillenburg); Godtfried[#736c] (*1598 Dillenburg); Johann Karl[#736d] (*~1603 Diez); Anton[#736] (*1607 Diez); Anna Katharine[#736e] (*Diez) • +23.03.1630 Diez/Lahn

bis 1588 Schüler an der Lateinschule in Dillenburg • 1580 Pädagogium zu Herborn • 1590 stud. jur. in Herborn • seit 1592 Kanzleiverwalter zu Dillenburg • 1599 Stadt- und Landschreiber zu Hadamar und Ellar • 27.11.1600 bis 1630 Landschreiber der Grafschaft Diez • führt 1618 ein Ringsiegel mit dem Hartertschen Wappen (auf Handschriften und Briefen im Staatsarchiv Wiesbaden)

„Ehere Grabtafel des Ehemanns in der Stadtkirche zu Herborn, der Ehefrau außen an der Kirche" (DGB Bd 121 (1956), Geschlecht Hartert, S. 185-186)

• Anna Maria Hartert[#1.472a] (~1574-1643) • *~1574 • ∞I 03.02.1595 Dillenburg mit Albert Hankrodt[1] (???-1605) • Ⓚ Anna Juliana[2] (*Dillenburg); Philipp[3] (*1598); Johann Jakob[4] (*~1600); Hans Henrich[5] • ∞II 11.05.1607 Dillenburg mit Henrich Petri[6] (???-1646) • Ⓚ Philipp Henrich[7] • +1643 Siegen

Halbschwester aus der 1576 geschlossenen zweiten Ehe der Mutter Juliane Theiß[#2.945] (1553-1623) mit Erasmus Stöver[8] (1545-1616)

• Anna Stöver[#1.472b] (1584-1635) • *1584 Dillenburg • ∞1616 Dillenburg mit Philipp Heinrich v. Hoen[9] (1576-1649) • Ⓚ Katharina[1]; Magdalena[2];

---

[1] Albert Hankrodt (???-1605) • Ⓥ Simon Hankrodt • 1584 immatrikuliert zu Herborn • gräfl. Nass. Rentmeister zu Herborn • +06.09.1605 Dillenburg

[2] Anna Juliana Hankrodt (*Dillenburg, ᴗ27.02.1596, +um 1635); ∞28.10.1612 Siegen mit Johannes Dilthey (*um 1587/88 Siegen, +um Jahreswende 1639/40 Hilchenbach), Keller zu Siegen, seit 1627 Rentmeister zu Hilchenbach

[3] Philipp Hankrodt (1598-???) • ᴗ06.08.1598 • 1615 immatrikuliert zu Herborn • 1617 immatrikuliert zu Marburg • Keller zu Dillenburg • Landschreiber zu Siegen • ∞19.11.1626 Dillenburg mit Demuth Schickhard, Tochter von Philipp Schickhard (Hofmeister zu Keppel)

[4] Johann Jakob Hankrodt (~1600-1638) • *~1600 • seit 1627 Oberförster zu Siegen • +23.06.1638 Siegen

[5] Hans Henrich Hankorodt • Oberförster zu Siegen als Nachfolger seines Bruders • seit ~1633 Schultheiß zu Siegen

[6] Henrich Petri (???-1646) • Ⓥ Simon Petri (???-1589), 1571 Küchenschreiber zu Dillenburg, 1579 Gerichtsschreiber zu Haiger, 1583-1589 Keller zu Dillenburg, +1589 Dillenburg • Ⓜ Katharina Vogt aus Gießen • bis 1591 Schüler der Lateinschule zu Dillenburg • bis 1593 Schüler des Pädagogiums zu Herborn • 1593 Student • 1627 wird er katholisch • Geheimer Rat und Sekretarius der Grafen Johann d. Mittleren in Dillenburg und Johann d. Jüngeren von Nassau in Siegen • +Mai 1646 Siegen

[7] Philipp Henrich Petri • 1638 Forstbeamter zu Siegen

[8] Erasmus Stöver (???-1616) • Ⓥ Mag. Anton Stöver, Oberschulmeister zu Dillenburg, +01.07.1656 • Ⓜ Agnes Knüttel • *~1545 • 1562 immatrukuliert zu Marburg, 1565 immatrikuliert zu Wittenberg • seit 1576 Kammerschreiber zu Dillenburg • seit 1588 Geheimer Kammerrat zu Dillenburg • +20.06.1616

[9] Philipp Heinrich v. Hoen (1576-1649) • Ⓥ Anton Hoen • Ⓜ Anna Camberger • *23.07.1576 Diez/Lahn • Jurist, Hofmeister, Professor, Kanzleidirektor, Geheimer Rat • ∞II 1636 Dillenburg mit Elisabeth v. Selbach-Zeppenfeld (???-1648) • +28.04.1649 Frankfurt/Main

Erasmus[3]; Philipp Heinrich[4]; Anna Kunigunde Jacobe[5] (*1619 Dillenburg); Anton • +02.05.1635 Dillenburg • □07.05.1635 Dillenburg

#1.473   Zepper, Juliane Wilhelmine (???-ᐳ1607)

Ⓥ Wilhelm Zepper[#2.946] (1550-1607) • Ⓜ Gutha Hatzfeld[#2.947] (1555-1607) • *Herborn • ∞19.03.1592 Dillenburg mit Andreas Hartert (Hartardt)[#9.665] (1571-1630) • Ⓚ Anna[#736a] (*1593 Dillenburg); Hans Philipp[#736b] (*1594 Dillenburg); Godtfried[#736c] (*1598 Dillenburg); Johann Karl[#736d] (*~1603 Diez); Anton[#736] (*1607 Diez); Anna Katharine[#736e] (*Diez) • +ᐳ1607

• Martin Konrad Zepper[#1.473a] (1589-1667) • *1589 • wird nach dem Tod der Eltern vom engen Freund der Eltern Siegmund Follen, Rektor der Universität Gießen, adoptiert • Studium der kath. Theologie • Priesterweihe • Bischof von Fulda • 1650 Ernennung zum Kardinal durch Papst Innozenz X. (1574-1655) • +1667

• Bartholomäus Zepper[#1.473b] • Student in Marburg und Erfurt • 1601 Jura-Professor • Ratsmeister und Syndikus in Erfurt

#1.474   Badenhausen, Johannes (???-ᐸ1639)

Ⓥ Wolf Badenhausen[#2.948] (1565-1629) • Ⓜ Katharina Quantz[#2.949] (1578-1632) • ∞ᐸ1620 Grebenstein mit Elisabeth Wetzel[#1.475] (1597-

---

[1] Katharina v. Hoen • ∞1634 Dillenburg mit Hermann Vigelius (~1601-1653), Feldprediger, dann Hofprediger in Dillenburg

[2] Magdalena v. Hoen • ∞16.11.1630 Dillenburg mit Albert Friedrich Knopp (1606-1636), Professor der Medizin

[3] Erasmus v. Hoen (???-1631) • Jurist, Soldat• +1631 Venedig

[4] Philipp Heinrich v. Hoen (???-1634) • Jurist, Fähnrich • +05.02.1634 Ruffach/Elsass

[5] Anna Kunigunde Jacobe v. Hoen (1619-ᐳ1663) • ᴗev-ref. 07.03.1619 Dillenburg • ∞12.05.1640 Dillenburg mit Philipp Heinrich Manger (~1600-1654), Kaiserlicher Notar und Dillenburger Stadtschreiber • Ⓚ Johann Heinrich; Katharina Elisabeth (*1641); Philipp Martin (*1643); Johann Wilhelm (*1645); Philipp Henrich (*1648); Anna Maria (*1650) • +ᐳ1663 Dillenburg

1660) • Ⓚ Maria Katharina[#737] (*1620); Margarethe[#737a] (~1627) •
+<05.04.1639 Grebenstein

Bürgermeister zu Grebenstein

#1.475   Wetzel, Elisabeth (~1597->1660)

Ⓥ Franziskus Wetzel[#2.950] (1561-1650) • Ⓜ Katharina Badenhausen[#2.951]
(1565-1620) • *~1597 Grebenstein • ∞I <1620 Grebenstein mit Johannes
Badenhausen[#1.475] • Ⓚ Maria Katharina[#737] (*1620); Margarethe[#737a]
(~1627) • ∞II ~1639 mit Henrich Scherff[1] (~1607-1653) • +>Oktober
1660 Grebenstein

▪ Anna Wetzel[#1.475a] (~1587-1632) • *~1587 Grebenstein • ∞I ~1605 mit
Johannes Scherff[2] (*um 1590, □18.06.1620 Hofgeismar) • Ⓚ Johannes[3]
(*~1604); Margarete[4] (*1621) • ∞II 19.11.1621 Hofgeismar mit Johann
Kanngießer[5] (*~1587) • +01.11.1632 Hofgeismar

▪ Heinrich Wetzel[#1.475b] (1589-1632) • *Juni 1589 Grebenstein • Schüler
in Kassel • 1605 Studium in Herborn und Marburg • Reisen durch
Frankreich, England, die Niederlande, Schweiz und Italien • beendet
Studium in Heidelberg und Marburg • Dr. theol. in Marburg • Professor
am Collegium Mauritianum in Kassel • 1620-1629 Stiftspfarrer,
Inspektor und Rektor des Gymnasiums in Hersfeld • 1629 vertrieben
aus Hersfeld • 1631 Rückkehr nach Hersfeld • ∞17.02.1622 Kassel mit

---

[1] Henrich Scherff (~1607-1653) • *~1607 • Bürgermeister in Hofgeismar • +18.11.1653
Hofgeismar

[2] Johannes Scherff • 1608 immatrikuliert zu Marburg, Schulherr und Ratsherr in
Hofgeismar

[3] Johannes Scherf (~1604-1666) • *~1604 • 1622 immatrikuliert zu Marburg • 1628 und
1644 Bürgermeister in Hofgeismar • +02.07.1666 Hofgeismar

[4] Margarete Scherf (1621-1666) • get 07.01.1621 Grebenstein • ∞03.12.1635 mit
Philipp Badenhausen, Stadtschreiber und Bürgermeister in Grebenstein • +06.09.1666
Grebenstein

[5] Johann Kanngießer (*um 1587) • 1606 immatrikuliert zu Marburg • 1620 Einwohner
von Grebenstein • 1621 Bürgermeister in Hofgeismar • ∞I um 1615 mit NN NN
(□14.06.1620 Grebenstein) • ∞II mit Anna Wetzel (*um 1587 Grebenstein,
+01.11.1632 Hofgeismar)

Anna Jungmann (*10.03.1598 Kassel, +29.09.1665 Kassel), Tochter des Bürgermeisters Dr. jur. Hieronymus Jungmann[1] in Kassel • +19.06.1632 Hersfeld

■ Thomas Wetzel[#1.475c] (1591-1658) • *1591 Grebenstein • 1605 immatrikuliert am Paedagogium in Herborn und 1606 in Marburg • 01.03.1614-1618 Hofdiakonus in Kassel und Lehrer an der fürstlichen Hofschule • 1618-1624 Pfarrer in Kassel Altstadt 1 an der Brüderkirche • 1623-1634 Professor am Collegium Adolphinum in Kassel • 1634-1652 Pfarrer und Dekan in Kassel-Freiheit • 12.03.1656-1658 Superintendent in Kassel • ∞I 23.10.1615 Kassel-Altstadt mit Elisabeth Klein (*um 1597, □03.10.1637 Kassel-Freiheit), Tochter des Dr. jur. Johannes Klein in Kassel und Sophie Sixtinus • ∞II 16.05.1639 Kassel-Freiheit mit Catharina Breul (+30.03.1762 Kassel)[2], Tochter des Rentmeisters Engelhard Breul in Sontra und Juliane Zoller aus Speckswinkel • +03.05.1658 Kassel, 67 Jahre alt

■ Orthia (Dorothea) Wetzel[#1.475d] (~1593-1624) • *~1593 • ∞21.07.1617 Grebenstein (?) mit Conrad Vilmar (*~1586 Immenhausen, +1624 Grebenstein, 38 Jahre alt), Sohn des Augustin Vilmar (Ratsherr in Immenhausen) • +1624 Grebenstein, verstorben an der Pest mit der ganzen Familie

■ Gertrud Wetzel[#1.475e] (~1595-1621) • *~1595 • ∞<1612 mit Georg Heinrich Haxthausen[3], Rentmeister in Trendelburg • Ⓚ Thomas[4] (*1612 Trendelburg); Henricus[5] (*1618 Trendelburg); Dorothea[6] (*1619

---

[1] Bürgermeister in Kassel: 1606-1609 Johannes Kleinschmidt, 1610-1612 und 1616 Hieronymus Jungmann, 1613 und 1618 Johann Beckmann, 1615-1616 sowie 1619 und 1622 Friedrich Didamar

[2] Catharina Breul • ∞I Superintendent Paul Stein • ∞II Superintendent Caspar Josephi

[3] Georg Heinrich Haxthausen • ∞II 04.06.1622 Korbach mit Anna Dorothea Elisabeth Spiermann • ∞III 07.11.1627 Trendelburg mit Catharina Vilmar aus Grebenstein

[4] Thomas Haxthausen (get. 07.06.1612 Trendelburg, □01.10.1618 Trendelburg)

[5] Henricus Haxthausen (get. 30.08.1618 Trendelburg, +vermutlich als Kleinkind) • Taufpate ist Herbolt Haxthausen, Rentmeister von Hofgeismar

[6] Dorothea Haxthausen (Zwilling) (get. 05.09.1619 Trendelburg, □12.05.1620) • Taufpatin sind Anna Wetzel (Ehefrau von Johann Scherff in Hofgeismar) und Dorothea Becker (Ehefrau von Pfarrer Georg Hein)

Trendelburg); Anna[1] (*1619 Trendelburg); Franziscus • +25.04.1621 Trendelburg

▪ Johannes Wetzel[#1.475f] (~1599-1627) • *~1599 • als stud. jur. immatrikuliert in Kassel und 1620 in Marburg • Braut: Catharina Vilmar[2] • +12.07.1627 Kassel-Altstadt, 28 Jahre an Schwindsucht

#1.476 Wetzel, Johannes Heinrich (1585-1640)

Ⓥ Konrad Wetzel[#2.952] (1560-1620) • Ⓜ Dorothea Amelung[#2.953] (1565-1647) • *~1585 Grebenstein • ∞<1619 mit Maria Magdalena Hesse[#1.477] • Ⓚ Johannes[#738] (*1619); Johann Christoph[#738a] (*1624); Bernhard[#738b] • □01.05.1640 Gottsbüren

Rentmeister zu Sababurg • 1622 Ratsherr zu Grebenstein • 1630 Rentmeister zu Grebenstein

▪ Margaretha Wetzel[#1.476a]

#1.477 Hesse, Maria Magdalena (???-<1641)

Ⓥ Georg Hesse[#2.954] (~1544-1607) • Ⓜ Katharina v. Winter-Kappel-Rommershausen[#2.955] (???-<1593) • aus Kassel • ∞<1619 mit Johannes Heinrich Wetzel[#1.476] (1585-1640) • Ⓚ Johannes[#738] (*1619); Johann Christoph[#738a] (*1624); Bernhard[#738b] • +<1641 Grebenstein

#1.478 Schmalz, Johannes (~1597-1694)

Ⓥ Valentin Schmalz[#2.956] (1555-1622) • Ⓜ Anna Maria Schreiber[#2.957] (1557-1628) • ~1597 Sontra • ∪ev • konf. 1611 Sontra • ∞I ev 24.04.1623 Kassel (Unterneustadt) mit Gertrud Stöckenius[#1.479] (1603-1654) • Ⓚ Dorothea[#739] (*1625); Johannes[#739a] (*1626 Kassel);

---

[1] Anna Haxthausen (Zwilling) (get. 05.09.1619 Trendelburg) • Ostern 1633 konf. Trendelburg

[2] Catharina Vilmar • ∞I mit Franz Eckemann, Pfarrer in Oberkaufungen • ∞II 07.11.1627 mit Witwer Georg Henrich Haxthausen • ∞III 1633 mit Johannes Heiser

Christina[#739b] (*~1629 Elbenberg); Anna Gertrud[#739c] (*1635 Elbenberg); Maria Magdalena[#739d] (*1639 Grebenstein); NN[#739e] als Kleinkind verstorben, Anna Barbara[#739f] (*1642 Grebenstein); Franziskus[#739g] (*1646 Grebenstein) • ∞II 10.10.1655 Grebenstein mit Martha Haarsack[1] (~1592-1665) • Ⓚ keine • ☐ev 27.09.1694 Grebenstein

1616 immatrikuliert zu Marburg • 1622-1625 Schulkantor Kassel/Unterneustadt • 1625-1636 ev. Pfarrer zu Elben und zugleich Altenstädt und Altendorf • 1636-1660 Diakonus zu Grebenstein • Januar 1637 Einrichtung eines neues Kirchenbuches in Grebenstein • 1638 vergebliche Bewerbung um Kassel-Neustadt • 1646 beschwert sich beim Oberamtmann Johann v. Uffeln über seine Besoldung 04.05.1653 als „amicus noster" Gast auf dem Konvent in Elben • 1656 unterschreibt er die synodalen Bedenken der Generalsynode zu Kassel in Betreff der neuen Kirchenordnung • 23.03.1660-1694 ev. Pfarrer und Metropolitan zu Grebenstein, nachdem sein Vorgänger Conrad Kersting[2] einen Schlaganfall erlitten hat • 1686 er muss wegen seiner Altersschwäche die Kandidaten Franz Schotte und Johann Justus Mogge zu Adjunkten nehmen • sein Nachfolger als Pfarrer in Grebenstein wird Johann Henrich Deichmann[3]

---

[1] Martha Haarsack (~1592-1665) • *~1592 • ∞ mit Landsknecht Michael Schnarre • +27.04.1665 Elben • ☐01.05.1665 Grebenstein

[2] Conrad Kersting (~1589-1661) • *~1589 Grebenstein • 1606-1609 immatrikuliert in Marburg als Stipendiat der Stadt Grebenstein • 1609-1616 Rektor in Grebenstein • 1616-1627 ev. Pfarrer in Hümme, hat dort Streit mit den Bauern wegen des Beiern, des Geläuts an hohen Festtagen; die Bauern wollen diese besondere Läuteweise beibehalten, der Pfarrer will sie als katholisch abschaffen • 1627-1635 Diakonus in Grebenstein • 1636-1661 ev. Pfarrer und Metropolitan in Grebenstein • er wird Zeuge der Zerstörung Grebensteins am 12.05.1637 mit Stadtkirche, Schule und 242 Häusern durch die Kroaten des Obersten Beigott • ∞<1624 mit Martha Margarete Schreder (???-1665), ☐17.05.1665 Grebenstein, Tochter von Detmar Schreder (Ratsverwandter in Grebenstein) • Ⓚ neun • ☐01.07.1661 Grebenstein

[3] Johann Henrich Deichmann (1627-1717) • Ⓥ Johannes Deichmann (1674-???), *16.12.1674 Grebenstein, Bürgermeisters zu Grebenstein • *06.10.1627 Grebenstein • ∪ev • 04.10.1647 immatrikuliert zu Kassel • 1657-1675 Schulkollega, Ludimoderator und Praeceptor scholae in Grebenstein und zugleich 1660-1694 ev. Pfarrer in Schachten und um 1673 dem Grebensteiner Kaplan adjungiert • 1675-1694 auch

▪ Valentin Schmalz[#1.478a] (~1555-<1623) • *~1555 • ∪ev • wird durch seine Heirat als Auswärtiger 1577 Bürger in Sontra • Löbermeister, seit 1608 Ratsverwandter, seit 1616 Bürgermeister in Sontra • ∞~1577 mit Anna Maria Schreiber[1] (~1557-1628) • +<1623 Sontra

#1.479　　　　　**Stöckenius, Gertrud (1603-1654)**
#742b

Ⓥ Henrich Stöckenius[#1.484/#2.958] (1575-1635) • Ⓜ Elisabeth Uloth[#1.485/2.959] (1577-1651) • *14.09.1603 Kassel • ∪ev 21.09.1603 Kassel (Freiheit) • ∞ev 24.04.1623 Kassel (Unterneustadt) mit Johannes Schmalz[#1.478] (~1597-1694) • Ⓚ Dorothea[#739] (*1625); Johannes[#739a] (*1626 Kassel); Christina[#739b] (*~1629 Elbenberg); Anna Gertrud[#739c] (*1635 Elbenberg); Maria Magdalena[#739d] (*1639 Grebenstein); NN[#739e] als Kleinkind verstorben, Anna Barbara[#739f] (*1642 Grebenstein); Franziskus[#739g] (*1646 Grebenstein) • +23.09.1654 Grebenstein • □ev 27.09.1654 Grebenstein

▪ Clara Stöckenius[#742a/1.479a] (1601-???) • siehe #742a

▪ Orthia (Dorothea) Stöckenius[#742c/#1.479c] (1608-1654) • siehe #742c

▪ Anna Catharina Stöckenius[#742d/#1.479d] • siehe #742d

▪ Jakobus Stöckenius[#742e/#1.479e] (~1613-1637) • siehe #742e

---

Diakonus in Grebenstein 2 • 1694-1717 ev. Pfarrer und Metropolitan in Grebenstein 1 • ∞I ev mit Margarete Wagner (???-1656), +19.03.1656 Grebenstein, Tochter des Pfarrers Georg Wagner in Ersen • Ⓚ keine • ∞II ev 22.07.1657 mit Agnes Bulemann (???-1667), +28.12.1667 Grebenstein, Tochter des Johannes Bulemann • Ⓚ sechs • ∞III ev 02.03.1669 mit Anna Barbara Wagner aus Wilhelmshausen, Tochter des Johann Franz Wagner aus Wilhelmshausen • Ⓚ eins • □Mai 1717 Grebenstein
[1] Maria Schreiber (~1577-1628) • Ⓥ Klaus Schreiber • ~1564 Bürger zu Sontra • *~1577 • □02.04.1628 Sontra

#1.480 Pforr, Hans

Ⓥ Henne Pforr[#2.960] (???-1595) • Ⓜ Katharina (Hasel)[#2.961] • ∞ I ~1585 mit Anna NN[#1.481] • Ⓚ Johannes[#740] (*1596 Sontra) • ∞II 1620 Sontra Exaudi mit Ämilia Iba aus Sontra

Bürger und Herbergswirt zu Sontra

#1.481 NN, Anna

Ⓥ ??? • Ⓜ ??? • ∞I ~1585 mit Hans Pforr[#1.480] • Ⓚ Johannes[#740] (*1596 Sontra) • □04.08.1619 Sontra

#1.482 Roßtorf gen. Hund, Adam (~1579-1637)

Ⓥ Martin Roßdorf[#2.964] (1543-1586) • Ⓜ Katharina Gilsemann[#2.965] • *~1579 Kassel • ∞ mit Sibylla NN[#1.483] • Ⓚ Magdalena[#741] (*1611 Kassel) • □02.09.1637 Kassel (Freiheit)

Bürger und Hofschuster zu Kassel

#1.483 NN, Sibylla

Ⓥ ??? • Ⓜ ??? • ∞I mit Adam Roßtorf gen. Hund[#1.482] (1579-1637) • Ⓚ Magdalena[#741] (*1611 Kassel) • ∞II 17.05.1638 Kassel (Freiheit) mit Heinrich Kessler, Bürger und Schuhmachermeister zu Kassel

#1.484 Stöckenius, Henrich (1575-1636)
#2.958 (Stogken, Stocken)

Ⓥ Heinrich v. Stogken[#2.968/#5.916] • Ⓜ ??? • *~1575 Grebenstein • ∪ev • ∞ev 24.11.1600 Kassel (Freiheit) mit Elisabeth Uloth[#1.485/#2.959] (1577-1651) • Ⓚ Clara[#742a/#1.479a] (*1601 Kassel); Gertrud[#742b/#1.479] (*1603 Kassel); Johann Heinrich[#742/#1.479b] (*1606 Grebenstein), Orthia (Dorothea)[#742c/#1.479c] (*~1608 Grebenstein); Anna Catharina[#742d/#1.479d];

Jakobus[#742e/#1.479e] (*~1613 Grebenstein) • +1626 Grebenstein, verstorben an der Pest • □ev 15.10.1626 Grebenstein

1598 immatrikuliert zu Marburg, dort Stipendiat der Stadt Kassel 01.07-01.10.1599 • 1599-1602 Schulmeister („scholae collaborator") zu Kassel • 1602-1603 Konrektor zu Kassel • 18.12.1603-1607 Ecclesiastes in Grebenstein • 1608 Landgraf ist gegen seine Versetzung nach Hersfeld • 1608-1625 Metropolitan zu Grebenstein

#1.485   **Uloth, Elisabeth (1577-1651)**
#2.959

Ⓥ Johann(es) Uloth[#2.970/#5.918] • Ⓜ ??? • *März 1577 Kassel/Altstadt • ⌣ev • ∞ev 24.11.1600 Kassel (Freiheit) mit Henrich Stöckenius[#1.484/#2.958] (1575-1635) • Ⓚ Clara[#742a/#1.479a] (*1601 Kassel); Gertrud[#742b/#1.479] (*1603 Kassel); Johann Heinrich[#742/#1.479b] (*1606 Grebenstein), Orthia (Dorothea)[#742c/#1.479c] (*~1608 Grebenstein); Anna Catharina[#742d/#1.479d]; Jakobus[#742e/#1.479e] (*~1613 Grebenstein) • □ev21.11.1651 Kassel (Altstadt)

#1.486   **Schildt, Heinrich (???-1636)**

Ⓥ Hans Georg Schildt[#2.972] (???-1613) • Ⓜ ??? • ∞<1607 mit NN (???-1651) • Ⓚ Elisabeth[#743] (*1607) • □01.11.1636 Kassel (Freiheit)

1624 und 1627 Rentmeister zu Grebenstein

#1.487   **NN (???-1651)**

Ⓥ ??? • Ⓜ Gertrud Dietmarkhausen[#2.975] • ∞<1607 mit Heinrich Schildt[#1.486] (???-1636) • Ⓚ Elisabeth[#743] (*1607) • □10.12.1651 Kassel (Freiheit)

#1.488   Andreä, Johannes

Ⓥ Valentin Andreä[#2.976] • Ⓜ ??? • ∞ mit NN • Ⓚ Henrich[#4.840]

Ratsherr zu Rotenburg/Fulda • Fürstlicher Baumeister über das fürstliche Haus zu Heydau

#1.490   Fabronius, Hermann (1570-1634)

Ⓥ Hermann Schmidt[1] gen. Faber/Fabronius[#2.980] (???-1588) • Ⓜ ??? • *21.07.1570 Gemünden/Wohra • ∞17.07.1598 mit Sibylla Majus[#1.388e/#1.491] (1575-1632) • Ⓚ Christoph[#745a] (*1599); Johannes[#745b] (*1600 Kassel); Lucas[#745c] (*1602); Anna[#745d] (*1605 Lichtenau); Katharina[#745] (*1607 Eschwege); Johann Hermann[#745e] (*1609); Albert[#745f] (*1611 Eschwege); Anne Sibylle[#745g] (*1614 Eschwege); Margarethe[#745h] (*1616 Eschwege) • +12.04.1634 Rotenburg/Fulda

Lateinschule Gemünden/Wohra • 1589 immatrikuliert zu Marburg in Rechtswissenschaften • immatrikuliert zu Graz/Steiermark (30.08.1591 Abreise zu Jurist Nikolaus Gablmann in Graz mit Empfehlungsschreiben seines Lehrers Vultejus), neben Rechtswissenschaften geht er seiner Leidenschaft der Dichtkunst nach, tritt fortan unter den Künstlernamen Hermann Fabricius, Erasmus Sabinus Hohfnerus und Harminius de Mosa in Erscheinung • 02.11.1594 Rückkehr nach Gemünden/Wohra • Interesse an ev. Theologie, das ihn 1595 zu Studien an die Universität Wittenberg und an die Marburger Akademie führt • März 1598 Konrektor am Kassler Pädagogium • predigt ev reformiert • 1601 Prediger zu Hessisch Lichtenau • seit 06.10.1605 Prediger zu Eschwege (Neustädter Kirche) • 1613 Hofprediger des Landgrafen Moritz v. Hessen • 1613 als Hofprediger begleitet er Landgraf Moritz v. Hessen (1572-1632) zum Kurfürsten Johann Sigismund v. Brandenburg (1572-1619) nach Berlin • in der Funktion des Hofpredigers ist er auch Amtsgehilfe des Superintendenten in Rotenburg geworden, dessen Stelle er selbst am 24.04.1623 übernimmt • Dekan des Stifts in Rotenburg

---

[1] Faber als lateinisierte Form von Schmidt

#1.491   **Majus, Sibylla (1575-1632)**
#1.388e

Ⓥ Lucas Majus (May)[#2.776/#2.982] (1522-1598) • Ⓜ Barbara Küch[#2.777/#2.983] (1540-1608) • *1575 • ∞17.07.1598 mit Hermann Fabronius[#1.490] (1570-1634) • Ⓚ Christoph[#745a] (*1599); Johannes[#745b] (*1600 Kassel); Lucas[#745c] (*1602); Anna[#745d] (*1605 Lichtenau); Katharina[#745] (*1607 Eschwege); Johann Hermann[#745e] (*1609); Albert[#745f] (*1611 Eschwege); Anne Sibylle[#745g] (*1614 Eschwege); Margarethe[#745h] (*1616 Eschwege) • +1632

#1.492   **Aitinger, Johann Konrad (1577-1637)**

Ⓥ Johann Konrad Aitinger[#2.984] (1543-1600) • Ⓜ Margarete Paur[#2.985] (1549-1614) • *27.09.1577 Rheinfels/St. Goar • ∞10.08.1613 Homberg/Efze im Schloss zu Rotenburg mit Maria Saur[#1.493] (˜1592->1646) • Ⓚ drei Söhne und drei Töchter, vier davon sterben im Kindesalter, u. a. Johann Oswald[#746] (*1615 Rotenburg/Fulda) • +1637

1590-1592 Hersfelder Schule • 1601 Kanzelist beim Landgrafen Moritz v. Hessen in Kassel • 1609-1631 Rentschreiber zu Rotenburg/Fulda, zugleich Burggraf zu Rotenburg/Fulda • 1609-1629 und 1632 Stadtrat zu Rotenburg an der Fulda • März 1637 Verschleppung durch die Kroaten • wahrscheinlich in Weidelbach, das eingeäschert wurde, verbrannt

#1.493   **Saur, Maria (˜1592->1646)**

Ⓥ Oswald Saur[#2.986] (1560-1637) • Ⓜ NN Kohlhase[#2.987] • *˜1592 Homberg • ∞10.08.1613 Homberg/Efze im Schloß zu Rotenburg mit Johann Konrad Aitinger[#1.492] (1577-1637) • Ⓚ drei Söhne und drei Töchter, vier davon sterben im Kindesalter, u. a. Johann Oswald[#746] (*1615 Rotenburg/Fulda) • +>1646

#1.494   **Glebe, Berthold (~1595-1641)**
                 (Clebius)

Ⓥ Heinrich Glebe[#2.988] (1568-1633) • Ⓜ ??? • *~1595 Hersfeld • ᴗev • ∞ev 23.06.1617 Rotenburg mit Barbara Krug[#1.495] (1597-<1657)• Ⓚ Anna Elisabeth[#747] (*1623) • +1641 Braach/Rotenburg

1613 immatrikuliert zu Bremen • 1615 immatrikuliert zu Marburg • 1618 Adjunkt seines Vaters in Braach • ev. Stiftsprediger zu Rotenburg/Fulda • seit 24.07.1627 ev. Pfarrer zu Oberellenbach • 1632 ev. Pfarrer zu Braach/Rotenburg

#1.495   **Krug, Barbara (1597-<1657)**

Ⓥ Paul Krug[#2.990] (1560-~1620) • Ⓜ Gertrud Bruch[#2.991] (1567-~1639) • *1597 Rotenburg • ∞ 23.06.1617 Rotenburg oder Hersfeld mit Berthold Glebe (Clebius)[#9.686] (1595-1641) • Ⓚ Anna Elisabeth[#747] (*1623) • +<1657

▪ Caspar Krug[#1.495a] (1590-1669) • *22.09.1590 • ∞1626 mit Catharina Richardt • Ⓚ Theophilius Hermann (*1639 Kassel); Johann Jacob (*1641 Rotenburg/Fulda); Katharina Elisabeth (*1643 Rotenburg/Fulda); NN♀ (*1646 Rotenburg/Fulda); Anna Martha (*1650 Rotenburg/Fulda) • +10.04.1669

▪ Dorothea Krug[#1.495b] (1595->1664) • *1595 • ∞1615 mit Hermann Stirn (1592-1639) • +>1664 Homberg/Efze

▪ Maria Krug[#1.495c] (1600-<1657) • *1600 • ∞1639 mit Jacob Breidenbach (???-1657) • +<1657

▪ Johann Bernhard Krug[#1.495d] (1601-1663) • *1601 • ∞1628 mit Anna Elisabeth Müller • +31.03.1663 Braach • begr. 03.04.1663 Braach

▪ Katharina Krug[#1.495e] (1604-1625) • *1604 • ∞28.10.1624 Kassel mit Nicolaus Kümmel (1597-1626) • +22.06.1625 Kassel

▪ Anna Krug[#1.495f] (1610-???) • *1610 • ∞03.12.1632 Kassel mit Hans George Kesseler, Goldschmied zu Kassel

#1.496   Stückrad, Johann Lorenz (~1600-1653)

Ⓥ Johann Stückrath[#2.992] • Ⓜ Martha Harsack[#2.993] • aus Spangenberg *~1600 • ∞03.11.1623 Marburg mit Juliana Margareta Viëtor[#1.497] (1600-???) • Ⓚ Theodor Benjamin[#748] (*1624); Johann Siegfried[#748a]; Johannes[#748b]; Johann Jacob [#748c] (*1628 Rotenburg/Fulda); Julius[#748d]; Elisabeth[#748e] • +13.04.1653 Rotenburg/Fulda

1612 Schüler des Pädagogiums in Marburg • seit 1629 Rat und Oberschultheiß in Rotenburg/Fulda

▪ Margaretha (Martha) Stückrad[#1.496a] • lebt 1625

▪ Catharina Stückrad[#1.496b] • lebt 1625

▪ Otto Stückrad[#1.496c]

#1.497   Viëtor, Juliana Margareta (1600-???)

Ⓥ Theodor Viëtor[#2.994] (1560-1645) • Ⓜ Juliane Fleischhauer[#2.995] (1571-1639) • *1600 Marburg • ∞03.11.1623 Marburg mit Johann Lorenz Stückrad[#1.496] (~1600-1653) • Ⓚ Theodor Benjamin[#748] (*1624); Johann Siegfried[#748a]; Johannes [#748b]; Johann Jacob [#748c] (*1628 Rotenburg/Fulda); Julius[#748d]; Elisabeth[#748e]

#1.498   Büttner, Andreas

Ⓥ ??? • Ⓜ ??? • ∞ mit Martha Elisabeth Grusemann[#1.499] (1612-???) • Ⓚ Martha[#749] (*1632)

Amtsschultheiß zu Spangenberg

#1.499   Grusemann, Martha Elisabeth (1612-???)

Ⓥ Aaron Grusemann[#2.998] (1595-1640) • Ⓜ Katharina Muldner[#2.999] • *01.06.1612 Eschwege • ∞ mit Andreas Büttner[#1.498] • Ⓚ Martha[#749] (*1632)

▪ Johann Georg Grusemann[#1.499a] (1636-1698) • *1636 Eschwege • ∞I 19.07.1666 mit Elisabeth Katharina Goclenius[1] (???-1693) • Ⓚ vier Söhne u. vier Töchter u. a. Johann Wilhelm[2] (*1680) • ∞II mit Elisabeth Breul[3] (~1648-1695) • ∞III 22.10.1696 mit Katharina Elisabeth Murhard[4] (1654-1698) • +1698 Kassel • □ ev-ref. Kassel

#1.500   Cotrelle, Pierre (Cotrel, Cottrel)

Ⓥ George Pierre Cotrel[#3.000] (1590-1674) • Ⓜ Annemarie de Blécourt[#3.001] (???-<1627) • *Hanau • ∪ev 26.10.1617 Hanau • ∞ev 05.10.1643 Hanau mit Marie Bube[#1.501] (1623-1653) • Ⓚ Pierre[#750] (*1645)

Bürger zu Hanau • Handelskaufmann zu Hanau

#1.501   Bube, Marie (1623-1653)

Ⓥ Franz Bube[#3.002] (1592-1632) • Ⓜ Maria Louwig[#3.003] (1598-???) • *25.12.1623 Frankenthal • ∪ev • ∞ev 05.10.1643 Hanau mit Pierre Cotrelle (Cotrel)[#1.500] • Ⓚ Pierre[#750] (*1645) • +04.03.1653 Hanau

---

[1] Elisabeth Katharina Goclenius (???-1693) • Ⓥ Georg Hermann Goclenius, Oberschultheiss in Kassel • +1693

[2] Johann Wilhelm Grusemann (1680-1746) • *1680 • 1696 immatrikuliert zu Marburg in Juresprudenz • 1699 Promotion zu Utrecht/Holland mit Dissertation „Theses miscellaneae ex jure civile, naturae, feudali, publico et cannonico" • 1709 Oberschultheiß in Marburg • Regierungsrat und Revionsgerichtsrat in Kassel • ∞18.09.1717 mit Margarethe Motz, Tochter von Regierungsrat Justin Eckhard Motz (1643-1723) • +April 1746 Kassel

[3] Elisabeth Breul (~1648-1695) • Ⓥ Oberstleutnant NN Breul in Marburg • ∞I mit Prof. Martin Gottschalk in Rinteln • *~1648 • +1695

[4] Katharina Elisabeth Murhard (1654-1698) • Ⓥ Kurt Heinrich Murhard • *1654 • ∞ mit Liz. Jur. Friedrich Winkelmann • +1698

#1.502   Bernus, Jakob (1622-1683)

Ⓥ Jakob Bernus[#3.004] (1597-1634) • Ⓜ Anna Foucquier[#3.005] (1599-1634)
• *23.01.1622 Hanau • ∪27.01.1622 Hanau • ∞I ˜1646 Groningen mit
Anna Tanz[#1.503] (???-<1653) • Ⓚ Elisabeth[#751] (*1647) • ∞II 1653 Hanau
mit Maria Steunings[1] (1625-1703) • Ⓚ Johann[#751a] (*1657 Hanau) •
+24.02.1683 Hanau • □04.03.1683

Bürger und Kaufmann, Tabak- und Tuchhändler; dann Stadthauptmann

#1.503   Tanz, Anna (???-<1653)
(Danz)

Ⓥ NN Danz[#3.006] • Ⓜ ??? • *Groningen in Holland • ∞I mit NN Jansen
• ∞II ˜1646 Groningen mit Jakob Bernus[#1.502] (1622-1683) • Ⓚ
Elisabeth[#751] (*1647) • +<1653

#1.520   Weber, Johann Peter

Ⓥ ??? • Ⓜ ??? • ∪ev • ∞ mit Anna Hecht[#1.521] (???-1669) • Ⓚ Sebastian
Heinrich[#760]

#1.521   Hecht, Anna (???-1669)

Ⓥ ??? • Ⓜ ??? • ∪ev • ∞ mit Johann Peter Weber[#1.520] • Ⓚ Sebastian
Heinrich[#760] • +19.03.1669 Mühlhausen • □21.03.1669 Mühlhausen

#1.522   Friebe, Christoffel (˜1580-1661)

Ⓥ ??? • Ⓜ ??? • *˜1580 • ∪ev • ∞ mit NN • Ⓚ Anna Martha[#761] •
+15.10.1661 Mühlhausen • □17.10.1661 Mühlhausen

Nagelschmied in Mühlhausen

---

[1] Maria Steunings (1625-1703) • *16.11.1625 Hanau • +09.09.1703 Hanau

#1.528 Hilchen, Johann Philipp (˜1615-˜1685)

Ⓥ Johann Hilchen[#3.056] (1584-1646) • Ⓜ Magdalena Stregner[#3.057] • *˜1615 Bärstadt bei Schlangenbad • ∞20.01.1646 Langenschwalbach mit Anna Elisabeth Zippel[#1.529] (1626-1693) • Ⓚ Johann Christoph[#764] (*1646 Langenschwalbach) • +˜1685

1676-1685 Hessen-Rotenburg. Oberschultheiß (Archiprätor) zu Langenschwalbach (jetzt Bad Schwalbach) • 1693 Dissertation in Medizin „Disp. inaug. med. aegrum pleuritide laborantem exhibens" in Altdorf

#1.529 Zippel, Anna Elisabeth (1626-1693)

Ⓥ Johannes Zippel[#3.058] (1600-1669) • Ⓜ Anna Magdalena NN[#3.059] (???-1672) • *05.10.1626 Langenschwalbach • ∞20.01.1646 Langenschwalbach mit Johann Philipp Hilchen[#1.528] (˜1615-˜1685) • Ⓚ Johann Christoph[#764] (*1646 Langenschwalbach) • □29.10.1693 Langenschwalbach

#1.530 Loos, Bernhard (˜1636->1664)
(Loose)

Ⓥ Bernhard Loos[#3.060] • Ⓜ ??? • *˜1636 Riga • ∞01.03.1659 Marburg mit Maria Juliana Heilmann[#1.531] (1629-1664) • Ⓚ Juliane[#765] (*1650 Marburg) • +>1664

1656 immatrikuliert Marburg zunächst als stud. theol, dann stud. jur. • Dr. jur. utr. • Gräfl. Wittumsrat, dann Gräfl. Oettingenscher Geheimrat und Kanzler zu Heilbronn

#1.531 Heilmann, Maria Juliana (1629-1664)

Ⓥ Georg Adam Heilmann[#3.062] (1594-1676) • Ⓜ Juliana Christianus[#3.063] (1604-1664) • *20.01.1629 Marburg • ∞01.03.1659 Marburg mit

Bernhard Loos[#1.530] (~1636->1664) • Ⓚ Juliane[#765] (*1650 Marburg) • +05.05.1664 Marburg

#1.532   Bourdon, Thomas (1606-1640)

Ⓥ Thomas Bourdon[#3.064] (???-1620) • Ⓜ Anna le Duchat[#3.065] (1585-1647) • *29.09.1606 Metz • ⌣ev • ∞I ev 18.08.1628 Kassel mit Anna Maria Werner[#1.533] (1611-1638) • Ⓚ Samuel[#766] (*1631 Kassel) • ∞II 1639 mit NN Hille, Tochter des Weinhändlers Johann Hille aus Marburg • +06.10.1640 Kassel

Kaufmann zu Kassel; der erste Refugié, der sich in Kassel ansiedelte • 1628 Erhalt des Kassler Bürgerrechts • 1651 Bau eines großen Eckhauses (Druselplatz 6) in Kassel

#1.533   Werner, Anna Maria (1611-1638)

Ⓥ Kaspar Werner[#3.066] (1573-1653) • Ⓜ Martha Spede[#3.067] (???-1625) • *13.07.1611 Kassel • ⌣ev • ∞ev 18.08.1628 Kassel mit Thomas Bourdon[#1.532] (1606-1640) • Ⓚ Samuel[#766] (*1631 Kassel) • +14.08.1638 Kassel

#1.534   Müldner, Nikolaus Christoph (1608-1656)
(Moltener)

Ⓥ Heinrich Müldner[#3.068] (1571-1638) • Ⓜ Katharina Murhard[#3.069] (1578-1647) • ⌣15.10.1608 Eschwege • ∞20.06.1636 Kassel mit Margarete Siegfried gen. Becker[#1.535] • Ⓚ Elisabeth[#767] (*1652 Kassel) • +30.09.1656 Bad Ems • ☐06.10.1656 Kassel

1625 Immatrikulation Marburg • Lic jur • 1651 Vizekanzler und Bürgermeister zu Kassel

#1.535   Siegfried gen. Becker, Margarete

Ⓥ Johann Siegfried gen. Becker[#3.070] • Ⓜ Katharina Diedamar[#3.071] (1579-???) • aus Wittmarshof bei Gleichen • ∞20.06.1636 Kassel mit Nikolaus Christoph Müldner[#1.534] • Ⓚ Elisabeth[#767] (*1652 Kassel) • +04.11.1676 Kassel

#1.536   Wachtmann, Berndt (???-<1664)

Ⓥ ??? • Ⓜ ??? • ∞ mit NN[♀#1.537] (1605-1679) • Ⓚ Ludolff[#768] (*1627); Peter[#768a] • +<1664

#1.537   NN♀ (1605-1679)

Ⓥ ??? • Ⓜ ??? • *1605 • ∞ mit Berndt Wachtmann[#1.536] (???-<1664) • Ⓚ Ludolff[#768] (*1627); Peter[#768a] • □05.10.1679 Wülfel/Hannover, verstorben im Alter von 74 Jahren

#1.538   Plincke, Heinrich

Ⓥ ??? • Ⓜ ??? • Ⓚ Anna Elisabeth[#769] (*1638)

#1.608/#1.614   Eckelmann, Johann (1555-???)

Ⓥ ??? • Ⓜ ??? • *1555 • ∞~1580 mit NN • Ⓚ Hermann[#804/#807] (*1585 Bramsche)

Einwohner in Bramsche Nr. 49 (Große Strasse)

■ Hermann Eckelmann[#1.608a/#1.614a] • *Bramsche

■ Catharine Eckelmann[#1.608b/#1.614b] (1613-???) • *1613

#1.610   Kramer, Johannes (~1550-1626)

Ⓥ ??? • Ⓜ ??? • *~1550 • ∞~1580 mit NN • Ⓚ Modecke[#805] (*~1590) •
+20.10.1626 Bramsche

Pfarrer zu Bramsche (St. Martin)

#1.620   Bockwedde, Dietrich (1586-1670)

Ⓥ ??? • Ⓜ ??? • *1586 Bramsche • ∞ mit NN • Ⓚ Johann[#810] (*~1615
Bramsche); Dierck[#810a] (*1623 Bramsche); Mencke[#810b] (*Bramsche) •
+09.08.1670 Bramsche

langgewesener Provisor Pauperum in Bramsche

#1.630   Pörtener, Hermann (1598-1679)

Ⓥ Dietrich Pörtener[#3.260] • Ⓜ ??? • *1598 Bramsche • ∞1620 Bramsche
(St. Martin) mit Margaretha Sanders[#1.631] (1598-1679) • Ⓚ Rudolph[#815a]
(*1621 Bramsche); Margaretha[#815] (*1636 Bramsche) • +30.07.1679
Bramsche

▪ Heinrich Pörtener[#1.630a] (~1603-???) • *~1603 Bramsche • wohnt in
Bramsche Nr. 84 (Neustadt) und Nr. 43 (Kirchplatz) • ∞1630 Bramsche
mit Maria Lange[1] (1607-1678) • Ⓚ Margaretha Elsaben[2] (*1640
Bramsche); Maria[3] (*~1645 Bramsche); Hermann Rudolph[1] (*~1650
Bramsche)

---

[1] Maria Lange (1607-1678) • *1607 Osnabrück • +1678 Bramsche

[2] Margaretha Elsaben Pörtener (1640-1710) • *08.04.1640 Bramsche • ∞23.06.1665
Bramsche mit Heinrich Frye (1642-1719), *1642 Bramsche, +23.02.1719 Bramsche,
Sohn von Johann Frye (1604-1683) und Aleka Uselage (1607-1678) • Ⓚ Margarethe
Gertrud; Regina Margaretha; Adolph Heinrich; Anna Margaretha; Herman Berend •
+03.08.1710 Bramsche

[3] Maria Pörtener (~1645-1686) • *~1645 Bramsche • ∞1665 Bramsche mit Prosper
Trompetter (Harte) • Ⓚ Agnesa Elisabeth; Hermann Heinrich; Joh. Hermann; Jürgen
Prosper • +04.10.1686 Bramsche

#1.631   Sanders, Margaretha (1598-1679)

Ⓥ ??? • Ⓜ ??? • *1598 Bramsche • ∞1620 Bramsche (St. Martin) mit Hermann Pörtener[#1.630] (1598-1679) • Ⓚ Rudolph[#815a] (*1621 Bramsche); Margaretha[#815] (*1636 Bramsche) • +30.07.1679 Bramsche

#1.632   Sanders, Rolf (1585-???)

Ⓥ Heinrich Sanders[#3.264] (1550-1601) • Ⓜ Aleke NN[#3.265] • *1585 Bramsche • ∞~1620 Bramsche (St. Martin) mit NN♀ Ruwe[#1.633] • Ⓚ Johann[#816a] (*~1620 Bramsche); Rolf[#816] (*~1625 Bramsche) • + Bramsche

Kaufhändler in Bramsche Nr. 79 (Neustadt) • 1628 erwähnt

#1.633   Ruwe, NN♀

Ⓥ Heinrich Ruwe[#3.266] • Ⓜ Lücke NN[#3.267] • ∞~1620 Bramsche (St. Martin) mit Rolf Sanders[#1.632] (1585-???) • Ⓚ Johann[#816a] (*~1620 Bramsche); Rolf[#816] (*~1625 Bramsche)

#1.634   Strubbe, Johann (1580-1644)

Ⓥ ??? • Ⓜ ??? • *1580 • ∞1610 mit Catharina Nutte[#1.635] • Ⓚ Anna Catharina[#817] (*1625 Bramsche) • +1644

Leinenhändler

---

[1] Hermann Rudolph Pörtener (~1650-1716) • *~1650 Bramsche • ∞I 20.11.1674 Bramsche mit Anna Maria Sanders (~1647-1680), Tochter von Rolf Sanders (1615-1670) und Anna Catharina Strubbe (1625-1679) • Ⓚ Rudolph Heinrich; Maria Adelheit • ∞II 13.01.1682 Bramsche mit Anna Sophia Ellendorfs (1659-1727), *20.02.1659 Hilter, +03.09.1727 Bramsche, Tochter von Willbrand Ellendorfs und Maria Gelters (Baltier) • Ⓚ Maria Elisabeth (1682-1740); NN; Heinrich Willbrand (1686-1741); Anna Gertrud (*Juli 1689 Bramsche); Anna Maria (*21.10.1696 Bramsche, +19.06.1773 Osnabrück); Maria Sophia (*Bramsche) • +Oktober 1716 Bramsche

---

#1.635 **Nutte, Catharina**

Ⓥ ??? • Ⓜ ??? • ∞1610 mit Johann Strubbe[#1.634] (1580-1644) • Ⓚ Anna Catharina[#817] (*1625 Bramsche)

#1.636 **Meyer zu Rieste, Johann (1585-1644)**
#1.644

Ⓥ ??? • Ⓜ ??? • *1585 Rieste • ∞1615 Bramsche (St. Martin) mit Margarete Meyer zu Bramsche[#1.637/#1.645] (1590-???) • Ⓚ Hermann[#818a/#822] (*Rieste); Ratke[#818/#822a] (*Rieste) • +1644

#1.637 **Meyer zu Bramsche, Margarete**
#1.645 **(1590-???)**

Ⓥ Hermann Meyer zu Bramsche[#3.274/#3.290] • Ⓜ Margarete Bödeker[#3.275/#3.291] • *1590 Bramsche • ∞1615 Bramsche (St. Martin) mit Johann Meyer zu Rieste[#1.636/#1.644] (1585-1644) • Ⓚ Hermann[#818a/#822] (*Rieste); Ratke[#818/#822a] (*Rieste) • + Rieste

#1.642 **Kramer, Hermann (1590-???)**

Ⓥ Heinrich Kramer[#3.284] • Ⓜ ??? • *1590 Bramsche • ∞~1620 Bramsche (St. Martin) mit NN • Ⓚ Adelheit[#821] (*Bramsche); Heinrich[#821a] (*Bramsche); Anna[#821b] (*Bramsche)

Vogt in Bramsche Nr. 6 (Brückenort)

#1.644 **Meyer zu Rieste, Johann**
#1.636 **(1585-1644)**

#1.645 **Meyer zu Bramsche, Margarete**
#1.637 **(1590-???)**

#1.646 Woltermann, Balthasar (1570-1628)

Ⓥ ??? • Ⓜ ??? • *1570 • ∞1600 mit Margarete Bellmann[#1.647] (1570-1649)
• Ⓚ Margarethe[#823] (*1620) • +1628 Bramsche

Richter und Notar in Bramsche

#1.647 Bellmann, Margarete (1570-1649)

Ⓥ ??? • Ⓜ ??? • *1570 • ∞1600 mit Balthasar Woltermann[#1.646] (1570-1628) • Ⓚ Margarete[#823] (*1620) • +1649 Bramsche

#1.760 Gerhard Stüve (˜1540-˃1601)

Ⓥ ??? • Ⓜ ??? • *˜1540 • ∞ mit Regine zur Wische[#8.417/#9.953] (???-???) • Ⓚ Dietrich[#880] (*1585); Gertrud[#880a]; Marie[#880b]; Margarethe[#880c] • ˃1601

wahrscheinlich aus Malbergen oder Venne • 1568 Bürger in Bramsche Neustadt • 1601 Testament

▪ Regine Stüve[#1.760a] (˜1540-???) • ∞ mit Johann Wandepoel • Ⓚ Hermann (*1608)

#1.761 zur Wische, Regine (???-˃1601)

Ⓥ Hermann zur Wische[#3.522] • Ⓜ ??? • ∞ mit Gerhard Stüve[#1.760] (˜1540-˃1568) • Ⓚ Dietrich[#880] (*1585); Gertrud[#880a]; Marie[#880b]; Margarethe[#880c]

1601 Testament

▪ Hermann zur Wische[#1.761a] (???-˃1601) • ∞ mit Timmeke Vennemann • Ⓚ kinderlos

#1.762 Gildemeister, Christoph (Johann) (1569-1617)

Ⓥ Johann Gildemeister[#3.524] (1540-1617) • Ⓜ Mechthild v. Münster[#3.525] (˜1540-???)• *1569 • ∞ mit Regina Grave[#1.763] (˜1595-???) • Ⓚ Mechthild[#881]; Johann[#881a] (*˜1603) • +30.01.1617

1600 Aufnahme als Bürger der Neustadt Osnabrück • Richter der Neustadt Osnabrück

• Johann Franz Gildemeister[#1.762a] (???-1635) • Dr. jur. • Münsterscher Geheimer Rat • ∞ mit Christina Schrader, Tochter von Lorenz Schrader (Osnabrücker Kanzler) • +09.08.1635

• Jobst Gildemeister[#1.762b] • Rentmeister in Tecklenburg • ∞ mit Gertrud Rodde

#1.763   Grave, Regina (˜1595-???)

Ⓥ Jobst Grave[#3.526] (???-1632) • Ⓜ Regine v. Lengerken[#3.527] (???-???) • *˜1595 • <u>∞I</u> mit Christoph (Johann) Gildemeister[#1.762] (1569-1617) • Ⓚ Mechthild[#881]; Johann[#881a] (*˜1603) • ∞II ˜1618 mit Anton v. Lingen (˜1593-???) • Ⓚ Christine[#881b]

• Evert Grave[#1.763a] (˜1597-???) • *˜1597 Osnabrück

• Anna Grave[#1.763b] (1601-1659) • *1601 Osnabrück

Halbgeschwister aus der zweiten Ehe des Vaters

• Maria Grave[#1.763c] (1608-1689) • *10.03.1608 Osnabrück

• Gerhard Grave[#1.763d] • *16.08.1620 Osnabrück

#1.766   Klövekorn, Matthäus (˜1555-˜1614)

Ⓥ Johann Klövekorn[#3.532] (???-1590) • Ⓜ NN de Wicker[#3.533] (???->1597) • *˜1555 • • ∞<1600 mit Elisabeth tor Niermolle[#1.767] (???->1624) • Ⓚ Margarethe[#883] (˜1600-???); Matthäus[#883a] (1600 Osnabrück) • +˜1614

Besitzer der „Pernickelmühle" am Hasetor zu Osnabrück, als „Bischofsmühle" außerhalb der städtischen Gerichtsbarkeit stehend (Freiheit und Freistatt) ist diese Mühle Zufluchtsort für diejenigen, die als „Hexen" verfolgt werden • 01.01.1585 Bürgereid Osnabrück Altstadt

#1.767 **tor Niermolle, Elisabeth (???-$^>$1624)**

Ⓥ ??? • Ⓜ ??? • ∞$^<$1600 mit Matthäus Klövekorn$^{#1.766}$ ($^~$1555-$^~$1614) • Ⓚ Margarethe$^{#883}$ ($^~$1600-???); Matthäus$^{#883a}$ (1600 Osnabrück) • +$^>$1624

Niermolle bedeutet niedere Mühle an der Nette, westl. der Haster-Mühle